JN182776

# インドネシアの農村工業

ある鍛冶村落の記録

*Surviving against the Odds*
*Village Industry in Indonesia*

Stanley Ann Dunham

アン・ダナム
加納啓良――監訳
前山つよし――訳

慶應義塾大学出版会

SURVIVING AGAINST THE ODDS by S. Ann Dunham


Japanese translation published by arrangement with
Duke University Press through The English Agency
(Japan) Ltd.

彼女たちなりの方法で私を支えてくれたマデリーンとアリスへ

母親が調査に出ていてもめったに文句を言わなかったバラクとマイヤへ

# 序文

マイヤ・ストロ・イン*

　私は子供のときに不思議な時間を過ごした。金床と鍛冶場の写真に囲まれ、そして火の不思議な力についての話を聞かされていた。私の母は、巧妙に織り交ざったいくつもの層がある精巧なクリス（儀礼用短剣）の刃と、造りがずさんか洗練されていないクリスの刃を区別するよう教えてくれた。私は幼少時代多くの時間を鍛冶職人の家か、彼らの炉の脇で過ごした。マルト氏の名で知られる鍛冶職人を訪ねると、きっと現れて彼の家の外で鶏を追い回す野良犬を、私はよく探したものだ。少年たちがプラスチック製の水筒を打ち鳴らし、樹上にある彼らの隠れ家からパパイヤの実がむしり取られていることもたびたびだった。

　それらの訪問の折に、村の女性たちが私の母と交わす挨拶からは、彼女らが互いにその人柄を熟知していることが分かる親密さが伝わってきた。彼女らの間柄は、気安く笑い合えるまでになっていた。母は彼女らを真に理解していたようで、それは女性に対してだけではなかった。母はすべての人たちに歓迎され、信用されていた。私は、このことを誇らしく感じたことを覚えている。私の兄、我々の大統領を見たときに誇らしげになるのと、ほぼ同じ理由だ。母はまた、さまざまな世界を軽々と行き来し、人々は彼女の笑顔を見てうちとけた。

母は私に陶工、織工、そして瓦職人を見せに連れて行ってくれた。実は鍛冶職人への訪問は、畏るべき力をもつ意味深い芸術である鍛冶業の複雑さや、多くの村々に残っている芸術家と人々との関係を私に教えることがねらいではなかった。母は鍛冶職人の教えや指揮のスタイルなどに興味をもち、クリスがその所有者にふさわしくなるよう決定づける、念の入った、そしてたいていは古風な儀式にも関心をもっていた。また、構想力と実際の製作が出会う場、詩的なものと散文的なものが空間を分け合う場にも関心を抱いていた。彼女は何か美しいものが、クリスの製作者と所有者双方の精神を物語ってくることが好きだった。つまりクリスには、鍛冶職人の技能と魂が露呈され、買う者の要求と視点も同じく表出されるのだった。母は、職人が長い時間をかけて工芸品を磨き上げることに魅了され、きわめて独特の細部ばかりでなく、鍛冶屋たちの社会が普遍的に共有する資質にも感動した。鍛冶業は、その存続に関する暗い予測とは裏腹に、たいていはその生命を変化させ何世紀も持ちこたえる能力を備え、人間の芸術的創造の力強さを象徴するようになってきた。

私は、母の博士論文に関する口頭試問の日のことを、はっきりと覚えている。私は、彼女が写真を整理したり、参考文献を複写するのを手伝った。私は母の手を握りしめ、緊張しているのじゃないの、と尋ねた。母は、かろうじて分かる程度にうなずいて応えた。「本当に?」と、私はしばし沈黙してからさらに尋ね、こう言った。「母さんは十分立派にやれるわよ。これまでとても頑張ったのですもの」。母は、論文の整合性、独創性、有用性には自信があるが、彼女が記述した人々の暮らしに、他の人たちは彼女ほど興味をもたないのではないか心配だ、と説明した。

母は、調査を行った社会に大いなる敬意を示していた。いつも論理的かつ厳格で、自分が描いた人々を愛し、この人々の声に他の人たちが耳を傾けるよう望んだという事実が、母の学問を真に有意義なものにしていた。母はまた、彼女の著作の実践的応用と、読者の思索を深めるとともに、研究対象だった人々の生活の向上に資する学問の力にも心を砕いてきた。鍛冶職人たちの技芸が存続するのを彼女が望んだのはもちろんだが、それだけではなく、彼らの家族の生存を願い、彼らの社会がもっとその職業に専念し個々人が広く活力を賦与されるようにマイクロファイナンスのプログラムに支援が与えられることも彼女は希望していた。私は、こうして母の書籍が出版されることを嬉しく思い、母の夢を実現してくれたデューク大学出版会に感謝している。本書の世界の独自性を愛する人々、そしてその構想と方法が他の世界にも適用できる多様な可能性を潜めていることを見いだす人々に、本書が繙かれるならば幸いである。

＊　マイヤ・カッサンドラ・ストロ・イン（Maya Kassandra Soetoro-Ng）は一九七〇年、インドネシア・ジャカルタ生まれ。本書の著者アン・ダナムの一人娘で、アメリカ合衆国第四四代大統領バラク・オバマの異父妹にあたる。

# 編者まえがき

アリス・G・デューイ
（ハワイ大学人類学科名誉教授）

一九九五年に私は、教え子のS・アン（ストロ）ダナムから、彼女の博士論文を幾分か改訂する時間を与えてくれる助成金を申請するつもりだ、という内容の手紙を受け取った。

博士論文は一千ページ以上に及んでおり、彼女の目的はそれを出版に適した長さに変えることだった。アンは、博士論文からいくつかの章をそのまま抜き出して、考古学者、先史時代研究者、金属加工業の文化的側面を学ぶ学生たちの興味を引くような一巻の別個の書物として刊行することを計画した。その幸先は良かったのだが、これだけでは圧縮の結果として残る分量が約六五〇ページもあり、まだ一冊の本にするには長過ぎた。改訂と出版の計画は、アンが逝去した一九九五年一一月に中断した。数年後に彼女の娘マイヤが、この草稿を本の形に仕上げてもらえないかと、依頼してきた。アンの博士論文審査委員会主査で、長年の友人でもある私がこの仕事に最も適した人間であることを承知していたのだ。私は喜んで引き受けた。他の調査地とともに彼女の研究の民族誌的焦点であるジャワのカジャール村を、アンに同行して訪れたことがあるからだ。そのうえ、教職から退いた後の私にはこの仕事に充てる時間があり、この草稿はさまざまな面でたいへん貴重なものだとも感じていた。

アンとの最初の思い出は、私が人類学科で、入学する大学院生を選抜する入試委員会の仕事をしていたときに遡る。今でも、このインドネシアに住んでいた女性の入学志願論文を読んだことをはっきりと覚えている。彼女はジャワ人の夫、二人の子供と約五年間過ごし、ジャワを高名にしている数多くの工芸品に魅了されていた。私は、彼女が私と同類の研究関心を抱いていることにすぐに気づいた。なぜなら私の博士論文は、農民の市場（いちば）、中でもアンの聞き取り調査の相手たちが作るような手工芸品が販売される市場に関する研究だったからだ。人類学科は彼女の大学院入学を認め、私は彼女の指導教員になり、最後には親友になった。アンは熱心で才気あふれる研究者であるばかりでなく、研究対象となった人々の財政状態を改善する実践的方策の開発によって彼らを擁護する人物でもあった。それ以降の数年間、私は多くの機会に彼女とジャワで会い、彼女の調査地を訪れ、彼女があたかも工芸職人家族の一員のようになっていた様子を見た。

しかし、アンは知識人であるだけにとどまらなかった。彼女は人生を楽しみ、優れたユーモアのセンスも備えていた。米国東海岸への旅の途中にハワイを通過した彼女は、不在中の私の家で数日間過ごしたことがある。アンはすでに、平均して四人の学生と五匹の犬、三匹の猫、鳥たちでいっぱいの大きな鳥かご、魚が泳ぐさまざまな水槽から成る少々風変わりな私の世帯にすでになじんでいた。実は彼女とマイヤはそれ以前に、この世帯の一員として数カ月間暮らした経験があった。彼女が立ち寄ったときに利用できるのは私の部屋だけだったため、彼女は私のベッドで寝起きした。不運にも彼女はじきに、体重一六ポンドもある私の猫が深夜二時ごろに、私のベッドの脇の窓を越えて闖入し、ドスンと音を立てて寝台の主の上に飛び降りる癖があることに驚愕する羽目になった。とても寛大な人物であるアンは、遅ればせながらの私の謝罪を受け入れ、友人たちにこの冒険物語を語るのを楽しんだ。そしてなにやら、「おでぶちゃん（Blob）」と呼ばれていた私の猫の体重は、この物語が繰り返されるたびに増えていくようだった。私はまた、アンと私がジョクジャカルタのジャワ人の家庭に逗留した期間中に、二週間ジャカルタへ飛行機で出かける必要が生じたときのことも思い出す。マギーという名の女主人はたいへん親切で、大都市での灼熱と交通大渋滞を耐え忍びやすくするため、ジャカルタ滞在中に私たちが食べるようヤシ砂糖、ショウガ、落花生でできた美味しいジャワの菓子を大袋いっぱいに用意してくれた。きまりの悪いことだが、一時間未満で飛行機がジャカルタに着陸するまでに、私たちは袋いっぱいのお菓子のすべてを食べ尽くしてしまった。

彼女の博士論文を適切な量にまで削減する仕事をしていた私は、アンがもともと五つの村落をカバーするつもりだったのを思い出した。これらの村落は竹、粘土、繊維、皮革、鍛冶という五つの異なるタイプの手工芸に従事しており、それぞれ固有の組織と問題、そしてその解決方法をもっていた。各村落はジャワのある地域における経済組織の興味深い事例を示すだけでなく、鍛冶職人の作るクリス（儀礼用短剣）や繊維製品労働者の作る見事なバティック布など、それぞれの工芸品が独自の美しさをもっていた。アンがそれらすべてを詳述し、それぞれが村落の富の構築にどのように寄与したかを教訓として書き残す時間があれば良かったに違いない。しかし実際には、彼女にはそんな時間がなかっただろうと私は思う。なぜなら、彼女はマイクロクレジット・プログラム開発の専門家として広く知られるようになっていたし、パキスタン（工芸職人は、ふつう低いカーストかカースト外の階層と見られている）やケニア（部族のアイデンティティが依然重要）などの異なる文化圏でも仕事をしていたからだ。

アンが選んだ特定の工芸品は、ジャワ農村における手工芸がきわめて多彩であることを示している。最初のものは、家の壁を作るために割いた竹を編んで作ったマット（最も重いタイプ）のように建設業で用いる部材を含め、竹製の簡素な品目の製造を包含している。その対極には、鳥かご、バスケット、二層から成る非常に細い短冊状の竹で作られた編み笠などが存在する。この編み笠は非常に緊密に編まれているため、雨や日差しを遮ることができるし、男女のどちらが被っても小粋な外観をしている（竹細工の村落ソドに関しては、ある住民の物語が第三章で記されている）。この工芸は、ジャワに共通する最も簡素な種類の作業の事例である。原材料はどの家の裏庭にも育ち、必要な用具は各種の刃物だけなので、製品も安価である。

粘土細工の製造が行われる村では、人々の仕事はより複雑だ。それらの村は、村人たちが粘土を採掘し、粘土製品を焼く燃料として使う木の葉や小枝などを入手できる地域に近くなければならない。粘土を切り取る刃物類や、製品を成型する「低速のろくろ」も必要だ。伝統的な製品には、優雅な水差し、調理用品、大きな貯蔵用水甕などがある。これらはかつて、ふつう女性が作り、ジャワのたいていの台所で見られたものだ。最近では、開発事業の推進者たちが新しい製品を導入した。「ラーマヤーナ」と「マハーバーラタ」のヒンドゥー教叙事詩の登場人物たちの彫像がそれだ。ジャワ人はこれらの人物を改作し、自分たち自身の文化的パースペクティブの一部に取り込んでしまったのである。人気がある彫像のひとつは、王女シンタを救おうとして殺されたラーマヤーナ物語のヒーローで、自己犠牲の価値を表す「鳥たちの王」のそれだ[1]。

アンが調査した三番目の工芸は、ジャワの有名な蠟纈（ろうけつ）染めであるバティック布の製作である。ここでもまた、ヴィシュヌ神が乗る神鳥ガルーダを表す鳥の羽など、ヒンドゥー教の叙事詩から取ったモチーフが見られる。パラン・ルサック（*parang rusak*：壊れた刀）のように、もっと古い時代のモチーフが使われることもある。このモチーフの布は、ジャワの王朝時代には、王族だけがその節倹の徳義を象徴する要素として着用を許されたのである。伝統的方法では、バティックの蠟引きは女性たちがチャンティン（*canting*）と呼ばれる小道具を用いて、あたかもペンで字を書くように行う。事実、この繊細で時間のかかる細部の装飾は、「書く」を意味する語根のトゥリス（*tulis*）という言葉で呼ばれる。非常に精巧なバティックは製作に六カ月を要し、売り値は数百米ドルに相当する。開発専門家たちは銅のスタンプ（押し型）を使う新技術を導入したが、このスタンプは別個に機械で製造されたもので、たいていは男性が使用し、バティックをより速やかに製造するため、大きなブロックごとに蠟付けを行う。これらの技術はどちらも高い芸術的才能と熟練が必要で、そのためにバティックは高級な芸術と見なされる。さらに最近では、シルクスクリーンと伝統的バティックのモチーフのプリント技法が普及し、生産費と販売価格の低下を招いている。アンはまた、影絵芝居ワヤン・クリット（*wayang kulit*）の上演に使われる手作りで手塗りの革製人形の製作も調査した。「ムルワカラ」（Murwakala）のように、演じられる物語のいくつかは実のところ、邪悪な神（カラ：Kala）が弱い子どもなどを襲うのを防ぐことを意図した儀式である。たいがいの場合、物語は「マハーバーラタ」に由来し、ふつう人形たちは王、悪霊、貴種の英雄などこの叙事詩の登場人物を表現している。なかには、道化師として登場するが、実は最古のジャワ的役柄で、ときには最強の存在でもあるような別格の登場人物も見られる。人形を刻むための線描は、ワヤン・クリットに造詣が深く登場人物やその他の象徴的幻影について知り尽くしている人形遣いか芸術家が行わねばならず、硬い革から人形を刻む職人は非常に緻密で、込み入った描画にたけた人々でなければならない。

これらの工芸品はどれを採っても興味深い博士論文を生み出すことだろうが、アンはそのうち鍛冶業を選んだ。私が思うに、鉄を火中で熱し、供え物を捧げる神聖な場所である金床の上で加工する鍛冶業は、最も複雑な製造作業だからだ。考古学者たちによればこの工芸は約二千年前にまで遡り、例えばスクー寺院のように、ガネシャのような神やビマのような貴種の英雄を鍛冶屋として描いた寺院のレリーフの実例が存在する。鍛冶屋が作る品目の大半は、日用品の金鎚、刃物、鍬、犂の刃など、とても便利だが平凡で散文的なものばかりだ。しかし、その技能には、流れる水のようにきらめく複雑な紋様をもち、黒ずんだ層と銀色に輝く層とが交互に重なった鉄で出来た美しいクリスの製作のように、次元の異なる側面も存在する。これらの紋様にはそれぞれ名前と意味があり、各々のクリスには独自の性質があって、そのクリスがもつ力が持ち手を傷つけることがないように、持ち手の性質と釣り合っていなければならないのだ。いったい、そのように豊かな逸話に抗うことのできる者がいるだろうか。[2]

まずはアンの論文の三つの章を、別々に処理するため切り離すことから、本書についての私の作業が始まった。第一章は国際開発の仕事に携わる者が読むのにふさわしく、オランダ植民地時代から一九六〇年代末までの開発政策担当者たちの誤謬と成果を取り上げている。第二章「金属加工工業の社会経済組織」では、非常に複雑な活動をアンは珠玉の明晰さで説明している。第三章はジョクジャカルタ特別州グヌン・キドゥル県のカジャール村に関する記述であ[3]

る。アンが繰り返し訪問し、電気が入り急な山道が改善されたころに起きた変化を追跡したのは、この鍛冶村落である。

第四章「関連のマクロデータ」は、何年ものあいだの鍛冶屋の増加のような趨勢を把握しようとする者にとって必読の文献だ。この章を読むのは骨が折れるかもしれないが、その執筆は著者にとってもひどく手間のかかる仕事であった。アンは、有益な洞察を得るために注意深く発掘した大量のデータを扱っている。例えば、一九七四—七五年と一九八六年に行われた全国調査の数値の比較からは、「家内工業」（世帯構成員だけを労働者として使用）に分類された鍛冶（企業）が減少したことが示される。だがアンは、この減少は架空のものだと指摘した。家内工業の鍛冶屋のなかには、二つの全国調査のあいだに規模を拡大して雇用労働者を採用したために別のカテゴリーへと上昇したものがあり、この種の企業では労働者数が減少ではなく増加したからである。彼女はまた、実際に雇用が減少した場合も、それは農村地域への電気の普及とそれに伴う労働節約的技術の導入を反映するもので、その結果、同数の鍛冶企業が以前より少ない労働者を用いて以前より多くの用具を製造できるようになった可能性がある、と指摘した。細部への几帳面な注意と鍛冶業に対する熟知のおかげで、アンは読者をデータの迷宮のなかで首尾良く導くことができた。人類学者にとって、大量の（つねに信頼できるとは限らぬ）統計を精査することは、聞き取り調査の相手たちとの個人的関係から得た情報を扱うように愉快な仕事ではないのがふつうだが、アンはこの点で明らかに例外だ。

第五章「政府による介入」は、成功したプログラムと無効だったプログラムの双方を取り上げており、開発専門家や政策立案者にとってとくに興味深いはずだ。最終章「結論と開発論上の含意」は、一四年間にわたるアンの熱心で丹精を込め、そして成果を挙げた努力の結果を総括している（調査研究を実施する間に彼女が携わったさまざまな仕事や活動を列挙した「付録」を参照）。

アンは、私がこれまで知るうちで最も勤勉な人々の一人だが、焦り苛立つような素振りは決してなく、いつも真心を込めて人の役に立ち、同輩の言葉に進んで耳を傾け、他の文化の観点から人々が世界を見る流儀に偽りない敬意を払った。彼女がこれらの特質を彼女の子どもたちにも遺伝させたことは明らかだ。そのうえ、彼女がジャワで過ごした年月に繰り返し訪れた村の人々は彼女の友人となった。逝去のときに、ジャワはハワイと同じように彼女にとって故郷のような土地だった（一方、ニューヨークはただ寒過ぎた）。

成人してからのアンは生涯を通じて、この世界のなかで社会の主流から取り残された人々の救援のために働いた。そのなかには、四、五歳で働き始め、高齢になるまで働き続けながら一方では家族を助け、他方では村のなかの良き隣人であるような人々が含まれる。彼女は、自分の子どもたちを同じ理想に従って生きるように育てた。そして私たちにとって幸いなことに、息子のバラク・オバマは彼女の教えをよく学んだ。一個人として私は、アンが彼に及ぼした影響に対して、永遠に感謝したい。自分の書いた論文に目を通しているとき私は、一九八四年二月付のアンの手紙を見つけた。そのなかで彼女は、息子の「バリー」［オバマ氏］が発展途上国の社会、政治、経済事情についてコンサルタント業務を行う会社で働いている、と記している。さらに彼女は、「息子は国際金融と国際政治について多くのことを学んでいるようです（…）そういう知識は将来、彼にとってたいへん有益になるだろうと私は思います」とも述べた。しかし、これがいかに先見の明のある言葉であったかを知るのに十分なほど彼女は長生きすることができなかった。本書により、世界中の男女の職人たちを擁護したＳ・アン・ダナムの仕事が継続されることを希望する。

### 注

［1］シンタを誘拐した魔王ラワナ（Rawana）と戦って敗れた鳥王ジャタユ（Jatayu）を指す。

［2］第六章［6］を参照。

［3］原著では ...to the late 1900s となっているが、第一章の実際の内容に照らして明らかに ...to the late 1960s の誤記である。翻訳では「一九六〇年代末」に訂正した。

ナンシー・I・クーパー
（ハワイ大学客員准教授）

S・アン・ダナム（私にとってはアン・ストロで通っているが）は本書で、カジャールと呼ばれるジャワの鍛冶村落を記述している。この村は、私が一九八九―一九九〇年に女性の歌手たちの調査中に滞在した村落から約九km離れたところにある。いずれの村落もグヌン・キドゥル（「南の山々」の意）県に属するが、この県はジョクジャカルタ特別州の面積で四六％、人口で二二％を占める（一九九〇年）。当時、私たちは二人とも博士課程の大学院生で、アリス・G・デューイが私たちの指導教員だった。私たちはこの時期、アンの娘マイヤが夏休みで訪れたときや、そこで行われる国際会議に二人とも出席するときなどに、ジョクジャカルタ市で出会う機会がたびたびあった。ジャワからシンガポールへのある旅行の折りには、私が是が非でも必要としていたコンピューターの設備一式を気前よく持ち帰ってくれた。また別の機会には、（ジャワの王子と結婚するスマトラの花嫁の一族と、コンサルタントの仕事を通じて知り合いだったので）王宮での結婚披露宴に誘ってくれたこともあった。当時、私たちはまったく異なるアプローチと題材に取り組んでいたため、どちらもそれぞれの研究に大きな共通点があることにまだ気づいていなかった。簡単に言うと、アンが村落生活の実用的で物質的な側面に重点を置いたのに対して、私は表現文化と音楽家たちにおける男女の性差にもとづく関係に焦点を置いていた。

もちろん文化の多くの側面は、人類学者が「全体論的な様式（ホーリスティック）」と呼ぶ形で相互に関連しており、私たちのプロジェクトも実は交差していたのだ。例えば第三章でアンは、カジャールの年中行事のひとつであるブルシー・デサ（村を浄める祭り）について記述しているが、その最中には影絵芝居が上演され、その伴奏を行う土着のガムランの楽団には、私の調査対象であった歌手たちが参加していたのである。また彼女は、鍛冶業の男の領分で働く女たちの独特な表情を、これら歌手たちの表情と比較して次のように述べている。「それは、周囲から誤解を受けるかもしれない『露出した』姿勢の女が採る、ある種の防衛的表情のように見える」。また彼女が調査した鍛冶職人の一部は、ガムラン楽団が演奏する銅鑼などの楽器も製作していた（本書口絵を参照）。グヌン・キドゥルで一九九〇年代に普及した音楽のあるジャンルを私は最近調査したが、その分野の音楽の呼び名である「チャンプル・サリ」は、アンの著作で述べられた、キャッサバと陸稲の慣習的混作を指す用語としても用いられている。「チャンプル・サリ」は文字通りには「精髄の混合」を意味し、グヌン・キドゥルの農村住民の間では、文化的な連結や混合を指す便利な隠喩として用いられる。

　水資源が限られ、農地も乏しいこの乾いた丘陵地帯に暮らすため、アンの博士論文の副題を言い換えると、「生き残り栄える」のを学ぶことに人々はことのほか抜け目なく創造的でなければならなかった。この地域で私の知る村人たちの大半は、木と竹で造られ、床は土間かコンクリート製で、給排水設備はなく、ときには電気もない家屋に住んでいた。調理用コンロに使う灯油の費用は大半の家族の資力を上回るため、床に大きな石を四角形に並べ、そこで枝を燃やして上に並べた鍋釜で煮炊きをする火力を得ていた。比較的裕福な家族は井戸をもち、食料の一部を自給するために小規模な作物栽培を行い、教師、役人、建設労働者などとして賃金を稼ぐ仕事に従事した。歌手業も、非常に特殊で季節的だが、比較的実入りがよく、声望が高い職業だった。鍛冶業は、霊的な力に結びつき、干ばつや飢饉のときにも農村家族を支えることができるもうひとつの非農業的職業であった。それゆえ私は、自分の直接的観察から、村の暮らしと経済と人間関係についてのアンの記述が正確で洞察に満ちており、その明晰さによって、僻遠の地における農村生活の有様を読者が理解するのを助けることを確言できる。私自身が農村的環境で育ち、苦境に耐えて生き延びることをいくらか承知していたので、労働者階級的背景をもつアンは農村生活の物質的現実とともにその気風（エートス）をも把握できたと実感する。グヌン・キドゥルでの研究において、アンと私はともに、環境的かつ構造的な現実のために長らく苦境に直面しながら、その個人的および協同的な行動力によってそれに打ち勝ってきた庶民たちの姿を描いたのである。文化人類学者として私たちはともに、乏しい資源しかもたない農村の人々が示してきた顕著な創意工夫、勤労倫理と企業家精神を学んでいた。手と声のいずれを用いるのであれ、また精巧なクリスと聴衆の涙を誘う感動的詩歌のいずれによるのであれ、彼らが自分の身体、心、精神から産み出すものは、世界の特定の一角で人間であることの最良の証を示している。

アンは第一に文化人類学者であり、第二に（人々がどのように財を生産、分配、消費するかを研究する）経済人類学者であり、第三には、純学術的というよりも、庶民の救済を任務とするさまざまな慈善団体や政府機関のためのコンサルタントとして働く応用人類学者であった。一個の学問領域としての人類学の顕著な特徴のひとつは、いずれも広い意味での人間性を象徴する異なる生活様式について、きめ細かく個人対個人の次元で焦点を当てることだ。人類学の四つの下位分野のひとつである文化人類学は、人間的特性のうち最も際立った特徴である文化、つまりこの世で生き延び栄えるための、他の動物にはない人類固有の方法と人類学者が理解しているものの創造と利用に焦点を当てる。文化の定義にはさまざまな方法があるものの、それは人類の集団が発展させ利用してきた共通の慣習、態度、知識の配列を包含する概念である。特定社会の文化を構成するこれらの要素の大半は、それぞれの生活を営む個人間の日常的交流から派生し絶えず生じている動態的変化のなかで、相互に作用している。文化的要因は絶え間なく変化するにもかかわらず、水の流れが渦巻きと淀みを作り出すのと同じように、一定期間存続するパターンが出現するのだ。機能するものとしないものを識別するために、アンはこれらのパターンを分析し、その原因と帰結のいくつかを記録した。彼女はそれをたいへん明敏にやってのけたので、経済や鍛冶業の技能と工芸、あるいは農村的生活様式に関心があろうとなかろうと、また世界のなかのこの地域になじみがあろうとなかろうと、読者は何か有益なものを感じ取ることができるのだ。

第三章で、面接調査の際に村人たちが物語った一連の天災や事件をアンが真に民族誌的なスタイルで際立たせているのを読むとき、フィールドワーク期以前のインドネシアの歴史を我々は垣間見ることができる。これらは、祖先たちと彼ら自身の人生におけるいくつかの里程標として、彼らの集団的記憶のなかに留められている。これらの出来事のなかには、ジャワより東に位置するスンバワ島における一八一五年のタンボラ山の爆発から、ジャワ島の西側におけるクラカタウ島の一八八三年の爆発を経て一九一二年の名称不明の火山爆発による「第三の降灰」に至る、数回の火山爆発による降灰――地元の言い方では「灰の雨」（*hujan abu*）――が含まれる。

村人たちは、オランダによる長い経済支配と植民地統治の時期を「オランダ時代」と呼び、第二次世界大戦中の日本軍による占領期を「日本時代」（*jaman Jepang*）と呼んでいる。ジョクジャカルタ市からグヌン・キドゥルのウォノサリ町への道を旅するごとに私は、この占領期を思い起こす。かつて日本軍のための労務者として徴発された村人たちが建設し、今では雑草が生い茂ってヤギが草を食んでいる古い滑走路の前を通過するからだ。この時代が住民たちにとって不快で恐ろしかったと同時に、いくつかの予期せぬ利益ももたらしたことを、アンは独特の公平さで指摘している。

ナショナリズムも発展しつつあったので、日本時代が終わるとインドネシアの指導者たちは、一九四五年八月一七日、スカルノにインドネシア国民を代表して独立を宣言させることにより、好機をとらえた。しかし、オランダは戦闘なしに支配を放棄することを望まず、独立戦争が勃発した。一九四六年からオランダが敗北を認めた一九四九年末まで、村人たちの言葉で言う「第一次『軍事衝突』の時代」すなわち一九四八年のオランダ軍によるジョクジャカルタ侵攻[4]によって中断されたのを除き、ジョクジャカルタはインドネシアの首都だった。有名な歌手であるチョンドロルキト夫人（Nyi Tjondroloekito）への私の聞き取り調査でも語られたように、この重要な事件は地元では神話化されている。夫人によれば、オランダ軍の奇襲部隊がジョクジャカルタの宮殿に侵入しスルタン・ハメンクブウォノ九世に対面すると、スルタンは「私の生死は人民と一体だ」と述べたという。「第二次『軍事衝突』の時代」とは、一九四九年のインドネシア軍によるジョクジャカルタの奪回を指す。

一九六二―六三年の「ガブルの時代」（*jaman gaber*）の後には、ジャワのすぐ東側にあるバリ島のアグン山の爆発による「第四の降灰」が続いた。一九六五年にはスカルノの旧秩序政権が破滅的な終焉を迎えたが、それは、その後に共産主義者の嫌疑を掛けられた庶民の虐殺を引き起こしたクーデタの企てによって早められたのである。この虐殺のなかには、グヌン・キドゥルでの殺戮も含まれていた。カジャールの住民たちは、これを「ゲスタプ（九月三〇日事件）の時代」と呼んだ。[5]この記憶は今日まで多くの人々の精神の傷（トラウマ）として残り、公然と論じられることはまれである。スハルト大統領の新秩序政権はこの国民的悪夢のなかから出現し、アンの寿命を超えて存続したが、一九九八年にアジア経済危機がもたらした経済崩壊に続く暴動と改革の要求によってようやく終結した。

ジョクジャカルタは、独立闘争におけるその役割により、現在のインドネシアにおける比較的大きな自治権と特別州の称号を手に入れた。その功績の多くは、当時スルタンであったハメンクブウォノ九世（世界を膝の上であやす者、の意）に帰せられる。彼はパク・アラム侯八世[6]の助力を得て、M・C・リックレフス（『近現代インドネシア史』、一九八一年、二ページ）によれば、ジョクジャカルタの「村落行政を（…）おそらくインドネシアで最も開明的なもの」にする改革をすでに策定していたのである。この現代的洞察力は、ジョクジャカルタのスルタンの家系が古代にまで溯る伝統に浸っていることを考えると、際立つものだ。このスルタンはさらに、のちにその職からは退いたが独立後のインドネシアの副大統領となり、また新設されたジョクジャカルタ州の知事ともなった。その息子で、現在のスルタン・ハメンクブウォノ十世も公明正大な州知事として知られ、州内の多くの人々にとって、その豊かな文化的伝統を象徴するカリスマ的人物と見られている。一九九〇年代末に彼は、民主的改革を求めて学生や住民とともにジョクジャカルタの市街を行進し、仏教徒、ヒンドゥー教徒、カトリック信者、プロテスタント信者が一堂に会する大規模な祈禱集会を宮殿で開催した。こうしてジョクジャカルタ州は、現在まで安全な平和的中心の地位を保ってきた。それゆえ、中部ジャワの宮廷がもはやかつてのような伝統的権力を行使していないにもかかわらず、グヌン・キドゥルを含むジョクジャカルタの住民たちが、アンの時代のスルタン王制に強い一体感を抱き、現在もそれが続いているのは、なんら不思議ではない。

アンが記した物語のなかで私が気に入っている一節は、カジャールの鍛冶業協同組合長のサストロ氏が、スルタン・ハメンクブウォノ九世の驚くべき来訪の前の晩に見た夢と、大きな霊力を具現化したと考えられるスルタンとの直接の接触がもたらした結果についての話である。それは、対象との十分に親密な関係を築き、信頼された聞き手だけが引き出すことのできる内輪の物語なのだ。読んでいて楽しくなるこの話は、伝統的ヒエラルヒーのなかでの不平等な地位にもかかわらず、支配エリートに多くの農村住民が抱いている緊密な一体感を明示している。その不平等は植民地主義によって増幅され、植民地以後(ポストコロニアル)の時代には現代的形態の社会階層に形を変えているにもかかわらず、そうなのだ。地位と階級の境界を越えて、家族、労働、霊性、音楽と舞台芸術、そして金属の鍛造や加工の能力について同様の姿勢が存在したのだ。グヌン・キドゥルにおける鍛冶屋と音楽家たちの生活とは、人間たちの意図と実践という一枚の布、あるいはまったく異なる才能、願望と能力をもつ人々を彼らとその先祖たち自身が作り出した一つの世界観に結びつける一枚の布のなかの異なる糸なのだと、言うこともできよう。独自の模様と色彩と生地をもつそのような文化の織物は、いかなる社会のそれとも同じように、人間たちの願望と主体性、創造性と勇気を糧として成長する。アンは本書を通じて、この農村的世界観を後世のより大きな国際社会に向けて巧みにまた正確に表現しており、彼女がここで描写した人々の生活は、生活や心情が類似する世界中の人々の心に伝わることだろう。

私がどのようにしてアリス・G・デューイとともに本書の編者を務めることになったのか、簡単に触れておきたい。学業を終えてシンガポールとカリフォルニアで長年勤務したのち二〇〇五年に私は、かつてほぼ毎日アリスと接していたハワイ大学で教えるために戻ってきた。ちょうどその前にマイヤが彼女に接近したのと同じように、ある日アリスは私を訪れ、山積みになったフロッピーディスクの束を、膨大な原稿を編集するのにもっと使いやすいものに変換する方法を知らないかと尋ねた。彼女はアンの博士学位論文を編集し、それを一冊または数冊の書物として出版することを計画していたが、その原稿のディジタル・コピーはと言えば、マイヤが彼女に手渡した古いフロッピーディスクのなかに保存されているだけだったのだ。アリスが、今度は誰か他の者が彼女のために変換した一枚のコンパクトディスクを携えて再び私を訪れ、たがいに膝を交えて編集作業を始めたいと要望したとき、このプロジェクトに着手するアリスの動機と決意がいかに固いかを私は即座に理解した。すでにあまりに多くの授業と学内行政事務に追われていたにもかかわらず私は、いったいそのための時間をどうやって見つけるかの見当もつかないまま、これに同意した。ある日私たちは着席して、学位論文を一冊の本に改訂するためアンが自分自身のために作成した指示書に従い、膨大な原稿の削減を開始した。少しずつ、時間が空いたときにはいつも、私がプリントアウトしたハードコピーにアリスが書き込む修正案を、さらに私がコンピューターに入力する作業を行ううちに、私は編集のあらゆる作業にもっと身を入れていくようになった。こうしてプロジェクトはきわめて控えめで散発的な形で、当初は資金もなしに、かつて学生であり同僚であった人に敬意を表するため、無償の奉仕活動に従事する退職教授と補佐役の手で開始された。プロジェクトの初期段階では、アンの息子がやがて合衆国大統領になろうなどとは思いもよらなかった。私たちはただ、アンの著作が出版に値するが、家族と仕事をもつマイヤは出版を実現できる立場になく、またコンピューター操作を身につけないことにしていたアリスには技術的支援が必要だろう、と考えたに過ぎなかった。幸いなことに私たちは、集中的な編集作業の段階での経費を負担するために、ハワイ大学シドラー・ビジネススクールの国際経営教育・研究センター（CIBER）から助成金を得て、出版社についても考え始めた。

やはりそのころ、女性研究学科が主催した出席者多数の討論会でアリスとブロン・ショーヨム、そして私がアンについて述べたあと、アメリカ人類学会（AAA）の大会でもアンを記念するパネルディスカッションを組織することに私は決めた。私は学科長のジェフ・ホワイトに、パネルへの関与を助けてくれそうなAAAの人物への斡旋を依頼した。アリスの八〇歳の誕生日に、ちょうど私の研究室の外で私たち数人がお祝いのケーキを食べていたときに、電話が鳴った。それは、AAA二〇〇九年大会の共同実行委員長デボラ・トーマス氏からの電話だった。彼女は最終的にパネルを非公開討論会として公認するのを手助けし、私をデューク大学出版会のケン・ワイソカー編集担当理事に紹介してくれた。何回かの審査とデューク大学出版会の多くの熱心な関係者の多大な尽力を経て、本書がしだいに出来上がっていった。

アンが博士論文を提出した一九九二年以降、再帰性（reflexivity）という用語のもとに、人類学者がフィールドでの個人的経験の記述を著作のなかに盛り込むことがますます一般的になっていった。一部は彼女の時代の慣例のために、また一部は彼女の専門が経済人類学でその題材が数量化の方法をふんだんに用いるものだったために、アンは彼女の個人的経験を直接に記述することはしなかったが、読者は彼女の存在を本書の至る所で感得するはずだ。彼女の仕事を垣間見ることができるように、彼女がジョクジャカルタからアリス宛てに送った初期の手紙に加えて、彼女自身が手書きで綴ったフィールドノートの抜粋のいくつかを、本書に再現することにした。アンが個人的にもっていたジャワのクリスの最近の写真も収録した。クリスの製造は、鍛冶職人の頭領が切望する至高の仕事である。それは霊的潜在力とそれにふさわしい儀礼、そして一年にわたる作業期間を必要とする。カジャールというありふれた村名も実は、池の底の水中に沈んだ石からクリスの像が自然に浮き出て見える聖なる泉の名前に由来している。アンは「この短剣の姿こそカジャール村の男が鍛冶職人になることを運命づけられた証拠だと村人たちは見なしている」と記した。優美なニッケルの薄片の紋様（*pamor*）と黒い錆びを帯びた部分が並んだ鍛鉄製のアンのクリスは、彼女自身に備わった力と美をも表している。彼女は、自信に満ちながら同時に控えめでもある力強い外見とともに、人にはほとんど見せない内面的な優しさと傷つきやすさを兼ね備えていた。専門家としての彼女は、素朴にいつもの自分であることにより、文化の差違を超えて彼女の鋭い知性と現実主義を誠実に、かつ比較的容易に伝達することにどうにか成功していた。私が思い出す彼女の元気な最後の姿は、一九九〇年八、九月にジョクジャカルタで開かれたインド洋・太平洋地域先史学会（ＩＰＰＡ）第一四回年次総会でのものだった。アンがいかに熱心に各報告者の発表に聴き入り、広範囲の話題について豊富な知識をもち、世界中から集まった学者たちとよく交流していたかを思い出す。もしアンがもっと長生きしていれば、彼女の遺産がすでに授けている以上の大きな業績記録を、人類学、開発学、マイクロクレジットの分野で残したであろうことは、彼女をよく知る者たちのあいだでは疑いの余地がない。私たちのようにインドネシアでオラン・ブサール（*orang besar*：偉大な人物）となった彼女を知る特権にあずからなかった多くの人々のために、本書は彼女の遺産を明らかにする一助となるに違いない。

## 注

［4］第三章［40］を参照。

［5］第三章［43］を参照。

［6］パク・アラム（Paku Alam：「世界の釘」の意）侯家は、ジョクジャカルタのスルタン王家の分家で、独自の屋敷を領内に構えている。インドネシア独立後は、スルタンがジョクジャカルタ州知事に、パク・アラム侯が副知事に就任する慣例が続いている。

# 編者からの謝辞

このプロジェクトで私たちを支持してくださった多くの人々に謝意を表すとともに、ここでは直接の貢献者数人のお名前を挙げるだけにとどめることを残念に思う。まず最初に、S・アン・ダナムを記念した討論会を組織し開催してくださったハワイ大学女性研究学科、とくにアヤ・キムラ氏とメダ・チェスニーリンド氏に御礼申し上げる。メダ氏はまた、本書の編纂を集中して行う期間に資金助成を頂いたハワイ大学国際経営教育・研究センター（CIBER）のシャーリー・ダニエル所長に私たちを紹介してくださった。編纂の仕事を記録的短時間で達成するのを可能にしてくれたこの資金助成を、私たちは大変ありがたく思っている。

初期の段階では、ジャン・レンセル氏と故ニナ・エトキン氏から、編纂の手順や出版社へのアプローチと選択について全般的助言を頂き助けられた。不幸にして、ニナ氏は完成した本書を目にすることができなかった。

ハワイ大学人類学科から、設備、事務所用スペース、不定期に必要な事務的補助の提供を受けたことにも感謝する。ジェフ・ホワイト学科長は当初から協力的であり、アメリカ人類学会（AAA）の職員たちを動員し、フィラデルフィアで開かれた年次大会にパネルを準備して本書を売り出すことができるよう尽力してくださった。エレイン・ナカニシ氏は、人類学科の事務主任と実質的マネージャーとしての彼女の平常の職務どおりに、友好的で生産性を高める作業環境を創りだしてくださった。彼女が一日の勤務終了後も職場に残り、私たちが新しい原稿の最初のコピーをプリントするあいだ、コピー室を開けておいてくれたことを決して忘れない。管理業務と会計業務の専門的補助員であるマルティ・カートン氏は、激務にもかかわらず私たちの内密の相談役と仲裁役を買って出てくれた。学生アルバイトのクリステン・イゲとエリザ・ウダニは、文書のスキャンやファックス送信、その他多くの作業を喜んで手伝い、私たちの負担を軽くしてくれた

ジョン・L・ジャクソン・ジュニア氏とともにAAA二〇〇九年大会の共同実行委員長を務めたデボラ・トーマス氏（お二人ともペンシルバニア大学の人類学者）は、本稿執筆までに直接お目にかかる機会はなかったにもかかわらず、温和で友好的かつ真摯な姿勢で私たちとのやりとりに応じてくださった。そして、本書の出版社候補としてデューク大学出版会を勧め、同出版会の編集担当理事ケン・ワイソカー氏への紹介の労を取ってくださったことには、いくら感謝しても足りないくらいだ。

熱心に本書の企画に取り組んでくださったワイソカー理事と、その他多くのデューク大学出版会の方々にも感謝するとともに、ここでは主要な数名のお名前しか挙げられないことを残念に思う。同出版会のフレッド・ケイムニー編集課長は、この企画の原稿整理編集者の役割を引き受け、私たちが草稿を提出してから彼の提言付きでそれが送り返されてくるまでほとんど休む暇もなかったほどの速度で仕事を進めてくださった。彼の素晴らしい仕事ぶりは、私たちの作業を大いに軽減してくれた。学術書としては異例のことだが、その内容について意見の不一致はほとんどなく、出版会のすべての皆さんと私たちの関係は非常に良好だったため、この仕事はたいへん容易で楽しいものになった。私たちがやりとりしたすべての人々につき、各々その背後の舞台裏で精勤するもっと多くの人々が実在したことを私たちは承知しており、彼らの仕事も同様に有り難く思っていることをここで伝えたい。

研究者と一般読者の双方が求めるであろう事柄について有益な提言と助言をくださった匿名の草稿査読者たちにも、謝意を表したい。同業の人類学者でインドネシア研究者でもあるロバート・W・ヘフナー氏は、当初からこの企画を熱心に支持して草稿に目を通し、ついには解説を書くことまで同意してくださった。彼が多くの責務を抱え、信じがたいほど多忙なスケジュールに追われていたにもかかわらず、理にかなったきめ細かくて迅速な助言を頂けることを承知している私たちは、あらゆる質問と相談を彼に気安く持ちかけたのだった。

文書保管の専門知識をもつブロン・ショーヨム氏が、写真とフィールドノートを分類し、彼女の所有する写真をも利用可能にして、一般的な助言と支援にも応じてくださったことに私たちは感謝する。ジャワのクリスに関する専門家であるギャレット・ショーヨム氏は、親切にも私たちの要望に応えて、アン個人がもっていたクリスの写真を直接撮影し、本書に収録することを可能にしてくださった。

デューク大学のジョン・ホープ・フランクリン・センターが、同センターの学際的・国際的使命に合致したため、アンの著書を優れた研究書として認めたことにも私たちは感謝する。

マイヤ・ストロ・インは、彼女の母の著作と名誉を私たちに託し、私たちの知る最も多忙な人物の一人であるにもかかわらず、私たちが彼女を必要とするときには必ず会えるようにしてくれた。彼女の私たちへの信頼が、この企画に最優先の順位を与えることへの、さらなる動機づけを与えてくれた。

これらすべての友人と同僚が、私たちと同じく本書の完成を喜び、その製作過程における彼らの役割にどんなに私たちが感謝しているか、理解してくださるのを望むのみである。そして我々の最も深い感謝は、今はなき私たちの友人で同僚のS・アン・ダナムその人に向けられねばならない。彼女の見事な仕事がなければ、この企画は何ひとつ実現しなかっただろう。

# インドネシアの農村工業　目次

序文（マイヤ・ストロ・イン）　i

編者まえがき（アリス・G・デューイ／ナンシー・I・クーパー）　v

編者からの謝辞　xxi

謝辞　xxxi

第一章　序論　1

用語について　5／農民的工業とその「不可避的消滅」に関するオランダ植民地政府の見解　9／二重経済論と農民的工業に対するブーケの見解　11／経済的政治的混沌への対処：一九三〇―七〇年18／米国の社会科学者とモジョクト・プロジェクト　20／生まれ変わったブーケ：農民工業、インボリューション、離陸（テイクオフ）に関するギアーツの見解　22／近代化理論と公共政策への影響　29／緑の革命と社会的公正の問題　32／スハルト大統領の新秩序政権下での工業政策　36／一九七〇年代の社会科学――ギアーツ、そして緑の革命への反応、非農業部門の成長とプッシュ－プル論争　38／規制緩和圧力と農民工業に及びうる影響　42／一九八〇―九〇年代における農民の繁栄　44／情報源　46

第二章　金属加工工業の社会経済組織　53

企業の立地と分布　55／労働力の構造　58／労働条件と賃金　64／女性と子供の労働の使用　70／階層　74／企業家と企業家精神　83／補給、マーケティングと輸送　87／季節変動と労働の持続性　91／技術の変化と労働生産性　95／若干の特別な技術的問題　98／収益性　100

第三章　カジャール――ジョクジャカルタの鍛冶村落　107

位置とアクセス　109／地理　110／村の物理的構成　113／村落行政　116／人口統計　118／農業部門　122／古代の遺物　128／伝統的社会階層　135／祭式と儀礼　140／二〇世紀の鍛冶産業史　146／有力派閥　155／一九七七―七八年と一九九〇―九一年のあいだの経済変化　166

第四章　関連のマクロデータ　183

いくつかの一般的な経済動向　185／利用可能なデータセット　189／インドネシアの産業分類コード　195／マクロデータからのいくつかの結論　197／結論の要約　231

第五章　政府による介入　241

五カ年計画　243／輸入をめぐる規制環境　246／密輸の影響　254／規制環境——輸出　255／金属原料の製造と貿易　257／規制環境——投資とライセンス供与　260／規制環境のまとめ　266／工業省　268／工業省の普及指導員　270／鍛冶企業のためのプロジェクト計画　273／プログラムの主要素の批判的分析　277／金属課長との面接調査　295／農村銀行プログラムとその影響　298／米価支持政策と補助金　304

第六章　結論と開発論上の含意　311

マクロデータベース改善への提言　345／輸入規制と許認可規制の改訂への提言　346／普及事業改善への提言　348／いっそうの調査への提言　350

付録　この研究に関連して筆者が携わった他のプロジェクト　357

参考文献　363

解説（ロバート・W・ヘフナー）　383

訳者あとがき（前山つよし）　401

監訳者あとがき（加納啓良）　407

金属加工業用語集　433　　索引　443

# インドネシアの農村工業

凡　例

一．本書はDunham, S. Ann. *Surviving Against the Odds: Village Industry in Indonesia*. Durham, NC: Duke University Press, 2009. の全訳である。

二．＊印を記した数字は原注を、［ ］内の数字は訳注をそれぞれ示す。また本文中の［ ］は文章の理解を容易にするために訳者（監訳者）が適宜加えた補足説明である。

三．本文中、インドネシア語、ジャワ語、オランダ語など英語以外の語（固有名詞を除く）についてはイタリック体とした。

四．原著における明らかな誤記、誤植は訂正し、必要に応じて訳注を補った。

# 謝辞

本書を完成させるうえで、以下の方々から大きな支援を頂いた。

・ジョコ・ワルヨ技師（Ir Djaka Waluya）*とスマルニ修士の夫妻チーム。彼らはカジャール村における私の最初の現地調査助手として働き、ジャワの農村生活に関わるさまざまな事柄を説明してくれた。ジョコからは、描画と地図作成でも支援を得た。

・アリス・デューイ。私の博士論文審査委員会主査で、ジャワ文化に関する洞察を惜しみなく披露し、一九九一年のカジャール村現地調査を含め、ジョクジャカルタへの数回の現地調査旅行に同行してくださった。

・イ・マデ・スアルジャナ。ジョクジャカルタを拠点とするジャーナリストで、カジャール村とバトゥール村での追加的データ収集を助け、バリ人の思想と文化についての数多くの洞察を提供してくださった。

・ギャレットとブロン・ショーヨム。用語集についてのコメントとともに、クリスを初めとするジャワの工芸品とバリの文化に関する刺激的な議論を披露してくださった。ギャレットからはまた、ある学生による有益な内容の未公刊論文を快く貸与して頂いた。

インドネシア共和国政府工業省には、特別な恩義がある。本書に記された同省への批判はいずれも、自分は部外者ではなく内部関係者であると思っている筆者が建設的な精神にもとづき提案したものである。小規模工業の研修・指導を行う同省の特別部署であるＢＩＰＩＫ［二七二ページを参照］は、一九七七―七八年の期間に私がジョクジャカルタ地域で行った最初の調査のインドネシア側後援機関だった。一九七九―八〇年に州レベルの開発計画の業務に従事したときには、スマランにある同省出先事務所が私に住宅を提供してくれた。一九八八年には、インドネシア国民銀行のために非農業企業の調査を行ったときは、同省の八つの県出先事務所の協力を得た。長年にわたり、同省のヒエラルヒーのすべてのレベルの職員多数が、技術と開発の諸問題についての討論に応じてくれたうえ、彼らの知識と経験にもとづく便益を提供してくれた。彼らの惜しみない支援がなければ、私は本書で取り上げた村々の位置を特定することすらできなかっただろう。これらの職員全員のお名前を挙げることはあまりに数が多過ぎて不可能だが、とくに以下の方々に謝意を表したい。

・フェリック・レンコン技師。一九九一年当時の同省金属課長。多忙のなかを長時間のインタビューに時間を割いてくださり、同課が実施した非公刊の有益な調査結果を提供してくださった。

・リアント技師。一九七八―七九年におけるカジャール村担当のＢＩＰＩＫ野外業務職員。現在はジョクジャカルタの州出先事務所に勤務。

・イ・マデ・ジャヤワルダナ。バリのギアニャール県における野外業務職員で、一九八八―九一年の同島での、数回にわたる私の工業村調査旅行を手配し、同行してくださった。

一九七七―七八年の現地調査の実施にあたり、私に助成金を拠出してくれたイースト・ウェスト・センターにも感謝する。同センター資源研究所のプログラム・オフィサーであるメンドル・ジュナイディ氏は、報告書の最終執筆作業の段階でも支援サービスを手配してくださった。

出版物からの図版の転載を認めてくださった、以下の著作権保有機関にも謝意を表する。コーネル大学東南アジア研究プログラム、イェール大学出版会、ナショナル・ギャラリー・オブ・アートの評議員会、アジアソサエティ・ギャラリーズ、ハーコート・ブレイス・ジョバノビッチ出版社オーストラリア支社、ランダムハウス、オックスフォード大学出版会。またハルヨノ・グリットノ氏からも、私家版の本から図版を転載するのを許可するというご厚意に浴した。

最後になるが、すべての人類学者は、聞き取り調査の相手たちへの恩義に謝意を表さなければならない。インドネシアの村人たちは常に友好的で快活であり、多くの隣人や子どもたちが戸口に群がったり窓から覗き込んでいるときでさえ、彼らの企業と個人的懐具合に関するたくさんの質問に進んで辛抱強く答えてくれた。インドネシアに滞在中、村人から不作法な扱いを受けたり、不快な現地調査の経験をした記憶はついぞない。

私は、本書の主要調査村落であるカジャール村に特別の愛着を抱いている。それは素敵で神秘的な場所だ。長年にわたり情報を提供してくれたカジャールの村人のなかでも、村長のパエラン氏、指導的な企業家で鍛冶業協同組合の前組合長のサストロスヨノ氏、村の社会福祉部長のハルトウトモ氏、そしてカジャール村でいちばん大きな集落の長であるアトモスマルト氏の特別な支援に、謝意を表する。その誰もが、長年にわたり数多くの質問に耐え、彼らの村の経済史の理解を私が深めるのに大きな貢献をしてくれた。サストロ氏とアトモ氏の住居は、一日の厳しいフィールドワークの合間によく涼しい避難所の役割を果たしてくれた。考えつくあらゆる品物を売っているサストロ夫人の素敵な店も、同じ目的のために役立った。これらの住民たちが村の経済生活のなかで果たしている役割への批判は、いずれも彼ら個人への批判と解釈されてはならない。

S・アン・ダナム

＊Djaka Waluya という人名の発音をカタカナで表記すると、ジャワ語が日常言語として用いられる中・東部ジャワの大半の地域では「ジョコ・ワルヨ」となる。ただし、バニュマス、テガルなど中部ジャワ西端の一部地域では「ジャカ・ワルヤ」に変わる。

61

buyers come to pick up the gamping limestone mainly from kecamatan Tepus, 12 KM from Wonosari near Baron beach; only a little from Kajar

lurah says still getting transmigration orders every year
Coop meets once every 3 mo. now; official head is Tarjono
* the Dept. of Industry Induk (service center) is still operating; operators are 4 persons, all from Dinas Per, none from Kajar
Induk moved in 1979, he says, from its original inconvenient location in Kedoksari
– wages now, acc. to lurah, are:

empu 2000–5000 Rp
panjak 1500–3000
tukang kikir done borongan because have used electr. last 2 years

male agr. workers 2000
female agr workers 1250

blower now costs 60,000 Rp
are 2 types of gurinda, rotary + hand-held which moves over face of the blade

カジャール訪問時に記されたフィールドノート（日付不明）

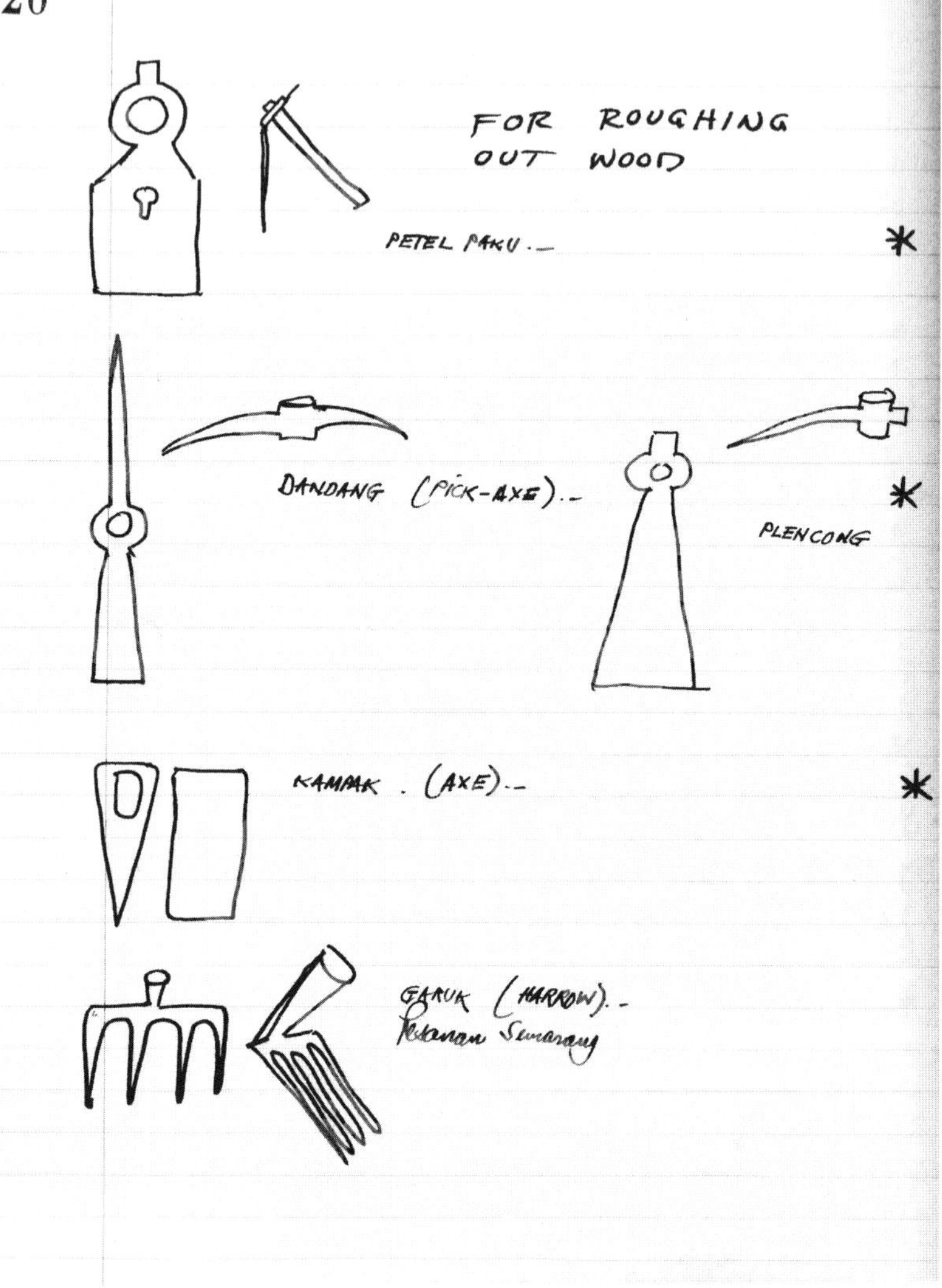
FOR ROUGHING
OUT WOOD
PETEL PAKU.-
*
DANDANG (PICK-AXE).-
*
PLENCONG
KAMPAK. (AXE).-
*
GARUK (HARROW).-
Semarang

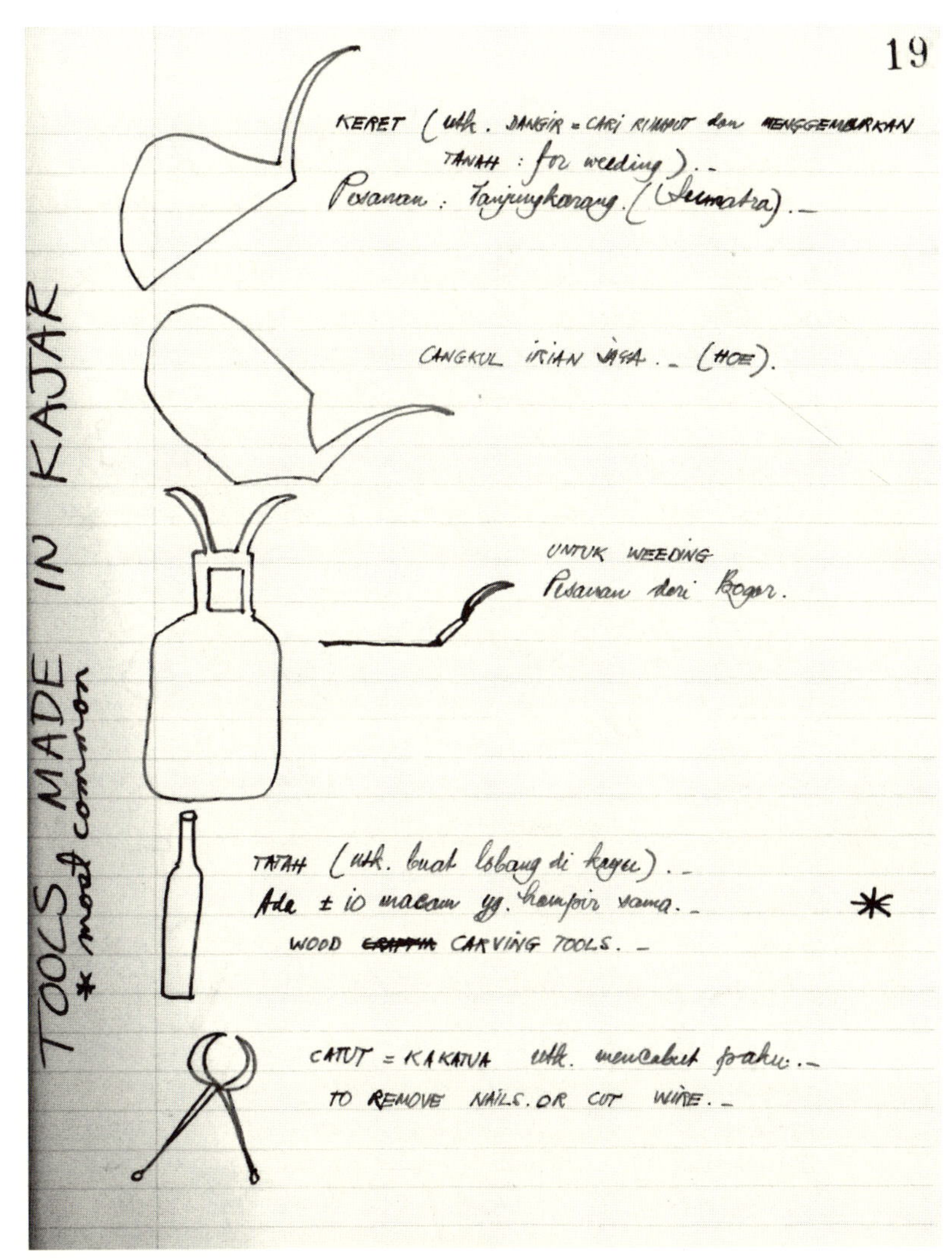


カジャール村で通常製造されている用具

(w19) interview with Pak Pujosastono, 6 July '78
– initial observations: large house with stone block floors, glass windows on inside front room with individual pink curtains; 3 perapens to the rt of the house with room furthest rt. used as a storeroom for iron & finished tools; 3 paper & foil signs in front room which say welcome "Sugeng Rawuh"; wife with lots of gold jewelry + gold tooth; some store bought & some homemade furniture; most of walls of teak, some painted; raised roof of J.K. style in front room, with 8 posts & carved & painted crosspieces with words "Hink Berdikari"; back side walls of gedek; carboard & wooden

Berdikari = Berdiri Atas Kaki Sendiri = independent

sleeping room
kitchen
general purpose room
storeroom
guest room
2 perapens + 3 anvils

butterflys as wall decorations, picture of Suharto & ex V-P Hamenkubuwono
– character of Pak Pujo can be described as young 45, modest, responsible, open to new ideas, not well-educated, friendly, not apparently very influential in the politics of the

カジャールの鍛冶村落を訪れた際のフィールドノート（1978 年 7 月 6 日）

26

KAJAR

July 30, 1984
w/ Maya

visited Kajar; talked 1st w/ Bapak &
Ibu Sastro (Satrosuyono)
says Pak Rianto, former BIPIK
field worker, now lives in Jogja;
Joko has also visited recently
w/ a group of students
are now 130 perapens (compared
in 1977), & 760 smiths
says industry has grown because,
since 1981-82 have been making
tools for govn. transmigration program
wh/ they sell thru a dealer in Jogja;
says they haven't felt the effects of
competition from factory-made
goods
nor are they having any trouble
getting supplies of iron or charcoal
– still not casting but have
learned to finish edges w/ process
called "dikrom"
went out & saw new row of four
perapens near Pak Sastro's house;
using diesel-powered polishing
tool (wh/, hand-held, moves over
surface of the tool with rotary
motion

娘マヤとカジャールを訪れた際のフィールドノート（1984 年 7 月 30 日）

60

KAJAR 1991

visit to Kajar in Aug, 1991, w/ Alice, her friend Joan, BRI unit + ~~cabang~~ cabang people

(2) met ~~first~~ 2nd with Lurah (Pak Pairan, nephew of Sastro) YOUNGER BR

are 1200 HH. in desa w/ total pop. of 6250 and total area of exactly 5 KM square (= 5,000,000 meters SQ = 500 hectares)

so pop is now 1250 per KM SQ — if so, is a great increase

lurah says ~~[illegible]~~ ketela (cassava) is still grown, tho people have switched to a rice diet (rice purchased)

cassava sold wet after peeling; sold on the open market to tengkulak

are stores in Wonosari (toko pengumpul) which act as collecting points

they take the cassava to Cilacap + from there it is shipped to Japan

lurah says it is made into animal feed

gamping factory of Pak Sastrowijoyo (different Sastro) still operating, 30 – 50 workers (set up 1984 in Kajar III)

demand exceeds what they can supply;

地元の役人やインドネシア国民銀行の職員、アリス・G・デューイ、およびある友人との対話にもとづくフィールドノート（1991 年 8 月）

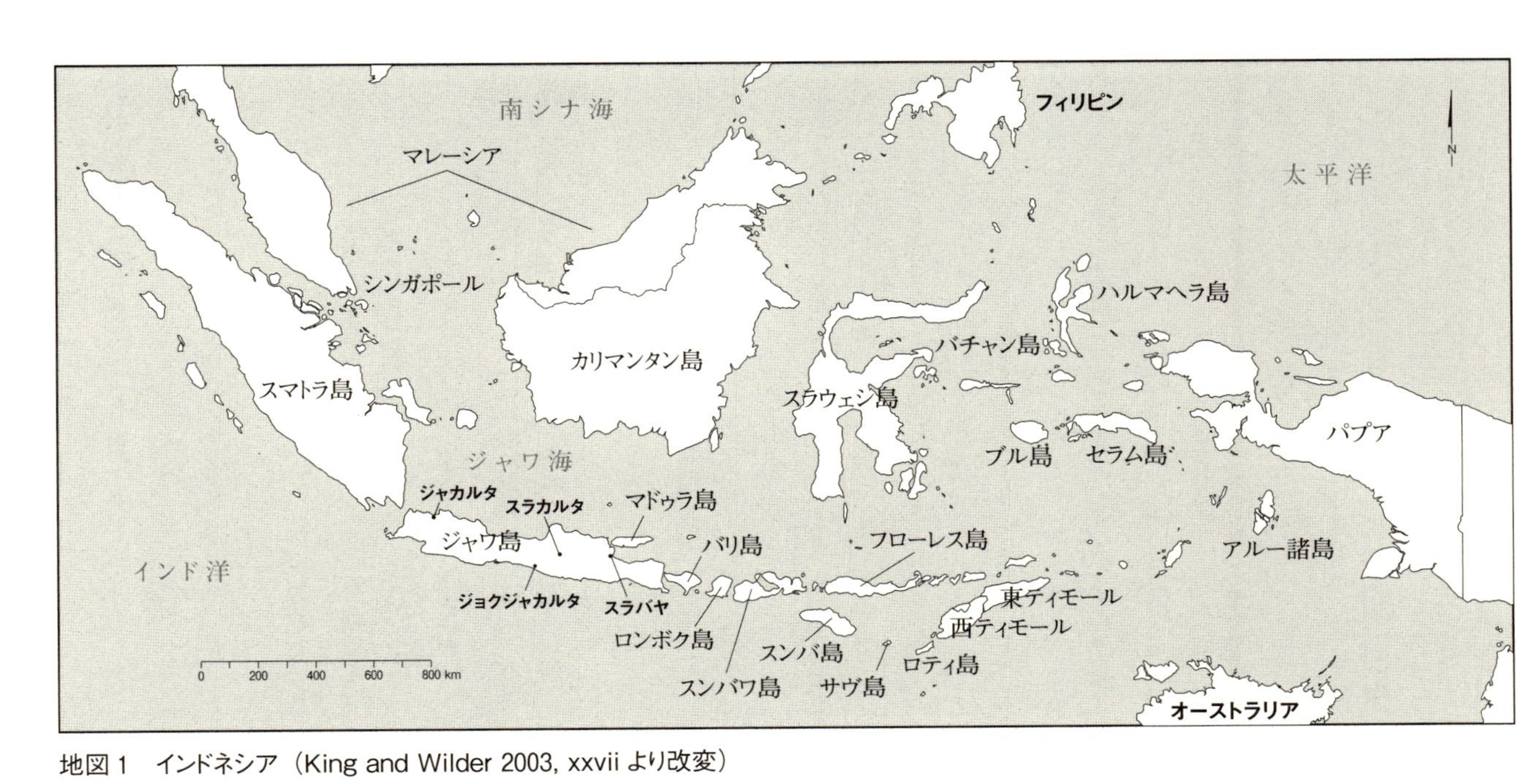


地図 1　インドネシア（King and Wilder 2003, xxvii より改変）

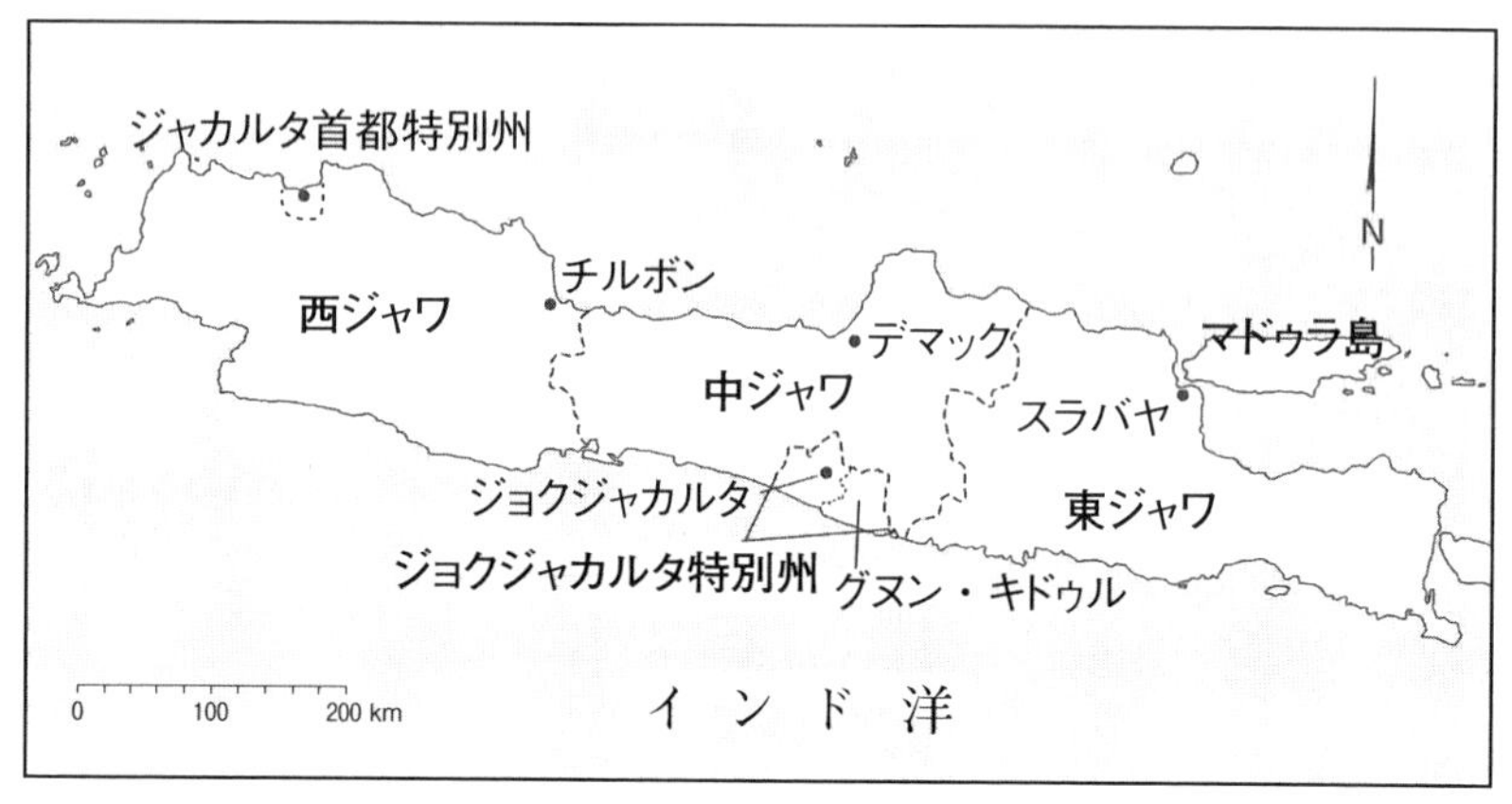


地図2　ジャワ島と5つの州（Koentjaraningrat 1985, 23から改変）

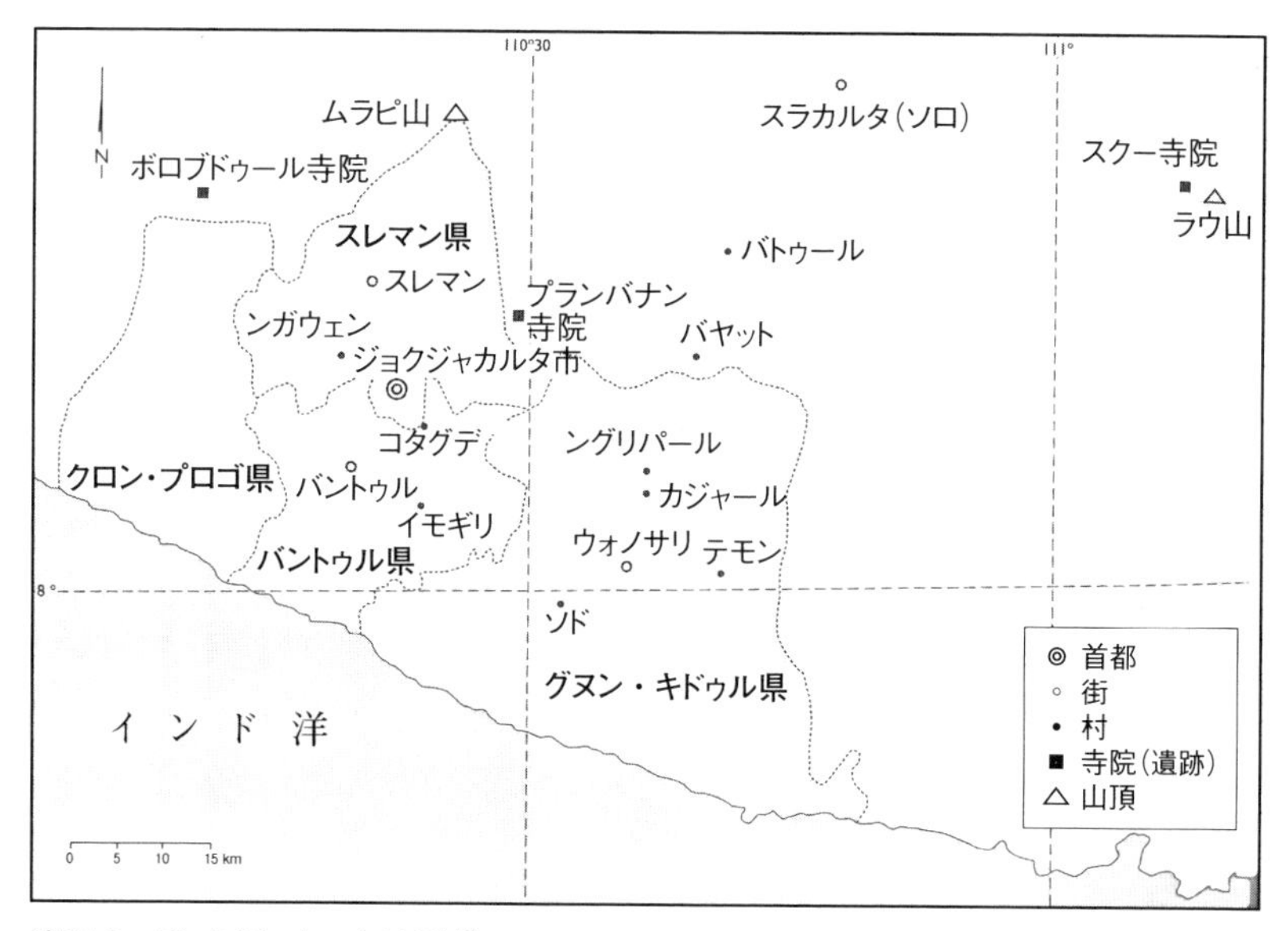


地図3　ジョクジャカルタ特別州

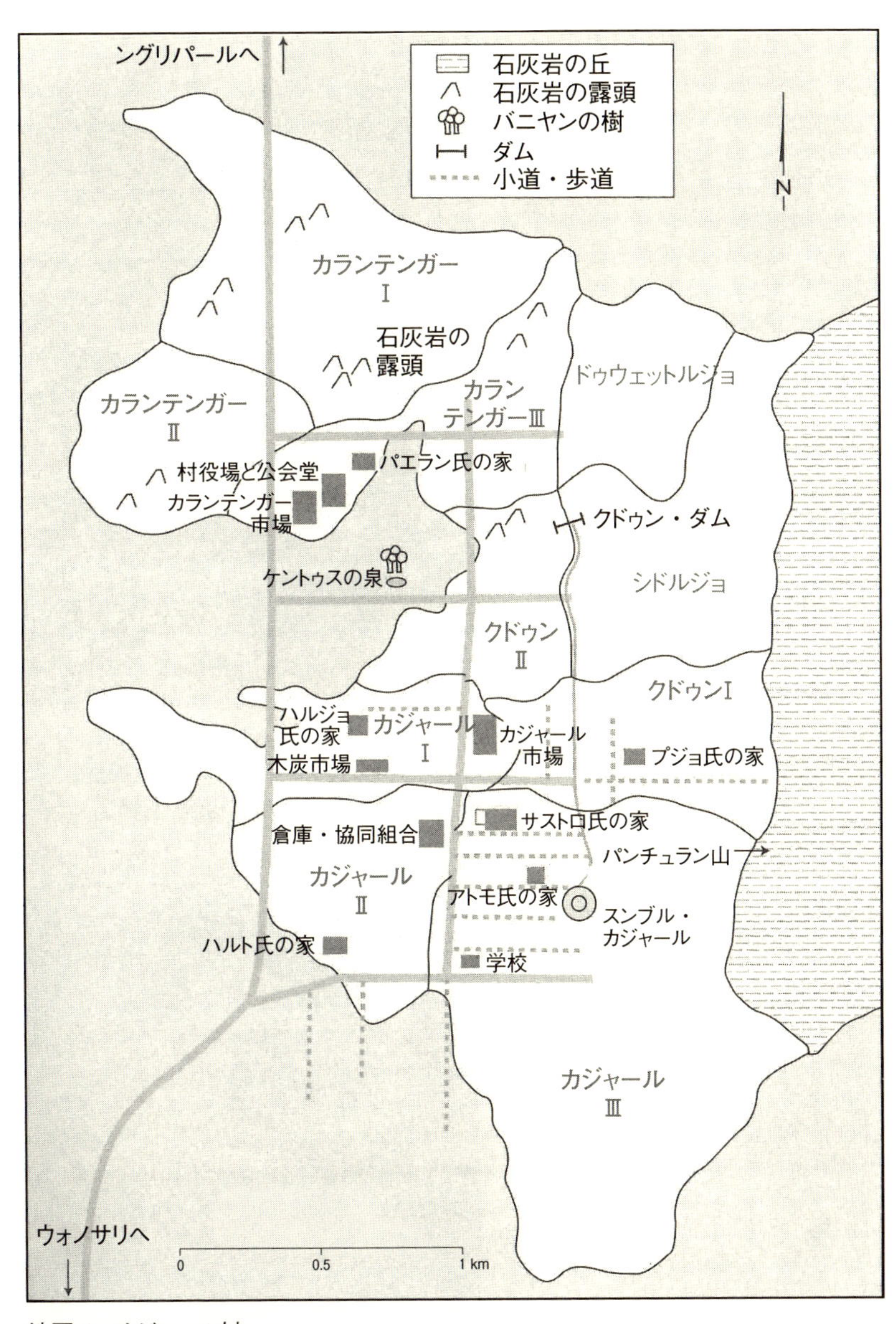
ングリパールへ
石灰岩の丘
石灰岩の露頭
バニヤンの樹
ダム
小道・歩道
N
カランテンガー
I
石灰岩の
露頭
カラン
テンガーIII
ドゥウェットルジョ
カランテンガー
II
パエラン氏の家
村役場と公会堂
カランテンガー
市場
クドゥン・ダム
ケントゥスの泉
シドルジョ
クドゥン
II
クドゥンI
ハルジョ
氏の家
カジャール
I
カジャール
市場
プジョ氏の家
木炭市場
サストロ氏の家
倉庫・協同組合
パンチュラン山
カジャール
II
アトモ氏の家
スンブル・
カジャール
ハルト氏の家
学校
カジャール
III
ウォノサリへ
0
0.5
1 km

地図4　カジャール村

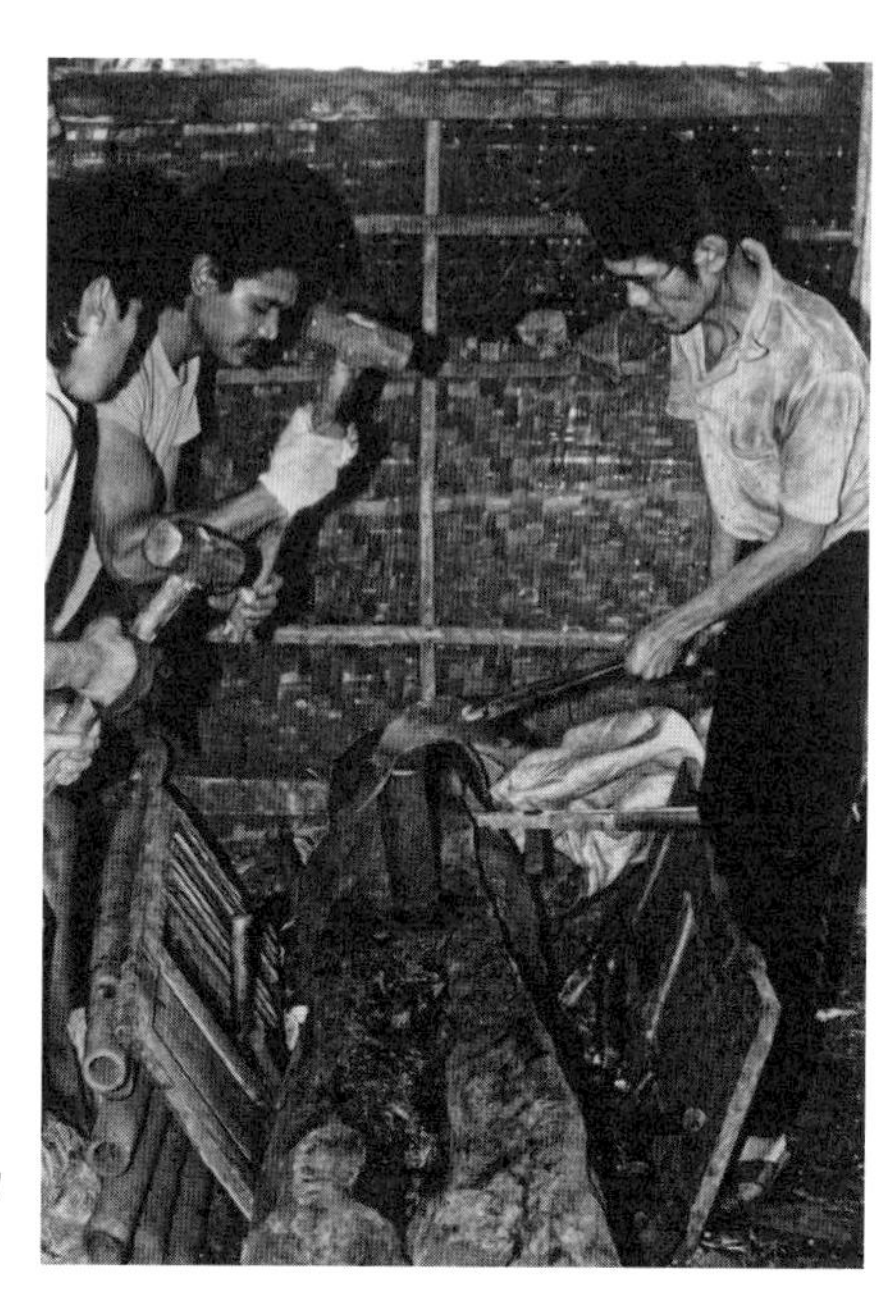

ウンプ（右）と２人のパンジャック（カジャール村）

石の大きな冷却槽で白熱したつるはしの焼き入れを行うウンプ(カジャール村)

フイゴを動かす少年（カジャール村）

ブルシー・デサ祭で供え物を作り香を焚く、カジャール村でただ一人のイスラーム宗教役人

カジャール村にあるプラペンの外観（上）と内部（下）

鎌を作るウンプ（カジャール村）

作業するウンプ（カジャール村）

フイゴ台の上に座り吹き差しフイゴを動かす少年（カジャール村）

大きなフイゴを動かす女性（カジャール村）

ヤスリがけを行うトゥカン・キキール。左足で用具を固定している（カジャール村）

トゥカン・キキールがヤスリがけの際に使う水牛の角（カジャール村）

仕事の合間のサストロ氏
（カジャール村）

サストロ氏の倉庫。左にある袋には木炭が詰められている（カジャール村）

サストロ夫人の店の内部。左は娘のスラスティニ

サストロ氏の家の裏で、ボナン（*bonang*）と呼ばれるガムラン音楽用の銅鑼を作っている

用具を販売する男性
（ウォノサリの市場）

五日から成るジャワの市週の初日
（ルギ：*Legi*）に行われる、金
床への供え物（カジャール村）

カジャールの最後のクリス製造職人（刀鍛冶）の一人、マルトディノモ氏

パンチュラン山の頂き。カジャール村の裏にあり、最初のウンプの墓が置かれている

現在のカジャール村のプラペン（2013 年 7 月撮影）

著者、バリ島にて
（後ろはタナロット寺院）

# 第 *1* 章
# 序　論
*Introduction*

本書は、インドネシア農村における非農業活動のいくつかの類型、つまり鍛冶業とその他小規模金属加工業に関するものである。これらの工業への研究が必要なのは、農民人口が多数を占めるインドネシアやその他の人口稠密な国々の農民経済において農業部門から非農業部門への労働力の移転が最近数十年のあいだに生じているからである。このため、第三世界の政府と国際援助機関も、非農業活動のためのプログラムにいっそうの注意と資源を注ぐようになっている。

一方、インドネシアを研究対象とする社会科学者たちは、非農業活動の発展の可能性についてきわめて悲観的であった。彼らは農業、とくに水稲農業のほうが、非農業活動よりも労働時間あたりの所得がつねに大きいと考えてきた。この前提に立つと、農民は農業部門から離れようとしないということになる。ところが実際は、農民は灌漑可能地の分配における不公平の拡大と、分け前を得るために働いて米の現物所得を稼ぐ伝統的権利の喪失とによって、農村から追い立てられているのだ。インドネシアを研究する社会科学者たちが発展させてきた農村変容のモデルは、ほとんどがジャワの低地水稲作農村で行われたフィールドワークにもとづいている。低地水稲作農村が村落の多数派を占める一方、インドネシアには水稲作をしない、あるいは水稲作が他の経済活動より重要ではない、別のタイプの村落も数多く存在する。これらには、小規模工業、漁業と水産養殖、市場商業、遠隔地巡回交易、畜産、建築・建設、小農民による換金作物栽培、売り物になる各種素材の国有林での収集などに特化した村落を含む。

水稲作以外の活動に特化した村落の研究は、ほとんど行われていない。小規模工業は農村就業人口の八%にとって主たる職業であることを国の統計が示しているにもかかわらず、こうした農村工業部門を社会科学者たちはとりわけ無視してきた。インドネシアのように大きな国では、就業人口の八%とは三~四〇〇万人の村民に相当する。[*1] 水稲作以外の活動に特化した村落の研究は、従来の社会経済モデルの再考を促すものになるはずだ。これら村落の資源配分パターンは、水稲作村落と大きく異なるかもしれない。ひとつ明らかな、しかしふつう見過ごされてきたことは、村落は最も収益性が高いとみなす活動に特化する傾向があるということだ。その活動は生態学的、人口学的、歴史的要因の組み合わせによって決まり、つねに水稲作になるとは限らない。水稲作がインドネシア農村において唯一重要な活動だと見なすモデルを乗り越え、水稲作は農村のインドネシア人にとって利用可能な選択肢のひとつに過ぎないと見なすモデルに移行する必要がある。

残念ながら単一の研究だけでは、あらゆる種類の農民的工業を詳細に網羅することは不可能だ。それゆえ私は金属加工業という一部門に焦点を当てることにした。この小部門は(一般的には鍛冶業として知られる)鍛鉄業、鋳鉄業(中部ジャワの二村に限られる)、銅とその合金である青銅と真鍮の鋳造、銀および金細工、工場製の管材や金属薄板(ふつうはアルミニウムか亜鉛)の溶接にもとづく新手の工業、および道具を研ぐ刃物師と金物を修理する鋳掛け屋などの修理工業から成る。

「金属細工職人」(smith)という言葉はふつう、金属から製品を作るあらゆる種類の製造者を含む。この幅広い定義にもとづけば、インドネシアには現在、約二〇万人の金属細工職人がいると推測できる。これはインドネシア中央統計局が行った工業調査にもとづいている。この調査によれば、分類項目38(国際的産業分類における金属加工業の分類番号)の家内工業と小規模工業の企業数は、一九七四―七五年から一九八六年までの一一~一二年間に一万八、三八九から三万九、四二一に増加している(表1)。同時期にこれらの工業の従業者数は七万七、八八六人から

表1　金属加工業と工業全体の事業所数と従業者数
（1974-75、1979、1986 の各年）

| 工業の部門 | 年 | 事業所数 | | | |
|---|---|---|---|---|---|
| | | 大・中規模工業（従業者20人以上） | 小規模工業（従業者5-19人） | 家内工業（従業者4人以下） | 合計 |
| 金属加工業（コード番号38） | 1974-75 | 500 | 2,957 | 15,432 | 18,889 |
| | 1979 | 796 | 6,814 | 32,009 | 39,619 |
| | 1986 | 1,272 | 5,018 | 34,403 | 40,693 |
| 工業全体 | 1974-75 | 7,091 | 48,186 | 1,234,511 | 1,289,788 |
| | 1979 | 7,960 | 113,024 | 1,417,802 | 1,538,786 |
| | 1986 | 12,765 | 94,534 | 1,416,636 | 1,523,935 |

| 工業の部門 | 年 | 従業者数 | | | |
|---|---|---|---|---|---|
| | | 大・中規模工業（従業者20人以上） | 小規模工業（従業者5-19人） | 家内工業（従業者4人以下） | 合計 |
| 金属加工業（コード番号38） | 1974-75 | 55,867 | 22,113 | 55,773 | 133,753 |
| | 1979 | 105,686 | 49,527 | 79,447 | 234,660 |
| | 1986 | 181,641 | 39,577 | 78,634 | 299,852 |
| 工業全体 | 1974-75 | 661,704 | 343,240 | 3,899,856 | 4,904,800 |
| | 1979 | 870,019 | 827,035 | 2,794,833 | 4,491,887 |
| | 1986 | 1,691,435 | 770,144 | 2,714,264 | 5,175,843 |

（注）コード番号38には、宝石、装飾品、土産物、楽器を製造する金属加工業は含まれない。
（出所）Central Bureau of Statistics, *Statistical Yearbook of Indonesia*, 1989, 300-301.

一一万八、二一一人に増加した。これらの労働者の約四割は農具や大工道具を製作する伝統的鍛冶業の従業者である。産業分類項目38は、より洗練された機械工業や電子工業のような、本書では取り上げていない工業も含む。こうした製品を製造する企業の大半は大規模であるため、分類項目38に含まれてはいても家内工業と小規模工業の企業数にはさほど影響しない。

## 用語について

本書で「農民」(peasant) という言葉を選んだのは意図がある。これは、経済人類学のなかの下位専門分野への私の結びつきと、またこの分野における農民に関する膨大な文献の存在を示すことをねらいとしている。農民がたんなる農業従事者ではなく他の経済活動にも従事していることを認めるのであれば、いくつかのよく知られた農民の定義のどれでも、私は受け入れる用意がある。「農民」がたんなる農業従事者ではないという認識は、ふつうレイモンド・ファースによるマレー人漁民の研究（Firth, 1966［1946］, 5-7）に由来すると考えられている。他の有名な「農民」の定義としては、以下のものがある。

農民は（…）部分的文化をもった部分的社会を構成する。（彼らが）農村にいることは明白だが、その彼らの暮らしは町の市場と結びついている。彼らは、ふつう都市の中心部を含めたより大きな人口のなかの部分的階層を形成している。（…）彼らには孤立も政治的自治も部族集団的な自給自足もありはしないが、それでもなお、彼らの局地社会はその古くからの独自性、統一性と大地や儀礼への愛着の多くを保持しているのだ（Kroeber 1948, 284）。

［農民社会は］半分の社会である。（…）垂直的かつ水平的に構造化された、より大きな社会的単位（ふつうは国家がそれにあたる）の一部なのである。この大きな単位の農民的構成要素は、工業化以前から都市中心部に住む上流階級の人々から成るより複雑な構成要素に対して、共生的（symbiotic）な時間的・空間的関係を取り結んでいる（Foster 1953, 163: 1967, 5）[1]。

［農民について語るとき、著者は］どこにでも見られる小規模の自給的な生産者の単純なコミュニティではなく、大規模で階級的構造をもち、経済的に複雑な前工業期文明の農村的表情を代表するようなコミュニティのことを論じているのだ。そこでは、貿易と商業、手工業的専門化がよく発達を遂げ、貨幣がふつうに用いられ、市場で

の売却が生産者の努力目標の一部と化している。一方、革新の主な源泉は都市であり、名声による動機づけがその国に斬新さをもたらすのである（Foster 1960-61, 175; 1967, 5)。

今ではかなり標準化されている農民層の定義に貢献した他の著者たちのなかには、〝前工業化型都市〟を提唱したG・ショウバーグや、〝民族―都市連続体〟のR・レッドフィールドがいる。

それゆえ、農民コミュニティの定義は少なくとも、都心（urban centers）や都市市場との構造的関係を包含していなくてはならない。古典的な農民社会においては、都心は工業化以前の状態である。二〇世紀以前のインドネシアの、宮廷（クラトン）や君主制港市国家（harbor principalities）はこのイメージに合ったものだ。部分的であれ全面的であれ工業化された都心部と影響し合ってきた農民層を表現するためには新たな用語が必要だ、と提言した研究者もいる。二〇世紀の低地ジャワ村落を記述するため、フォスターは「ポスト農民」という語を提案し、ギアーツは「ポスト伝統（社会）」という語を使用した。このギアーツの用語は中立的なものではない。なぜなら彼は「ポスト伝統」村落を以下のように記しているからだ。「一八三〇年以前に自主的に達成された水稲耕作の平衡システムを安定化させることも、あるいは例えば日本モデルのような近代的形態も達成できなかったので、二〇世紀の低地ジャワ村落――食うや食わずの農業従事者、零細商人、日雇い労働者からなる、巨大で不規則に広がるコミュニティは、あまりうまい言い方ではないが、『ポスト伝統的』としか表現できないだろう」(Geertz 1963, 90)。私は、こうしたネガティブな含意は避け、修飾語句無しに「農民」という用語を使用する。しかしながら、インドネシアの都市、そして村落でさえも、部分的には工業化されていることは理解しなくてはならない。工業的変容は輸送部門で顕著だが、生産部門でも印象的になりつつある。

鍛冶業はインドネシアの農民社会のみならず、部族社会（tribal society）の文脈でも発生する。部族社会の鍛冶屋は、農民社会の鍛冶屋に比べて数はずっと少ない。さらに、彼らはしばしば沿岸部の都市で原料供給を確保し、製品の一部を販売する。こうして彼らは、ふつう彼らとは違う民族集団が居住する都心部の社会と交渉をもつ。

人類学以外の分野では、「農民」という用語はあまり使われない。それは、経済学者と政策立案者には古くさい響きがある。おそらくこうした理由で、私はしばしば本書中で別の三つの用語を用いている。つまり「村落工業」「農村工業」「小規模工業」である。「村落工業」と「農村工業」は読んで字の如く、立地以外の含意のないおそらく最も穏当な用語である。「小規模工業」は場所と組織形態を問わず、一般にわずかな労働者しか用いない生産単位を意味する。関連するマクロデータを扱う第四章では、この用語は別の意味をもつ。インドネシア中央統計局は工業を四グループ（零細および家内工業、小規模、中規模、大規模工業）に分割している。家内工業は所有者を含め一～四人の労働者を用いる工業と定義され、小規模工業は所有者を含む五～一九人の労働者を用いるそれと定義されている。それゆえ中央統計局あるいは政府が小規模工業と言う場合、それは通常、作業場（workshop）を指している。鍛冶業は実際にはこれら二つのカテゴリーにまたがっており、その規模は労働者数二人から八人までの開きがある。

私は「零細工業（cottage industry）」と「家内工業（household industry）」という用語は使わないようにしたい。これらは自宅が職場として使われ、労働力は賃金が支払われない家族労働者で構成するという意味を含んでいる。農村工業のなかにはこの記述に合致するものもあるが、そうでないものも多い。例えば鍛冶業は、家屋からある程度離れた屋敷地の一角か耕地に建てられた別個の建物で営まれるのがふつうだ。他の多くの農村工業は、離れた作業場あるいは屋根をかけただけの作業小屋を建て、賃金労働者を使用する。

マルクス主義の用語である「小商品生産」は、村落工業を指すのに、とくに英国で、しばしば社会科学者に使用されている。ジリアン・ハートがそうしているように、ジョエル・カーンと弟子たちはこの用語を使う。しかし多くの読者にとってこの用語は混乱を招くものだ。なぜならここで言う「商品」には換金農作物という、より一般的な意味があるからだ。さらに、マルクスが用いたように、この概念は生産者が唯一の生産手段所有者であるような企業を指して用いるのが適当だ。したがって、この概念には雇用労働を用いる企業は含まれない。インドネシアの多くの村落企業は雇用労働を用いているので、本書ではこの用語の使用は避けた。

開発理論の文献では、村落工業はふつう、「非農場企業（nonfarm enterprises）」という一般用語の下に零細商業（petty trade）、サービス、畜産業とひとくくりにされている。同様の意味を含む用語に「農場外企業（off-farm enterprises）」「非農業企業（nonagricultural enterprises）」という用語もある。村落工業に携わるコンサルタントは通常、「非農場企業」または「小規模企業」の専門家とみなされる。就業についても同様に「非農場」「農場外」「非農業」という修飾語が使われる。インドネシアの文脈では「非農業」という語は許容できるが、「非農場」「農場外」は無意味であり、使用は避けるべきである。インドネシアには村落と農地はあるが、西洋的な意味での農場（farm）は存在しないからだ。

## 農民的工業とその「不可避的消滅」に関するオランダ植民地政府の見解

農民による小規模工業は、インドネシアでは古代から存在する非常に安定した経済組織である。最初期の石や銅で作られた碑文には、今日と変わらない農民的工業が西暦八〇〇年までには確立していたことが古代ジャワ語で示されている。そのうえそれらは、五日で一巡する定期市の仕組みのいずれかの日に関連づけられた市場を含む、明確に識別可能な社会的基盤のなかにすでに埋め込まれていたのである（Wisseman 199-201, 211）。

インドネシアでは少なくとも一二〇〇年にわたり農民的小工業が安定して持続していたように見えるにもかかわらず、オランダ植民地当局は早くも一九世紀にはそれらの消滅を予測し始めていた。これはいくらか希望的観測だったのかもしれない。一八九〇年代に「倫理主義的方向」の植民地政策が登場するまで、オランダは他国の植民地政府と同様、地場産業の製品をヨーロッパからの輸入品に交替させる政策に熱中していた。この方法でオランダは、東インドの富を本国に引き寄せる磁力を創出できると考えていた。一九世紀後半、経済発展と社会変化の「諸段階」に関する観念が広く行き渡っていたことを考えれば、小規模工業の消滅は不可避であり、望ましいことでさえあるとされていたのは、さほど驚くべきことではない。結局のところ、インドネシアの田舎の小規模工業がヨーロッパの強力な工場に太刀打ちできるはずがあろうか、と思われていたのだ。

善意の倫理政策立案者であっても、農民の小規模工業の延命能力はあまり信用していなかった。当時はまだ、東洋と西洋の経済様式が、緩衝のない形で直接接触したならば、東洋の経済様式は必ず崩壊へ向かうと考えられていた。保護主義的な措置が提供する息継ぎの余地のあいだに、土着の工業は西洋的モデルに類似した会社や工場へと進化するチャンスを得るだろうという希望しかもたれなかった。これが究極の目標であり、この目標に到達できない場合は土着の工業全体の崩壊につながるという考えに、疑念の余地はなかった。

オランダ人のあいだでは、土着の工業と西洋式に確立された工業のあいだの格差の原因について、若干意見の相違があった。倫理政策期の植民地政策立案者は、土着の工業における資本不足が主な原因と考え、先任者たちが意図的に資本の流出をもたらしたとして批判した。彼らが認めた二つ目の原因は、情報と適切な技術の欠落だった。これらの欠点を除去するために彼らは、東インドで初めての信用プログラムと普及事業を創造した。今日我々が言う「開発プログラム」にあたるものである。「一九〇一年から一九〇五年のあいだに、彼らは国営の独占的な質業と庶民金融事業を設立し、家内工業と小規模工業の発展のための殖産計画を促進し、これら二つの部門における普及事業を組織した」(Boeke 1953, 110-11)。保護関税と割当制度も導入された。インドネシア住民の生活水準低下に関する調査委員会という名の一九〇二年に設立された公的委員会は、家内工業を含むジャワ・マドゥラの村落生活のあらゆる側面についての研究を遂行するため、六〇〇人近い調査員を動員した。一九〇五年から一九二〇年のあいだに、この委員会は三五巻もの報告書を刊行した。一九二五年には中央統計局が創設され、インドネシア農村の社会状況に関するデータを蓄積する業務を引き継いだ（Koentjaraningrat 1975, 56–57）。

倫理政策の初期には、協同組合や類似の組織を通じて、インドネシアの農民たちが彼ら自身の福祉厚生の向上に積極的役割を担うことが期待されていた。しかし時間が経つにつれ、政策はその実施において家父長的な色合いを濃くした。当人たちが望むか否かにかかわらず、開発は現地住民に向け、彼ら自身の利益のために実行するものとされていった。[*2]政府が農民の経済状況に干渉するこのような伝統は倫理政策の時期に確立され、革命後のインドネシア政府の普及事業にも伝えられていった。

倫理政策に対する反発は、いくつかの方面から生じた。オランダの実業界は東インドで利益を上げる彼らの能力に干渉する保護主義的措置に我慢がならず、政策の反転を求めてオランダ本国政府にロビー活動を行った。彼らはかつての経済的「自由主義」、自由企業体制、自由貿易政策への回帰を切望した。育ちつつあったインドネシア人の高学歴層も、オランダ的家父長主義から逃れ、自分たちのことは自分で処理する権利を得ることを望んだ。この要望は最初、宗教、種族的背景、社会階級や世襲的身分、あるいは職業にもとづくさまざまな現地住民組織の形成という形で表出されたが、やがてはインドネシアと名の付く諸政党の形成へと進んでいった。

## 二重経済論と農民的工業に対するブーケの見解

倫理政策に対するもうひとつのいくぶん突飛な反発は、一九一〇年にライデン大学で「熱帯植民地経済の問題」に関する学位論文を執筆したオランダの経済学者J・H・ブーケ[2]によってもたらされた。その当時ブーケは東インドを訪れたことがなかったが、東インド政府に勤務した時期も含めてその後の四五年間彼の考えには基本的変化はなく、ライデンで東洋経済論の講座を担当して、三つの非常に影響力のあった著作を刊行した。ブーケの見解は以下のように要約できる。東インドの経済は「二重」であり、東洋的な前資本主義的システムのうえに西洋的な資本主義的システムが押し付けられた形になっている。これら二つのシステムの相互作用は、土着の手工業と商業を破壊する。なぜなら、それは新製品、すなわちヨーロッパの工業の大量生産品を提供するが、なんら新しい就業機会をもたらさないからだ。東洋と西洋のシステムの隔たりを、開発や福祉のプログラムで埋めるのはおそらく不可能である。なぜなら一方では、土着の商工業に重大な損壊を与えたすでに数世紀にわたる植民地支配の経験の結果、この隔たりはすでにあまりに大きくなっている。また他方では、たんに生産要素へのアクセスの差違ばかりでなく、東洋と西洋のあいだの基本的な文化的差違にも、この隔たりは起因しているからだ。これらの差違のために、インドネシアの現地住民たちが工場や会社のようなタイプの組織につねに適応できるということはありそうにない。彼らの経済的欲求とニーズは限られており、それらのニーズを満たすやいなや彼らは働くのをやめてしまうだろう（それゆえ、限りないニーズという仮定をもとにしている西洋の経済学は、彼らの状況には適用できないのだ）。土着のインドネシア人たちは経済的ニーズよりも社会的ニーズの方に重きを置いている。彼らは資本蓄積には関心がなく、納税やその他の貨幣的義務を満たすのに必要な稼ぎを得るところまでしか賃金労働に携わろうとしないだろう。彼らは資本蓄積のため勤勉に働こうとはしないが、投機とギャンブルには関心を寄せる。労力を費やすことなしに一儲けできる可能性があるからだ。彼らは組織能力や労働規律に欠け、田植えと刈り取りの時期には彼らの稲田に逃げ帰るため他の仕事を捨てて顧みようとしない。彼らは自分たちの時間というものに価値を見いださず、合理的に利潤を計算する能力がない[*3]。

ブーケはインドネシア土着民の性格だけでなく、インドネシア村落の社会構造のことも記述した。その際彼はテンニースによるゲマインシャフト（共同社会）とゲゼルシャフト（利益社会）の対比を援用した。インドネシアの村落はゲマインシャフト、つまり、契約による非人格的な結びつきよりも、家族、近隣、宗教などの人格的絆で結ばれた有機体である。村落は「共同体的」(communal)で「均質」(homogenous)だ。なぜなら、競争と富の蓄積は反社会的行為と見なされるからである。人々はみな貧しく、その貧しさを分かち合っており、各世帯のあいだの経済的差違はわずかなものだ。

ブーケは土着の企業にも説き及んでいる。インドネシアの村落は自給農業(subsistence agriculture)にもとづいており、このことがその基本性格を決定している。換金作物導入の試みは、おそらくあまり効果がない。自給農業は余剰をまったくあるいはわずかしか産まないため、売るべきものがほとんど得られない。マレー人やその他の外国商人が外から持ち込んだ商業や市場は、村落共同体にとっては異質なものだった。土着の市場を訪れる者の数はおびただしいかもしれないが、購買力は取るに足りず、商われるものの総額は極端に少ない。市場に専門の商人はおらず、時たま商いに手を出す生産者たちがいるだけだ。売買される財の市場価値が小さ過ぎて輸送費を捻出できないため、分散し転々と場所を替える市場のパターンが必須になる。市場での価格は決まっていて誰もが知っており、競争は存在しない。売買はすべて女性の手で行われる。[*4]

村落工業は異物ではないが、自給農業の補足物に過ぎない。この事実が、生産量を気まぐれにし、収益性をはなはだ低くしている。豊作は工業活動の低下をもたらす。工業は農閑期や余暇の時間、そして必要なときだけの仕事として保留されている。それは非継続的で随時的だ。それは主に女の仕事で、男は緊急の必要時にだけ仕事に応じる。なぜなら稼ぎの総計がごくわずかで、労働の報酬も最終生産物の価格のほんの一部から成るに過ぎないからだ。利益がわずかなために、また生産手段がかなり長期にわたって繰り返し遊休状態になるため、生産者たちはいかなる資本投資についても乗り気ではなくなる。こうして、工業は零細で、技術が原始的で、伝統的なままにとどまる。同様に、原材料を購入する資金もほとんどなく、交換によりそれらを調達しなければならない以上、絶え間なく債務が発生してそれが価格に悪影響を及ぼす。いくぶん矛盾しているが、小規模工業製品の価格は市場の力ではなく伝統により決定されているのだ。これは、低いが安定した価格をもたらす。若者たちは、西洋のように技術専門学校ではなく、親類や隣人から村落工業の技術を学ぶ。これは、経済学的根拠の欠けた局地的特化のパターンをもたらす。同類の品目を製造する生産者たちは、もし合理的な経済的態度で行動すれば散らばって競争するはずだが、逆に一カ所に固まって協同してしまうのだ。彼らの企業は零細で、企業内の分業はまったく、あるいはほとんど存在しない。彼らは市場の需要や価格の変化には反応せず、価格が原材料の費用をわずかに上回りさえすれば生産を続けようとする。彼らは仕上がりや精度や標準化には無関心であり、したがってその生産物を輸出するのは不可能だ（Boeke 1953, 44-45, 48-49, 100-102, 184-88）。

工業活動に多くの時間を費やす村人たちがいることを、ブーケも認めている。しかし、そういう人々は比較的農業に従事することがない家族成員か、土地のない家族の成員だ、と彼は主張した。主たる職業としての工業と副業としての工業を一緒くたにしていると、ブーケは植民地政府を批判した。両者の差違を見極めるのに失敗したことが、工業振興策における手痛い失望の原因だと彼は信じたのである（Boeke 1953, 48-49）。

ブーケは村落工業と農業部門の関係を強調した。仕上がりの悪さや精度の低さや標準化の欠如が村落工業の製品を輸出には不向きなものにしているため、主に生存維持水準で暮らす農民たち（subsistence farmers）から成る国内市場に依存する結果となる。生存維持水準の農民はわずかな販売余剰しか生産しないから、その購買力は低い。技術改良により農業生産が増加したとしても、村落工業の助けにはほとんどならないだろう。食料に対する人々の要求は限られており、そのため食品に対する需要はきわめて非弾力的だからだ。食料生産が増加したところで、それは食料価格の低下をもたらすだけだろう。こうして、農業人口と非農業人口の数のあいだにはつねに厳格な均衡が存在する（Boeke 1953, 187）。

ブーケは、工業生産が逐次経過する八つの段階についての図式を展開した。

一．**家内工業**（household industry）：労働者自身の必要品を供給するための生産。商業や社会的分業とは無関係。

二．**手工業**（handicraft）：局地的商業のための生産。生産者と消費者のあいだには専業の商人を介さない直接の接触がある。生産はしばしば注文に応じて行われ、備蓄は行われない。

三．**零細工業**（cottage industry）：市場のための生産。未知の仕向先のために備蓄を行う卸売商人への販売。

四．**マニュファクチュア**：経営者の監督のもとに共通の作業場（ワークショップ）で行われる生産。技術的分業を伴うが、機械による補助手段は欠如。賃労働。通常は備蓄を行う。

五．**工場制工業**（factory）：単一の品目を大量生産する技術的で機械化された事業。

六．**工場制工業の性格をもつ複合企業**（complex business）：生産過程の一部をともにするか同じ原材料から製造される数種類の市場向け商品の生産。

七．**単一の企業体**（single enterprise）**として機能する連合企業**（compound business）：素材産業、燃料・補助材料製造産業、完成品生産、輸送、配給など技術的にまったく別個のいくつかの事業が、商業的・金融的に連結して経営する単一の会社に束ねられている場合。

八．**複合企業体**（complex enterprise）：似たような性質をもつかどうかに関わりなく、完全にあるいは部分的に独立したいくつもの企業を単一の金融的全体に結合した組織（Boeke 1953, 100-101）。

ブーケによれば、最初の四つは前資本主義的または初期資本主義的な段階であり、土着住民の工業は第四段階より先へ上昇することは決してない。インドネシアにはキャッサバ澱粉、バティック染めの布地、土着の紙巻きタバコなどを製造する非西洋起源の工場が若干存在することをブーケは認めるが、それらは資本不足であるか、華人のような非土着系アジア人の所有だと彼は主張する。土着系インドネシア人が最も慣れ親しんでいるのはどのみち、製品の販売が仲介商人に委ねられる零細工業の段階なのだ。

西洋的経済と土着的経済のあいだにそのように巨大な格差があると述べたブーケは、実際その解決策や脱出方法を何も提示しない。せいぜい彼が示唆するのは、土着部門は独自の方法で徐々に進化するよう放置すべきだということである。こう示唆するにあたってブーケは、村落の自立に関するガンジーの見解から影響を受けたように見える。[*5] この提案は、土着民の福祉向上のために何か積極策を講じる責任を負っていた植民地政府にとって、もちろん満足のいくものではなかった。そのうえ、ブーケの見解は東インドの開発予算削減の弁明に使われる危険があった。

当初からブーケはオランダの学界で批判の的となった。[*6] とくに二つの点が批判の対象となった。第一に、ヨーロッパの経済と東洋の経済の相違をブーケは誇張していると多くの批評家たちは感じた。第二に、インドネシアのような植民地国の経済体制を取り扱うには特別な理論が要るということに多くの者は賛同しなかった。これらの至って正当な批判にもかかわらず、二ないし三世代にわたるインドネシア研究者たちにブーケはきわめて大きな影響を与えた。一九六五年まで、インドネシア経済について執筆した事実上すべての学者が、ブーケに賛同するか糾弾するか態度表明の必要を感じた。

ここで我々は特別の皮肉を記すことができる。それは、オランダはヨーロッパで最後に工業化した国のひとつだった、ということである。およそ一八七〇年まで、オランダ経済は造船、海上交易、農耕や手織りの毛織物、レース、磁器など機械化されていない手工業にもとづいていた。それは、オランダとその他のヨーロッパ列強が一六世紀から一七世紀にインドネシアの海港を封鎖し始める前のインドネシア経済に酷似していたのだ。一九一〇年にブーケが学位論文を著したとき、彼はオランダではなく一八世紀後半に産業革命が始まったイギリスとインドネシアを比べていたように見える。

いくぶん悲劇的なことに、インドネシアの多くの学者や役人も、彼らの社会についてのブーケの否定的な特徴づけを受け入れるに至った。彼の見解は植民地政府機関にも浸透していったあげく、現在のインドネシア政府の「トリクルダウン」型開発計画文書にまで姿を現すのである。一九七〇年代後半に私は、インドネシア政府工業省とともに中部ジャワで仕事をしたことがある。私が担当した仕事のひとつは、県（*kabupaten*）政府から毎年提出される開発計画申請書の審査だった。ほとんどすべての申請書が、ブーケから直接採られたような用語で村落工業を批判する背景説明で始まっていた。言うまでもなくこれら文書の著者は、ブーケという名の植民地官吏について聞いたこともない中・下級官吏たちである。彼らは、すでに長きにわたり工業省の伝統の一部となっていた上司や前任者の見解を受け売りしているだけなのだ。

ブーケとその批判者たちとの論争のなかに英米の人類学者たちは、一九六〇年代に経済人類学の実在主義派（substantivist）と形式主義派（formalist）によって論じられたのと同じ争点を多数認めることができる。論争がだいたい同様な発展経路をたどった点もよく似ている。上で述べたように、経済発展と社会進化についての見解は、一九世紀後半からの雰囲気のなかでデュルケム、レヴィ＝ブリュル、メーン、テンニース、マルクス、ウェーバーなど重要かつ多様な著者たちに影響を与えていた。勃興しつつあった人類学の分野では、これらの見解はモルガン、タイラーそしてローウィーの仕事のうちに見いだすことができる。英米の人類学者たちは、一九四七年まで英訳が現れなかったブーケの仕事よりもこれらの初期の著者たちからより直接的な影響を受けた。しかし、実在主義派の指導者カール・ポランニーと形式主義派の指導者レイモンド・ファースの両方が、ブーケの著作に親しみ自分たちの後の著作で彼を引用していることは興味深い。形式的な経済理論は西洋の市場経済にだけ適用可能だと論じたポランニーの立場はブーケのそれと類似しており、他方ファースの立場はブーケのオランダ人批判者たちのそれに類似している。

## 経済的政治的混沌への対処：一九三〇—七〇年

一九三〇年代の大恐慌とそれに伴う国際商品市場の崩壊は、インドネシアの農民の福利厚生にも手ひどい影響を与えた。いくつかの農村地域では、それまで必要な現金の供給のため農民たちが換金作物栽培とプランテーションの賃労働に依存していた結果、一時的に物々交換経済に後退することを余儀なくされた（van der Kolff 1936）。大恐慌の期間中植民地政府は、最も重要なタイプの商業的農業を制限して、労働力が比較的少なくて済む鉱業部門へと重点輸出品目を移す以外に仕方がなかった。オランダの行政官たちは、とりわけジャワで深刻だった貧困と人口急成長という双子の問題に困惑した。人々の所得を向上させるために八方手を尽くすことが急務となった。

こうした取り組みのなかで、中小規模工業の振興に重要な位置が割り当てられることになった。インドネシアの庶民に手が届く価格の生活必需品を製造するような工業には優先権が与えられた。安価な輸入品、とりわけより工業化した他のアジアの国々からの輸入品に対しては現地住民の工業を保護する関税が据え置かれた。一方、インドネシア人生産者たちが必要とする特定の機械、道具類や原材料に対しては、輸入割当の撤廃や輸入税の引き下げまたは廃止が行われた。政府調達入札では、地元工業に対して価格差一〇％の優遇措置が与えられた。例えば手織り繊維製品、丁字タバコなどいくつかの工業では、価格引き上げのために生産量や企業数を制限する試みがなされた。おそらくは見当外れの努力であったが、小規模工業部門支援のために各種中央委員会の仕組みを設けることも行われた。小規模工業は未完成品しか製造しないだろうから、それらの製品をこれらの中央委員会が買い上げて中央に集中された工場施設で最終加工を行おう、というのがその背後にあるアイデアだった。小規模工業を市場の変動から守るために、委員会が品質管理と緩衝在庫の保持を行おうとしたのである。委員会はまた、原材料と用具、設備の共同購入機関および最終製品の販売営業所としても活動しようとした。委員会は地域ごとに設けられたが、同種の製品を作る小規模工業は各委員会のもとに協同組合に組織された。信用も委員会を通じて供与された。政府の保証のもとに一般庶民信用銀行と連携して貸付を行う特別機関としての「小規模工業基金」も設立された。また作業場規模の企業（workshop enterprises）を補助する類似機関として、「中規模工業金融基金」が別個に設けられた。家内工業や作業場と直接に競合する資本集約的工業の確立阻止を目的のひとつとする産業計画が一九三七年に開始された。当時の開発理論の言い回しでは、競合する資本集約的工業は「社会的に望ましくない」という烙印を押された。対照的に、家内工業と作業場は、インドネシアの住民に収入と雇用をもたらすので「社会的に有用」と見なされたのである。

これらの努力の結果は一様ではない。小規模工業の生産量は一九三〇年代に若干増加を見せたが、生産物の価格は低落したままだった。ブーケはこれらの介入策について述べ、「西洋の工業と東洋の工業のあいだの闘争に対する政府の干渉の不可欠性」を論じる。しかしそのような干渉は、村落の自立と土着部門の独自進化の放任に対するアンチテーゼに他ならない（Boeke 1953, 285–294）。

一九四〇年から一九七〇年まではインドネシアにとって苦難の時代だった。大恐慌の後には第二次世界大戦、日本による占領、独立革命の戦争、オランダからの西イリアン奪取作戦、「マレーシア粉砕」作戦、スカルノ時代末期を特徴づける経済運営の無視、一九六五―六六年の政治的動乱などが矢継ぎ早に続いた。この時期には経済計画のための時間はわずかしかなく、作成された計画はしばしば中断された。農業、商業、工業を含む農民のあらゆる形の経済活動が苦境に陥った。輸入肥料の供給中断、武器を取って戦う多くの男達の村落からの離脱、部隊を養うための収穫米の軍事的徴発、兵器製造のための農具の没収などがしばしば農業に打撃を与えた。市場の大部分を占める農業人口の購買力減少により、商工業も損害を被った。これに戦争による供給と販売のネットワークの分断が加わった。糸、布、染料など輸入される材料に依存するようになっていた繊維産業の打撃は、ことに著しかった。

## 米国の社会科学者とモジョクト・プロジェクト

一九五〇年代までインドネシアにおける研究の大半は、オランダと欧州の探検家、伝道者、行政官たちによって行われていた。しかし一九五二年に、米国の社会科学者たちの一団がやって来て、彼らが「モジョクト」とかりに名づけた東ジャワの小さな町とその近辺に住み込んだ。このチームは、イェール大学の言語学者が率いるハーバード大学の大学院生六人で構成されていた。彼らのスポンサーは、経済学者のベンジャミン・ヒギンズがインドネシア研究プロジェクトの指導者を務めていたマサチューセッツ工科大学（ＭＩＴ）の国際研究センターであった。チームは大まかな分業計画に従って研究を進め、ジャワの村落と小都市の生活のいろいろな側面に関して何冊もの公刊された成果を、一九六〇年から一九七一年までのあいだに順次生み出した。このなかには、ヒルドレッド・ギアーツの『ジャワの家族』（一九六一年）、アリス・Ｇ・デューイの『ジャワ農民の市場取引』（一九六二年）、ロバート・ジェイの『中部ジャワ農村における政治と宗教』（一九六三年）と『ジャワの村民たち』（一九六九年）、クリフォード・ギアーツの『ジャワ経済の発展』（一九五六年）、『ジャワの宗教』（一九六〇年）、そして『農業インボリューション』（一九六三年）が含まれる。ギアーツ夫妻は続いてバリでも調査を行い、クリフォード・ギアーツは社会発展と経済変化を比較した『行商人と王子』という題の研究書を著したが、この書物には家内工業と小規模工業についてのいくつかの事例が含まれている。ジェイは農業のシステムに関するもうひとつの草稿を執筆したが、残念ながら出版されず私的に回覧されただけだった。オランダ語を話さない人々にとってこれらの著作は、同じ著者たちが公にしたいくつかの雑誌論文とともに、一九五〇年代初頭の経済的政治的苦難の時代のジャワとインドネシアの生活についての基盤的研究を成すものであった。[*7] これらの著作のなかでは、デューイによる市場の研究とクリフォード・ギアーツによる経済研究が本書の関心との関わりが最も深い。

農民の市場に関するデューイの研究は、多くの誤解を受けるままになってきたようだ。ロンドンでレイモンド・ファースとともに学んだ彼女は、断固として形式主義派の陣営に属していた。デューイは、インドネシアの農民は極大化に抜け目がなく、利潤と彼ら自身の時間の価値に敏感であることを、納得のいくように実証している。一九五〇年代のジャワでは現金が不足していたが、消費財と追加的な食品を購入できるように農民たちはその獲得に努めていた。市場における取引の大半には貨幣が用いられていた。価格は交渉で決まり、供給と需要の変動に敏感に反応していた。デューイは、階層の異なる商人同士の社会的関係と信用取引の関係についての詳細を提示している。彼女は、商人たちの協同が合理的な極大化と両立することを実証した。市場における華人の役割は、一九五三年当時の方が現在よりも顕著だった。デューイはジャワ人と華人の商人たちを比較し、華人はより強力な拡大家族やその他の内集団的つながりで優位に立つが、ジャワ人もより大規模な換金作物の卸売商業の舞台で競争することを学びつつあると結論した。

デューイは二つの補論のなかで、インドネシアの商業について歴史的データを示すとともに、我々が論じてきたのと同じ理由、すなわち非西洋地域の経済の研究に形式的経済理論が有用であるのを彼が認めるのに失敗したこと、さらに「本物の東洋的村落」のあるべき姿について彼が極めて型にはまった像を描いたことを挙げてブーケを批判している。デューイのインドネシア商業に関するデータは、いずれも一九五五年に英語版が初めて刊行されたファン・リュール（van Leur）とシュリーケ（Schrieke）の研究から採られている。これらの研究は、一六―一七世紀における多くのヨーロッパ人旅行者の記録を再現している。貿易は外部からジャワ社会に近年もたらされたとする考えを論破すべく、デューイはこれらのデータを使った。彼女が指摘するように、「貿易はすでにしっかり根づいていたから、ヨーロッパ人が地元の商人を抑え国際貿易を掌握するには二〇〇年以上の戦争と熾烈な競争を必要とした」（Dewey 1962, 190）。一六―一七世紀の記録は、貿易だけでなく、ジャワ人と華人商人の双方の手中にある国内の市場（パサール）交易についても触れている。この交易の大部分は貨幣で行われ、中国から輸入した小硬貨とともにその他のタイプの硬貨が使用された。取引に用いる貨幣の供給が不十分な若干の地域では、宝石や胡椒、布など特定の形の準貨幣が用いられた。一八―一九世紀になるとオランダ人が東インドに、西洋の資本主義システムではなく、賦役に似た強制供出と強制労働の「疑似封建制」システムを導入した、とデューイは指摘する。農民たちの企業家精神は、西洋が干渉するシステムの外側で、それにもかかわらず生き延びた。製品が価格や好ましさの点で西洋からの輸入品と張り合うことができれば農民工業は生き延びたし、それは珍しいことではなかった（Dewey 1962, 198, 202-203）。

## 生まれ変わったブーケ：農民工業、インボリューション、離陸（テイクオフ）に関するギアーツの見解

クリフォード・ギアーツにとって、彼が自分の世代におけるブーケのような存在になることは定められた運命であり、それはブーケと同じ理由によるところが大きい。ギアーツが名声を得た『農業のインボリューション』（一九六三年）は、二次分析（secondary analysis）から成り立っている。この本はエコロジー、植民地史、そして経済的「離陸」についての見解からなる奇妙な混合物である。エコロジーの節では、人口が密集した「内インドネシア」（ジャワとバリ）の水田システムと、人口密度が希薄な「外インドネシア」の焼畑システムを比較し、劣化を伴わずに追加的な労働の投入に反応できる水田システムの能力を特筆している。植民地史の節では、ギアーツは内インドネシアの経済を二重経済論の用語で記述し、人口急増につながる方策を導入した責任を植民地当局に帰している。また「強制栽培制度」（一八三〇―七〇年）について、この制度の下でジャワ人たちは彼らの土地の一部をサトウキビなどの換金作物の生産のために転用することを強制され、そのため食用作物生産に利用できる面積が削減されたと述べている。[*8] そして彼は、水稲とサトウキビは生態学的に両立できると想定した植民地当局の誤りを繰り返している。[*9] 本の

中ほどで彼は、米国の人類学者アレキサンダー・ゴールデンワイザーから借用した「インボリューション」という用語を導入している。ゴールデンワイザーはこの語を、限られた数の模様の反復により作り上げられる装飾芸術形式を記すために用いた。ギアーツの用語法のように、文化的要因を含んでいる点で農業のインボリューションは農業の集約化とは明らかに異なる。つまり、植民地時代にジャワの人口が増加し稲作農業が必然的にいっそう集約的になるにつれ、文化もまたいっそう複雑に入り組み、退廃的になっていったのだ。

『農業のインボリューション』の植民地史の節は、ブーケに多くを負っている。二重経済論の概念と人口急増による破滅的な結果の強調に加え、多くのもっと具体的な類似点が見られる――例えば、ジャワの村落は均質だとかジャワの村民は貧困を分かち合っているという頻繁に繰り返される主張がそれだ（Geertz 1963a, 97, 100, 116, 123, 146）。こうした明確な類似点があるにもかかわらず、ギアーツはブーケの名前にほとんど触れておらず、触れるにしても一定の距離を保っている。「ブーケが二重構造の原因と見なしたオランダ人とジャワ人の『経済的気質』の違いは、実際はその結果なのだ。ジャワ人は静的だから貧しくなったのではない。貧困化のゆえに静的になったのだ」（Geertz 1963a, 142）。

実際はギアーツもブーケも、貧困をインドネシアの文化のせいにすることは明確に否定している。しかしどちらも、彼らの否定がうつろに響くようなネガティブな表現でインドネシアの文化を記述しているのだ。サイド・フセイン・アラタス[3]が「怠惰な原住民という神話」（Evers 1980, 3; Alatas 1977 を重引）と呼んだものを、ブーケはあやうく永続させるところだった。ギアーツはインボリューションを「アバンガン」の世界観に関連づけている。アバンガンとは、ジャワの村落民のおよそ八五％を占め、自らを狂信的イスラーム教徒とは考えず、宗教的信仰と儀礼の周期にイスラーム化以前の要素を多く取り入れている人々のことだ（Geertz 1963a, 101-102）[4]。『農業のインボリューション』のなかで、ジャワ文化を記述するために使われているとくに皮肉な言い回しは、「あいまいさへの前進」「柔弱な不確定性」

そして「社会的外面の豊かさと社会的実質の単調な貧しさ」といったものだ。ジャワの村落は「大きくて過密であいまいで元気のないコミュニティ」として、また内インドネシアの核心地域は「大部分は均質なポスト伝統的農村スラム」として描かれている（Geertz 1963a, 102-103, 116, 129）。

『農業のインボリューション』の最後の部分で、ギアーツは経済的「離陸」の概念を紹介している。この概念は、一九六〇年に刊行されたウォルター・ロストウの人気作『経済成長の諸段階』から採られたものだ。「離陸」概念の核心は、発展とは進化的変化の円滑な過程ではなく非連続的な過程であり、ある社会が離陸するためには、相応の歴史的時点で貯蓄や投資やその他の経済的尺度を臨界的な量まで達成していなければならない、とする点にある。この臨界的な量の尺度の達成に失敗すれば、離陸は不発に終わり社会は停滞に陥る。もしその好機を逸すれば、社会がそれを取り戻すことはできないかもしれない。人口は増加し続けるが、労働生産性は一定のままか低下する。そして発展のための二度目の好機はないかもしれない、というのだ。ギアーツは一八三〇—七〇年という重要な時期について日本とジャワを比較している。ジャワにおける強制栽培制度と一致するこの時期に、日本は離陸に必要な前提条件を達成したが、ジャワはそうでなかった。基本的な相違のひとつは、日本が都市的・工業的部門に投資したのに対して、オランダはジャワで農村のプランテーション部門に投資したということである。そのため「日本の農民が都市へ出かけて、製造工業のシステムのフルタイムで合理的に訓練された構成員に転化しなければならなかった」のに比べて、「ジャワの農民は、文字どおり棚田から動く必要すらなかった」（Geertz 1963a, 142）。

ブーケと同様、ギアーツはジャワの将来について非常に悲観的だ。ジャワは「失われた好機の選集（アンソロジー）であり、浪費された可能性の温室だ」「ジャワの内外で世界は進歩しており、ジャワが今直面している選択肢は、日本が一世紀前に直面したものとは違う」（Geertz 1963a, 130, 139）。ギアーツは、ジャワはまだ化学肥料という一枚の切り札をもっていると記すことによって、小さな希望の窓を開けておいた。少なくともこの観察においては、ギアーツは先見の明があった。[5]

ギアーツとブーケには類似点があるにもかかわらず、なぜギアーツがブーケを認めたがらないのかと我々は疑問をもたざるをえない。結局のところ「インボリューション」とは、二重構造システムにおける土着部門の記述以外の何であろうか？　ギアーツのアンビバレンスは、彼の同僚たちによるブーケ批判のせいだったとしか我々には思えない。その前年に発表されていたデューイによる批判については、すでに触れた。さらにマサチューセッツ工科大学（MIT）国際研究センターのインドネシア研究指導者だったベンジャミン・ヒギンズは、一九五五年にブーケに関する重要な論文を発表していた。これはブーケについて英語で書かれた最初の批評のひとつであり、他の多数の論文の先駆けであった。*10 インドネシア研究指導者としてヒギンズは『農業のインボリューション』に序文を寄せ、そのなかで、センターにおけるすべてのインドネシア研究者にとって離陸は「共通の論点」だと説明している（Geertz 1963, ix）。

インドネシアについての欧米人のステレオタイプが、インドネシア人たちが自分自身について考える方法の一部と化しているという奇妙な傾向について、もう一度記しておく。『農業のインボリューション』は一九七六年、インドネシア語に翻訳された。それはおそらくインドネシアで最も広く読まれている社会科学の著作で、インドネシアの大学でもしばしば教科書として使われてきた。クンチャラニングラット（1975, 202-204）、サヨグヨ（1976, xxi-xxxi）、ムビヤルト（1978）などの傑出したインドネシア人社会科学者たちによる公刊された批判の存在にもかかわらず、そうなのである。「インボリューション」は、これに関連した概念である「貧困の共有」とともに、インドネシアの政策立案者と知識人たちの日常的言説の一部と化している（White 1983, 18）。

ギアーツは『行商人と王子』でも離陸の概念を使っている。そこでは、彼が対象とする時間枠は約九〇年後に移動しており、インドネシアは目下（つまり同書発行の一九六三年には）一九二〇年ごろに始まったプレ離陸期のさなかにあると記している。そのような時期の主な特徴は、「伝統的な均衡はもはや不可逆的に消失したが、工業社会のより動的な均衡はなお未達成である」という点である（Geertz 1963b, 3-4）。インドネシアでは離陸はまだ可能だが、それが不発に終わる可能性にも注意を払わなければならない。ギアーツは、経済学者が発展の経済的要因に集中するあまり、社会的・文化的要因を除外しているのを批判している。経済的見地からは非連続的で革命的に見える過程もおそらく、社会的・文化的見地からすれば連続的で進化的な過程だと主張している。彼はさらに、モジョクトとバリの古い宮廷都市タバナンという二つの「プレ離陸期の町」を比較し、これらの町の商業と小規模工業部門について述べている。モジョクトの企業家たちが主に敬虔なイスラーム商人グループ（サントリ）[6]に由来するのに対して、タバナンの企業家たちは主に王族出身である。発展に単一の経路はなく、むしろ多くの可能な経路があるとギアーツは結論する。「近代的な経済システムは、しばしば考えられてきたよりも広範囲の非経済的文化的パターンや社会構造と両立可能かもしれない」（Geertz 1963b, 144）。ゲマインシャフトとゲゼルシャフト式の単線的思考法から脱却し、実際的な「中範囲（ミドルレンジ）」の社会学的経済成長理論を発展させるよう、彼は社会科学者たちに促している（Geertz 1963b, 147）。

『行商人と王子』は『農業のインボリューション』よりも希望を感じさせる本であり、全体的な概念や結論において、より優れた本となっている。しかし、商業と小規模工業に関するブーケによる一般化の多くが復唱されていることも注記しなければならない。パサール（pasar）つまり市場（いちば）の商業は、ふたたび不調和な外来のものとして描かれている。したがってそれは、ジャワの社会では「隙間的」な位置を占めることになる。なぜならパサール商業は「大部分が地元の成長の結果ではなく、ジャワがすでに非常に高度な社会的、政治的、宗教的発展を達成していた時点で外部から導入されたもの」だからである。ギアーツは、一四世紀と東部ジャワのヒンドゥー王朝マジャパヒトとを、パサールの様式が独特の歴史的形態を備えた時代と場所と同一視している。彼によれば、ジャワ人は商人を他の人々とは大きく異なる価値観をもった部外者と見なしている。商人の地位は「最良の場合でもあいまいで、最悪の場合はのけ者扱い」である（Geertz 1963b, 42-44）。

『行商人と王子』でギアーツは驚くべきことに、手工業と村落を基盤とする工業はジャワでは「ほとんど完全に消滅」し、「いまやわずかの重要性しかもたない」と言明している（Geertz 1963b, 21, 89）。続けて彼は、これらの工業を本質的に伝統的農業と同等のものとして記述する。

それらの工業は非常に労働集約的で、活動に大幅な季節的変動があり、組織としても本質的に無規律で不活発である。そして操業規模が極小であるため、効率的な出資が非常に難しい。村落の文脈では、そのような工業は実際には農業の補佐役として扱われるのがふつうだ。つまり、農閑期にはレンガ作り、ヤシ油製造、かご編みなどの活動が活発になり、農繁期には不活発になるというわけだ。こうした家内工業は、あたかも作物の年間の周期的交替をいっそうバランスの良いものにするため、通常の作物の「成育期間」の合間に挿入可能な追加的換金作物のように見なされている。その結果、着実な効率の向上や持続的な賃金や利潤の上昇よりも、そうでなければ遊休化する非熟練労働の不定期の活用に対する見返りとして得られるたしかで危険のない補足的収入源への関心の方が、製造業へのアプローチの基調となるのだ（Geertz 1963b, 70）。

このような一般化にもかかわらずギアーツは、このタイプの小規模食品加工業のいくつかが、都市的な環境では小規模な工場へと発達を遂げたさまを描いている。ある黒糖製造工場は機械を装備し、四〇人の労働者を交代制で雇用していた。実際には『行商人と王子』のなかでギアーツは、過剰に一般化された軽蔑的言い回しを避けえた場合は、建設業、衣料製造、食品加工などの小規模企業について多くの有益な事例を提供している。

ギアーツによると、ジャワと異なりバリは、村落や親族集団ごとに技能が特化した農村手工業の強固な伝統を維持してきた。「ある集落ではほとんど全員がタイルを作り、隣の集落では大多数の者が、あるいは楽器を製造し、あるいは銀細工にいそしみ、あるいは製塩、織物、壺作り、ヤシ油の製造などに従事している。ある地方のすべての大工は一カ所の出身で、仕立屋はみな別の箇所、ヤシ酒製造者はまた別の箇所の出身などなど、という具合なのだ」(Geertz 1963b, 89)。これらの製品のうち、いくつかは寺院や宮殿に献納されるが、ほとんどは商品として売却される。ギアーツによれば、バリの村落社会は、重なり合い交差するスカ（*seka*）と呼ばれる社会集団の集まりとしてとらえるのが最も適切だ。スカとは、同一集落における居住、同じ親族集団や寺院の信徒組織あるいは灌漑組織への所属など、単一の基準にもとづいて形成された小集団である。ギアーツがタバナンに滞在していた当時、これらのスカのいくつかは小売業協同組合、レンガあるいはタイル工房といった、より近代的な企業体を設立しつつあった。一部の貴族はまた資金調達のため、上下の政治的・宗教的忠誠関係を活用した。彼らは、個々の村人や村人たちの集団、あるいはその地域の集落に寄付を割り当てたり株券を売ったりして、これを成し遂げた。この資本金は商事会社や製造企業の設立のために使用された。これらのなかには、数百人の株主をもつ大企業に成長したものもあった。

モジョクトとタバナンを比較するなかでギアーツは、タバナンの貴族企業家たちは資金調達面では有利だったが、利益の再分配への社会的な圧力にさらされたと指摘している。一方、モジョクトの商人企業家たちは企業の「合理化」は自由に行えたが、パサール商業の個人主義的様式のために資本調達には困難を伴った。彼らはまた、「華人問題」というもっと大きな問題を抱えており、より多くの華人商人たちからの競争に直面していた。こうした比較を行ったうえでギアーツは、モジョクトやタナバンで見られたような零細企業から大規模な産業組織が発生しうるかという興味深い設問を提示する。大規模な工業化のためには大量の投資が必要だとすれば、これら零細企業は時代遅れかもしれないとギアーツは結論する。「我々の時代にとって原型的なのは、英国ではなくロシアの工業化の経験の方だという、穏やかではない感情が湧いてくる」と彼は述べている（Geertz 1963b, 79）。

## 近代化理論と公共政策への影響

ギアーツはパーソンズ学派の文化人類学者だが、彼の著作の多くでは、彼がそれとは異なる聴衆のために著述を行っていたことが感じ取られる。つまり、アメリカの「近代化」学派の開発論者たちという聴衆だ。一九五〇―六〇年代には開発コンサルタントという新しい職業が生まれた。第三世界の新興独立政府の多くが、経済の再建と再編成への支援を求めていた。彼らは欧米の大学から経済学者たちを、またそれより少数ではあったが違うタイプの社会科学者たちをも雇い始めた。これらの経済学者たちは、新たな官僚的上司に提示できる何かしら建設的で目的指向的な行動計画を必要とした。彼らは、社会学と政治学の分野から借用した「近代化理論」を選択した。批評家たちは、「近代化理論」はいかなる変数のあいだの関係も仮定していないのだから、そもそも本当に理論と呼ぶに値するものなのか、という疑問を呈した。むしろそれは、いろいろな開発プログラムを吊しておくことのできる概念上の物干しロープのようなものに過ぎなかった。この物干しロープは、非欧米社会（ふつうは地方の農民社会）と欧米社会のあいだに張られ、どうすれば前者は後者に転換できるのかと問いかける。通常さまざまな中間的段階が想定され、この転換は一挙に起きる必要はなく、進歩は漸進的であって差し支えない。転換は「接触と拡散」つまり農民たちを新しい観念と新しい組織モデルに触れさせることによって生じる、とされる。これらは普及指導プログラムや技能訓練コースなど比較的低費用の方法を通じて行うことができるし、信用プログラムなどによる生産要素の再配分によって補強されるかもしれない。けれども土地改革や私企業の国有化、その他の抜本的社会改革は不要である。なぜなら、開発とは文化変容の問題だと見なされているからだ。変化が必要なのは、もちろん支配エリートの文化ではなく、昔ながらの農民の態度と価値観だけなのだ。進歩の邪魔をしているのは、この態度と価値観なのだ。それゆえ、既存の権力ブロックを脅かさず、社会を混乱に陥れることがないという点で、近代化理論は第三世界の政府にとって魅力的だった。

近代化理論は基本的に楽観的だという点でも魅力的である。二重経済論のように、それは資本集約的な欧米型経済と労働集約的な農民経済とのあいだには広い溝があるという前提から出発する。しかし、二重経済論がその溝への架橋の可能性に悲観的であるのに対して、政治的な意思をもった政府が忍耐と正確な計画、賢明な資源の適用によってこの溝に橋を架けることは可能だ、と近代化理論は説く。

経済的離陸の概念は、近代化理論のひとつの変種である。発展を非連続的過程と見る点で、またおそらくは定量化可能と考える点で、それは近代化理論と異なる。経済学の分野で離陸は依然として有益な概念と考えられているが、それを定量化する試みはあまり成功しなかった。

近代化理論のもうひとつの変種は、企業家精神（entrepreneurship）の理論だ。一九六〇年代以降、社会学と心理学を中心とするさまざまな分野の著者たちによる相当な量の文献が、成功した企業家たちの人格構造の分析を試みている。いくつかの研究は、経済的に成功した小集団と少数派に注目することでその成功の理由を究明しようと努めている。『行商人と王子』は、三つの非常に異なる背景をもつ企業家たち、すなわち華人系企業家、敬虔なムスリムの実業家、そして貴族出身のバリ人企業家を比較している点で、企業家精神研究の文献の定義に心地良く適合している。もちろん、企業家精神理論の文献の背後には、農民の文化が一国の発展に必要な企業家精神を供給することはできない、という懸念がある。ブーケに戻って言えば、農民は「貧困の共有」にいそしみ、経済的ニーズよりも社会的なニーズを重んじ、経済的誘因には反応しないと見なされるからである。

極度に単純化された単線型の近代化論は、インドネシアの工業部門を論じるときには、とくに適合的に見える。他のどの部門よりも、零細工業から小規模作業場（ワークショップ）、さらに小工場から大工場へという、経済成長の明瞭な一連の諸段階を描くことが可能に思われる。機械化はふつう小工場の段階で起きるか、あるいは少なくとも、一九八〇年代に電力が農村地域で広く利用できるようになるまでには起きていた。しかし外注による操業（put-out operations）は、この四段階の枠組みのなかにはあまりうまく収まらない。さらに、繊維製品や手巻きの丁子タバコを製造する工場の一部のように、（数百人の労働者を抱える）本当に大きな工場がまだ機械化されていないという事態をどう扱うのかという難問も存在する。とはいえ、インドネシアのたいていの工業企業は、この枠組みに適合可能なのだ。となれば開発の問題は、零細工業や小規模作業場企業の持ち主が次の段階へと上昇するよう支援や動機づけを行うことに帰着する。これを行うひとつの方法は、良い企業家になるよう彼らを教育することだ。

［インドネシア政府］中央統計局は、一九六四年から行われてきた工業調査で三ないし四段階の枠組みを用いてきた。しかし、ある枠組みを分類が目的で使うことと、それを開発目的で使うことのあいだには相違がある。分類の枠組みそれ自体は、異なる組織形態の相対的価値についての判断はしないし、なんの政策的含意ももたない。

近代化論は、そのさまざまな変種とともに、文字どおり極端に単純で単線的であり、また自民族中心主義的（ethnocentric）であるという理由から批判を受けてきた。そのうえ近代化論は、東洋と西洋の違いを誇張しているとか、貧しい人々が貧困なのをもっぱら文化の違いのせいにしているとか、生産資源の配分における要素比率の相違を無視しているなど、多くの点で二重構造論と同じ批判にさらされてきた。しかし、この批判はインドネシアの場合にはほとんど届くことがなかった。批判論の大半は、主にラテンアメリカに注目してきたアンドレ・ガンダー・フランクのような従属理論や世界システム論の論者から発している。[*11] ハンス・ディーター・エヴァースは、「近代化」という用語が、必ずしもアメリカの社会学者たちの近代化論に忠誠を示すことなく、東南アジアの学者たちにしばしば一般的に使われてきた、と記している（Evers 1980, 6, Evers ed. 1973 から重引）。

故スカルノ大統領の政権は、開発についての欧米的構想を売り込む市場と化した。近代化論とその変種は、ヒギンズやB・F・ホーゼリッツのようにインドネシアを訪れた米国の学者によって宣伝された。ロストウも一九五〇年代後半にインドネシアを訪ねており、「離陸」の概念は、それを当時の大衆主義的ナショナリズムに結びつけたスカルノ大統領とスバンドリオ外相によって広められたのである（Chalmers 1989, 22）。「離陸」のインドネシア訳として *tinggal landas* という新語が作り出された。時を同じくして、インドネシア国内の左翼勢力はもっと急進的な社会変革、とくに土地改革を求めていた。土地改革の法案が一九六〇年に可決成立したが実際に施行されることはなく、その実行を求める者たちの煽動は、数年後に暴発する土地所有農民と土地無し農民のあいだの緊張を高める結果となった。

インドネシアの左翼勢力は一九六五―六六年にむごたらしく抹殺され、土地改革の問題はタブーとなった。しばらくのあいだ、離陸の概念はスカルノ大統領と関連づけられ、人気を失った。しかしそれは明らかに国家計画の策定者たちに吸収され、しだいにスハルト大統領の「新秩序」政権のもとでの公式の用語のなかにこっそり舞い戻った。最初は政策的目的であったものがやがてイデオロギーに転化した、とチャルマーズは指摘する。一九七〇年代から経済的離陸は、インドネシアの開発プログラムの究極の目的として、数次にわたる五カ年開発計画の中に祭り上げられていった（Chalmers 1989, 22）。

## 緑の革命と社会的公正の問題

長期的な計画と農業集約化のプログラムはいずれもスカルノ時代に試行されたが、混沌とした政情と経済状態により大半が失敗に終わった。[*12] 一九六九年までに通貨が十分安定したので、新秩序政権は最初の五カ年計画（ＲＥＰＥＬＩＴＡ Ｉ）を開始することができた。この計画は、米作の自給自足とインフラストラクチャーの復旧という目標に重点を置いた。米作の自給自足は、新たな稲作投入財の大規模な採用によって達成されるべきものとされた。これらの投入財には、化学肥料、殺虫剤と新型の高収量品種が含まれた。それらはＢＩＭＡＳ（集団的指導）と呼ばれる信用と改良普及事業をパッケージにしたプログラムを通じて農民に提供されたが、このプログラムには一九七三年以降石油収入による巨額の補助金が注がれた。多くの観察者が驚いたことに、トビイロウンカ（*wereng*）の病害による壊滅的打撃がもたらした一九七二―七三年の後退にもかかわらず、米自給の目標はおおむね達成されたのである。[7] 最近ベン・ホワイトは以下のように記している。

多くの研究者にとって、「新秩序」政権下におけるインドネシアの主要で驚くべき業績のひとつは、世界最大の米輸入国（一九七〇年代当時、世界市場で調達可能な米の三分の一を輸入していた）が、平年には米の国民的自給が見込める国へと移行したことだった。多くの者にとってとくに驚異的だったのは、この成功がジャワの零細経営農地でも他の島々と同様に達成されたことである。深刻な人口圧力と、ジャワの農業はすでに集約化と「インボリューション」の極限にまで達しておりさらなる持続的成長は不可能だという農学者たちなどの悲観論にもかかわらず、一九七〇年代初め以降ジャワの米生産の増加は過去一世紀間に初めて人口成長をゆうに上回ったのである（White 1989, 66）。

米作で達成された増産は真に見事なもので、「緑の革命」と呼ぶにふさわしいものだった。一九五四年から一九六八年のあいだ、ジャワの平均米生産量は一ヘクタールあたり一・六三〜一・八三トンだった。緑の革命の開始後、それは一ヘクタールあたり二・五六トンへと飛躍した。その後の各五カ年計画期を通じて米の単当収量は上昇を続け、第四次計画期（一九八四―一九八八年）までには一ヘクタールあたり四・六六トン、つまりかつての水準のほぼ三倍に達したのである（White 1989, 73）。

だが米の増産を達成するには、かなりの代償を支払わねばならなかった。大きな代償のひとつは、食物連鎖の全体に影響を及ぼす農薬の使用による環境汚染だった。インドネシア政府は今、総合的病虫害管理によってこの問題に取り組もうとしている。二つ目の、おそらく回避可能であった代償は、村落内の階層格差拡大であった。増産プログラムの批評家たちは、新しい投入財が大土地所有者のグループへ不釣り合いに多く提供され、村のなかの他のグループに対する彼らの地位が強化された、と述べている。政治的安定の維持と開発に関するメッセージの普及のために政府も依存しているこのグループが、今や強力な農村エリート層を構成していることは疑いない。さらに、このグループのメンバーは稲作から得た利潤の一部を機械化された設備に投資し、それが農村経済の他の分野でも彼らに優位をもたらした。籾摺り・精米機、トラックやミニバン、ディーゼルエンジン、船外発動機、刺繍機や製織機などがその例として挙げられる。彼らはまたその利潤の一部を、賃借や質受けなどの方法による土地利用権の獲得、高い実効金利での他の村人たちへの信用拡大など、より純粋に「資本家的」な方法の営利にも投じた。はたして農民が優れた企業家を作り出せるかという争点への肯定的解答が示されたことは明らかだ！　彼らの一部は、明らかにそうしている。これに比べてはっきりしないのは、他の九割前後の村人たちの生活水準が、村落エリートに対する相対的意味ではなく絶対的な意味で改善されたのか、それとも低下したのかということだ。言い換えれば、土地無しや零細土地保有層の家族の最低生活水準が上昇したのか、それとも下降したのかという問題である。

稲作部門での階層化の進行とともに、小規模工業部門を含む他の部門の階層化の進行も生じた。無給の家族労働者に頼る零細経営は依然として全農村企業のおよそ六割を占めるが、出来高払いの雇用労働者に依存する外注制企業や日雇賃金労働者に依存する小規模作業場など、他の企業形態も出現した。雇用労働を用いない場合も、大企業と小企業は信用取引の関係でつながっているかもしれない。信用は原材料の供給や、あまり一般的ではないが運転資本のための現金の前貸しという形をとることもある。信用の供与は、最終製品を市販する権利の取得を意味する。大半の小規模工業村落は今や、二つ、三つ、四つ、いやしばしばそれ以上の数のグループへと階層化されている。頂点には、原材料と信用の供給者として振る舞い、多数の他の世帯の生産物を市販する単一の企業家または少数の企業家グループが存在する。その下には、開かれた市場で現金により原材料を購入し、自分の生産物をみずから市販することにより、依然自立して機能しようと試みる中小企業所有者のグループが存在するかもしれない。さらにその下には、自立しておらず、信用取引の関係を通じて大企業所有者たちに結びつけられた小企業所有者のグループが存在する。そのまた下には、外注や直接雇用の労働者の階級が存在するかもしれない。これらの基本的パターンにはいろいろな変種がありうるのだ。

なぜ稲作農業の階層化の拡大に他の部門の階層化拡大が随伴するのかと問うならば、そのひとつの解答は、投資の連関（investment linkages）ということではないだろうか。ある場合には、大土地所有世帯は米の余剰の販売から得られた追加的所得を、稲作とは無関係の事業に投資する。しかし、村落に基盤を置く工業における最大規模の企業家が稲作地をもたず、土地無し家族の出身でありながら起業に成功したことを誇りにしている、ということもありうる。投資の連関は、さらに異なる方向へ向かうこともある。稲作と無関係な事業で得られた利潤が、稲作地を購入したり賃借することに使われることもあるのだ。

階層化を新しい現象と考えるのは、おそらく誤りである。なぜなら、植民地時代のさまざまな時期にも階層化は生じたからだ。それは、繁栄の拡大と農村地域で循環する資本の増加の時期に結びついているように思われる。窮乏化と資本の縮小の時期は、逆に階層化の後退と結びつくようだ。おそらくこれは、困窮の時期には富の一部を再配分するよう裕福な村民に加わる社会的圧力の増加、つまりブーケやギアーツが「貧困の共有」と呼び、また一部の人類学者が「平準化の機構」と呼ぶもののためである。また、階層分化の原動力は信用取引であり、農村地域における資本の欠如がこの過程を妨げる、という説明もある。このことは、成長と公平は両立可能な目標なのか、というインドネシアと現代世界の開発をめぐるおそらくきわめて重要な疑問を惹起する。政策的見地からすると、この疑問は次のように言い換えることができる。適度な公平が成長に随伴するように新しい投入財と構造的誘因の流れを仕向けることは可能だろうか、と。

公平の問題が重大だという意識は一九七〇年代に出現し、第二、三次の五カ年開発計画（一九七四―八三）はいずれも、経済成長とともに雇用と分配の平等化（*pemerataan*）を強調した。公平は、もちろんたんなる経済問題ではなく、同時に微妙な社会的・政治的問題でもある。おそらくこの理由から、（「開発」や「離陸」と同じように）「公平」は政府の演説や刊行物でいつも言及されるイデオロギー的流行語と化したのだった。しかしながら、政府に対する批判者の多くは、これらの言及はショーウィンドウの装飾に過ぎず、公平の問題が本気で取り組まれたことはないと感じている。

## スハルト大統領の新秩序政権下での工業政策

一九七〇年代に、中央統計局によりいくつかの大規模な経済調査が実施され、国家計画策定のため大幅に改良されたデータベースが提供された。これらには、一九七三年の農業センサス、一九七四―七五年の工業センサス、一九七六年の国民社会経済調査（ＳＵＳＥＮＡＳ）などが含まれる。[8] これらの調査から、二つの憂慮すべき傾向が示された。そのひとつは、大規模工業が期待されたほど拡大せず、相当数の労働力の吸収に失敗したことだった。もうひとつは、農業部門から農村経済の他の非農業部門、とくに零細商業、サービス、小規模工業へ大量の労働力の移転が生じたことである。

大規模工業部門による相当数の労働力吸収の失敗は、スハルト政権初期の単線的な工業政策の見直しにつながった。

第三次五カ年計画（一九七九―八四年）のときまでに、零細工業と小規模工業の育成目標が大規模工業部門の発展目標から切り離された。大規模工業部門への継続的支援は、この部門の高い付加価値が国民経済の成長に貢献するため重要だと見なされた。同時に、雇用確保のために零細工業と小規模工業の支援にも新たな熱意が注がれた。以下は世界銀行による一九七九年の報告書からの引用である。

現在の工業の構造は二つのはっきりした特徴を示している。一方には、外国の資本と技術に高度に依存したかなり近代的で、大規模で、資本集約的な資源依存型の工業が存在する。この近代的部門が工業による雇用に及ぼす影響は限られており、それ自身は依然輸入された資本財と予備部品と原材料に依存した一般製造工業部門との連関も乏しい。他方には、四〇〇万人以上の労働者と職人を雇用しているが近代部門の発展からはあまり影響されない伝統的な土着小規模工業が存在している。

第三次五カ年計画を目前に控え、政府の計画担当者と政策立案者たちは製造工業部門の過去の実績と将来の役割について再評価を進めている。彼らは、世銀のスタッフと同じく、雇用全体のなかで製造業の占める割合が小さい（一〇％）ことと工業関連雇用の伸びが鈍いことを憂慮しているようだ。

資源が豊富な国では発展のある段階で大規模なプロジェクトが必要とされるが、それらは全般的努力のなかの一部であり、人口の大部分の雇用確保に貢献する他の産業の発展を伴うものでなければならない、ということがますます認められるようになってきている（World Bank 1979, V. II, 7-8）。

零細工業と小規模工業を支援する熱意は復活したが、その目標達成のプログラムは以前の開発計画の繰り返しに過ぎず、ときには倫理政策期の計画のままでさえあった。これらのプログラムについては次章で詳しく記述、検討するが、およそ以下の要素から成り立っている。

- 大きな工業のかたまりをもつ村落を「セントラ」（*sentra*）と名づける。
- これらのセンターに技術普及員を配置する。
- 企業の所有者たちを小規模工業協同組合に組織する。
- これらの協同組合を通じて投入財（原材料、設備、信用の大量供給）を提供する。
- 企業所有者のグループを対象に、技能訓練と小規模企業経営の研修コースを実施する。
- 企業所有者のグループに、他の産地への視察旅行の機会を与える。
- センターまたはその近くで、実験技術プロジェクトを立ち上げる。
- センターまたはその近くに、公共サービス施設を建設する。
- いわゆる「里親」（インドネシア語で *Bapak Angkat*）プログラムにより、大企業と小企業のあいだに提携関係を確立する。
- 電力が十分に供給できる都市の周縁部に、ミニ工業団地を建設する。
- 都市の販売市場、物産展、手工芸フェアなどを後援し、参加する。

## 一九七〇年代の社会科学
## ――ギアーツ、そして緑の革命への反応、非農業部門の成長とプッシュ - プル論争

一九七〇年代以降の調査で認められた労働力配分の部門間移転は、消極的には農業部門の就業機会と所得の減少（すなわち「プッシュ」仮説）として、また積極的には他の諸部門における機会の成長（すなわち「プル」仮説）として解釈されてきた。プッシュ仮説に賛成する者は、特定の非農業的活動からの所得は稲作農業からの所得よりも小さい

ことを示すいくつかの微視的調査を挙げるが、これらの調査の数と範囲はこの仮説になんらかの確信を抱かせるには不十分である。プル仮説に賛成する者は、非農業的生産物の市場はたいがい農村部であり緑の革命がもたらした繁栄水準の上昇から利益を得た（需要のリンケージ）と述べる。しかしこれもまた、仮説を立証または反証するにはもっと多くのデータが必要である。本書が記述する小規模工業では労働生産性（一時間あたりの労働からの収入）と総収入が少なくとも農業のそれと同じくらい高いので、どちらかと言えば需要の要因の方を支持することになる。しかし、この効果は工業の種類によって異なるように思われる。

一九七〇年代には、英語圏（英国、米国、オーストラリア）の新世代の社会科学者たちがインドネシアにやって来て村落を拠点とする研究に従事した。このグループには、ベンジャミン・ホワイト、アン・ストーラー、ジリアン・ハート、ジェニファーとポール・アレキサンダー、ウィリアム・コリアーなどが含まれる。当初このグループの人々は、低地の水稲作村落における緑の革命の社会経済的影響に関心を抱いた。のちにその一部は、他のタイプの村落の研究にも手を広げた。例えば、コリアーとハートはジャワ北海岸の漁村を観察した。コリアーはまたスマトラとカリマンタンの島嶼間移住者村落（transmigration villages）をも観察している。他方ストーラーはスマトラのプランテーションまたはその近傍の村落を調査した。しかし、ホワイトとハートが水稲作村落でたまたま収集したデータによって小規模工業について注釈を加えているものの、小規模工業が主体の村落を研究対象に選んだ者はこのグループにはいなかった。

これらの研究者たちが行った研究は非常に質の高いものである。そのうえ、植民地時代の農業システムに関する歴史的データの形をとった詳細な研究も年々蓄えられていった。これらのデータの多くはオランダ語の資料から翻訳されねばならず、以前には英語圏の学者にはよく知られていなかったのである。しかしこれらの研究者たちの仕事は、残念ながらどちらかと言えばなおざりにされ、インドネシアの政策立案者たちには無視された。

このグループの著者たちのほとんどが、ギアーツの『農業のインボリューション』についていくつかの批判を記している。[*13] 実際、この小さな本は何年にもわたり、さながら零細工業のように群がる批判の全体を支え続けた。批判の大半はおなじみのもので、ギアーツがジャワの社会と文化を記述する際に使った侮蔑的な言葉づかいや、ジャワの将来に対する彼の悲観的な（そして今となっては不当に思える）見方や、ジャワ村落を均質とする彼の描写や、貧困の共有のメカニズムに対する過度の強調などに集中している。これに加えて、植民地支配下の出来事、例えば強制栽培制度期の人口増加についてのギアーツの解釈の仕方に対する批判も存在する。水稲とサトウキビが生態学的に両立可能であるという誤った推論については、すでに触れたとおりである。一九七〇年代の研究者たちがギアーツに対して感じた苛立ちは、緑の革命から生じた村落内の階層制や階級分化に彼らが主な関心を寄せていたことを思えば無理からぬことだ。この点では、やはりモジョクト調査チームのメンバーだったロバート・ジェイの著作をギアーツの著作と対比させるべきだ。[*14]

一九七六年にホワイトは「多就業」（occupational multiplicity）という有益な概念を導入した。彼はこの概念を、一九七三年に発表されたコミタスによるジャマイカ農村の研究から借用した。ホワイトらが用いているように、多就業とはふつう個人や世帯が異なる事業のあいだに資源を割り当てる仕方に関わる概念である。ひとつの戦略として、多就業はリスクを軽減し、個人や世帯が時間やその他の資源を最善の形で活用するのを可能にするという利点をもつ。一例を挙げれば、村落工業の多くは、原材料と有機燃料の収集と乾燥の作業が含まれたり日干しを生産過程の一段階とするために、もっぱら乾季の活動となっている。その例としては、粘土製品、食品加工、かごやむしろの製造業などが挙げられる。これらの産業の生産活動は、雨季には停止するか半分以上に削減される。それゆえ、伝統的にこれらの工業は、もっぱら雨季の活動である農業と季節的に交替する形で営まれてきた。ジャワとバリでは灌漑システムと多毛作（multicropping）の拡大がこのパターンをいくぶんあいまいにしたが、人口成長が労働供給を増加させたので、たとえ事業主が稲作に従事していても乾季の工業の大半が生産を継続できるようになった。ここで重要なのは、多就業は最大化のための積極的戦略ととらえるべきだ、ということである。刈り取りと田植えの時期に他の事業を放り出して水田に「走り去る」と村人たちを批判したブーケのような著述家は、実際に起きていることの本当の経済的意味を見逃している。一九八九―九一年に私が行った農村銀行業調査では、平均的農村世帯は三つから四つの収入源をもち、収入源の数は世帯の総所得と明らかに正の相関関係がある。言い換えれば、より裕福な世帯は雇用労働を用いて既存の事業の規模を拡大させるだけではなく、新しい事業へも手を広げる傾向があるのだ（Sutoro 1990, 5）。

一九七八年の博士論文でハートは、「資産階級」（asset classes）という関連概念を導入した。これによって彼女は、ある世帯の階級的地位を判定する場合には、水田だけではなくその世帯が所有する主な生産的資産のすべてを考慮すべきである、と説いたのである。例えばハートの調査村の場合は、養魚池もまた重要だった。小規模工業村落の場合には、四輪の輸送用車両、ディーゼルエンジン、作業小屋、貯蔵庫の所有が、少なくとも水田やその他の農地の所有と同じくらい重要かもしれない、と付け加えることができる。ホワイト、ストーラー、ハートはみな農村の労働力配分の研究を行ったが、この分野で最も多くの仕事をしたのはたぶんハートだった。彼女の学位論文には、労働力配分戦略の階級間の相違に当てはめた場合の意志決定に関する議論が限定的ながら含まれている。けれども一般に、人類学的意志決定理論の大部分は主にラテンアメリカを対象に発展してきており、インドネシアで働く研究者たちには活用されなかった。

一九七〇年代にインドネシアで活動した研究者の大半は、「プッシュ仮説」に賛成している。彼らの見方では、緑の革命と手搗き作業に代わる籾摺り・精米機の導入などそれに関連した発展は、農業の働き口と所得の減少、とくに農村の女性のそれをもたらした。彼らはまた、証拠にもとづき差し引きすると、代わりに得られた非農場活動による所得は失われた所得より少ないと主張した。例外はウィリアム・コリアーで、彼はこの問題についての自説をひるがえし、一九八〇年代初めにはプル仮説の擁護者となった（Collier 1981b; Collier et al. 1988）。近年は繁栄の水準が上昇し続けているため、プル仮説がより多くの支持者を得ている。

## 規制緩和圧力と農民工業に及びうる影響

倫理政策の時期の保護主義的法律の大半が、スカルノ時代に引き継がれた。これらの保護主義的法律には、輸入割当や関税だけでなく、特定の型の零細工業や小規模工業企業と競合する大型の外資または国内資本企業の設立に対する許認可の制限も含まれていた。スカルノ政権はこれらの法律を維持し、さらに新たな法律を付け加えた。民間部門をまったく信用せず、公共部門による工業開発の方を好んだからである。保護主義的姿勢は、スハルト時代の初期にも続いた。モハンマド・ハッタやスミトロ・ジョヨハディクスモのような専門教育を受けた第一世代のインドネシア人経済学者たちが自由競争を望ましくない不公平なものととらえていたことは、十二分な証拠がある。この見解はとくに、（外資系や国内の華人系の）大規模企業と（とりわけ土着のプリブミ系の）[9]小規模国内企業の自由競争について当てはまる。

二〇世紀末になってインドネシア政府は、援助受け入れの条件として自由な市場のための政策を採用するよう、外国の援助供与国や国際機関から強い圧力にさらされた。これらの政策の目的は、経済を自由化して汚職や独占を利する「通行料徴収」の機会を取り除くことだった。一九八五—八六年までにインドネシアの経済学者と政策立案者の大多数はこの見解に同意するようになり、規制緩和が進み始めた。けれども、村落工業を輸入製品や工場製品との直接的競争にさらすのは、その「不可避的消滅」とそれに伴う失業の増加をもたらすという懸念からこれを嫌う傾向がまだ政府内には残っていた。そのため、いくつかの保護主義的立法は存続した。例えば、一九八九年まで政府は、大規模工業の許認可のための「ポジティブ・リスト」を用いていた。大規模な民間投資はそのリストに挙げられた業種でだけ認められ、その他のすべての業種で禁じられた。一九八九年に、規制緩和措置の一環として政府は、大規模民間投資がなんらかの形で制限される業種のより簡潔な「ネガティブ・リスト」を採用した。リストにないすべての業種では投資は制限されない、ということになったのである。新しいネガティブ・リストには、主な村落工業が含まれていた。伝統的食品製造、特定のタイプの糸と布（手で紡いだ絹糸、イカット[10]、バティック[11]、手織りの布など）、消石灰、素焼きの器物、金属製のほとんどすべての手工具、伝統的楽器、軟質繊維製品（かごや敷物）、革や角、貝殻で作られた製品などを作る業種である。レンガと屋根瓦の製造業が含まれていないことが目を引いた。輸入割当、関税、その他の課税についても同様のリストが公表された。

開発計画の策定において初めのうちスハルト政権は、外国で教育を受けたインドネシア大学経済学部の経済学者たちのグループに依存しており、彼らの中にはのちに閣僚ポストを得た者もいた。政府はまた、ほとんどすべての省庁とジャカルタと各州の双方における各級政府機関に配属された外国人コンサルタントの大群にも、長年のうちに依存するようになった。これらのコンサルタントのなかには、イデオロギー的に中立か無関心、あるいは識別不能の者もいた。残りの者は、二つの大まかなグループに分かれていた。第一のグループは、公平の問題を最重要視するコンサルタントたちであった。彼らは、甚大な社会的・政治的リスクをはらむという理由から急進的な構造調整の提言を控えるのがふつうだった。代わりに彼らは、資源の投入を導くプログラムを注意深く組み立てるならばより多くの公平がもたらされるだろう、と論じた。このグループに属し小規模工業を担当したコンサルタントたちは、ある程度の保護を続けるのを好むのがふつうだった。第二のグループのコンサルタントたちは、公平の課題への政府のイデオロギー的誓約がどのようなものであれ、結局は成長こそすべての社会集団により高い生活水準をもたらすのだから、そちらが優先されるべきだと論じた。村落工業部門に適用された場合この見解は、すべての零細企業への穏やかな無視と、大企業に「合理化」とそれによる労働生産性の向上を促す金融的インセンティブの提供につながる。

## 一九八〇―九〇年代における農民の繁栄

インドネシアが一九九〇年代に入ると、とくにジャワとバリで、農村地域は前例のない繁栄の時代を経験したように見えた。貧困地域は地理的になお点在しており、どの村にも多少の貧しい世帯は存在した。土地無しや高齢者や女性が世帯主の世帯は、依然として脆弱だった。にもかかわらず、大多数の農村世帯が今では貧困線を上回る暮らしをしていることは、懐疑論者でさえも進んで認めようとしていた。これは、農村世帯の大半が貧困線以下の暮らしをしていた一九七〇年代初めとは対照的である。以下では、繁栄の広がりに関するいくつかの具体的指標を論じる。

一九七〇年代初めには、村のたいていの家屋はまだ一部屋か二部屋の造りで、竹で編んだ壁、椰子の葉で葺いた屋根、土間の床でできており、窓ガラスはなかった。今や多くの村人が、レンガと漆喰の壁、瓦屋根、セメントの床と窓ガラスを備えた、より大きく頑丈な家屋を建てられるようになった。以前は、村のたいていの子供が仕事にかかり切りで学校には通えなかった。今では、六年の課業を終えるまで子供を学校に通わせようと親たちは努めている。子供たちは今でも働いているが、ふつうその仕事は放課後の二~三時間に限られている。(依然少数派とはいえ)前よりも多くの子供たちが中学や高校へ進むようになった。学校の授業料や教科書代、制服代など学校関連の家計支出は劇的に増加した(Sutoro 1990, 11)。かつては、多くの貧しい世帯や貧困村では、米を常食するゆとりがなかった。このような世帯や村では、トウモロコシやキャッサバのように米より安くて(インドネシアの基準では)魅力の乏しい食物を代わりに食べなければならなかった。今では、ほとんどすべての世帯が一日に少なくとも二回米を食べることができる。

一九七〇年代初め、農村部ではモーター付きの乗り物はまれで、人々は歩くか自転車に乗っていた。二〇年後、四輪自動車の所有はまだ村のエリート層だけに限られているが、他の多くの世帯がオートバイかスクーターをもつようになった。公共輸送機関も、コルト（ミニバス）革命と呼ばれた現象によって改善された[12]。今や民有のミニバスの一群が低料金で乗客と貨物を運びながら、農村地域の主要道路を行き交うようになった。電気の使用は、かつてはディーゼルエンジンを所有するごく少数の富裕な村人に限られていた。しかし、一九八〇年代には送電線が農村地域の大半にまで延長され、大多数の世帯が分電盤設置費用を支払う余裕をもつようになった。石油ランプは電灯に置き換えられて農村地域からほとんど姿を消した。ふつう大型機械を動かすにはワット数が不足なのでディーゼルエンジンが引き続き重要な資本的資産であったが、たいていの世帯が小型機械を動かすには十分なワット数を確保するようになった。

村人たちは、信用だけではなく貯蓄のためにも銀行を利用し始めた。一九七〇年代初めの農村には、貯蓄を行う余裕は（かりにそれが過小評価されていたとしても）おそらくほとんどなかった。今や多くの地域で、農村の銀行預金額は貸付額を上回っている。インドネシア国民銀行（Bank Rakyat Indonesia）と国立商業銀行（Bank Dagang Negara）の二つの政府系銀行[13]が郡（*kecamatan*）と村（*desa*）のレベルにまで銀行店舗を設置したので、村人たちは銀行のサービスを利用するために遠路はるばる出かける必要がもはやなくなった。農村信用プログラムの主な対象は、一般に水田稲作から非農業事業へ移っていった。この移行の理由はいろいろあるが、そのひとつは非農業事業向けローンの方が返済不履行の率が一般に低いことだった。その他の繁栄の指標は、衣類、家具調度、医療、娯楽などの分野に認められた。

今見られるインドネシア農村の繁栄は、かつて一九六〇年代初めに起き一九七〇年代初めにもふたたび起きたように、広範囲の稲の不作が複数の季節の期間にわたり続くことがもう一度あったならばその多くが失われかねないという意味で、不安定なものであった。一九八三年と一九八六年に起きたような世界市場におけるインドネシア石油の価格下落も、開発計画の資金を供給し稲作の投入財に補助金を支出する政府の能力に影響を及ぼした。にもかかわらず、経済への自信は十分に高かったから、「離陸」が改めて議論の的になった。[*15] 離陸はすでに起きつつあるのか、それともこれから近い将来に起きるのかと人々はいぶかった。政府の計画立案者たちは、第六次開発五カ年計画（一九九五―九九年）のあいだに離陸が起きるだろうと予見した。同時にまた他の政府官吏たちは、離陸よりも持続的成長について語る方が好ましいとも述べた。

インドネシアは、一方では公平と雇用のために小規模工業を、他方では成長とGNPのために大規模工業を支援するという二股を掛けた工業戦略を続ける政策を採った。この戦略は、それ以前のすべての戦略と同じように、村落工業には競争力が無いということを前提にしている。本書は、農村市場の文脈において小規模工業がもつ長期的安定性と競争上の優位を強調する点で、たいがいの小規模工業研究とは異なる見地に立つ。

## 情報源

本書で使用した情報は、一九七七年から一九九一年のあいだに収集したものである。非公式な訪問や聞き取り、質問項目一覧や質問表を使用した構造化面接、写真記録など、さまざまな調査方法が用いられた。面接対象となった人々は、村役人、村落工業の生産者と原材料供給者、村落工業製品の買付商、いくつかの違う地位や部局の工業省官吏であった。こうして得られた一次データを、ジャカルタの中央統計局と世界銀行やＩＬＯのような開発・資金提供機関が出した報告書、非農業就業と小規模企業発展の分野で働く同僚コンサルタントたちがまとめた報告書や会議用ペーパー、公刊された社会科学の学術誌掲載論文と研究書など、各種の二次データで補った。

情報収集にあたった一四年間の大半、私はインドネシアで開発コンサルタント、大学講師、資金提供機関のプログラム・オフィサーなどの職に就いていた。データの一部は、これら学術調査以外の業務を遂行するなかで収集された。これらの調査のいくつかの局面については、付録で確認した。本書の主な調査対象村落は、私が訪ねた最初の鍛冶業村落でその後もいつも訪れることになったカジャール村である。幸い私はこの村の人々と一四年にわたり親交を結んで何度も訪れ、村が経験した変化とその伝統の目覚ましい強さと粘りを目の当たりにすることができた。

## 注

＊1　一九八〇年の人口センサスによれば、農村地域の労働人口のうち三三三万七、〇〇〇人が主要職業を製造業と答えている。これ以降、この数はおそらく増加している（Poot, Kuyvenhoven, and Jansen 1990, 66, table 3-13; 本書の表5、6と後続の論述も参照）。

＊2　ファーニバルは、オランダの流儀は「貴方を助けてあげよう、どうすればよいのか教えよう、貴方のためにしてあげよう」という風だ、と記している（Furnivall 1930, 269）。

＊3　こうした考えのさまざまな変形が、ブーケの一九五三年、一九五四年、一九六六年の各著作にみられる。私は主に一九五三年の著作を参照した。この本は実際には一九四二年（*The Structure of the Netherlands Indian Economy*）と一九四六年（*The Evolution of the Netherlands Indian Economy*）に刊行された書物を組み合わせて再版したものである。ブーケの見解は、Koentjaraningrat 1975, 74-85 と Higgins 1955a, 58-78 で要約され、批判されている。Evers 1980 の序論と第Ⅱ部をも参照。

＊4　インドネシア経済にとって異物としての貿易については、Boeke 1953, 48-49 を参照。

＊5　ガンジーに関するブーケの見解については、Boeke 1966, 167-192 を参照。人口に関する一九五四年の論文では、ブーケは「村落復興」について語っている。

＊6　オランダ人、その他のヨーロッパ人、インドネシア人によるブーケへの初期の批判を概観するには、Koentjaraningrat 1975, 80-83を参照。

＊7　第二次世界大戦後のインドネシアでアメリカの人類学者たちが行った研究を概観するには、Koentjaraningrat 1975, 191-209を参照。

＊8　オランダ語では *cultuurstelsel* と言う。この語を誤って culture system と英訳することが慣例になっているが、実際には cultivation system を意味しており、今ではこちらの言葉を用いる著者もいる。

＊9　サトウキビには畦間灌漑（row irrigation）を用いるのに対して、稲には湛水灌漑（pan irrigation）が使われる。そのため、水田にサトウキビを植える作業には、全面的な圃場の再構築が含まれる。さらに、サトウキビが生育期間一五カ月の作物であるのに対して、稲の生育期間は品種により四～一〇カ月の幅がある。Sajogyo 1976, xxv および Alexander and Alexander 1978を参照。

＊10　これら論文のいくつかは、Evers, ed. 1980 の第Ⅱ部に収録されている。エヴァースの有益な序論には、東南アジアの社会科学で使われてきた主要なパラダイム、すなわち二重社会、複合社会、ゆるやかな構造の社会システム、インボリューション、近代化理論に関する議論が含まれている。

＊11　Frank 1973 は近代化学派と二重構造論の双方に対する著名な論争の書である。ホワイトは、フランクが同じ論文で『農業のインボリューション』を賞賛している奇妙な事実を指摘し、「どのようにしたらガンダー・フランクとヒギンズが同じ本を好きになれるのか」と疑問を投げかけている（White 1983, 19）。スリトゥア・アリフとアディ・サソノは一九八〇年、従属理論をインドネシアに適用した本を刊行した。この本の執筆にあたり、彼らはフランクの協力を得た。ウェルトヘイムとギアップも、植民地期の社会変化に関してウォーラーステインが編集した書物にジャワに関する論文を寄稿している。それにもかかわらず、インドネシアでは従属理論と世界システム論はあまり評判にならなかった。おそらく、これらの理論が社会の再構築の必要性を強調していたためである。

＊12　これは大半の経済学者の意見である。しかしホワイトは同意していない。彼はスカルノ時代末期に「緑の革命の原

型」(proto-Green Revolution) が起き、「緩慢だがほどほどの、人口成長率をわずかに上回る程度の成長」が達成された、と見ている (White 1989, 72)。

＊13　これらの研究者には以下が含まれる。Alexander and Alexander 1978, 1979, and 1982; Collier 1981b; Elson 1978; Gordon 1978; Hart 1978, 1981, and 1986; Stoler 1977a and 1977b; White 1973, 1976a, 1976b, 1979, and 1983.

＊14　ギアーツはバリで現地調査を行っていたさなかの一九五七―五八年にもジャワを再訪している (Geertz 1963b, vii)。

＊15　一九八九年一二月に刊行されたインドネシアの『プリスマ』誌 (*Prisma*) 英語版は、全編が離陸の問題に当てられている。

[1] Foster の著作は原著の巻末参考文献に記されていないが、アメリカの人類学者 George M. Foster の次の二点と考えられる。"What is Folk Culture", *American Anthropologist* Vol. 55-2, 159-173, April-June 1953. *Tzintzuntzan: Mexican Peasants in a Changing World*, Boston: Little, Brown and Co., 1967.

[2] ブーケ (Julius Herman Boeke, 1884-1954) はアムステルダム大学で学んだ後一九一〇年にライデン大学で博士号をとって東インド植民地に渡った。最初は植民地政府の教育省、後に庶民金融部に勤務したが、一九一一―一四年にはバタビアの中学校教師、一九二四―二八年にはバタビア法学校 (現在のインドネシア大学法学部および経済学部の前身) の経済学担当教授を兼任した。一九二九年にライデン大学に新設された熱帯植民地経済学講座の教授に招聘され、オランダに帰国した。第二次大戦中のドイツ占領下では大学が閉鎖され、非暴力平和主義のメノー派キリスト教徒だったブーケはナチスによって拘留された。大戦後一九四五―四六年にオランダ植民地政府による高等教育再建のためインドネシアに渡ったが、その後は一九五四年に没するまでライデン大学教授の職にとどまった。本書巻末の参考文献で挙げられた英語のものの他、オランダ語で書かれた主な著作に、次のものがある。

*Tropisch-koloomiale staathuishoudkunde: Het problem* (熱帯植民地経済学：その問題点), Amsterdam, 1910. (博士学位論文)

*Dorp en desa,*（村落とデサ）, Leiden & Amsterdam, 1934.
*Ontwikkelingsgang en toekomst van bevolkings- en ondernemingslandbouw in Nederlandsch Indië*（オランダ領東インドにおける住民農業と企業農業の発展経路と将来）, Leiden, 1948.
*Economie van Indonesië*（インドネシア経済論）, Haarlem, 1953.

［3］サイド・フセイン・アラタス（Syed Hussein Alatas, 1928-2007）はインドネシア生まれのアラブ系マレーシア人で社会学者。一九六七年からシンガポール国立大学マレー研究学科の学科長を務めた後、一九八八年にクアラルンプルのマラヤ大学副学長となり、一九九五年からはマレーシア国民大学の教授となった。多くの著作があるが、一九七七年刊の『怠惰な原住民という神話』（*The Myth of the Lazy Native: A Study of the Image of the Malays, Filipinos and Javanese from the 16th to the 20th Century and Its Function in the Ideology of Colonial Capitalism*, London, 1977）が最も有名である。

［4］ギアーツはその著書『ジャワの宗教』（*The Religion of Java*, Chicago, 1960）のなかで、宗教的信条と社会的背景の相違に着目して、ジャワの社会をアニミズムを基盤に混交的な信仰をもつ農民層「アバンガン」（*abangan*）、正統派イスラーム教徒の商人層「サントリ」（*santri*）、ヒンドゥー的伝統を色濃く残した貴族官僚層「プリヤイ」（*priyayi*）の三集団に区分した。

［5］一九六〇年代末から一九八〇年代にかけて進められた稲作の「緑の革命」により、高収量品種が導入されて化学肥料の普及が進み、米の生産量が飛躍的に増加したことを指している。

［6］［4］を参照。

［7］これは次の二つの点でやや不正確である。①トビイロウンカの病害が最も深刻であったのは一九七六―七七年である。②たしかに一九八〇年代前半に米自給は一時的に達成されたが、その後はふたたび米輸入が増加し、現在に至るまでインドネシアは世界でも有数の米輸入国である。

［8］原文は Agricultural Survey of 1973 となっているが、正しい公式名称は Agricultural Census of 1973 なので、「農業

センサス」と訳した。

［9］プリブミ（*pribumi*）とは「土地っ子」を意味するサンスクリット起源の用語で、欧米人や主に華人系など外来のアジア系民族を除いたインドネシアの土着民を指して使われる。

［10］インドネシア特有の絣（かすり）織物を「イカット」（*ikat*）と呼ぶ。

［11］ジャワ島などで行われている蠟纈（ろうけつ）染めの装飾技法を「バティック」（*batik*）と呼ぶ。バティックで装飾された布のことを、日本では「ジャワ更紗」とも呼んでいる。

［12］「コルト」（Colt）は、日本の三菱自動車工業株式会社の前身である新・三菱重工業社が一九六〇年代に自社製の小型乗用車に付けた車名で、日本では主にセダンを指した。しかし、インドネシアでは一九七〇年代に三菱が販売したミニバスが「コルト」と名づけられ、やがてミニバス一般を指す普通名詞のように使われるようになった。ミニバスの急速な普及による農村地方の輸送事情の改善はめざましいものがあり、「コルト革命」（*revolusi colt*）と呼ばれた。

［13］インドネシア国民銀行はオランダ植民地期の「一般庶民信用銀行」（Algemeene Volkscredietbank、太平洋戦争中の日本軍占領期には日本語の「庶民銀行」に改称）を国有化して一九四五年に設立された。現在、全国に四千を越える支店・出張所をもつインドネシア最大手の銀行のひとつである。国立商業銀行はオランダ系の「手形割引銀行」（Escomptobank）を国有化して一九六〇年に設立されたが、アジア通貨危機（一九九七―九八年）後の一九九九年に他の三つの政府系銀行と統合されてマンディリ銀行（Bank Mandiri）と改名した。同銀行は、資産、貸付額、預金額においてて目下インドネシア最大の銀行である。

# 第2章
# 金属加工工業の社会経済組織
## *The Socioeconomic Organization of Metalworking Industries*

## 企業の立地と分布

大ざっぱに言ってインドネシアの農村では、生産に携わる企業は同じ場所に群生するが、修理やサービスに携わる企業はあちこちに分散している。これは鍛冶業の場合も同じである。新品の用具を作る企業は群生している。企業の群れの規模は、鍛冶場（プラペン *perapen*）が五カ所程度のものから二一〜三〇〇カ所程度のものまでさまざまだが、三〇カ所程度のものが平均的かつ典型的だ。大規模な群れは集落を超え、行政村落の境を超えることすらある。第三章で述べるカジャール村には最大規模の群れのひとつがあり、およそ一、三〇〇人の鍛冶職人が二二一カ所のプラペンに分かれている。この群れは、四つの隣り合う集落の男子労働力のほとんどすべてを包含している。新品の用具を製造する鍛冶職人たちは、ほぼフルタイムの就業者であり、農業は家族の他のメンバーや別の世帯に任せている。

反対に、用具を修繕する鍛冶職人はふつう、ひとつの村に一人か二人程度に分散している。作付や収穫期の前のおそらく数週間を除き、彼らがフルタイムで携わるような仕事にありつくことはめったにない。大半の修理鍛冶職人は、村落を拠点にしている。より広い地域から顧客の予備軍を当てにすることができるので、市場（いちば）を拠点にする者もいる。この場合彼らは、修理作業をフルタイムの職業にすることができるかもしれない。これはとくに、用具を研磨するが本来の用具修繕の作業には携わらない刃物師（研ぎ師 *tukang asah* とか砥石屋 *tukang gerinda* と呼ばれる）について当てはまる。本来の用具修繕の作業には火床とフイゴを含む完全な設備が必要で、これらを備えるには市場の売り場の区画で利用できるよりも大きな空間が必要なのだ。それに市場にプラペンを設置することは、許されない火事の原因を作ることにもなりかねない。鋳掛け屋（*tukang pateri*）つまり深鍋や平鍋を継ぎ当てや溶接で修繕する鍛冶職人も、市場にいるかもしれない。刃物師と鋳掛け屋はしばしば巡回職人であり、家々を巡回しておなじみのかけ声や金具を叩く音で彼らの仕事を知らせる。巡回する刃物師は自分のエッジ研磨機や砥石（*gerinda* または *batu asah*）を、鋳掛け屋は一握りの木炭を入れた小さな火鉢とそれに取り付けられたミニチュアの回転式フイゴから成るウブブ・パテリ（*ububpateri*）という名の小型携帯装備一式を持ち歩く[*1]。以後本章は新品を製造する鍛冶職人を扱うが、多くの修繕専門の鍛冶職人が工業センサスでは計上されていないおそれがあることを忘れてはならない。

ブーケは、製造工業の群生パターンは正当な経済的根拠がないと非難した。それは同じタイプの商品を製造する企業間の競争に関する経済法則に相反すると、彼は信じたのだ。彼はこのパターンを、職業訓練学校に通うのではなく家族や隣人から技能を学ぼうとする村人たちの習慣に起因すると考えた。少年たちが男の親類や隣人から技能を学ぶのはそのとおりだが、供給とマーケティングを容易にするという点で生産の群生パターンには重要な経済的機能がある。かつ、また鍛冶職人たちは各プラペンへ配送を行う仲介供給業者たちから原材料を受け取ることが多い。企業が群生しているおかげで、ひとりの供給業者が多数の世帯に配達することが容易になり、それらの供給品の輸送の単位費用は鍛冶職人たちが多くの村落に分散している場合より割安になるのだ。同じように、買い手たちも大量の用具をまとめて購入したがることが多い。企業が群生しているおかげで、ひとつの村を訪れるだけで彼らは大きな単位で仕入れができるのである。もし企業が分散していたならば、大量の仕入れのために買い手は多くの村を訪れねばならず、輸送の単位費用は割高になってしまうだろう。

もちろん供給とマーケティングの両方を、市場のもつ統合作用を通じて実行することも可能だ。プラペンの数がきわめて少ない場合は、その村を定期的に訪れることは仲介業者にとって割に合わないことが多い。鍛冶の仕事で使われる原材料（屑鉄と木炭）はかさばって重いし、より多くのプラペンが集まる村に住む鍛冶職人は直接の配達から大きな利益を得るだろう。借り上げで利用できるミニバンやミニバスのような形の安価な自動車輸送は、ジャワにおいても比較的最近の現象だということを、ここで指摘しておきたい。一九七〇年代まで、市場で購入した鉄と木炭は、天秤棒や自転車のサイドカーで家まで運ばねばならなかったのだ。

買い手たちも、特定のタイプの用具を予約注文することができるので、市場を巡回するよりも鍛冶職人のいる村と直接取引する方を好む。例えば、土壌の軽いジャワの農民たちは、形は鍬（spade）に似ているが用法は西洋鍬（hoe）のような、パチュール（*pacul*）と呼ばれる重さ二kgほどの用具を用いる。土壌が重い外島すなわちジャワ以外の島々の一部では、農民たちは重さ三kgのパチュールを使う。[1] そのため、外島に販路を求めるバイヤーは三kgのパチュールを特別に注文したがる。原材料の屑鉄や鋼は品質と等級がいろいろである。買い手たちは彼らの特注品の原料の等級を指定することを望んだり、みずから原料の金属を供給する場合もある。

鍛冶職人たちの主な製品は農具であるから、鍛冶企業の群生する村落の分布密度は農業人口の密度に応じて異なる、と予測されよう。これはほとんどの場合正しく、ジャワとバリにはその他の島々（外島）よりも多くの鍛冶業村落が存在する。それでも、これら外島における鍛冶業村落の数は取るに足りないというわけではなく、それらの村落が多数の鍛冶職人を抱え広い地域にサービスを提供していることもある。その実例は、一九九〇年に八六九人の鍛冶職人を擁した南スラウェシのマッセペ（Massepe）村や、一九七〇年代初めに四二三人の鍛冶職人を擁したミナンカバウ（西スマトラ）のスンガイパウル（Sungai Paur）村などである。

かりにひとつの鍛冶業村落にとって平均的かつ典型的なプラペンの数が三〇カ所だとすると、工業センサスの統計数値から全国における鍛冶職人村落の分布密度は、一州（*provinsi*）あたり約一九村、一県（*kabupaten*）あたりでは二村と推計できる。[*2] ジャワとバリにおける密度はこれより高いと考えると、この数値は実地の調査の結果とよく合致する。ジャワとバリの場合は、一般に一県あたり約四つの鍛冶業村落が存在する。この密度は、手で用いる用具だけを製造する伝統的鍛冶業だけに関するもので、その他のタイプの金属加工業村落は含まない[2]。

## 労働力の構造

プラペンつまり鍛冶場は[3]、鍛冶業の基本的な組織的単位である。したがって「プラペン」という語は、たんに「火炉」と「作業場」というだけではなく、「企業」や「作業グループ」をも意味している。

すべてのプラペンでは、職務にもとづき四種の作業や役割に分ける古来からの分業が行われている。これらの作業や役割を示す用語は、集団ごとに、また村落ごとに異なっている。カジャール村でのやや詩的な用語を以下では用いるが、巻末の語彙集には他の用語を載せておく。

プラペンの作業グループの長はウンプ（*empu*）、すなわち鍛冶の頭領である。ダラン（*dhalang*）すなわち人形使いが影絵芝居の上演を仕切り、儀式の専門家が神への奉納を指揮するのとまったく同じように、彼はプラペンで作られるあらゆる用具の生産を統括する。生産のあいだ、ウンプは火床と金床の中間にしゃがみ込んで陣取る。最初に彼は、握りの短いはさみ（トング）を使って、素材となる未完成の用具を火床の土台の熱した木炭のなかに差し込む。赤く熱された素材が色調と彩度から鍛造に適した温度に達したと判断すると、彼はそれを火床から取り出して金床と交差するように据える。鎚打ち職人たちに叩かれて素材の成型が行われるあいだ、ウンプは一打ちごとに叩く面と角度を決めながら、素材をあちこちに向け変える。ジャワの伝統的なウンプは、彼の金床の側にいる鎚打ち職人たちに、小さな小鎚を叩いて符号化された指示を伝える。これは、鎚打ち職人たちが叩くもっと重いリズムに対して軽快な対位旋律を提供する。ものの一分も叩くと素材は熱を失い始めるので、成型が最終的に終わるまで何回か加熱し直さなければならない。もし用具のいっそうの成型に鏨（たがね）や楔（くさび）が必要な場合は、熱した金属に打ち当てる作業のあいだウンプがそれらを正しい位置にあてがう役割を果たす。一日の後半にすべての用具の鍛造が終わると、ウンプはそれらをひとつひとつ再加熱し、冷却槽に投げ入れる。

多大な技能と経験をもつが、もはや鎚を打つ体力はなくした年長者が、ウンプの理想像である。六〇～七〇歳台のウンプを見かけることもまれではない。ウンプの役割は、手品師、祭祀の専門家、人形使い、詩人、僧侶、あるいは音楽家とさえ重なり合う。プラペンにおける他の三つの役目には、（皆無ではないにせよ）これほどの魔術的色彩はない。プラペンで、例えば金床に対して何か供え物が捧げられるときは、その役目を演じるのはウンプである。ただしバリ島では、ウンプの妻がそれを行うこともある。鍛冶や金属加工を営む村で何かの儀式が行われるときにも、ウンプが出席するのがふつうだ。

賢明な老人というウンプの理想像が、実際に必ず固執されるとは限らない。三〇～四〇歳台、いやときには二〇歳台後半のウンプも多い。しかし、プラペンで他の役目を少なくとも一〇年は経験しないかぎり、ウンプの役目に就くことはないだろう。実際は、ウンプには被用者と自営の二つのタイプがある。雇われたウンプは他の村人が所有するプラペンで働く。村の基準からするとウンプの賃金はきわめて高く、プラペン所有者はもちろん、彼が見いだしうるなかで最も経験豊富な者を雇おうとする。このため、雇われるウンプはふつう年配者である。自営のウンプは自身のプラペンを所有し、そこでみずからウンプの役割を果たす。被用者のウンプに賃金を払うのを避けるために、彼らはこうするのである。彼らは、たいてい若者だ。大規模で高度に階層化された鍛冶業村落では、被用者のウンプの比率が高い。一方、わずかなプラペンしかない小規模な村落では、ウンプは全員自営ということもありうる。

ウンプに次ぐ二つ目の役目はパンジャック（*panjak*）、つまり鎚打ち職人である。ひとつのプラペンには一〜三人のパンジャックがおり、その人数は作る用具の大きさや重さによって決まる。包丁や鎌のような小さくて軽い用具ならば、ふつうは一人のパンジャックで事足りる。鋤やつるはしのような大きな用具の場合は、二〜三人のパンジャックが必要だ。

生産の途中ずっとパンジャックは、ウンプと向き合いながら金床の背後に陣取る。ウンプが灼熱した用具の素材を金床と交差するように据えると、パンジャックは金鎚を頭から振り下ろして重い打撃を加え、金属の素材を変形させると同時に密度を高める。パンジャックの使う金鎚は西洋の大鎚に似ているが、頭部がもう少し小さくて重量もいくぶん軽い。*3 二人または三人の鎚打ち職人を使う場合、彼らは「1・2」または「1・2・3」の音楽のような響きのリズムで、素材を交互に打つ。ジャワ語の「パンジャック」は音楽家や演奏者を意味することもあり、それはおそらくこのリズム音からの連想による。[4] 大きな鍛冶業村落に足を踏み入れると、この音は村の隅々から聞こえてくる。

パンジャックの仕事は、プラペンの四種の仕事のなかで最も肉体的に厳しく、血気盛んな男でなければ務まらない。インドネシア人は一般に小柄なので、重労働は彼らを筋骨隆々というよりも細身の筋張った体つきにする。とはいえ、パンジャックの身体は他の村の男たちよりもずっと筋肉質だ。少年は一六歳ぐらいに成長するまでは、パンジャックとなるには体格も体力も不足である。五〇歳、あるいは五五歳を過ぎてもパンジャックとして働く男はめったにいない。パンジャックの仕事はウンプほどは技能を必要としないが、他のパンジャックとリズムを整えて働き、金鎚を用具の素材の正確な位置に振り下ろすことを学ぶのに、いくらかの経験を積まねばならない。

三つ目の役目あるいは仕事は、トゥカン・ウブブ（*tukang ububub*）と呼ばれるフイゴ職人のそれである。[5] 彼はフイゴを置いた台の上に座り、そのピストン棒（プランジャー）を独自の「1・2」のリズムにより交互に上げ下げしてフイゴを操る。金属の素材が火床で熱されているあいだに彼はこの作業を行うが、パンジャックが鎚で用具を打つ段になると休憩する。外島でしばしば見られるように、台の付いていない小型のフイゴを使う場合は、フイゴ職人はフイゴの後に立って作業する。フイゴ職人の仕事は習得が最も容易で、肉体的負担も最小である。数時間も練習すれば、その仕事はマスターできる。ふつうそれは、プラペンで働き始めたばかりの少年の仕事である。ときには、目の見えない男、さらには女がそれを行うことさえある。

四つ目の仕事は、トゥカン・キキール（*tukang kikir*）、つまり「ヤスリ職人」である。[6] ヤスリ職人は、用具の刃を鋭利にするためにヤスリをかけたり、研いだりする。ヤスリで用具の表面を磨いたり、刃に錆び止めの被膜をかけるなど、他の仕上げの工程に携わることもある。プラペンの片隅や外側の軒下の陰など、他の労働者から離れたところにヤスリ職人は陣取る。作業のあいだ彼は、用具を立てかける小さな台を所定の位置に据えながら、ときにはあぐらをかいたり、またときには片方の足を伸ばして座る。この台は切り込みを入れた二本の水牛の角か、それらに似せて彫られた木で作られている。仕事を行うために彼は、さまざまなヤスリを使う。これらヤスリの鋼は、ヤスリをかける用具の鋼よりも硬くなければならない。このため、高価な輸入物のヤスリがふつうに使われている。ヤスリ職人はときにはグリンダ（*gerinda*）つまり回転式研磨機を使うこともある。ヤスリがけは骨の折れる仕事だが、それに必要なのは体力や技能よりも忍耐力だ。それは、成人の男ならばほとんど誰でもやれる仕事である。年配の男がこの仕事をする場合は、少しだけゆっくり作業し、焦げ臭く甘いお茶をすするため手を休める回数が増えるというだけのことだ。

これまで述べたうち最初の三つの仕事は、鍛冶屋のライフサイクルの各段階に対応している。少年はふつう、まずフイゴ職人としてプラペンで働き始める。この仕事を何年か務め、そのあいだに身体が成長して体力が増すと、彼は鎚打ち職人に昇格する。この仕事に長年携わったのちに、彼はウンプへとふたたび昇格する。自分でプラペンを建てたり父親からプラペンを相続すれば、三〇～四〇歳台でウンプになることもある。あるいは、生涯を雇用労働者として過ごし、必要な経験と技能があることをプラペンの所有者に納得させて雇われのウンプになる者もある。ウンプの仕事は体力的には楽だし、賃金は鎚打ち職人より高いから、できるだけ早くウンプになるのは利点がある。けれども、ウンプとしての働き口は限られており、体力と健康が衰えて鎚打ち職人としては失格になり始めるまでウンプの地位にありつけない者もいる。

ひとつのプラペンで働く労働者の数は二〜七人である。重い農具や作業用具を作るフルサイズのプラペンには、一人のウンプと三人のパンジャック、一人のフイゴ職人と一〜二人のヤスリ職人から成る計六〜七人の労働者がいる。このサイズのプラペンでは、ヤスリ職人は彼らの仕事に専念し、他種の仕事を兼ねることはない。

中規模のプラペンには、一人のウンプ、二〜三人のパンジャックと一人のフイゴ職人の、計四〜五人の労働者がいる。ここには専従のヤスリ職人はいない。その代わりに、午後三時ごろに鍛造の仕事を終えた他の労働者たちが、夕方の二〜三時間をかけて、陽の高いうちにすでに鍛造した用具のヤスリがけにいそしむ。

小規模なプラペンは、ウンプ、パジャック、フイゴ職人が各一人、計三人の労働者しかいない。小規模プラペンは、包丁や鎌のような小さくて軽い用具の生産しか行わない。パンジャックがフイゴ職人を兼ねることにより、たった二人の労働者でやり繰りを付けているプラペンさえある。この場合パンジャックは、用具の素材が加熱されているあいだはフイゴの台に飛び乗って火を起こし、素材が灼熱状態になると鎚を打つために飛び降りる。パンジャックがフイゴ職人を兼ねる場合、彼は専従のパンジャックと同額の賃金を受け取る。

カジャール村で最も大きなプラペンのいくつかには、八人、ときには九人もの労働者がいる。これらのプラペンでは、ウンプは用具の鍛造を行うだけで、水で冷やして焼きを入れる作業は行わない。用具の焼き入れ作業は、トゥカン・スポー（*tukang sepoh*）すなわち焼き入れ職人と呼ばれる第五類型の労働者が、専従で行う。[7] この点でカジャール村は異例であり、たいがいの鍛冶業村落には四つのタイプの労働者しかいない。

外部所有者がいるプラペン（雇われたウンプに依存するプラペン）は、自営のウンプが所有するものより規模が大きくなる傾向がある。自営のウンプは可能なかぎり、無給の家内労働（通常は自分の息子や弟、同居している甥など）を当てにする。仕事のやり繰りに無給の家内労働だけでは足りないときだけ、彼らは雇用労働を用いる。未婚でまだ同居している成人の息子が何人もいるような鍛冶業家族は、本当に幸運だ！　鍛冶業村落では賃金は高く、職人の賃金は少なくとも、男性の農業労働者に支払われる最高賃金と同水準である。自営か否かを問わず、すべてのプラペン所有者は、雇用労働の使用によって達成される生産性の増加と賃金の支出との釣り合いを保たなければならない。多くの鍛冶業村落では雇える熟練鍛冶職人が不足しているため、少ない労働者でなんとかやり繰りしていかざるをえない。

雇用労働を用いる場合、プラペンをもたない近隣世帯からそれを調達するのがふつうである。こうして、雇用労働者は旧友や隣人、あるいはその息子たちということになる。大半の鍛冶業村落は、労働力が不足の場合でも、村の外から人を雇うのを避ける。これは、外部の労働者がやがて自分の村に戻り、同じ市場で競合するプラペンを開くことへのおそれによるのかもしれない。そのため、部外者を排除することにより生産の秘密と市場での地位を守るべく、村じゅうで一致協力する傾向が見られる。しかし、なぜ外の者を雇わないのかと直接尋ねれば、鍛冶屋たちはふつう異なる返答をする。同じ村の者だけが鍛冶屋になる天賦の「才能」（バカット *bakat*）を備えており、この才能を継承しなければならない、と彼らは言う。鍛冶業を営まない村から来た労働者は、鍛冶屋の血筋ではないから、必要な技能を習得できないだろう、というのだ。

すべての鍛冶業村落でその工業の起源を遡ることができるわけではない。工業の起源が非常に古い村々では、最年長のインフォーマント（聞き取り調査の相手）でさえ、その起源について何も語れないことがあるだろう。工業は先祖代々受け継がれたもの（*turun temurun*）と、彼らは答えるだろう。別の村では、年長のインフォーマントが工業の始まりについて正確に示すこともできることもある。この二番目のグループの村々の歴史に関する事例研究のひとつからは、外部の労働者を雇うのではなく、村外婚（out-marriage）によって工業が広がったことが示された。つまり、鍛冶屋の一人が他の村の女性と結婚し、彼女の村へ移り住んだ場合、その村でプラペンを開くことがありうるのだ。[*4] その鍛冶屋は、彼の郷里の村からひとりまたは数人の友人や兄弟を援軍として連れてくることもあり、こうして鍛冶業は新しい村に足がかりをもつことになる。そのうち、彼と故郷から来たその友人や兄弟の息子や孫たちのなかから、自分たち自身のプラペンを創業する者が出るだろう。彼らはみな鍛冶屋の子孫ということになるが、これこそが決定的な点のように思われる。村外婚を通じたこのような拡大パターンは、鍛冶業に限らず他の村落工業にも当てはまる。

## 労働条件と賃金

鍛冶業の労働条件は、農村部インドネシアの標準からすれば悪くない。プラペンはふつう、家の敷地内の日陰や川岸近くの木立の下に建てられる。建物に使われている半開きの壁は、物を見るのに十分な光を採り込む一方、換気や火床からの放熱も可能にしている。プラペンのひさしのある屋根がヤシの葉や瓦で覆われていれば、日光がもたらす余熱はほとんどない。ジャワ以外の島々のプラペンはしばしば屋根にトタン板が使われているが、これはおよそ快適とは言えない。

鍛冶職人の健康状態については、ほとんど入手できる情報がない。煙とすすを長年吸入することで、肺への悪影響があるのかもしれない。薪を燃やす煙より木炭を燃やす煙の方が少ないが、それでもかなりの量の煙が出る。一日の作業が終わるころには鍛冶職人の全身がすすで覆われていることから分かるように、プラペンのなかではかなり大きな木炭のすすが空中に漂っている。[8] これに加えて、ほとんどの鍛冶職人が作業中に丁字入りタバコを吸う。飛び散る火花や金属片から目を保護するため、鍛冶職人たちへのゴーグルの配給を、工業省が定期的に試みてきた。しかし、暑くて視覚も妨げるので、使われることはまれである。汗は職人たちの顔を伝い、ゴーグルのなかに溜まってそれを曇らせる。私の印象では、目の損傷は比較的まれであり、職人が金属素材に鎚を打ち下ろす角度が火花を水平に飛散させて顔の方に来ないようにしているために事故が避けられているようだ。[9] 火や灼熱の用具を長時間見つめているため、鍛冶職人は白内障になりやすい、ということもしばしば言われている。

熱源の近くにしゃがんだ姿勢で仕事をするため、年配のウンプはしばしばふくらはぎの筋肉が退化してしまう。これは、歩行困難の原因になりうる。ウンプと鎚打ち職人がそのなかに入って働く作業用くぼみをプラペンに掘るよう、工業省は鍛冶職人たちの説得を試みてきた。これはかなりの成果があり、今では約四分の一のプラペンが作業用くぼみを用いている。[10] しかし、くぼみの利用は鎚打ち職人が打ち下ろす距離を縮めてしまい、脊柱に未知の影響を及ぼしている。年配のウンプは右手が不自由になることもあり、指を十分まっすぐに伸ばすことができなくなることがある。これは、一度に何時間も熱した素材をはさみでつかみ続け、火中に出し入れする作業を行うことが原因である。

大半のプラペンでは作業は午前八時ごろから始まり、途中昼食のため一時中断して午後五時ごろに終わる。しかしこれは厳格な決まりではない。もしプラペン所有者が自分で耕す農地をもっていれば、日の出のころに農地へ行き数時間働いた後、少し遅れてプラペンでの作業を始める。あるいはまた、午後遅くに農作業をしたがるプラペン所有者もおり、その場合はプラペンでの仕事を少し早めに切り上げるだろう。フルタイムの鍛冶職人は一日に八時間プラペンで働く傾向があるが、農民でもある兼業鍛冶職人の場合はプラペンで過ごすのは六時間ぐらいである。プラペンが大量の注文を受けたときは、その注文をこなすまで、労働者の全員が日暮れ過ぎまで残業に取り組むことが期待される。かつては、夜間の作業はガス灯の照明により行われた。今はたいがいのプラペンが電灯を装備している。

プラペンでの労働のペースは、ゆったりしているが着実だと言える。歩合制で支払われている他の村落工業とは異なり、鍛冶職人はふつう日給制であるが、村の誰もが知っている一定の目標を満たすことが求められる。例えば鋤を作る場合、一日の仕事を終える前に二五丁を仕上げることが期待されるかもしれない。鎌の場合は一日六〇個かもしれない。この目標は当然ながら、家族労働だけによるプラペンよりも、雇用労働を用いるプラペンで重要な意味をもつ。もし雇用労働を用いるプラペンで一日の目標に達しなかった場合、賃金を支払った後にプラペン所有者のもとに利潤は残らない。目標設定にはまた、賃金労働者を搾取から守る働きもある。もし受け入れられた目標が一日に二五個であれば、プラペン所有者が労働者に三五個とか四〇個の生産を期待するのは不合理だろう。

キャッシュフローの問題で操業が止まってしまった場合の対応は、村落によって異なる。いくつかの村落では、賃金労働者は、かりに作業する原材料がなくとも保証された日給を受け取る。この場合、操業が遅れる期間中プラペン所有者は、例えば彼の住居の修繕や彼の農地での作業など、他の種類の仕事を労働者たちに求める権利をもつこともある。また別の村落では、操業停止に伴うリスクを労働者たちが分担する。原材料がなければ彼らは賃金をもらえないが、他のプラペンでの仕事を含め、どこか別の場所で臨時の仕事を探す権利をもっている。

私は、鍛冶業における賃金制度は比較的新しいということを発見した。かつては利益を配分する仕組みが行われていたのである。作った用具が一まとまり売れると、まず原材料費が差し引かれる。残りはプラペン所有者と労働者たちのあいだで、一定の割合で配分された。プラペン所有者自身がウンプの場合は、ウンプが二、鎚打ち職人とヤスリ職人がそれぞれ一、フイゴ職人が二分の一の割合で分け合うのが典型的なやり方であった。もっと複雑な分け方もあったが、（プラペン所有者かウンプのための）最高の分け前と（フイゴ職人のための）最低の分け前のあいだの比率が四ないし五対一を上回ることは決してなかった。一九七〇年代にジャワで聞き取りをした年配の鍛冶職人のなかには、ジャワで配分制度（share systems）が行われていたときのことを覚えている者もいた。そして、配分制度はジャワ以外の島々の鍛冶業村落では今でも見いだされることがある。

配分制度は鍛冶業に限ったことではなく、かつては農村経済においてもっと広く行われていたかもしれない。刈分小作（sharecropping）は稲作農業では今でもふつうに行われているが、稲作の場合、取分は地主と小作人の二人のあいだでだけ配分される。配分比率は一対一、二対一、あるいは五対三が一般的で、この比率はどちらが種籾、肥料、殺虫剤、雇用労働などの投入財を負担したかによる。二者間での配分制度は家畜の飼育でも行われており、その制度の如何が家畜の所有者とその飼手のあいだの関係を規定している。最近は稲作用トラクターがインドネシアのいくつかの地域で普及しているが、トラクターの所有者と雇われて働くその運転手の関係は、ふつう二者間の配分制度の条件によって規定される（Sutoro 1988, 22-25）。

鍛冶業とより直接的に比較できるのは、ジャワ島北岸地域の漁船で採用されている漁獲配分制度である。漁業における階層化は鍛冶業のそれと非常によく似ている。自分は漁には出ない富裕な船主がいて、ジュラガン・ダラット（*juragan darat*：陸の船主）と呼ばれている。彼らは一隻以上の船を所有することもあり、その役割は鍛冶業村落におけるウンプ・プダガン（*empu pedagang*：商人の鍛冶頭領）に相当する。次にジュラガン・ラウト（海の船主）と呼ばれる船主がおり、これは自分の船を一隻もち、船員たちと一緒に漁に出る。彼らの役割は、鍛冶業のウンプ・プクルジャ（*empu pekerja*：労働者の鍛冶頭領）と同様である。さらにジュルムディ（*jurumudi*、ときにはジュラガン・ラウトとも呼ばれる）というのがいて、これは自分の船をもたないが船長として働くためにジュラガン・ダラットに雇われる。その役割は、被用者のウンプに相当する。ジュルムディの下には船員たちがいる。船員はまとめてプンデガ（*pendega*）と呼ばれるが、それは鍛冶職人がまとめてパンデイ（*pandai*）と呼ばれるのと同様だ。プンデガは水夫、網子、漁夫、給仕など、さまざまな役割や職種に分けられている。獲れた魚は、鍛冶業について記したのと同様の複雑な配分制度により、船主、船長と船員のあいだで配分されるのが慣わしだった。この配分制度は小さな漁船では今でも採用されているが、大型の漁船では賃金制度に変わっている。[*5]

しばしば配分制度を用いる他の経済活動には、養殖業、建設業、塩田による製塩業、採石業などがある。配分制度

表2　3つの鍛冶業村落から選んだデータ

| | カジャール (Kajar) | ハディポロ (Hadipolo) | クニラン (Kuniran) |
|---|---|---|---|
| 村内のプラペンの数 | 98 | 87 | 23 |
| 女性のフイゴ職人（*tukang ubub*）を使うプラペンの数と比率（%） | 約17 (17.3%) | 10 (11.5%) | 0 (0%) |
| ウンプの日給 | Rp. 600-900 | Rp. 1000-1500 | Ro. 650-750 |
| 鎚打ち職人（*panjak*）の日給 | Rp. 300-400 | Rp. 800 | Rp. 350-500 |
| 鎚打ち職人兼務のフイゴ職人日給 | Rp. 300-400 | Rp. 800 | Rp. 350-500 |
| 鎚打ち職人を兼ねないフイゴ職人日給 | Rp. 200 | Rp. 400 | — |
| ヤスリ職人（*tukang kikir*）日給 | Rp. 300-400 | ヤスリかけは皆が行う | ヤスリかけは皆が行う |

（出所）Sutoro 1982, 47.

は、労働時間、技能、資金などそれぞれの貢献に応じて公平な対価が労働者に支払われるように考案されている。配分の取り決めは、（プラペン、漁船、稲田、養殖池、塩田、牛、トラクターなど）主要な資本的資産の所有者を必ずその対象に含み、社会的に容認される範囲内で所有者の取分を確保する役割を果たしている。配分制度はまた、稲田における不作の危険や漁船における不漁の危険を労働者たちのあいだで分散することでも、所有者にとって有益である。この制度は、操業の結果に労働者も利害関係をもつので、彼らが怠けたり不注意になるのを防ぐ効果もある。

表2は、私の初期の研究論文（Sutoro 1982）にある賃金データの引用である。データは、一九七八―八〇年にかけてジョクジャカルタと中部ジャワの三つの鍛冶業村落から収集した。この表は、鍛冶業の賃金制度が依然、旧来の配分制度に近いことを示している。パンジャック（鎚打ち職人）、トゥカン・キキール（ヤスリ職人）、そしてトゥカン・ウブブ（フイゴ職人）を兼ねたパンジャックは、みな同じ賃金を受け取っている。これはウンプに払われる賃金のおよそ半分で、トゥカン・ウブブの賃金の約二倍である。表はさらに、賃金制度が配分制度よりも巧妙であることを示している。この制度では、どの役割についても支払い可能な賃金に一

定の幅をもたせている。そのため、熟練し経験豊かなウンプには、より新参で経験不足のウンプよりも高い賃金を支払うことができる。残業手当は表に記載されていないが、ふつうは通常の賃金よりも高額である（Sutoro 1982, 47）。

配分制度はインドネシア語ではバギ・ハシル（*bagi hasil*）、賃金制度はウパー（*upah*）と呼ばれる。賃金は日給で計算することが可能で、その場合にはウパー・ハリアン（*upah harian*）と呼ばれる。また週給や月給で支払う場合は、それぞれウパー・ミングアン（*upah mingguan*）、ウパー・ブラナン（*upah bulanan*）と呼ぶ。鍛冶業の賃金は日給で計算されるが、新たに製造した用具一式が売れるまでは支払われない。そのため、大半の鍛冶職人は五日あるいは七日ごとに賃金を受け取ることになる。

バギ・ハシル（配分制度）とウパー（賃金）に加えて、インドネシアの農村には雇用労働に対する支払いの第三のシステムが存在する。それはボロンガン（*borongan*）、つまり多くの農村工業でたいそう普及している出来高払い制度である。例えば手織り機の織布工は布地の長さのメートル単位で、針子は縫い上げた衣服の数で報酬が支払われる。レンガ職人は作ったレンガ千個ごとに、瓦職人は瓦千個ごとに報酬を受ける。他にもいろいろの例を挙げることができる。多くの工業は、パートタイムの女性と子供による出来高制労働と、フルタイムの男性による日給労働を組み合わせている。よく見られる仕組みは、半製品の製造には大量の女性と子供の出来高制労働を使い、最終製造工程には比較的少数の男性日給労働を用いるというものである。しばしば、女と子供は外注制により自宅で働き、男は所有者の家か作業場に仕事の場を与えられている。労働者から見た出来高制の短所は、仕事の少ない季節や所有者が現金のやり繰りの問題を抱えているときにたやすく一時解雇される、ということだ。所有者は日給労働者に対しては生活安定を保障する責任感をいくらかもつが、出来高制労働者に対してはそのような責任感はもたない。一方、労働者から見た出来高制の長所は、自分自身のペースで、そして望むならパートタイムの労働で、またしばしば自宅でお金を稼げることだ。出来高制労働者のなかでは女と子供のパートタイム労働の比率の方が高いが、フルタイムの男の仕事のなかにも出来高制の支払い方法を用いるものがある。その顕著な例は、建築業と建設業に見られる。

鍛冶業においては、出来高制が使われることはまれだ。これはおそらく労働力の大半が男性でフルタイムだからである。また、ひとつの用具を作るにも、しばしば作業場の所有者自身も含めて作業グループ全体の協力が必要なためである。しかし、切り出した銅板から容器を作る職人は、銅、銅合金、銀細工業におけるつや出し職人とともに、出来高により報酬を支払われることがある。

プラペンの労働者は賃金に加え、所有者から食べ物、飲み物、タバコもよく支給される。これもまた、村によりいろいろなバリエーションがある。ある村では、労働者は十分な昼食に加えて間食とお茶も振る舞われる。もし残業をすれば、十分な夕食も支給される。別の村では、労働者は食事のときは帰宅し、プラペンでは間食（ふつうは米粉やもち米から作った小さい菓子）だけをあてがわれる。またある村では、プラペン所有者が丁字タバコを提供することが期待されるが、別の村では労働者のタバコは自分で買わねばならない。これらの品目の合計金額は馬鹿にならないので、実質賃金の計算には必ず加えねばならない。もし十分な食事と間食、タバコが提供されるなら、それらの金額はフイゴ職人の賃金と同じくらい、あるいは鎚打ち職人やヤスリ職人の賃金の半分ぐらいにはなるだろう。

## 女性と子供の労働の使用

インドネシアの村落工業には、男だけが働くもの、女だけが働くもの、男女の労働者を混合して用いるもの、という伝統的区分がある。鍛冶業やその他の金属加工工業は、男だけが働くものと見なされる。男のものに区分される他の工業には、石や材木による彫り物作り、家屋建築、人形作り、籐を用いた家具製造などがある。女の工業には、各種繊維、敷物、衣類製造業のすべてが含まれる。男女をともに使う工業で目立つのは、粘土製品（陶器、レンガ、瓦）

と竹かごの製造業である。食品加工業は女だけのことも、または男女を混用することもある。概して、賃金や収入が最も高いのは男だけの工業で、最も低いのは女だけの工業だ。男女が混在する工業では、男性労働者の賃金や収入は女性労働者より高い（Sutoro 1982）。

こうした伝統的区分があるものの、インドネシア人は何事にも厳格なことはまれで、状況が許すならばふつうは好んで例外を設ける。だから、実際には少数ながら金属加工工業でも雇われる女性がいる。カジャール村を含むいくつかの鍛冶業村落では、女性が時々フイゴ職人として使われている。フイゴ職人に女性を使うことはふつう、男性労働者の不足を意味する。男の労働者が確保できれば、ふつう女性は交代させられる。私が訪問した多くの鍛冶村落では、女性労働者をまったく使っておらず、女性の起用を提案すると職人たちは軽い驚きや笑いの表情を見せた。必要な場合に女性を使用する鍛冶村落もあるが、それについて質問すると職人たちは、女はただ臨時にそこにいるだけで、プラペンでは何も不道徳なことは起きていない、彼女を雇うについてはその夫や父親から許しを得ている、などとわざわざ説明するのだった。もしその女が、実際しばしばそうであるように、ウンプや同じプラペンで働いている誰か別の男の親類であればいっそう心配は少ないということになる[*6]。

女たちがフイゴ職人として働くときはフイゴ台にとどまり、飛び降りたり男性との雑談に加わったりすることはない。彼女たちはかなり堅くなって座り、あらゆる感情と生気を消し去った奇妙な仮面のような顔つきをしている。以前に書いた論文で私はこの表情を、古典的なジャワの踊子やガムラン楽団の歌い手（*pesinden*）、あるいは伝統的結婚式のお披露目のときの花嫁の表情と比較した。それは、周囲から誤解を受けるかもしれない「露出した」姿勢の女が採る、ある種の防衛的表情のように見える。鍛冶業で働く女たちは、伝統的には彼女たちが属さない男の領分に踏み入ったために、非難にさらされるおそれがあると感じているのかもしれない（Sutoro 1982, 58, 152）。

女たちがプラペンで働くこと、とくに火床や金床に近寄ることはタブー視されるが、プラペンの外で女たちが金属加工の仕事に携わることへのタブーは存在しない。そのため、鍛冶村落出身の女たちは、金属の冷間加工に関わる独自の金属加工業を始めることもある。彼女たちはこれらの作業を、プラペンよりも自宅で行う。例えば、安価なアルミ製食器類の製造や、金属の薄板をはさみで切り出す仕事などである。

女たちはまた、プラペン労働者が摂る食事、飲み物、間食を用意するといった補佐的な役割も果たす。労働者が十分な昼食を与えられる場合、この食事のための買い出し、調理、給仕、後片付けにひとりの女が費やす時間はかなりのものになる。この場合は、その女性を追加的な「隠された」労働者と見なさなければならない。ふつう、この仕事はウンプの妻が行う。もしウンプの妻が忙しい場合は娘に頼むか、近隣の女性を雇う。プラペンの労働者が与えられるのが間食だけのときは、それは家で調理するよりも近くのワルン（*warung*：小さな店または道端の屋台）で購入される。

多くのプラペンが、季節的な現金の資金繰りの問題や利潤の圧縮（後述）による操業停止に悩まされている。もしウンプの妻が例えばワルンの経営など彼女自身の営む事業をもち、それが一年を通じて継続的な所得をもたらすならば、そういう状況への助けになる。たとえその事業から得られる所得の合計が、鍛冶業から得られる所得に比べてわずかであっても、プラペンの仕事が停止や時間短縮に追い込まれている時期の生活費を賄ううえで大切なのである。

農地をもつ鍛冶業世帯の女たちはしばしば、例えば耕起や整地のような伝統的に男性のものと思われている農作業の多くをやってのける。これは、大半の男性労働者がプラペンの仕事に専念するためだ。カジャール村では農業部門はほとんど女たちが取り仕切り、村の外から農業賃金労働者を雇い入れて彼女たち自身の労働を補填している（Sutoro 1982, 60–61）。

プラペンにおける女性に関するタブーは、銅や真鍮、青銅などの品目を作る鋳造場にも当てはまる。こうした工業ではしばしば、女性と子供をつや出し職人として使う。つや出し職人の出来高払いの単価は、鋳造職人の賃金と比べて非常に低い。つや出しはしばしば、プラペンの外の庭で行われる。銅細工に携わる中部ジャワのジョロトゥンド（Jolotundo）村（第六章［20］を参照）では、女性と子供は家々を回り、台所でできた炭、つまり薪を燃やして調理の火を起こした後に残る偶然の残り物を集める役目を与えられている。この村の男たちは、この低品質の炭を溶接に利用している。

金細工や銀細工工業でも、状況はほとんど同じだ。ティーセットやトレーなどの大きな品物を作るときこれらの工業では、延べ板を作る下準備として、金属の玉やかけらをるつぼのなかで溶解するために火床やフイゴの完全装備を必要とする。これらの工程では、女性は金属の延べ板を磨いたり叩いたりする作業には使われるが、火床に接することのある作業には用いられない。しかし、よそから仕入れた延べ板や針金から小さな装身具を作る作業場では、火床や金床の代わりに小型の手持ち式火焔ランプを使って済ませることもある。この種の事業の場合、女性労働の使用に対する態度は村によりいろいろ異なる。ジョクジャカルタ近郊のコタグデ（Kota Gede）の大きな銀細工集落ではもっぱら男性労働を用いるが、観光客向けにほぼ同種類の装身具を作るバリ島のチュルック（Celuk）村では、男女の労働者をほぼ同じ人数で使っている。

村落工業における児童労働の使用は、就学率が向上したために、二〇世紀末に向かい激減したようだ。これはとくに、五～一二歳の児童の雇用において著しい。一九七〇年代には、いたいけな子供たちが劣悪な労働条件のもとで、哀れなほど少額の金銭を稼ぐため一日に一〇～一二時間も働かされている姿を見るのは珍しいことではなかった。繊維工業では、五歳ぐらいの児童がボビンやスプールを使った糸巻き作業の担い手としてフルタイムで雇われていた。さいわい今ではこうした状況はまれになり、農村工業部門の児童労働者の多くは家族の自営業で就労し、放課後の二～三時間を仕事に費やす程度である。*7

鍛冶業は、小児を労働者として使用したことがない点で、村落工業のなかでは特異だ。これは、幼い男児がたんにプラペンで働くだけの体力をもたないからである。たまには一〇歳か一一歳ぐらいの少年がフイゴを操るのを見かけることがあるだろうが、フルタイムで働き始める年齢はふつう一二〜一四歳である。今日では鍛冶職人の家族の少年の多くが、働き始める前に小学校教育を終えている。だが銅、銅合金、および銀細工産業では、子供たちがなおつや出し職人として使われている。コタグデとチュルックの銀細工村落では、一〇歳ぐらいの児童が装身具作りの仕事を始めることもある。とはいえここでも、子供たちが一日に働く時間は短くなっている。

## 階層

多数の企業から成る大きな工業のクラスターは高度に階層化されているが、少数の小さなクラスターの場合はあまり階層化されていないのが、インドネシアの村落工業のもうひとつの大まかな決まりだ。大きなクラスターでは四つないしそれ以上の階層がふつうに見られるが、小さなクラスターではひとつか、せいぜい二つの階層しか存在しないだろう。この大まかな決まりは、鍛冶業と金属加工業だけではなく、他のすべてのタイプの工業にも適用される。それはまた、例えば養殖業や養鶏のように、多くの農業的職業にも当てはまる。カジャールのように大きくて階層化の進んだ鍛冶村落では、ふつう四つの階層が存在する。

第一の階層は、原材料と（製造された）用具の商人である。彼らは鍛冶村落で最も裕福な人々で、プラペンのなかで働くことはない。ジャワではこの人々はしばしば、ウンプ・プダガン（商人の鍛冶頭領）と呼ばれてウンプ・プクルジャ（労働者の鍛冶頭領）と区別される。村のなかに一人のウンプ・プダガンしかいない場合、彼はその村の鍛冶業に絶大な権力をふるうことになるだろう。あるいはまた、たがいに競争するウンプ・プダガンが数名いることもあるが、ひとつの村に五人以上になることはまれだ。ウンプ・プダガンには、屑鉄や木炭などの原材料だけを販売する者もある。また器具だけを商い、多くのプラペンから買い上げた用具を遠く離れた市場や都市へ運んで販売する者もある。しかし、たいていのウンプ・プダガンは、原材料供給と用具販売の両方に従事する。この方法で彼らは、彼らより弱小のプラペン所有者に対する支配を強めることができる。

ウンプ・プダガンとプラペン所有者のあいだの協定は次のように機能する。現金のやり繰りの問題を抱え自由市場で原材料を購入する余裕のない弱小のプラペン所有者は、短期信用の形で原材料をウンプ・プダガンから受け取る。屑鉄を用具に作り変えると、彼らはそれらを販売のためウンプ・プダガンに返納する義務を負う。これに対してウンプ・プダガンは、原材料の費用をまず差し引いたのちに、事前に決めた価格でプラペン所有者への支払いを済ませる。ウンプ・プダガンは、この協定から二つのしかたで利益を得る可能性がある。第一に、彼は大量の用具に対して販売市場を独占し、当然そのひとつひとつから利潤を得る。こうするために彼は、外部の市場価格より五～一〇%低い単価で用具をプラペン所有者から買い取る。こうして、五～一〇%の隠された利子の支払いが行われたと言える。第二にウンプ・プダガンは、供給される原材料の価格を決めることにより、製造された用具への支払い額から控除される金額を決定する。彼は販売から利潤を得るのに満足し、本当の原材料価格を控除することもある。しかし、供給する原材料の価格を水増しすることも珍しくはない。鉄鋼の供給について、通常の等級品に適用される市場価格より高い価格を請求する方法でも、また通常の価格を請求しながら低級品を供給する方法でも、彼はこれを成し遂げることができる。どちらにせよ、ここでも隠された利子の支払いが行われる。もちろん、ウンプ・プダガンは例えばガソリン代や運転手の俸給などの輸送費を負担しなければならないから、この隠された利子の支払いがそのまま彼の純利益になるわけではないけれど。

ふつうウンプ・プダガンは、屑鉄を都市の屑鉄業者（*toko besi*）から購入する。ジャワで最大の屑鉄業者は、北海岸の都市であるスマランとスラバヤに存在する。ときにウンプ・プダガンは、取り壊される予定の建物や橋やその他の構造物から屑鉄を回収する権利を得ることにより、大きな利潤を得ることができる。回収作業に多少の人手を雇う必要はあるかもしれないが、プラペン所有者にはふつうの市場価格を請求しながら実際は鉄をもっと安いキログラムあたり単価で入手できるのだ。

ウンプ・プダガンはプラペンでは作業しないものの、一つ以上のプラペンをもっていることが多い。その場合、彼らのプラペンで働くのはみな雇用労働者である。ウンプ・プダガンが自分のプラペンをもちたがるのにはいくつかの理由がある。第一は、製品の安定した追加供給源となる。第二に、プラペンからは、原材料費と賃金を差し引いた後、若干の利潤が得られる。興味深いのは、ウンプ・プダガンの利潤はふつう、彼が雇ったウンプに支払う賃金より少なく、また自らがウンプとして作業するプラペン所有者の利潤よりも少ない。しかし、ウンプ・プダガンが複数のプラペンをもっていれば、利潤の総額はもっと大きくなる。第三に、多くのウンプ・プダガンは、ディーゼルエンジンや、電動式エッジ研磨機（*gerinda listrik*）など電動の仕上げ用機材をひとつ以上備えた特別のプラペンを建てる。このようなプラペンをもつウンプ・プダガンは、彼から信用貸しを受けている他のプラペン所有者に対し、完成品ではなく中間品を納めるよう求めることもある。もちろん、用具一個あたりの仕入れ価格は安くなる。村によっては、金属ドリルや板金曲げ機など別タイプの機械を購入しているウンプ・プダガンもいる。

ウンプ・プダガンになるためにまず必要なのは、現金と設備の双方の形における資本である。ウンプ・プダガンは、一人で大量の原材料と製品を買い上げるのに十分な資本がなくてはならない。彼のキャッシュフローの状態は強固でなければならない。なぜなら、遠く離れた町で原材料を買い、それを村へ輸送して各プラペン所有者に配分し、彼らが原材料を用具に製造するまで待ち、彼らに製品の代金を支払い、それをひとつ以上の市場に輸送し、そこで用具の買い手たちに販売してようやく彼の仕事の対価が支払われるまで、一カ月以上もかかるかもしれないからだ。彼はまた、おそらく（しばしば半額の）頭金と引き替えに用具を納品することにより、買い手たちに信用貸しを行わなければならないかもしれない。資金力のあるウンプ・プダガンは、なんらかのタイプの資本設備も所有する。主として、原材料や製品を保管する倉庫、輸送のためのピックアップ型・平台型のトラック、ディーゼルエンジン、電動式エッジ研磨機などである。

皮肉なことに、鍛冶村落で実施される開発プロジェクトの大半は、村落内で最も強力なウンプ・プダガンを通じて行われ、彼らの立場をいっそう強化させていることだ。例えば、政府が後押しする協同組合が村に設立される場合、ふつうはウンプ・プダガンが組合長に選ばれる。原材料や当座貸し（cash credit）が組合を通じて供給される場合、ふつう彼こそが信用貸しの配分を依頼される人間となるので、村のなかの支配従属の関係を改めることなく、政府の信用貸しが彼自身の資本の代わりを務めるに過ぎないことになる。

最後に、ウンプ・プダガンの階層には、その世帯構成員も含まれる。彼らは、ウンプ・プダガンと社会経済的地位を共有し、とくにウンプ・プダガンが仕入れとマーケティングの旅に出ているときには、その事業の経営を手伝うこともある。

四つの階層のうちの二番目は、独立のプラペン所有者たちから成る。高度に階層化された村の場合、自分のプラペンを所有して独立性を保ち、ウンプ・プダガンへの従属関係に陥るのを避けようとするグループが存在するのがふつうだ。一方ではこれは、ひとつひとつの製品ごとに彼らの利潤に食い込む隠された利子負担の支払いを好まないためであり、他方では自尊心や村のなかでの地位へのこだわりのためでもある。独立性を保つために、プラペン所有者は自分たちの原材料を自由市場で買うのに十分な資金をもたなくてはならない。また彼自身の市場とのつながりを発展・維持させなくてはならない。

独立したプラペン所有者たちにとって、ふつう輸送も問題になる。ウンプ・プダガンと違い、彼らは一般にどんな四輪車両ももっていない。そのため彼らは借り上げたトラックやミニバンを使わなければならないが、これは輸送単価が高くなることを意味する。独立したプラペン所有者が、通例どおり一〜二週間ごとに製品を市場に出そうとすると、余剰能力の問題が生じるかもしれない。借り上げた車両に満載できる量の製品が確保できないかもしれないからだ。プラペン所有者たちは、車両を共同で借り上げることでこの問題を回避する。

輸送問題に対処するもうひとつの方法は、小規模商人や仲買商と取引することである。木炭はたいてい、それを村に届けるよそ者から買い付ける。それらよそ者のなかには、木炭の生産者自身も含まれる。彼らは、まだ森が豊かに残る地域に住み、炭焼きを生業とする人々である。また、炭焼きの村と鍛冶の村のあいだで往復の旅をする小規模商人のこともある。鉄が村まで配達されることはまれであるが、近くの町の屑鉄置き場で入手できることもある。

独立のプラペン所有者は彼の製品を、高い値が付くかもしれない遠くの市場よりも、近間で売りさばくのがふつうだ。これも、高い輸送費と商売のための長い旅路による労働時間の消失を回避するためである。製品の販売方法はさまざまで、地元の市場での消費者への直接販売、市場を拠点とする小規模商人たちへの販売、同じ地域の商店や道端の屋台店への販売、プラペンを訪れる零細商人への販売などがある。この第二の階層には、独立のプラペン所有者の世帯構成員が含まれる。男の世帯構成員は、利潤をともにする無給の家族労働者として、プラペンでの仕事を助けるのがふつうである。

第三の階層は、従属的プラペン所有者から成る。高度に階層化された村の、自分も働くプラペン所有者たちは、ウンプ・プダガンと従属関係を形成することにより、不可避のように見えるものに屈服した。従属的プラペン所有者はこうして彼の利潤の一部を失うが、それでもかなりの利点がある。第一に、原材料や輸送のための運転資本について心配しないで済む。こうして彼のプラペンは、通年フルタイムで操業可能になり、キャッシュフローに問題を抱えたプラペンの特徴である操業停止による時間の損失を免れる。彼の出費は賃金だけで、賃金はふつう、ウンプ・プダガンの倉庫にプラペン所有者が製品を納めた日に支払われる。五日で一週の周期で市場が開かれる[11]ジャワでは、この納品はふつう五日目ごとに行われる。倉庫はいつも村のなかの便の良い場所にあり、ふつうそれはウンプ・プダガンの住居の近くである。プラペン所有者は納品とともに報酬の支払いを受け、同時に次の仕事のための原材料を受け取る。彼はこれらを自分のプラペンに持ち帰り、報酬のなかから労働者の賃金に充てる部分をただちに配分する。さらに彼は、労働者の飲食費や最近では電気代などの付随的経費のために、なにがしかを控除する。その残りが彼の利潤となるのである。

従属的プラペン所有者から見たもうひとつの利点は、原材料購入と製品販売のために時間を取られない点である。自立したプラペン所有者の場合は、週に一日プラペンを閉じ、購入と販売にその日を費やすのがふつうだ。彼らのなかには、消費者に製品を小売りするため、丸一日を地元の市場で費やす者もある。一方、従属的プラペン所有者はこうした必要から解放されている。彼と配下の労働者たちは、生産に関連した作業に一〇〇％の時間を費やすことができる。そのため、所有者が従属関係に入れば、プラペンの産出量は増加するのがふつうである。

さらに第三の利点は、リスクの回避である。これは鍛冶業においては、例えば食品加工業の場合と比べると小さい問題である。鉄鋼製の用具は、長時間が経過しても品質はほとんど劣化しない。かりに錆びても、いつでもふたたび磨き上げることができる。そうではあるが、市場での需要低迷期に未売却の製品を抱え、資金繰りが滞るリスクはある。そういう場合、独立のプラペン所有者は、労働者への賃金の支払いや、作業のための新しい原材料一式の仕入れができなくなるかもしれない。その結果、ここでも利潤を損なう操業停止が起きる羽目になる。

私の計算では、ふつう従属的プラペン所有者の稼ぎは独立のプラペン所有者のそれに優るとも劣らない。彼らは隠された利子をウンプ・プダガンに支払うことになるが、たいていは少ない労働時間の損失と生産量の向上で埋め合わせがつく。つまり、製品一個あたりでは少ないものの、全体では同じかそれ以上の稼ぎが得られるのだ。このパターンは、必ずそうなるというわけではなく、それぞれの鍛冶業村落の状況により経験的に決まる。最も重要な変数は、ウンプ・プダガンが手にする隠された利子の比率だろう。従属的プラペン所有者の世帯の構成員もまた、この第三の階層に含まれる。独立のプラペン所有者の場合と同じく、男の世帯構成員は無給の家族労働者としてプラペンでの仕事を手伝う。

四番目の階層は、賃金を受け取るが利潤の配分にはあずからない雇用労働者から成る。彼らはプラペンを所有しない世帯の者で、そのために彼らの地位はいくらか低い。雇用労働者たちは、ウンプの仕事も含め、プラペンでの四つの仕事のどれでもこなす。

近年、無給の家族労働者と雇用労働者とのあいだの線引きは少々あいまいになってきている。多くのプラペン所有者が、恨みに思われるのを避けるため、年長の息子や兄弟には貨幣賃金を払うようになってきた。これはとくに、混在した労働力を用いるプラペン、つまり家族が雇用労働者と一緒に働いている場合に当てはまる。すでに衣食住があてがわれ、教育費も両親が支払っているという理由から、年少の息子には、賃金というよりも小遣いが与えられるだろう。家族成員に賃金を支払う傾向は鍛冶業に限ったことではなく、村落工業全体で一般的になりつつある。例えばバリの銀細工村落チュルック（Celuk）では、一〇歳代終わりから二〇歳代初めの家族に賃金が与えられている。彼らは、衣服代、交通費と学費をその賃金から支払うよう期待される。

特筆すべきは、プラペン所有者たちに対してウンプ・プダガンが従属関係を強要しないことだ。最初に接触するのはほとんどの場合プラペン所有者の側で、彼らは従属関係の得失をはっきり理解している。プラペン所有者がウンプ・プダガンに最終的に近づくのは、ふつう彼のキャッシュフローについて相当の考慮と検討を重ねたあげくなのだ。ウンプ・プダガンへの従属の是非は、コーヒーを出す茶店における男達のおきまりの話題であり、短くなった鉛筆で封筒の裏に果てしない計算が走り書きされる。村民たちは営利志向ではなく、利潤の合理的最大化を試みないというブーケの指摘は、村の茶店で晩の数時間を過ごしたことがある者にはばかげたものに思われる。

ウンプ・プダガンが、彼の供給する原材料の等級と量、原材料費として請求する価格、完成した製品に支払う価格を計算して、自分の手にする隠された利子の総額を決めるときは、あたかも細い板の上を歩くように慎重に振る舞う。もちろん、彼は可能なかぎり利潤を最大化したいと考える。けれどもあまりに多くを課すると、独立して操業することを試みるプラペン所有者が増えてしまい、彼は製品供給の統制力を失うことになる。さらに、彼が村のなかで独占的地位をもたない場合は、他のウンプ・プダガンが、プラペン所有者たちにもっと良い条件を提示して競争をしかけるかもしれない。

プラペン所有者が自発的に従属関係に入るからといって、ウンプ・プダガンへの敵対的感情が消えることにはならない。高度に階層化された村では、その頂点にいる者たちが行使する権力に対して、相当な不満がつねにあるものだ。村からはウンプ・プダガンに対し、村の儀式や祭事への寄付、新しい集会場やモスクの建築、結婚式やその他の非営利目的への乗り物の賃貸し、返済するかどうか不明な村民への個人的な当座貸しなどの形で、富の一部を再分配するよう社会的圧力がかかるかもしれない。ウンプ・プダガンは彼の富の一部を再分配して名声を得るにもかかわらず、不満も感じる。何人かのウンプ・プダガンへのインタビューで浮き彫りになったのは、彼らが自分たちを、つねに理不尽な要求に取り囲まれている勤勉な商売人、企業家と考えていることだった。

鍛冶業村落にはそれほど階層化が進んでいないところもある。プラペンが少数の鍛冶業村落では、ひとつか二つの階層しか存在しないかもしれない。もしすべての労働者が、プラペン所有者の近親から成る無給の家族労働者であれば、単一階層または階層化されていないシステムと言うことができる。もし労働者の一部が雇用労働者で他の世帯から来る場合は、二階層のシステムと呼べるだろう。

銅細工業では、階層化は鍛冶業より複雑かもしれない。これは銅製品作りが、銅屑からの銅板の生産と、銅板からの銅製容器の生産という二つの分離した工程を含むからである。銅板の生産はふつう、大きな溶解炉を備え、日給賃金（*harian*）か出来高払い（*borongan*）で男性労働者を雇用するひとりまたは少数の大規模企業家によって行われる。大規模企業家は銅屑を大量に仕入れ、炉で溶解し、円盤状の鋳型に流し込み、叩いて銅板に加工する。これらの銅板は、多くの小規模企業所有者たちに、販売または（こちらの方がふつうだが）貸付の形で配分される。小規模企業所有者たちは、自宅で作業を行い、金属ばさみで銅板を切り、成形し、はんだ付けをして銅製の容器（炊飯器、飯を盛る深鍋、紅茶用のやかんなど）を製造する。中部ジャワの銅細工業村落ジョロトゥンドでは、銅を溶解し銅板を作る男たちはトゥカン・グンブレン（*tukang gembleng*）、銅板から容器を作る男たちはサヤン（*sayang*）と呼ばれる。サヤンには独立したものも従属したものもあり、彼ら自身が労働者を雇うこともある。サヤンの家族の女たちや子供は製品を磨く作業をしたり、台所にある燃え残りの木炭を燃料として集めたりする。

銀や金細工業の村もたいへん階層化が進んでいることがある。上位の階層は、政府系の商社から銀や金を大口で購入する資金をもった大規模企業家の集団から成る。彼らはこの銀と金を小規模生産者世帯に配分し、後者はそれを家族労働または雇用労働を用いて装身具類や他の製品に加工する。ふつう大規模企業家は装身具店や「展示室」をもち、そこで小規模生産者所帯が作った製品を小売りする。たいてい展示室の隣には作業室があり、そこでは雇用労働者たちが追加の販売品目を製造している。鍛冶業と同じように、銀や金を自分で少量仕入れて独立を保とうとする中間的な生産者世帯の階級が存在することもある。

今や、資本が階層化の原動力であることは明らかだろう。資本は、賃金と信用貸しの二通りに使うことができる。賃金に使われる資本は、賃金を支払う側と受け取る側に分かれた二階層のシステムをもたらす。このようなシステムは、村落企業の小さな群れの場合によく見られる。信用貸しに使われる資本は、システムにさらに二つの階層を付け加える。つまり、信用貸しを与える側と受ける側である。これは、企業の大きな群れの場合によく見られる四階層のシステムをもたらす。

どの大きな鍛冶業村落にも、ウンプ・プダガンと競い合っていつかは自分の力でウンプ・プダガンになりたいという密かな望みを抱いているプラペン所有者が何人かいる。しかし、幾人かのウンプ・プダガンから聞き取ったライフ・ヒストリーは、これが起きそうもないことを示している。ウンプ・プダガンはほとんどつねに、鍛冶職人ではなく商人として職歴を開始している。多くの場合、彼らはプラペンで働いたこともなく、鍛冶の技能ももっていない。プラペンで働いたことがあったとしても、商業を始める前、若いときの短い期間だけに過ぎない。

## 企業家と企業家精神

ウンプ・プダガンがその仕事を始めるためには、数名のプラペン所有者たちに配るのに十分な、大量の屑鉄や木炭を買い上げることのできる商業用資本を手に入れねばならない。彼はこれらの補給品を完全に売り払って仕事を始めることもできるが、製品の市場での販売をコントロールするために、いずれは信用貸しによる補給品の配分を始めねばならない。また仕事を始めたころは、ウンプ・プダガンは賃借りした輸送手段に頼ることもできるが、いつかは自前の四輪自動車（ふつうは何らかのタイプの中古トラック）を買わねばならない。これは、輸送のために支払う単位費用を削減することによって彼の利幅を増やすことを可能にする。成功したウンプ・プダガンは、ディーゼルエンジン、生産機械、倉庫など異なるタイプの資本装備や、製品の仕上げに使うよう特化されたプラペンにいずれ投資を始める。もし彼が、政府の後押しする協同組合の組合長に選ばれたり、政府系または民間の銀行から低利の融資を受ける資格を得たりできれば、彼の資本基盤はさらに強化されるだろう。

ウンプ・プダガンが、少額の追加ではなく、大きくまとまった資本を必要とすることは明らかだ。地元市場を拠点に操業したり、鍛冶業村落で家から家へと木炭を売ったり少量の製品を買い上げたりする行商人がウンプ・プダガンになることは、あるとしてもきわめてまれである。ウンプ・プダガンは、分配のため最初に大量の補給品を購入して仕事を始めるときに多額の資本を必要とするし、自動車を購入するときはさらに多額の資本が要る。インドネシアでは自動車は非常に高価で、米国の約二倍もする。中古でいささか使い古しのトラックでさえ、サイズと積載量により五、〇〇〇から七、五〇〇米ドル（一、〇〇〇万から一、五〇〇万ルピア）もの値が付く。

村民が巨額の資金を調達する方法はきわめて限られており、その大半は土地に関連している。もし非常に多くの稲田やその他の耕地を所有していれば、豊作の後にかなりの額の資金が得られるだろう。あるいはまた、もう少し小さな土地を質入れ、賃貸、売却、もしくは（最近では）それを担保に銀行から融資を受けるなどの方法で資金を調達することもできる。インドネシアには無保証（guarantee-free）の融資を行う農村信用の仕組みがいろいろあるが、調達可能な金額が二五〇米ドル（五〇万ルピア）を超えることは決してない。より高額の銀行融資を得るには、いつも土地所有を証明する書類（land documents）が保証として必要になる。ただしこの場合、例えば住宅地のように稲田以外のタイプの土地も銀行は受け入れる。村民が多額の資金を調達する方法は他にもいくつかある。例えば住宅や一隊の去勢牛といった、何か違う種類の資本的資産を売ることもできる。また、比較的豊かな親類（ふつうは実父や義父）から金を借りることもできる。親類からの借金にはふつう利子が付かない。富裕な農村はしばしば、子供に運転資本用の「支度金（nest egg）」を与える。ふつうは結婚するときに渡されるこの支度金の目的は、息子や娘が自分の事業を始めるのを助けることだ。ここでも、融資や現金による結婚祝いによって子供を支援できるのは、ふつう土地持ちの親に限られる。

農村において富の大半が土地に関係している点を考えると、すべてのウンプ・プダガンは広大な稲田をもつ世帯の出自だと考えられる。これは、農業部門と工業部門のあいだに強い投資の連関があるという仮説に合致する。しかし、個々のウンプ・プダガンの経歴像からは、この問題に対する明確な答えは得られない。少なくともウンプ・プダガンの一部は、小土地保有者か土地をもたない家族の出身である。ウンプ・プダガンの創業資金の、二つの最も一般的な出所は、相続地の売却と親または義理の親からの無期限の融資である。相続地の売却は、ウンプ・プダガンが土地無しになることを意味するかもしれない。インタビューした六人のウンプ・プダガンのうち四人は、自宅の敷地および倉庫とプラペンのある敷地以外に土地はもっていないと断言した。残りの二人は相当な広さの土地をもっていたが、これは商人として豊かになった後、近年に購入したものだった。二人のうちの一人（カジャール村のウンプ・プダガン）は小土地保有者の出身だったが、著名な大規模保有者の家族出身の女性と結婚した。彼の妻は自分名義の土地をもっていたが、彼自身もそれ以後自分名義の耕地を買い増した。おそらく彼の創業資金の一部または全部が、結婚して間もない時期に妻から得たものである。このわずかな事例からの推論に過ぎないが、村落工業は小規模保有者の家族の野心的メンバーにとって富と威信を達成する代替手段と考えてよいであろう。

個々の差異や特質にもかかわらず、ウンプ・プダガンのおおまかな一般的人間像を組み立てることは可能である。第一に、彼らは自分たちを鍛冶職人というよりは、ビジネスマン、企業家（*pengusaha*）、あるいは商人と考えている。彼らから見ると商業は、おそらく肉体労働を含まないために、鍛冶業よりも誉れ高い仕事である。ここでも、農地を耕すのに雇用労働や刈分小作人を使い、自分では決して肉体労働に携わらない大土地所有者との類似が指摘できる。

第二に、ウンプ・プダガンは鍛冶職人よりも世俗的で、伝統的儀式や魔術的慣習にはあまり関わらない。鍛冶職人たちは魔術的能力を誉れ高さのもとと見なす傾向があり、自分で働く年配のウンプの技能をそうした能力の証と考えて彼に最高の敬意を払うが、ウンプ・プダガンは経済力を誉れ高さの基準と考える傾向がある。企業家精神に関する古典的文献にもとづけば[12]、ウンプ・プダガンは正統な宗教的実践にもっと熱心だろうと予想されるが、実際に鍛冶業村落でそういう事例にお目にかかったことはない。

第三に、ウンプ・プダガンは、彼らの事業の利益を追求するのに活用できる場合を除き、政治権力には比較的無関心である。それゆえ、政府の後押しする工業協同組合の長になるためには奮闘するが、村長やその他の政治的地位のために立候補することはまれである。彼らはふつう、村役人が彼らの事業を容易にしてくれるか、少なくともそれに干渉しないかぎり、村の統治を他人に任せることに甘んじている。もちろん、彼らは明らかに村役人と良い関係をもちたがり、あるウンプ・プダガンの息子が村長の娘と結婚するなど、ときにはエリート同士の結束が見られることもある。しかし、大規模農民のグループに比べれば、一般にウンプ・プダガンは村の政治にあまり関心をもたない。

第四に、商業活動の展開にあたり、ウンプ・プダガンは平均的村民に比べてより広い地域を旅行する。その結果、彼らはふつうインドネシア語を流暢に話し、村の外の生活についてより進んだ理解をもっている。これには、地域の市場動向や価格変動など彼らの事業に関連する事柄だけでなく、種族間、あるいは都会人と村人のあいだの文化の違いなど、事業には関係のない事柄についての理解も含まれる。

第五に、ウンプ・プダガンは本質的に新しい技術に興味をもち、可能なときにはいつもこれらの技術を手に入れようとする。例えば、私が最初にカジャール村を訪れ始めたとき、現地を撮影するためカメラをもっていった。すると、村で最も有力なウンプ・プダガンがこのカメラに強い関心を示し、間もなく同じカメラを購入して使い方を学んだ。この村で最初に四輪車両、ディーゼルエンジン、テレビを入手したのも彼である。新技術への関心は、まさに、何か「新しい」「モダンな」ものへのより一般的な関心の現れなのだ。

第六に、ウンプ・プダガンは、裕福でない村民たちを助けようという特別な義務感をもっていない。それは、彼らが社会的に無責任だということではない。むしろ彼らは自分たちを、企業を築き上げるのに精勤してきたのであり、努力すれば他の誰でも同じことができる、と感じている。そのため、彼らの富を分け与えるための絶え間ない社会的圧力に、ウンプ・プダガンはいくらか恨みを抱いている。にもかかわらず、世論を無視した場合の不愉快な結末を、おそらくは正当にも恐れて、多くの場合、彼らはこれらの圧力に屈するのである。

## 補給、マーケティングと輸送

補給、マーケティングと輸送については、すでに若干の情報を記した。一般に、ウンプ・プダガンは補給品を求めて独立のプラペン所有者よりも遠隔地に旅行する。あいだに入る仲介業者を少しでも減らすために、彼らは補給品をできるだけ供給元に近いところで購入しようとする。ジャワではこれは、北海岸の都市であるスラバヤかスマランへ旅することを意味するだろう。そこでは船舶の解体が行われ、屑鉄や棒鉄（bar iron）が海外から頻繁に運び込まれている。スラバヤとスマランには巨大な屑鉄置き場があり、比較的安い単価で上等の屑鉄が売られている。上等の屑鉄とは、用具の原料へ都合良く切り分けることができる大きな棒鉄や鉄棒のことである。船の鋼板（*plat*）、鉄道のレール（*rel*）、建物の鉄筋（*besi beton*）[13]は上等品と見なされる。ばね鋼でできた自動車の緩衝装置（*per mobil*）も用途によっては人気がある。木炭の補給のためには、ウンプ・プダガンは、ここでも仲介業者を少しでも減らすために、自分のトラックを直接、炭焼きの行われる村へ乗り付ける。

対照的に、独立のプラペン所有者は仲介業者から補給品を購入する。あるいは、近くの町の屑鉄置き場や店舗、市場、村を訪れる小商人から買い入れる。いずれにせよ、独立のプラペン所有者はウンプ・プダガンよりも補給品の調達に高い単価を支払っている。独立のプラペン所有者のなかには上等の屑鉄を使う者もいるが、キャッシュフロー問題を抱えている場合は低い等級の物を使わざるをえないだろう。低級品は薄く小片の金属で、かなり錆びついていることもある。それには、古いナイフやフライパン、包装箱のバンド、ベッドスプリング、自転車のスポークなども含まれる。低級品は、主にナイフや、木彫鑿（のみ）など小さな用具の製造に適している。一般に、製品の大きさと利潤には正の相関関係がある。したがって、上等の屑鉄から大きな用具を作るプラペンは、低級品から小さな用具を作るプラペンよりも多くの利潤総額を稼ぎ出す。
ウンプ・プダガンはまた販路の開拓のため、より遠方へ旅する。彼らは供給、需要、価格の地方ごとの差違をよく承知しており、それらの差違を自分の利潤を増やすのに活用するすべを心得ている。例えば、稲の栽培期間はどの地域でも同時に始まるわけではない。違う地域を巡回することによって、ウンプ・プダガンは各地域における農具の需要の最盛期をねらい撃ちすることができるだろう。

工業のなかには、厳密に受注にもとづき操業するものもあれば、在庫を蓄積するものもある。鍛冶業は、両者を組み合わせる。もし買い手がプラペン所有者に接触して発注すると、プラペン所有者は別のタイプの製品の製造を停止してその注文を優先する。注文がない場合には、市場での彼の経験と用具の商人たちから得た情報をもとに作るべき用具の種類を選択して、在庫の蓄積を続けようとする。両者の比率は、村や地域により異なるが、一対二あるいは一対三が代表的な比率である。言い換えれば、個別受注方式に比べて二〜三倍の量が在庫蓄積方式のもとで作られている。どちらの方式にも、それなりのリスクがある。用具が個別受注により作られた場合、製品を引き取ってもらえなくなるというリスクがある。もし買い手がプラペン所有者のよく知っている人物で、使われた屑鉄の一部を補給したり前払いをしたりすれば、このリスクは軽減される。在庫を蓄積するリスクは、不景気のときに生産のレベルが市場の需要を上回り、プラペン所有者にキャッシュフローの危機をもたらすことだ。プラペン所有者たちは、常に注文をくれる、あるいは少なくとも頻繁に注文をくれる取引相手を開拓しようと努める。取引相手を意味するインドネシア語はランガナン（*langganan*）だが、それは無期限の継続的関係を意味している。

鍛冶業における取引で、最良のランガナンは金物屋の店主か市場（いちば）の製品卸業者であり、彼らからはかなり大量の定期的な注文が見込める。製品の大半を買い取ってくれるような頼れるランガナンがプラペン所有者に二、三人いれば、マーケティングの仕事は格段に容易になる。プラペン所有者は取り決めに従ってランガナンに週一回あるいは月一回納品し、同時に次の注文の指示を受ける。ランガナンとの取引関係はおおいに尊重され、注意深く育まれる。それは長年にわたることも多く、父から息子へ受け継がれることさえある。自分と同じ村の他のプラペン所有者のランガナンとの関係に割り込むのは無礼と見なされるが、他の鍛冶業村落のプラペン所有者のランガナンと関わるのは公正な競技である。

ランガナンつまり得意先との取引関係は、奇妙な形の信用貸しの取り決めが特徴である。最初に取引関係ができてプラペン所有者が製品の一回目の積み荷を届けると、ランガナンは彼に代金の五割をまず支払い、残りの五割は二回目の納品時に支払うと約束する。二回目の納品時には、最初の納品に対する代金の残り五割と、二回目の積み荷に対する代金の五割を受け取る。三回目の納品時には、同様に二回目の残金五割と三回目の納品代金の五割を受け取る、という具合のやりとりがその後も続く。つまり最初の納品以外はいつも一〇〇％の支払いを受けるが、ランガナンは彼に対していつも借金があることになる。この取り決めの目的は、取引関係の連続性を象徴することにある。もし信用貸しをいつも完済したら、それは関係が途切れる兆しになる。ランガナンとの取引関係の枠組みにおける信用貸しには、「隠された利子」が伴わない。それどころか実際には、ランガナンはプラペン所有者に対し、しばしば優待価格を求める。

インドネシアの農村における信用貸しはふつう、原材料の供給者から村落工業の生産者へ、さらに製品の買い手へと、いう方向で行われる。これは、弱小な側が強大な側に信用貸しを行っているような外観をもたらす。例えば、ジョクジャカルタ南部のバントゥル県の農村には、市内南部の大型店舗のために手仕事で蠟纈（ろうけつ）染めを施したバティック用の布を作る貧しい女性が大勢いる。彼女たちは蠟纈染めの終わった布を納品（*setor*）するときに代金の五割しか受け取らない、という意味で店舗に信用貸しを行っている。だが想起されるべきは、供与された信用貸しの多くが、上記のように作動する定着したランガナンとの取引関係の枠組みのなかにある、ということだ。だから、バティックの蠟纈染めを行う女たちは、店舗の所有者を彼らのランガナンと見ており、最初に納品するときを除いて実際は、店舗に立ち入るごとに一〇〇％の支払いを受けているのだ。

鍛冶業でも状況は同様である。村を訪れる木炭売りの小商人は、彼がランガナンとみなすプラペン所有者に対して、部分的な信用貸しを行うことが多い。地元の屑鉄置き場の業者も、鉄を仕入れるプラペン所有者に信用貸しを行うことがある。他方でプラペン所有者は、彼らの製品を買う金物店や市場の卸売業者に信用貸しを行う。信用貸しの方向は、ときどき逆になる。例えば、村に来て大量の注文をする買い手が、原材料の調達費のやり繰りを助けるために前払いをすることもある。買い手が村へ来て大量発注をするときは、ふつう一人のプラペン所有者だけを相手にすることを好む。注文量が多過ぎてそのプラペン所有者だけでは買い手の求める納期までに仕上げられないときは、仕事を他のプラペン所有者に分けるが、その場合は近い親戚や友人を優先する。他のプラペン所有者は、実質的に彼の一時的下請け業者となる。最初に注文を受けたプラペン所有者が納品と支払いを調整し、斡旋者として少額の手数料（*komisi*）を総収入のなかから差し引く権利をもつ。注文を二人、三人、ときにはそれ以上のプラペンのあいだで分割するのは、ごくありふれたことである。

どのプラペン所有者も、少数のプラペンのあいだで分割した注文のまとめ役になることができる。しかし、四輪車両や倉庫がなくては、ふつうのプラペン所有者が本当に大規模な注文をこなすのは不可能だ。そうした注文はほとんどいつも、私的事業家と協同組合長の双方の資格をもつウンプ・プダガンに回される。ウンプ・プダガンはその注文を、彼と従属関係を結んだすべてのプラペン所有者に配分する。これこそ、プラペン所有者たちがウンプ・プダガンへの従属関係に参加するもうひとつの理由だ。もしそうしなければ、大型受注の配分が行われるときに彼らは置き去りにされてしまうだろう。

大口の買い手はウンプ・プダガンとの取引を好む。多数のプラペン所有者たちと個別に取引するために村じゅうを奔走するという別の選択肢は、ふつう受け入れがたい。買い手たちはウンプ・プダガンを、注文をさばくのを安心して任せられる大切で有能な人物だと感じている。少々高めの製品単価と引き替えに、ウンプ・プダガンは仕入れから納品までの全生産工程をとりまとめ、納期が守られるよう保証し、ある程度の品質管理と標準化をも保証してくれるのだ。

ときには政府の職員や政府の下請け業者が大口の買い手になることもある。例えば、バトゥール[14]（Batur）の鋳造産業集落は、長らく製糖産業の機械や機関車の部品を製造する政府との契約に依存してきた。同様に、カジャール村の有力ウンプ・プダガンは長年、政府の島嶼間移住計画のために必要な農具類の製造の注文を受け続けていた。政府はこれらの物品をカジャール村から直接購入するのではなく、スマラン市に住む華人の下請け業者を通じて調達していた。

## 季節変動と労働の持続性

多くの村落工業は季節変動の影響を受ける。季節変動を引き起こすひとつの要因は、カギとなる原材料の入手可能性と価格の変化である。例えば、タピオカ・チップス（*krupuk*）の生産者は、キャッサバの収穫後にはタピオカ澱粉を安く調達できるが、数カ月経つと供給が減少し価格が上昇する。これは利潤の圧縮をもたらすかもしれない。そうした圧縮により利潤が削減されると、一時的な生産停止が起きる。

再生可能燃料の供給量と価格の変動も多くの工業に影響を及ぼす。粘土製品製造業は、製品を焼き上げるのに、薪、稲わら、サトウキビの絞りかす、竹の葉などさまざまな再生可能燃料を用いる。これらの燃料を売る小商人たちは、雨が最も多い月にはその収集を止めるかもしれない。まだ手に入る燃料の価格は高騰し、これも利潤の圧縮につながる。多くの工業において天日干しは重要な工程である。これは粘土製品製造業にも当てはまる。製品を窯で焼く前に数日間は日干しをしなければならないからだ。また、むしろや軟質繊維の製造業も、それらを織る前に天日干しが必要だ。また、塩をまぶした干し魚、乾燥バナナ・チップス、キャッサバ・チップスなどを製造する食品加工産業にも当てはまる。ここでもやはり、雨季に天日干しが困難になると、生産量は半分あるいはそれ以下に落ち込むかもしれない。

小規模工業における季節変動は、無給の家族労働であれ雇用労働であれ、労働力の利用可能性と価格の変化によっても起こりうる。これはとくに、稲の作付と収穫の季節に起きる。この時期に労働者たちは、短期間に現金または収穫された稲の形で比較的大きな収入を手にすることができるからだ。小規模工業で働く方が収入の合計が多い場合でも、田植えと稲刈りの季節には労働者たちは姿を消してしまおうとすることが多い。企業所有者のなかには、これをそのまま容認する者もいるが、首にするぞと脅したり賞与を提案して労働者の引き留めを計る者もいる。

季節変動は、市場の需要変化によっても起きる。ジョクジャカルタ地域やバリ島では、観光客の増減によってあらゆる種類の手工芸品の需要が大きく影響を受ける。観光客が多く来る時期は、欧米の学校が休みとなる六―八月、そしてオーストラリア人がクリスマス休暇に訪れる一二―一月である。インドネシアの学校の休日やイスラームの重要な休日レバラン（断食明け）の時期には、国内の観光客による小さめのピークが生じる。縫製業や製靴業はとりわけ、市場需要の季節変動に大きく左右される。たいていのインドネシア人はレバランの連休に向けて自分や子供用に衣服を新調しようとし、この連休前の約六週間に需要の鋭いピークが生じる。観光客向けの衣服を製造する縫製業は観光シーズンの影響を受ける。学校の制服や運動着の製造業は、新学期前の二カ月間に需要の急上昇があるが、その後はほぼゼロになるまで落ち込む。

もし季節変動が、主な原材料の供給や価格の変化によるのであれば、大きな資本をもった企業家は買いだめによって機に乗じることができる。彼らは安いときに原材料を大量に仕入れて倉庫に備蓄し、価格が上がったときに小規模な生産者たちに分配して利潤を挙げられる。企業家が生産施設をもつ場合、備蓄により年間を通じて安い原材料を使えるという利点があり、一方で小規模生産者は季節による利潤の圧縮に苦しむことになる。キャッサバ・チップスを作る村では、大規模企業家はキャッサバ収穫期後の価格が安い時期にできるかぎり多くのタピオカ澱粉を買おうとする。そのために、彼らは自分のトラックを運転してキャッサバ生産地の製粉工場に直接買い付けに行く。彼らはタピオカ澱粉の一部を自分たちの生産に使い、残りは価格が上がったときに小規模生産者に分配する。

季節変動が市場需要の変化による場合も、企業家は備蓄により状況につけ込むことができる。生産者が現金不足に陥り安値でも売りたがる薄商いの時期に完成品を買い上げることによって、彼はこれを成し遂げる。彼は価格が上昇するまで完成品を倉庫に保管し、上昇すれば市場へ売りに出す。企業家が自前の小売店舗をもっていれば、商いが最も活発な時期に備蓄をもたない小売業者よりも大きい利ざやを得ることができる。自前の小売店舗をもたなければ、商品を小規模な小売業者たちに売って利潤を得る。例えばバリでは、観光客の少ない時期になると木彫り職人は大手の商人に彫像を安値で売らざるをえないことが多い。自分の生活と労働者への支払い、さらに新たな木材の補給のために資金が必要だからだ。大手の商人にはアートギャラリーをもち、彫像を観光客に直接小売りする者もいる。また、仲介業者として各アートギャラリーに彫像を卸す商人もいる。彫像産業の企業家たちのなかには、補給と市場への販売の両端での備蓄、つまり一方では彫刻に用いる木材の、他方では完成した彫像の買いだめを行う者もある。市場への販売の側での買いだめは、バリの絵画産業でも一般的である。

鍛冶業やその他の金属加工業も、こうした季節変動の影響を受ける。鉄の補給は一年じゅう安定しているが、木炭の補給はそうではない。湿った木から木炭を作るのは難しいから、雨季には供給が減り価格が上がる。雨季には木炭生産者からの供給は不規則になり、プラペン所有者たちは生産を停止するか都市部へ木炭を探しに行かなくてはいけない。また補給用の木炭を見つけたとしても価格が高いことが多い。プラペン所有者が雨季には屑鉄より木炭の方に多くを出費することも、珍しくはない。ウンプ・プダガンが価格の安い乾季にほとんど絶え間なく大量の木炭を買い付けて、雨季に配るのに備えて倉庫に備蓄するのは、驚くことではない。これは、一般に倉庫をもたず買いだめのための資本ももたない独立のプラペン所有者に対し、相当の優位をウンプ・プダガンに与えることになる。

鍛冶が作る用具の需要にも季節変動がある。稲の生育期間の特定の時期には特定の農具が必要とされる。田植えの時期には、踏み鋤、鍬、まぐわと犂が必要であり、生長期には除草機が、また収穫期には収穫ナイフ（*ani-ani*）や鎌が要る。伝統的に村人は雨季入りの前に新しい農具を購入し古い農具を修理するため、単一の鋭い需要のピークが形成される。例えば乾燥地域や灌漑システムが未発達な外島の一部のように、雨季稲の栽培が年一回行われるだけの地域では、そういうパターンが今なお支配的である。年二回以上の作付が導入された地域では、需要のピークは単一の鋭いものからいくつかの小さいものの連続へと変わる。他方、大工が用いる用具の需要は今でも、雨季作の収穫後の二～三カ月に鋭いピークを迎える。これは村人が住宅の建築や修復のための潤沢な現金を懐にもち、また気候がすでに乾燥して建築工事ができるようになっているからだ。その地域に特有の活動にもとづく、別のピークもあるかもしれない。例えば採石業は乾季に行われる傾向があるが、これは採石用の縦坑が雨季には水浸しになってしまうからだ。そのため、採石業が重要な地域では、バールやつるはし、大鎚の需要が乾季の初めに上昇する。需要が季節によって変動する用具は多いが、調理ナイフなど継続的に需要がある製品もある。需要が季節により変動する用具の種類は多いが、例えば包丁など、継続的に需要のある製品も若干見られる。

需要が季節によって変動する用具が多いため、ほとんどのプラペンでは月ごと、また週ごとに作る品を替える。どの鍛冶業村落もその地方の需要パターンを知っていて、プラペン所有者は彼らの生産をこのパターンに適合させており、逸脱するのは特別な注文を受けた場合に限られる。用具を売る商人も、需要に関する追加的情報を提供する。作る品を替えることで、ほとんどのプラペンは一年じゅう操業を続けられる。ただ明らかに、需要が増加するまで数週間製品を貯め込み、売上がなくても補給品を買って賃金を払い続けるのに十分な資力をもつプラペン所有者は、備蓄のための資力が不十分なプラペン所有者より有利な立場にある。

低需要期のキャッシュフロー問題が、季節変動による木炭の値上がりによる利潤の圧縮と重なると、弱小のプラペン所有者はウンプ・プダガンの力へ依存せざるをえなくなる。日々の生活費に充てる収入が鍛冶業からしか得られない場合には、とくにそうなる。すでに述べたように、ふだんプラペンでは働かない女性の世帯構成員が、一年を通じて継続した収入を得られる仕事をもっていればそれは助けになる。

## 技術の変化と労働生産性

近年、技術の変化がプラペンに影響を及ぼし始めた。以前は大型のディーゼルエンジンを買える者だけが電力を利用できた。そういう者はまれで、ひとつの村にせいぜい一人か二人しかいなかった。一九八〇年代に政府が最も人口稠密な農村地域のほぼすべてに送電線を張り巡らせたために、ふつうのプラペン所有者も小型の低電力機械を使うことができるようになった。最も普及した機械は、ブロワー（電動式回転フイゴ）と電動式エッジ研磨機の二つである。プラペン所有者のなかには、古いミシンやオートバイを解体して取り出した小型モーターを使ってブロワーや電動式エッジ研磨機を自作する者もいる。しかし今や町の機械工場がこれらのものを安く製造しており、大半のプラペン所有者は既製品を購入している。今では全プラペンの四分の一から二分の一が、少なくとも一台の電動式機械を用いていると推定される。最も小さい型のブロワーの価格はほぼ扇風機と同額で、約一五米ドル（三万ルピア）である。もっと大きくて強力な型の価格はその一〇倍もするかもしれないが、それでも多くのプラペン所有者の手が届く範囲にある。電動式エッジ研磨機にはさまざまな大きさとタイプがあり、価格も約五〇～七五〇米ドル（一〇万～一五〇万ルピア）と幅がある。大きくて強力な型のものはふつうウンプ・プダガンが所有しており、彼はこれをディーゼル発電機で動かし続ける。ふつうのプラペン所有者は、もっと安くて小さい型のものを用いる。

表1（五ページ）は、産業分類項目38番[15]の家内工業と小規模工業の企業数が、一九七四―七五年の一万八、三八九企業から、一九八六年には三万九、四二一企業に増えたことを示している。同じ期間に、従業者の数は七万七、八八六人から一一万八、二一一人に増加している。従業者数を企業数で割ると、企業の平均規模は従業者四・二四人から三・〇〇人に減少している。これはおそらく、上に述べた小規模な機械化による省力化の結果である。

鍛冶業で機械化から最も大きな影響を受けているのは、フイゴ職人とヤスリ職人の二つの仕事だ。ふつう火床の近くに配置されるブロワーの働きに助けられて、専従のフイゴ職人がいなくても済むようになることが多い。インドネシアでは今も停電がよく起きるため、プラペンではフイゴの装置をそのまま保存し、停電のときに使っている。そうしないと、週に何時間も労働時間が失われてしまうだろう。停電のあいだ、職人の妻や子供を自宅から呼び寄せ、臨時にフイゴを扱うことができるようにしていることが多い。さもなければ、パンジャック（鎚打ち職人）の一人がフイゴの操作を行う。以前フイゴ職人を雇っていたプラペンは、代わりにブロワーを使うことで利潤を増すことができる。ブロワーを動かすのに必要な電力料金は、フイゴ職人にあてがう賃金と食事代よりずっと安いからだ。それは経済的には完全に理にかなったことだが、フイゴという古来からある美しく、そして象徴的な重要さをもつ設備を失うのを哀しまずにはいられない。電気の供給がもっと信頼できるようになれば、フイゴはますます埃と蜘蛛の巣だらけの片隅に追いやられ、その結果プラペンの様相を永久に変えてしまうことが予測できる。

電動式エッジ研磨機は、用具の刃を研いで鋭くするのに用いられる。研磨機のなかには回転砥石があるが、これはちょうどヤスリと同じように頻繁に取り替える必要がある。研磨機を操作するあいだ、研ぎをかける用具を誰かが固定していなければならない。だから、ヤスリ職人の仕事を完全になくすことはできない。そのうえ、用具の表面にいくらかヤスリをかけ磨くことが依然必要だが、それは手動のヤスリで行われるのである。以前はヤスリ職人を二人使っていた大型のプラペンは、その持ち主がエッジ研磨機を購入すれば、一人だけでもなんとかこなせるようになるだろう。小さなプラペンでかつてはヤスリ職人一人を使っていた場合は、彼を使うのを止めて、ヤスリがけを夕刻に手伝うよう他の労働者たちに頼むことにするかもしれない。

これまでのところ、鍛冶業における機械化は、労働のコストを削減しプラペン所有者の利潤を増やすことに使われてきた。使用される労働者の数が減ったのにプラペン全体の生産性は同じだったから、残った労働者一人あたりの平均労働生産性は高まった。一方、生産目標の引き上げも行われなかった。これはおそらく、主な工程である鍛造がまだ機械化されていないからである。もし鍛造機の開発や導入が行われれば、生産目標を引き上げることが可能になり、プラペン全体の生産性が向上することだろう。ただしこれは、用具の市場が拡大を続け、その結果増産した分が売りさばけることが前提になる。

村落工業の機械化には二つの方法がある。第一は、同じタイプの製品を作り続けるが、労働のコストを削減して企業所有者の利潤を増やす省力化技術を採用することである。インドネシアのプラペンで今まで見られたのは、これである。機械化の第二の方法は、生産者が製品の幅を広げることを可能にするような技術を採用することである。パキスタンのパンジャブ地方の例を挙げることができる。パンジャブの鍛冶職人はかつて、インドネシアの鍛冶職人が作るのと同様の農具や手工具を作っていた。一九八〇年代に、彼らは小型の電動型金属曲げ機とドリルを購入し、それを使ってトラクターに装備する耕耘（こううん）用の爪を作るようになった。これらの爪は、農業用補給品店を通じ市場で好調に販売することができた。耕耘用の爪はセットで販売され、ふつうのボルトでトラクターに取り付けられる。爪がすり減れば、農民の手で容易に交換できる。新しいタイプの製品に生産を広げることにより、パンジャブの鍛冶職人たちは、労働者を解雇することなく利潤を大幅に増やすことができたのである。[*8]
インドネシアの鍛冶職人も、将来この第二の型の機械化を採用し始めることが望まれる。そうすれば彼らは、都市に基盤をもつ機械工場や製造所と初めて直接競争できるようになるだろう。

## 若干の特別な技術的問題

二〇世紀を通じ、木炭の価格は長期的に上昇傾向にあった。この傾向は季節変動とは関係なく、森林の伐採と森の境界の後退が原因だった。これは、残存する森林の多くが火山の麓にあるジャワではとくに顕著だった。二〇世紀初めには、木炭が安く豊富にあったため、村民は薪の代わりに木炭で料理を行っていた。[*9] 今日では木炭が高過ぎるので、村人はたいがいの料理に薪と灯油を用いる。サテ（肉の串焼き）を作る街頭の食べ物売りは、肉に焦げた香りを付けるために今でも木炭を使い、その他若干の特別な食品の製造にも木炭が使用されている。それ以外は、木炭の使用は主に金属加工業に限られる。

サテ売りの場合は、ふつうプテ・チナ（*pete cina*）またはラムトロ（*lamtoro*）と呼ばれる木[16]の小枝や枝から作られる下等な木炭で用が足りる。残念ながら、この木炭は燃焼が早過ぎ、鍛冶業に必要な強く安定した熱は得られない。鍛冶職人には、硬材に分類される樹木のもっと大きな枝や幹、切り株から作られた木炭が必要である。ジャワの鍛冶職人は、何よりもチークから作られた木炭を好む。しかしジャワのチーク林はすべて林業省の保護下にあり、その樹の一本一本に番号が振られていて、炭焼きの目的でチークの樹を伐るのは違法である。新たに切り倒されたチークの樹を原料とする禁制の木炭作りが行われているのは疑いないが、一世紀前と比べ、製炭業者がこれを行うのがますます難しく危険になっているのもたしかだ。林業省は現在、政府管理下の森林でチークを合法的に伐採できる唯一の機関である。林業省はチーク材を商人への競売にかけ、商人はそれを非常に高額な一㎥あたり単価で、家具製造業者や木彫業者に転売する。林業省の係官は、しばしば鍛冶村落へ通じる道路脇で待ち伏せ、村に運び込まれるチークの木炭をすべて没収する。林業省は、村人たちが官有林に立ち入りチークの葉、小枝と枝を集めるのを許可する切符の販売は行っている。葉は野菜を包むのに使われ、小枝と枝は薪として直接売られるか木炭に加工される。道路拡張工事の後で合法的なチークの木炭が市場に出回ることもある。

森林伐採のために、鉄や賃金など他の投入財に比べて、木炭の価格はどんどん上昇してきた。これはジャワの鍛冶職人が直面する最も深刻な問題であり、代替燃料の採用が必要とされている。最も手頃な選択肢は、石炭、コークス、およびヤシ殻から作られた炭である。石炭は、先ごろ政府が操業を再開させたスマトラから得られるが[17]、その大半が輸出されており、国内市場にはほとんど出回らない。いずれにせよ、石炭の火力は鍛冶には強過ぎると職人たちは言う。カーンによれば、ミナンカバウの鍛冶職人は廃坑となった古い炭坑の外で集められた露天の石炭を使うことがあるが、その場合は事前に燃やしてコークスに変換することが必要だ（Kahn 1980, 83）。コークスについて言えば、その大半は、今や廃れた技術である石炭を燃料とする蒸気機関車の副産物だ。コークスを利用する村落はふつう、今やほとんど疲弊した古い鉄道ターミナルの近くにある廃物集積場を活用している。一方、ヤシ殻はインドネシアのどこにでも大量にある。それはときには柄の長い玉じゃくしやひしゃくの製作に使われ、粘土製品製造業の燃料としても用いられるが、大半は捨てられている。アチェとバリの鍛冶職人は小規模ながらヤシ殻炭を自分たちで作っており、鍛造用にも適しているようだ。したがって足りないのは、大規模な商業的生産と供給である[*10]。

鍛冶職人が直面している二番目の問題は、ヤスリの費用が高いことである。ヤスリは、加工の対象となる鉄や鋼よりも硬い金属で作られねばならない。かつてはすべてのヤスリが、ふつう中国、カナダまたはドイツから輸入され、インドネシアの農村の基準からするとその価格は非常に高かった。最近はインドネシア製のヤスリも市場に出回っており、価格も安いが長持ちしない。平均的なプラペンは毎月二個の輸入物または四個の国産ヤスリを使い尽くすが、これは利潤に大きく食い込む。ヤスリは磨き直すことができるが、磨き直したヤスリも、これまた長持ちしない。回転式エッジ研磨機を使う場合は、研磨機のなかにある小さな回転砥石をやはり頻繁に交換しなければならない。ジャワの鍛冶職人たちはふつうヤスリ屑を溜めておいてプラペンを巡回する小商人にキログラム単位で売る。ヤスリ屑の売値は安いが、いくらかは利潤の足しになる。バリやその他の外島では、ヤスリ屑は廃棄されるのがふつうだ。

## 収益性

プラペン所有者の利潤を算出することは、比較的簡単である。プラペン所有者には三つのタイプがあるので、三つの公式が必要だ。最も単純な公式は、独立していないプラペン所有者のためのものだ。この場合、プラペン所有者とその家族の利潤は、ウンプ・プダガンへの製品の販売から得られる総収入から、原材料（鉄と木炭）の価格を差し引き、もしあればヤスリ屑の販売収入を足し、労働者を雇っている場合は実質賃金（現金プラス食料、飲料、紙巻きタバコ、祝日の贈り物やボーナス等々）への支出を引き、電気を使う場合はその料金を引き、ヤスリや回転砥石の交換の費用を引き、各種雑費（ニス、錆び止め、ナイフの柄に使う木材など）を引いたものに等しい。

独立のプラペン所有者の場合は、もう少し複雑な公式が必要になる。この場合、プラペン所有者とその家族の利潤は、自由市場での製品の販売総収入に、もしあればヤスリ屑の販売収入を足し、鉄と木炭の仕入れ費用を引き、借り上げた乗物または公共輸送機関による鉄と木炭と完成品の輸送費を引き、労働者を雇っている場合はその実質賃金を引き、電気を使う場合はその料金を引き、ヤスリや回転砥石の交換の費用を引き、各種雑費を引いたものに等しい。

もしプラペン所有者が自らウンプの役も演じる場合、その利潤は、ウンプを別に雇う場合よりもかなり高額になる。

すでに説明したように、ウンプ・プダガンのなかには複数のプラペンを所有する者があり、その場合ウンプを雇うことになるので個々のプラペンあたりの利潤は少なくなるが、利潤の総額は大きくなる。

ウンプ・プダガンの企業運営はかなり複雑で変化に富んでいる。多くの場合、それは売買、生産、仕上げを別々に担当するいくつかの「サブユニット」から成っている。ほとんどのウンプ・プダガンに当てはまる大ざっぱな公式は次のとおりだ。すなわち、プラペン所有者とその家族の利潤は、商人、金物店などへの製品の卸売総収入に、もしあればヤスリ屑と裁ち屑の販売収入を足し、従属的プラペン所有者から原材料について受け取る隠された利子（すなわち配付される鉄と木炭の実際の費用と従属的プラペン所有者への支払いから差し引かれる定価との差額）を足し、鉄と木炭の（実際の）仕入れ費用を引き、輸送費（ふつうはすでに所有している乗物のガソリン代と維持費）を引き、（配付した鉄と木炭の定価を引いた後に）できあがった製品について従属的プラペン所有者に与えられる追加払いを引き、鍛冶職人、倉庫の労働者、乗物の運転手など雇用労働者の実質賃金への支出を引き、電気代とディーゼル燃料への支出を引き、ヤスリと回転砥石の交換経費を引き、各種雑費を引いたものに等しい。

これらの公式から除外されている二つの支出費目は、減価償却と利払いである。ヤスリと回転砥石を除き、プラペンの備品とプラペンそのものは何年も、いや数世代にわたってさえ保つので、その原価償却はきわめて小さな費目にしかならない。機械化とともに、将来は減価償却がもっと重要な問題になるかもしれない。ヤスリと回転砥石は短期間しかもたないため、先ほどの公式では資本支出ではなく運転資本として計上した。

最近は多くのプラペン所有者が、銀行ローンを得て彼らの運転資本を増やしたり、設備購入資金を調達している。ウンプ・プダガンは都市の銀行から多額のローンを得る傾向があるのに対して、ふつうのプラペン所有者は村の銀行から少額のローンを借りることが多い。こうしたローンの年利はふつう二二〜三三％に上り、銀行へのどの利払いも、支出として先ほどの公式から差し引くべきである。近年はトラックやミニバンを自動車ディーラーからローンで購入することも一般的になっており、その利子は銀行の金利と同水準である。

プラペン所有者の資金回転期間はふつう五日間か七日間で、これは五日で一週というジャワの定期市の周期か、七日で一週の標準的な周期に合致している。利潤をこの回転期間ごとに計算し、必要ならばこれを月間あるいは年間の利潤に換算するのが便利である。年間の利潤についてもう少し細かい分析をするには、木炭の供給と価格の季節変動、製品への需要の季節変動、借入資本の注入、ローンへの利払い、および原価償却を計算に入れる必要があろう。もし十分な量の情報があれば、個々の企業の所得予報を立てて、変数のどれかが変化した場合の利潤の水準を予測し、起こりうる利潤の圧縮やキャッシュフローが原因の操業停止などの問題を警告することができる。さらに完璧を期するならば、他の家内企業とのあいだの所得の出入りの流れも考慮に入れねばならない。[*11]

多くの村の鍛冶業企業の利潤の分析からは、以下の三つの結論が導かれる。

一．独立のプラペン所有者と従属型プラペン所有者の利潤の総額は、ほぼ同じである。独立のプラペン所有者の製品一個あたりの稼ぎは多いが、補給品の調達や市場での販売に関連した仕事に時間を割かねばならないので、生産に充てる時間が減り産出額が低くなる。彼らの企業はまた、キャッシュフローの問題や操業停止に悩まされる可能性が高くなる。

二．独立型と従属型のプラペン所有者の利潤は、雇われているウンプ、とくに年長で経験に富むウンプのそれをさほど上回るわけではない。例えば一九九一年八月には、カジャール村のウンプの平均賃金は二、五〇〇～五、〇〇〇ルピアの幅があり、平均すれば約三、五〇〇ルピアだった。一方、同じ月のプラペン所有者の利潤は、一日あたり五～六万ルピアの投下資本に対し、平均して約五、〇〇〇ルピアだった。[*12]

三．ウンプ・プダガンの利潤を測定するのは、仕入れと販売が村から遠く離れたところで行われているので難しい。

ウンプ・プダガンはふつう、屑鉄と木炭の仕入れに払った実際の価格と、製品の販売で得た実際の価格を隠そうとする。けれども、ウンプ・プダガンの稼ぐ利潤は、鍛冶業を営む他の誰より何倍も大きいと仮定して間違いない。さらに、かりにウンプ・プダガンが複数のプラペンを所有していたとしても、彼が生産から稼ぐ利潤は、売買から稼ぐ利潤に比べて少額で付随的である。

## 注

＊1　ウブブ・パテリの図解については Thorburn 1982, 135 を参照。パンディ・グリンダ（*pandai gurinda*：刃物師）が一八一七年にはすでに存在し、Raffles 1965 [1817] の付録Ｅに記されたその他の職業のなかに見られることは興味深い。

＊2　「州」（province）はだいたいアメリカの州（state）に相当し、「県」（district、または regency とも呼ばれる）はだいたい郡（county）に相当する。

＊3　Kahn 1980 では、鎚打ち職人（hammer swingers）を指すのに、スレッジャー（sledgers）という語を用いている。

＊4　ジャワの親族関係は、インドネシアの他の大半の地域と同じく、双系制（bilateral）である。新婚夫婦は、新婦と新郎のどちらの側の両親の近くにも住むことができるが、村落では新婦の両親と同居またはその近くに住むこと（妻方居住）が好まれることが多い。ときに選択は、どちらの両親が多く財産を所有しているかによる。他方バリでは、これと異なる独特の親族関係と慣習がある。

＊5　この情報は、一九七八年から一九八〇年の期間にジャワの北海岸におけるレンバン、パティ、ジュパラ、デマックの四県で州開発プロジェクト（ＰＤＰＩ）に従事した時に記録した現地調査ノートから取ったものである。私が訪れた村々では、パンデガ（*pandega*）またはプンデガ（*pendega*）という語は、船長を除くあらゆる船員を指すのに使われていた。ジャワ沿岸部の他地域では、もっと限られた意味で使われることもある。

＊6　私はプラペンの鍛冶職人の訪問や聞き取り調査に困難を伴ったことがない。なぜなら西洋の女性は名誉上の男性とし

て扱われるからだ。例えばカジャール村では、本来男だけが出席する二つのスラマタン［安泰を祈願して集まり食事をともにする儀礼のこと］の儀式に私は招かれた。村のある結婚式では、男と女は同じ部屋の別の側に座っていたが、私は男の側に座るよう指示された。

＊7　ＫＵＰＥＤＥＳ［「農村一般信用」を意味する Kredit Umum Pedesaan の略語］の銀行ローンを受けていた一九二世帯の調査（一九九〇年）で、これらの世帯が所有する企業の労働力全体のなかで、一二歳以下の子供は一・五％しかいないことを私は発見した。就業している子供はすべて無給の家族労働者であり、児童の雇用労働の事例はなかった。一九二世帯のサンプルは、四つの州（西ジャワ、ジョクジャカルタ、バリと北スマトラ）における八つの村落銀行の顧客リストから無作為に抽出した。典型的なＫＵＰＥＤＥＳの顧客とは、稲作地をもたず主に非農業企業に依存し、屋敷地をローンの保証にしているような世帯である（Sutoro 1990）。ＫＵＰＥＤＥＳの顧客世帯は、同じ村の顧客でない世帯より平均して高い所得を得ているから、全世帯を包括した児童の労働参加率は一・五％より高いかもしれない。

＊8　この事例は、一九八六―八七年にパキスタン農業開発銀行の信用プロジェクトの対象に含まれた二つの鍛冶業村落のひとつ、ジャンディワラ・バグワラ村のものである。この村は、幹線道路沿いにあるグジュラーンワーラの市場町から約二ｋｍのところにある。村人はすべて、鍛冶業に従事するロハリ（*lohari*）のカーストに属する。鍛冶の仕事場はそれぞれ、ふつう父とその息子たちまたは一組の兄弟たちから成る拡大父系世帯の男たちが共同で所有している。

＊9　私はこれを、東インドで生まれ育ち、シェル石油会社を引退したオランダ人の元重役から学んだ。

＊10　ジョクジャカルタを拠点とする適正技術普及組織のディアン・デサ（Dian Desa）は、カリマンタンで生産する販売用ヤシ殻炭の開発を進めてきた。その製品は海外の家庭バーベキュー市場用に梱包され、鍛冶職人が使うチーク材の木炭より四～五倍も高価である（ディアン・デサの指導者アントン・スジャルウォとの個人的対話による）。

＊11　私は、村落銀行がキャッシュフローの分析ができる簡単なフォームを考案した。このフォームを使えば銀行の担当者は、さまざまな負債のレベルにおける利潤の水準と返済能力を確定することができる。実例は Sutoro 1988 を参照。

＊12　一九九一年八月の交換レートは、一米ドルがおよそ一九七〇ルピアだった。

[1] ジャワ語でパチュールと呼ばれる農具は、日本の農村で伝統的に使われてきた鍬とほぼ同じものである。欧米で用いられる鍬すなわちホーとは形が違うため、本書の説明は日本の読者にとっては回りくどく分かりづらいものになっている。なお、ジャワの土壌は、日本の土壌と比べた場合は（本書の説明とは逆に）一般に粘土質で重い。なお、パチュールにあたる農具を（マレー語起源の）インドネシア語ではチャンクル（*cangkul*）と呼ぶ。ジャワ以外の島々では、（ジャワ人移住民を除き）パチュールという名称は用いられない。

[2] ジャワのいくつかの特定地域には、機械部品などの製造に従事する金属加工業村落が存在する。これらの村落は、本書の研究対象には含まれていない。

[3] ジャワ語のプラペン（*perapen*）は、「火」を意味する「アピ」（*api*）が語根の派生語で、元来「暖炉」「火鉢」「かまど」など、火を燃やす場所や容器を指す言葉である。

[4] ジャワ語の *panjak* には、プラペンの職人とガムラン（ジャワの伝統音楽）の打楽器奏者の二つの意味がある。ガムランの鐘を打つリズムがプラペンの鎚打ちのリズムに似ていることから、両者が同じ言葉で呼ばれるようになったと思われる。

[5] トゥカンおよびウブブは、インドネシア語でもジャワ語でも、それぞれ「職人」「フイゴ」を意味する語である。以下、原文が *tukang ubub* と記している箇所は、とくに必要がないかぎり、「フイゴ職人」という訳語で表記する。なお、カジャール集落とその近辺のプラペンでは、一九九〇年代のうちにフイゴの代わりに電気ヒーターが使われるようになり、今ではフイゴ職人は姿を消した。「フイゴ」を意味する「ウブブ」という言葉を記憶している人々も一般に減りつつある。

[6] キキールは「ヤスリ」を意味するインドネシア語またはジャワ語である。以下やはり、原文が *tukang kikir* と記している場合には、とくに必要がないかぎり「ヤスリ職人」という訳語を当てる。

[7] 「スポー」または「スプー」（*sepuh*）はインドネシア語（およびマレー語）で「焼き入れ」を意味する。ジャワ語で

は「スプー」は「年長」を意味する形容詞なので、混同を避けるために「スポー」というインドネシア語としては変則の発音と表記がされているように思われる。

[8] その後一九九〇年代の技術革新により、木炭を燃料とするフイゴは煙やすすの出ない電気ヒーターに置き換えられ、今では煙害の問題は解消している。

[9] この状態は、二〇一三年に訳者が視察したときも変わっていなかった。

[10] 本書口絵最終ページの写真から明らかなように、二〇一三年にはほとんどすべてのプラペンが四角に掘られたくぼみを備えており、ウンプはそのなかで立った姿勢で作業をしていた。しゃがんだ姿勢から起立姿勢への変更により、老後にウンプの腰が曲がるという弊害もなくなったと言われる。

[11] ジャワでは伝統的に、特定の商品の売買される市を五日おきに開くため、パイン、ポン、ワゲ、クリウォン、ルギ（*Pahing, Pong, Wage, Kliwon, Legi*）の五つの「市の日」（*dina pasaran*）で一巡する暦が用いられてきた。

[12] プロテスタンティズムと資本主義の精神の関連についてのマックス・ウェーバーの著作などを指すと思われる。

[13] 原書では、*besi baton* と誤記。

[14] ジョクジャカルタ特別州の東側に隣接する中ジャワ州クラテン（Klaten）県チェペール（Ceper）郡テガルレジョ（Tegalrejo）村の集落。鋳物製造の村として名高い。

[15] 詳しくは、第四章を参照。

[16] 学名は *Leucaena glauca*。

[17] 西スマトラのオンビリン（Ombilin）にある炭鉱を指す。現在は、インドネシアの石炭生産の中心はカリマンタンと南スマトラに移っている。

# 第3章
# カジャール——ジョクジャカルタの鍛冶村落
*Kajar, a Blacksmithing Village in Yogyakarta*

この章では、金属加工業を営むひとつの村について、比較的詳細な記述を行う。対象に選んだカジャール村は、ジョクジャカルタ特別州（Daerah Istimewa Yogyakarta）に属する大きな、また階層化が進んだ村落である。もちろんどんな村落も絶対に典型的ではありえないが、カジャールはそれに近い。ただ、ひとつ重要な点でだけ非典型的である。それはこの村が、稲よりもキャッサバが主要作物であるような畑作農業地域に位置していることだ。

この章のデータは、一九七七年から一九九一年までの、カジャール村で多くの重要な変化が起きた時期に断続的に収集された。最も重要な参照期間は、私が調査のために村で四カ月を過ごした一九七七―七八年と、いちばん最近に二回の追跡調査を行った一九九〇―九一年の二つである。

## 位置とアクセス

カジャール村は、ジョクジャカルタから東南へ車で約一時間、グヌン・キドゥル県内に位置する。ジョクジャカルタからは二車線の幹線道路が、大きくてにぎやかな市場の町でグヌン・キドゥル県の主都でもあるウォノサリ（Wonosari）に通じている。ウォノサリに達する前に道路は上り勾配になり、低い山々のあいだをうねるように進む。この道の最高点から振り返ると、はるか眼下に広がる中部ジャワ平原の景観を満喫できる。

ウォノサリからはもっと細い道が、北東へ七km離れたカジャール村に通じている。それは村の西側を通過してングリパール（Nglipar）という小さな町まで続いている。一九七七年には、この道で舗装されていたのは初めの五kmだけだった。バスとミニバスから成る公共交通機関は舗装の切れる五km地点でウォノサリへ折り返してしまうので、カジャールの村人たちはそこで降りて残りの二kmを村まで歩かなければならなかった。今では道路の全区間が舗装され、村人は自宅から最寄りのどの地点でも下車できる。

村の中には、細い車道と歩道が網の目のように交差している。一九六六年までこれらの小道はいずれも土ぼこりで覆われ、雨季にはぬかるみだらけになった。一九六七年に軍部（ＡＢＲＩ）の支援で、村の道路の一部に砂利が敷き詰められた。これにより、雨季でも四輪車両が村に入れるようになった。政府によるいっそうの支援の約束がいっこうに実現しないことに失望した村人たちは、一九七八年に自分たちで労力と資材を出し合い道路の修繕を行った。一九九〇年までに道路の状況はずいぶん改善された。村の主要道路と脇道の一部が舗装され、村内のほとんどのプラペンへのアクセスが容易になった。

## 地理

グヌン・キドゥルの多くは、不毛なカルスト地形の石灰岩丘陵地帯で、作物は小さなくぼ地の土壌でしか栽培できず厳しい干ばつに見舞われるため、乾季の終わりには政府が飲料水をトラックで運び込まなければならない。カジャール村は、境目の生態ゾーンに位置している。村の東側にはいくつか丸みを帯びた石灰岩の丘があり、そのうちのひとつは長年にわたり村の主要な墓地として使われてきた。石灰岩はまた、村のほぼ全域に二mの深さで地表の下に横たわっている。石灰岩の上には、薄い土の層がある。村の東側ではこの土は暗褐色でとても肥沃である。西側の土は赤褐色でそれほど肥沃ではない。もともとカジャール村の土は石灰岩が混じっていて、その割合は土が二から三に対して岩が一ぐらいだった。岩の大半はずっと前に人の手で取り除かれ、ガルンガン（*galengan*）と呼ばれる階段状の畔（あぜ）を築くために使われた。石灰岩は最初に掘り出したときは白いが、じきに朽ちて黒ずむので、この石の壁も黒っぽい色をしている。石灰岩の層は、とくに村の（鍛冶業が営まれない）北部で、何カ所か地表に露出している。それは建材や土台の材料として使うため、ブロック状に採掘される。石灰岩はまた、消石灰製造業の原材料としても採掘される。

カジャール村には雨季でも十分な灌漑用水がないが、まったく水がなくなるということは決してない。雨水に加えて村には他に三種の水源がある。家庭用の井戸、湧き水、そして二本の小川である。村の地下水面は井戸を掘るのに十分なほど地表に近く、村の世帯の半分ぐらいが井戸から生活用水を得ている。村の東側ではこれらの井戸は深さ一〇mぐらいだが、西側では三〇mぐらいにまで達する。最初に二mの表土を掘った後に固い石灰岩を掘り抜かねばならないので、井戸作りは容易な仕事ではない。しかし、これらの井戸は何世代にもわたり長持ちする。干ばつの年には井戸の水面が下がるが、完全に涸れてしまうことはない。

三カ所の天然の水源（マタ・アイル：*mata air*）からたいていの年には湧き出る水のおかげで、井戸をもたない世帯も生活用水を得ることができる。スンブル・カジャール（Sumber Kajar：「カジャールの泉」の意）という名の最も大きな水源は、村の東側にある。泉からあふれ出た水は、村を南から北に流れる小川となっている。村の北側に暮らす住民がそれを堰き止めて貯水池にしている。アナック・スンゲイ・オヨ（Anak Sungai Oya：「オヨ川の子供」の意）と呼ばれるもうひとつのもっと大きな水流は、村の東側の境になっている。この小川は、グヌン・キドゥル県の北部を通過して南のインド洋に向かうオヨ川の小さい支流である。干ばつの年にはアナック・スンゲイ・オヨは、乾季の終わりの数カ月間に乾いた河床を残して姿を消す。

二つの小川の土手に接する地所は、村でいちばん魅力的な土地だ。この地所に植えた作物は水遣りが容易だからだ。この水遣りは、天秤棒の両端に容積一〇ガロンほどの金属缶を吊した風変わりな仕掛けを用いて行われる。農民はまず小川の土手で缶に水を汲む。それから彼は歩いて戻り、缶を前に傾けてそれをじょうろのように使いながら耕地のなかを進む。同じような仕掛けが、三つの泉のどれかから井戸をもたない世帯が水を汲み、生活用水として自宅に運ぶのにも使われている。

三つの泉は、カジャールの村人たちに神聖な場所（*tempat kramat*）と考えられている。スンブル・カジャールは、セメントの壁と床が加えられ、共同の水浴び場と洗濯場に姿を変えた。その様式はジャワやバリの古代の水浴び場に似ているが、実はその壁は比較的最近に作られたものだ。ケントゥスの泉（Mata Air Kentus）と呼ばれる他の湧き水のひとつは、聖なる大きなバニヤン[1]の樹の木陰にあり、近くにはいくつかの墓がある。この泉は古い石の厚板で仕切られて二つの水槽に分かれている。ジャワ人のなかには、バニヤンの樹には幽霊と精霊が住んでいると信じている者もおり、カジャールの村人は夜にこの泉のすぐ近くを通るのを避けている。

カジャールの泉が神聖なものとされている理由のひとつは、その風変わりな反応である。それらは数年に一度は干上がってしまい、一年以上水が出なくなる。その後、水が泉に戻ってくる約二週間前、爆発音のような轟音が地下で鳴り響き、水の到来を予感させる。村人はその轟音を「魔法の音」とか「魔法の声」（*suara ajaib*）と呼ぶ。この地下の轟音の原因ははっきりしないが、村人たちの記憶するかぎり、ふつうおよそ五〜七年の間隔で規則正しく発生するのだと言う。一連の鍾乳洞が村の地下で貯水池の役割を果たしていて、長期の渇水の後に水がこれらの鍾乳洞に戻ってくるために轟音が起こるとでも推測するしかない。しかし注目すべきなのは、泉の湧水周期は気候変化の周期とあまり一致していないことだ。泉は雨が少ない年に湧水し続けることもあれば、降雨が多い年に枯渇することもある。

スンブル・カジャールが神聖とされるもうひとつの理由がある。泉の底には水の動きで滑らかにすり減った広い平らな石がある。水位が下がったときに見下ろすと、この石の表面に短剣（*keris*）の形がはっきりと認められる。短剣の姿がこの石に刻まれているのではなく、石自体の自然な色合いの変異でそう見えるのである。この短剣の姿こそカジャール村の男が鍛冶職人になることを運命づけられた証拠で、近隣の村々の男は同じ運命を共有していない、と村人たちは見なしている。この理由から、カジャール村のプラペンは、人手不足で受注を減らさざるを得ないときでも決して外部から人を雇わないのである。他の村の男は、かりにカジャールの鍛冶職人から訓練されても鍛冶の技能を習得できないだろう、と村人は固く信じている。*1

### 村の物理的構成

主要道路を通ってカジャール村に入るとまず、村で最有力のウンプ・プダガンであるサストロスヨノ氏（Pak Sastrosuyono）の大きな家と広々とした屋敷地に出会う。パ・サストロ（Pak Sastro：ふつうこう呼ばれている）の家の前には、夫人であるブ・サストロ（Bu Sastro）*2が所有し経営する雑貨店がある。この店の道をはさんだ向かいには、サストロ氏の倉庫がある。彼のもつ自動車類はふつうこの倉庫の前に停められていて、彼の雇った労働者たちが忙しく木炭や屑鉄を降ろしたり、製品を積み込んでいたりする。村の工業協同組合は、サストロ氏の倉庫と同じ建物に事務所を構えている。事務所の正面には「相互扶助鍛冶屋協同組合」（Koperasi Kerajinan Pande Besi Gotong Royong）という組合名を記した看板が掲げられている。サストロ氏の家の北側にはプラペンが建ち並び、そのいくつかはディーゼルエンジンを用いた仕上げ工程の機械類を備えている。家の東側には、二人の年配の鍛冶屋が、主に村の学校に売るためにガムラン音楽用の銅鑼を作る仕事場がある。

サストロ氏の家から北へ進むとカジャール市場がある。小さな市場で、五日から成るジャワの市週[2]の第一日にあたるルギ（*Legi*）の日には、朝市が活気良く開かれる。ルギの日の早朝の市場は実に壮観で、近隣の各地から小商人たちがそれぞれの商品を携えて殺到する。この市場で売買される最もありふれた商品は米、野菜、果物、香辛料、布、家畜の餌に使われる牧草だ。

サストロ氏の家のすぐ西側の脇道には、木炭の販売に特化したもうひとつの小さな村の市場がある。この市場では、村に運び入れプラペン所有者たちに得るための木炭が一杯に詰まったジュート製の麻袋の脇にしゃがんでいる小商人たちの姿を、毎日見ることができる。カジャール村の家々は大きくて広く、グヌン・キドゥル地方特有の尖った屋根をもつ様式で作られている。ふつうは前面に来客を迎え入れる広間があり、後方に就寝と貯蔵に使ういくつかの小部屋がある。広間の中心には彫刻が施された木製の柱が四本か八本あり、正方形に配置され、屋根の最も高い部分を支えている。これらの柱に区切られた内側の空間はプンドポ（*pendopo*）すなわち吹き抜けの会合用大広間となっているが、これはジョクジャカルタのスルタン王宮のプンドポを簡略化した形になっている。大半の家屋は先祖伝来のもので、同じ家族の者が何世代も受け継いできている。それらの家屋が長持ちするのは、一部または全体が頑丈なチークの厚板で作られているからで、これはかつてカジャール村の近くにチーク林が存在していた証拠である。[*3] 一九七七年には村の大半の家の床は、突き固めた土間であった。しかし一九九〇年までに大半の家族が、磨かれた石かタイルの床を備えるようになった。[*4]

サストロ夫人の店に加えて、村の南部には一五〜二〇軒のワルン（小店）があり、さまざまな乾物、スナック、灯油、紙巻きタバコ、深鍋や平鍋などを売っている。大半のワルンは、サストロ夫人から信用貸しで商品を卸してもらっている。村へ入る道の傍らでは、数人の女性や少女が木製のテーブルを据えてスナックや調理済みの食品類を売っている。

ジャワの低地では、屋敷地（*pekarangan*）が果樹、野菜、芋類、香辛料、薬用植物などさまざまな作物の集約的栽培に利用されている。しかしカジャール村では、樹木以外は屋敷地に植えられているものがほとんどない。もっともありふれているのは、チーク樹、ココナツ、バナナと竹の茂み、いろいろなタイプの果樹（ジャックフルーツ、柑橘類、グアバ、サウォ、クドンドンなど）[3]である。突き固めた土でできた屋敷地はよく手入れされ、葉など庭に落ちた植物の一部は定期的に掃き清められている。屋敷地の利用は集約的とは言えないが、もっと人口稠密な低地の屋敷地に比べて広大で、面積一、〇〇〇～二、〇〇〇㎡ぐらいがふつうである。屋敷地が耕地と接していて両者の区別がはっきりせず、家屋のすぐそばまで一面にキャッサバを植えている家族もある。

ほとんどの屋敷地に見られるものは、ルスン（*lesung*）つまり木製の杵が付いた大きな石臼である。カジャール村ではルスンは横長の石灰岩の塊を刻んで作られ、飼い葉桶のような形に掘り抜かれている。[4]一九七七年にはルスンは、村で栽培されたキャッサバと陸稲（*padi gogo*）の大半を搗くのにまだ使用されていた。しかし一九九〇年までにルスンは、後で説明する理由からまれにしか使われなくなった。

大半の屋敷地にはまた家畜を入れる囲いがひとつあり、一、二頭の牛と数匹のヤギが収容されている。これらの囲いは家屋の後か脇にあり、割いた竹を編んだ材料（*gedek*）で作られている。カジャール村の牛はインド風の美しい純白なブラーマン種[5]で、農作業に使われるとともに、排泄物から厩肥が得られる点でも値打ちがある。この厩肥は、一九七〇年代にビマス（ＢＩＭＡＳ）計画[6]が実施されるまではカジャール村で使われる唯一の肥料だった。牛はまた富の蓄積手段であり、一種の保険でもある。干ばつの年には牛を売って食料を買うことができるからだ。牛が食用に屠られることはまれであり、実際カジャールの村人は牛などの赤肉をめったに食べない。祝祭のときには数羽の鶏が調理のために供されるが、それ以外の食事は基本的に野菜中心である。牛とヤギには、道路脇から集めてきた牧草や、畑に植えたマメ科の作物の葉が餌として与えられる。追加の牧草はカジャール市場の零細商人から買うこともできる。ヤギは村の裏にある石灰岩の丘に放牧されることもある。

朝八時までには、村の隅々から鍛冶仕事の音が聞かれるようになる。カジャール村のたいていのプラペンでは三人の鎚打ち職人（*panjak*）を使って大きな農具を作るので、「1・2・3」の調子で金属が金属を打つ重い響きが支配的な音になる。プラペンに近づくと、ウンプが火床で小鎚を叩きながら指示を発する軽い対位旋律や、フイゴの押し殺したような破裂音や、ヤスリ職人（*tukang kikir*）が製品にヤスリをかける擦過音も聞こえてくる。カジャール村のいくつかのプラペンは家屋に隣接して建てられており、家屋の外壁が同時にプラペンの壁のひとつをも兼ねている。敷地に余裕があれば、プラペンはふつう家屋から少し離れた屋敷地の隅に建てられる。もちろんすべての世帯がプラペンをもっているわけではない。多くの世帯の男性は雇用労働者として働いているからだ。村の南部の鍛冶業が集中しているあたりでは、およそ三世帯に一世帯がプラペンを備えている。これらのプラペンにはふつう、割った竹でできた半分の高さの壁と瓦葺きの屋根がある。基本的なレイアウトと装備においてそれらは、インドネシア全国の鍛冶村落で見られるプラペンと同一である。カジャール村のフイゴはかなり大きく、くり抜いた二つの木の幹でできており、それにはふつう柔らかく明るい色のサウォの樹幹が使われる。このフイゴはいつも、竹か木でできたフイゴ台とともに用いられる。カジャール村で使われる焼き入れ用の水桶は長方形で、黒い凝灰岩[7]を彫って作られているが、この石はグヌン・キドゥルでは得られず、低地から運んで来なければならない。

## 村落行政

「カジャール」というのは、実は村の名前ではない。それはカランテンガー（Karangtengah）という名の村（デサ：*desa* またはクルラハン：*kelurahan*）の中にある三つの集落（ドゥクー：*dukuh* またはドゥスン：*dusun*）の一団を指す名前である。[8] 三集落の公式名称は、カジャールⅠ、カジャールⅡ、カジャールⅢである。当初はカジャールⅣと呼ばれる別の集落もあったが、集落長が亡くなったときに後継者がいなかったため、カジャールⅢに合併された。カジャールの三つの集落の北にはクドゥンⅠとⅡという二つの集落があり、ここでも鍛冶業が行われている。さらに北に五つの集落があるので、全部で集落の数は一〇になる。最北端の五つの集落では鍛冶業に従事する者はまったくいない。そのうち三つの集落の男たちは、主に石灰石産業で生活の糧を得ている。残り二つの集落の男たちは周期的に出稼ぎに出て、ジョクジャカルタ市の路上でスープ麺（バクミーとバッソ）を売っている。[9] このように、かつてカランテンガーの村長が説明してくれたように、村の各集落はそれぞれ経済的に特化している。

カランテンガー村の一〇集落の中で最も栄えているのは、鍛冶業が営まれている南部の五集落だ。これらは最も人口が稠密な集落でもあり、村全体の人口の三分の二が集まっている。カジャールの三集落が村の社会や政治を率いており、村の指導者の大半はカジャール地区から出ている。カジャールの三集落は、クドゥンの二集落に対抗しまとまって行動する傾向にある。

インドネシアの農村には、ルラー（*lurah*）とクパラ・デサ（*kepala desa*）という二種類の村長がいる。ルラーは村民に選ばれた伝統的首長で、村が所有する特定の耕地（たいていは水田）を耕作する使用権（*tanah bengkok*）を、村役人への貨幣給与の代わりに与えられている。一方、クパラ・デサは政府が任命する。彼らは退役軍人など、しばしばよそ者で、政府から給与を支払われる。[10] カランテンガー村にはなお伝統的な村長のルラーがいて、サストロ氏の弟のパエラン氏（Pak Paeran）という名の人物がその役に就いている。村の行政執行にあたりパエラン氏は、出納役、書記、保安係、社会福祉担当係など他の数人の役人から補佐されている。これらの村役人は一括してパモン・デサ（*pamong desa*）と呼ばれ、[11] 彼らもまた村有地の使用権を給与として与えられている。強大な力をもつ社会福祉担当係のハルトウトモ氏（Pak Hartoutomo）は、サストロ夫人の兄弟である。一〇の集落にはそれぞれ集落長（ドゥクーまたはクパラ・ドゥクー）がいて、[12] 村長に直属している。サストロ夫人の別の兄弟がカジャールⅠの集落長であり、カジャールⅢの集落長は彼女の従兄弟でありまた彼女の義妹の兄弟でもある。[*5]

インドネシアの地方行政は、州（*provinsi*）、県（*kabupaten*）、郡（*kecamatan*）、村（*desa/kelurahan*）、集落（*dukuh/dusun*）の階層に分けられている。これらの首長はそれぞれ、州知事（*gubernur*）、県知事（*bupati*）、郡長（*camat*）、村長（*lurah* または *kepala desa*）、集落長（*dukuh*、*kepala dukuh* または *kepala dusun*）である。[13] カジャールは、この行政的階層制のなかで次のように位置づけられる。

州　：ジョクジャカルタ特別州
県　：グヌン・キドゥル
郡　：ウォノサリ
村　：カランテンガー
集落：カジャールⅠ、Ⅱ、Ⅲ。クドゥンⅠ、Ⅱ。その他北部の五集落。[*6]

「カジャール村」は公式の行政村名ではないが、村人自身や鍛冶業に関心がある村外の人々のどちらもが、日常会話で用いている名称である。

## 人口統計

クドゥンⅠの集落長は年配の男性で、よその村で生まれて一九三九年ごろにカジャールにやって来た。それから彼はクドゥンⅠ集落に定住し、ずっとそこにとどまっている。彼の話によると、村のなかのクドゥン地区（つまりクドゥンⅠ、Ⅱの二集落）の土地は彼が最初に訪れたときには、四〇家族に分割されていた。一九九一年には、それは二〇〇家族に分けられていた。これから、過去半世紀間における村の人口の急速な増加がうかがえる。この増加は、自然増と村への移入によるもので、移入人口は転出人口を上回っていたようだ。

村長によれば、カランテンガー村の面積はちょうど五ｋ㎡である。一九七八年にはこの面積が五、二五四人の総人口から成る一、〇一一世帯に分割されていた（表3参照）から、一ｋ㎡の人口密度は一、〇五一人ということになる。一世帯あたりの平均土地保有規模は四、九四六㎡、つまりちょうど½ヘクタール弱である。その後一九九一年までに世帯数は一、二〇〇戸、総人口は六、二五〇人、一ｋ㎡あたり人口密度は一、二五〇人に増加した。一世帯あたり平均土地保有規模は約一六％も縮小して四、一六七㎡になった。

カジャールの一世帯あたり平均土地保有規模は減少しているが、それでも人口密度が高いジャワの低地の水稲作地域に比べればずっと大きい。これは、土地生産性がずっと低い畑作地帯の村落一般に妥当する。½ヘクタールはカジャールの典型的保有規模だが、低地での典型的保有規模は二、〇〇〇㎡ぐらいだ。保有規模が比較的大きいにもかかわらず、たいていの家族は、必要な澱粉質の主食作物の約三分の一しか生産できず、残りの三分の二は購入しなければならないと考えている。追加分の澱粉質主食作物を買うための収入の多くは、換金作物として植えている落花生や大豆の販売と、鍛冶業など非農業部門の職業から得られる。

カジャールにおける世帯間の土地の分配は比較的平等であり、低地の場合よりも偏りがずっと少ない。これもまた、畑作地帯に典型的な現象だ。低地では全世帯の約半分が農地をもたないが、カジャールでは農地をもたない家族はまれである。村役人や少数のエリート家族がもつ土地は平均より大きく、五～一〇ヘクタールに及ぶこともある。これらの大規模保有には、カジャール地区内の所有地と村役人職田（*tanah bengkok*）、年契約で賃借（*sewa tahunan*）された近隣村落の土地が含まれる。このエリート集団を除くと、大多数の家族は½ヘクタール未満の土地しかもたず、そ

表３　カジャール村の鍛冶業に関する経済的データ（1977-78 年と 1990-91 年）

| | 1977-78 年 | 1990-91 年 |
|---|---|---|
| 世帯数 | 1,011 | 1,200 |
| 人口 | 5,254 | 6,250 |
| １$km^2$ あたり人口密度 | 1,051 | 1,250 |
| プラペン（鍛冶場）数 | 90 ～ 98 | 130 ～ 140 |
| 労働者数 | 760 | 800 |
| 為替レート（１米ドル＝） | Rp. 414-519 | Rp. 1,963 |
| 原料鉄価格（１kg あたり） | Rp. 30（屑鉄）<br>Rp. 100（レール） | Rp. 400（屑鉄）<br>Rp. 700（レールおよび強化棒鉄） |
| 木炭価格（１kg あたり） | Rp. 40（安い木材の炭）<br>Rp. 60（チーク材の炭） | Rp. 150（チーク材の炭） |
| ウンプ（鍛冶場頭領）の１日あたり賃金 | Rp. 600-900<br>（技量により異なる） | Rp. 2,500-5,000<br>（技量により異なる。平均 3,500） |
| 鎚打ち職人（*panjak*）の１日あたり賃金 | Rp. 300-400<br>（体力により異なる） | Rp. 2,000-2,500<br>（体力により異なる） |
| ヤスリ職人（*tukang kikir*）の１日あたり賃金 | Rp. 300-400 | Rp. 2,000-2,500<br>（または出来高払い） |
| フイゴ職人（*tukang ubub*）の１日あたり賃金 | Rp. 200 | Rp. 600-1,500 |
| 労働者に振る舞われる飲食物の価額 | Rp. 200 | Rp. 750-1,000 |
| プラペンの女子労働者数 | 17 | 10 |
| 農業労働者（男）の１日あたり賃金 | Rp. 200-300 | Rp. 2,000 |
| 農業労働者（女）の１日あたり賃金 | Rp. 150 | Rp. 1,250 |
| 輸入物のヤスリ価格 | Rp. 1,500 | − |
| プラペン１カ所１日あたり運転資金 | Rp. 6,000-10,000 | Rp. 50,000-60,000 |
| 村中の４輪車両台数 | ２～３（サストロ氏所有） | 30 以上（うち 15 はサストロ氏所有） |
| 米価（１kg あたり） | Rp. 125-130<br>（高収量品種）<br>Rp. 180（在来品種） | Rp. 250-300（1984 年）<br>Rp. 500-555（1991 年） |
| ガプレック（*gaplek*：乾燥キャッサバ）価格（１kg あたり） | Rp. 85 | Rp. 50（1984 年、1991 年にはガプレックは作らず「生」のキャッサバを販売） |

の内訳には屋敷地と畑が含まれる。

低地には三種類の農地がある。灌漑耕地である水田（*sawah*）、非灌漑耕地の畑（*ladang*）[14]と屋敷地（*pekarangan*）である。水田も畑ももたない家族は、かりに屋敷地をもっとしても土地無しと見なされる。[*7] カジャールでは、「土地持ち」と「土地無し」を区別するのはなかなか難しい。なぜなら、屋敷地の面積が大きくて、屋敷地にキャッサバを植えている家族があるからだ。ふつうこれを行うのは、比較的貧しい家族や村の周縁部に近い場所に住む家族である。混乱をもたらすもうひとつの要素は、公式の土地区分と実際の利用との乖離である。村の書記が保管している土地台帳の日付は、オランダ植民地政府による一九三六年の記録以来のものだが、ほとんど更新されていない。それ以降の人口増加のために畑から屋敷地への転換がかなり進んでいるが、それは台帳に未記載のままだ。一九七八年に三集落で行われた調査によると、全世帯の二九・四％が屋敷地はもっているが畑をもたず、一九・三％が畑はあるが屋敷地がなかった。残る五一・三％は、両方をいくらかもっていた。土地の種類を度外視すれば、一〇家族（三・六％）を除くすべての家族が、多少のキャッサバを植えるのに十分な五〇〇㎡以上の土地をもっていた。これら一〇家族のうち二家族だけがまったく何の土地ももたなかった。

カジャールでは、土地保有に関する正確な情報を入手することは難しかった。一九三六年以降に起きた変化についてはほとんど未記録の土地台帳が信頼できないばかりか、過去数十年間に売られた土地が元の所有者の名義のままになっているかもしれないからだ。数人の兄弟姉妹により相続され分割された土地が、亡くなった親の名義のままになっていることもある。変化が記録されないのは、新しい所有者の名義で土地を再登録するには税金を払わなければならないからだ。例えば銀行のローンに対する保証のために、土地台帳を更新することが必要にならないかぎり、村人にはこの税金を払う理由がない。[*8] 個別の聞き取り調査では、カジャールの村人の大半は所有・耕作している土地の総計を率直に語ってくれた。しかし村のエリートたちは、総計を隠したり、彼らの保有地について本当の数字よりも小さな見積もりを示そうと試みる。村の外で土地を賃借するのはエリートたちが利潤を投資するありふれた方法だと言われているが、この村外の借入地について情報を得るのはとくに難しい。

## 農業部門

カジャールでは、灌漑用には足りないが、たいていの年に畑作物をうまく栽培するのに十分な降雨がある。伝統的な農業システムでは、一年のうちの九カ月間に畑作による主食作物と換金作物を輪作する。乾季の終わりにあたる残りの三カ月間、耕地は「禿げた」(*gundul*)まま、つまり休閑状態にされる。この三カ月間は端境期(*paceklik*)として知られている。グヌン・キドゥルの他の地域やジャワの他地方の一部では、これらの月は、賃労働の機会を求めて男たちが村の外へ働きに出ることで特徴づけられる。しかし、年間を通じてプラペンで賃労働の機会があるために、カジャールとクドゥンの鍛冶業が行われる一画ではこの出稼ぎは行われない。

カジャールで栽培される主な畑作物はキャッサバ(*ketela pohon*)であり、この作物が近年まで村人が食事から得るカロリーの大半を提供した。かなりの量のトウモロコシと陸稲(*padi gogo*)も栽培されている。ジャワの低地ではふつう一〇月に雨季が始まるが、グヌン・キドゥルではその一カ月後まで雨季が来ない。そのため畑作による主食作物は一一月に、土が耕すのに十分軟らかくなってから作付けされる。キャッサバと陸稲は別々の苗床に植えられるが、トウモロコシは圃場の端を巡るように植えられたり、チャンプル・サリ(*campur sari*:「精髄の混合」の意)と呼ばれる方法でキャッサバと混作される。陸稲は作付期間が五カ月で、三月末に収穫した後はマメ科の作物が栽培される。そのなかでは落花生と大豆が最も重要だが、それより少量のササゲやサヤエンドウなどの品種も栽培する。マメ類は三月末にキャッサバの畑にも植える。それまでにキャッサバは十分に高く伸びて木陰を提供できるようになっている。

小川に接する、あるいは泉に近い耕地など可能な場所ではどこでも、マメ科の作物には先ほど述べた金属缶付き天秤棒の仕掛けを使って水遣りが行われる。どの世帯も自家消費用にこれらの作物を数kg確保しており、それは村人の食事にタンパク質などの栄養物をもたらす点で大切だ。しかし、栽培されたマメ類の大部分は、現金収入のため商人に販売される。マメ類の植え付けは、土壌の肥沃度の改善という追加的な便益をもたらす可能性もある。村人が栽培用に選ぶ裏作物のほとんどすべてがマメ類だから、カジャールの土壌は窒素分が足りないのかもしれない。

カジャールの降雨は、当てにはならないが予測可能である。四、五年に一度は干ばつで不作になりうる、という意味でそれは当てにならない。他方、この不作の可能性を村人は承知していて、それに対処する伝統的方法を考案済みだという意味で、それは予測可能である。ひとつの方法は、すでに述べたように、干ばつの年に売って食料を購入するため家畜を飼うことだ。もうひとつの方法は、食料を備蓄し保存することだ。

七月の収穫のあと、キャッサバは「生」でも日干しの形でも売ることができる。日干ししたキャッサバはガプレック（*gaplek*）と呼ばれる。それを作るには、まずナイフでキャッサバの皮をむき、次にそれを屋敷地に広げたむしろの上で日干しにする。その後、それは家の奥の部屋のひとつに一年以上保存することができる。ガプレックを食用にするときは、まずそれを臼で搗いて米粒に似た細かい穀粒にまで砕く。この穀粒を水とともに深鍋に入れ、米と同じように調理してティウル（*tiwul*）と呼ばれる食物にする。一握りの米かトウモロコシを深鍋のなかのティウルに混ぜることもある。一九七七～七八年には、ティウルはカジャールの村人の主食で、ティウルを食べないと仕事に十分力が入らないと鍛冶職人たちは主張していた。彼らの言うには、米よりティウルの方が腹持ちがよく、スタミナがつくのだった。

カジャールで栽培される他の二つの澱粉質主食作物である陸稲とトウモロコシも、かなりの期間保存できる。米はキャッサバと同じくむしろの上で日干しにし、トウモロコシは家屋内の垂木に房のまま掛けて干す。

一年だけの干ばつならば、伝統的方法でかなりうまく乗り切ることができる。しかし、かりに二年続きで干ばつが起きると、グヌン・キドゥルのあちこちで飢饉が起こりうる。飢饉は、ガプレックの供給が縮小して市場価格が高騰する結果、しばしばいっそう深刻になる。最近の記憶では、最悪の飢饉は一九六二―六三年に起きた。村人たちによると、この飢饉のあいだにすべての作物とほとんどの家畜、それに多くの人が死に絶えた。村民はこの飢饉をジャマン・ガブル（*jaman gaber*）つまり「ガブルの時代」と呼んでいる。ガブルとは、摺り下ろしたキャッサバから乳状の液を搾り取った後の、滓（かす）である。つまり、人々は食料に飢えるあまり、ガブルまで食べずにいられなかったというのである。カジャールでは、この「ガブルの時代」と、プラペンと鍛冶業に携わる村人の数が突然増加した時期が一致している。[*9] それほど深刻ではなかったが、飢饉は一九七五―七六年にも起きたし、一九九一年も同様に不作の年だった。一九七五―七六年の飢饉の期間、政府はカジャールのおよそ一〇〇世帯に米を配給した。

干ばつだけがカジャールにおける不作の原因なのではない。それは害虫やネズミの出没によっても引き起こされる。「ガブルの時代」の飢饉は、一九六二年に起きたネズミの大発生によっていっそう深刻なものとなった。ネズミは海から襲来し、南海の女神ニャイ・ロロ・キドゥル（Nyai Loro Kidul）が送り込むものという伝統的信仰がある。[*10] カジャールの村人たちによると、一九六三年にネズミの群れはジャワ島北海岸のテガルに上陸した。ネズミたちは作物を食い尽くしながら東のスマランへと進み、南に向きを変えてマグラン、ジョクジャカルタ、ウォノサリの順に移動した。最後に群れは、グヌン・キドゥルの南岸にあるバロン海岸の近くで海に戻り泳ぎ去った。一九七〇年にも、これより小規模なネズミの襲来があった。

畑作農業は、灌漑農業ほど労働集約的ではない。作付けがなされる九カ月の期間でさえ、圃場に出かける必要のない日々がたくさんある。投下労働の大半が植え付けと収穫に関連している。成熟後もかなり長いあいだ腐敗することなく地面に植えたまま放置できる、という特性がキャッサバにはある。つまり、収穫しガプレックに加工するのに何日も、いや何週間かけても構わないので、水稲の収穫にはつきものの労働需要の鋭いピークが生じないのだ。労働の投入が最も多いのは泉や小川の近くに農地をもつ農民で、マメ科作物を栽培する三カ月間にかなりの時間を水遣りに費やす。ただ雨の多い年には、この水遣りは不要になる。休閑期の三カ月間は、その最後に次の雨季を見越して石積みの段々畑や設備の修繕をすることがある他は、基本的に農作業のための労働は必要ない。

鍛冶業の賃金は農業より高いため、カジャールやクドゥン地区の男たちは、賃金労働者としてはもちろん、ときには自分自身の農地でさえ農業労働をしたがらない。こうした農業労働の忌避の結果、この地区の農業の管理は主に女たちが行うという異常な状態が生じた。彼女たちは、他の村から男女の労働者を雇い入れて自分たち自身の労働を補っている。多くの夫婦に聞き取り調査を行ったところ、彼らは農業についての意志決定の相談を朝のうちに行うということが分かった。ときには、夫がプラペンでの仕事を始める前に様子を見るため農地に立ち寄ることもあるだろう。さもなければ、管理の仕事はすべて妻に委ねられる。毎朝、カジャールを通る大通りの脇には非公式の労働市場が開かれ、他の村から来た労働者たらが集まる。彼らは自前の農具を持参しているが、それは仕事を探しているという印だ。カジャールの女たちは大通りにやって来て、必要な数の労働者と非公式の労働契約のために交渉する。それから彼女たちは圃場で労働者たちを監督し、その日の終わりに賃金を分け与える。

プラペン所有者の妻たちは、雇われて働く鍛冶職人の妻たちよりも余計に賃労働に依存する。ひとつには、プラペンをもつ世帯はおそらく比較的裕福で、より多くの耕地をもっているからである。もうひとつの理由は、プラペン所有者の妻たちには労働者に出す食事、軽食、飲み物を用意する責任があるからだ。自前のプラペンをもたない世帯の女たちは、自分たち自身で農業労働の多くをこなす。ジャワの農業には性別により作業を分担する伝統的分業があるが、それはカジャールでは無視されることが多い。カジャールの女たちは、圃場準備を含め、他の地域では男の仕事と考えられている農作業の多くを日常的にこなしている。女たちが土を耕すときは、犂ではなく鍬を用いる。自前のプラペンをもたない世帯の女性は、プラペンをもつ世帯の女性から農業賃労働者として雇われることもある。

カジャールの農業部門における労働編成は低地の水田稲作地域ほど複雑ではない。村人によれば、かつては相互扶助（*gotong royong*）による労働交換の仕組みが使われたが、今ではほぼ全面的に賃労働に置き換えられてしまった。[*11] ただし大きなキャッサバ畑をもつ世帯がその一部を、バギ・ハシル（*bagi hasil*）と呼ばれる仕組みにより貧しい世帯に刈分小作に出すことはある。収穫物の配分比率はいつも半分ずつである。刈分小作人の側が圃場での彼らの補助のために賃労働を雇うこともある。この地域では土地の質入れ（*gadai*）は行われないが、年単位の賃貸借（*sewa tahunan*）は質入れに似ている。

カジャールの村人に村の主な（*pokok*）職業の名前を挙げるように尋ねると、いつも「鍛冶業」という答えが返ってくる。農業は重要だが、それは決まって副業（*samben*）とされる。これは鍛冶業のほうが収入が多いだけでなく、より信頼できる収入源だからだ。干ばつと病虫害の問題のためにカジャールの農業部門における失敗のリスクはきわめて大きい。それに対して、鍛冶業における失敗のリスクはきわめて小さい。

カジャールで製造される用具は、最終的には低地の消費者たちに市販される。つまり、鍛冶業はカジャールの農業部門だけでなく低地の農業部門とも相互に交流していることになる。低地地域の村落は、グヌン・キドゥルの村々と比べ、干ばつと不作に見舞われることが少ない。かりに低地のある地域が干ばつや病虫害による不作に見舞われても、同じ低地の別の地域に市場を探すことがふつうは可能だ。このため、カジャールで作られる用具の市場は毎年比較的安定している。

低地地域の農業の周期的変化は、地元の農業のそれよりも用具の需要に影響する。これは、需要のピークが八、九月に集中する傾向から読み取ることができる。この時期に、低地地域の農民は一〇月からの雨季の開始に備え始め、商人たちは需要増加を見込んで用具の買いだめを始めるのだ。

一九八〇年代にカジャールの村人たちの食習慣に劇的な変化が起きた。主食がキャッサバから低地産の米に替わったのである。今でもキャッサバを軽食として口にすることはあるが、その量は大幅に減った。この変化の根底にある誘因は、富の増大と、キャッサバに対する下等な食物というジャワ社会の評価への当惑、低地のジャワ人の食習慣を模倣したいという欲求であった。さらにもっと直接的な誘因は、南海岸のチラチャップの港を拠点とする日本の一商社が、村人たちが売りたいと思うキャッサバを全量引き取る契約を、仲買商を通じて結ぶのを決めたことだった。キャッサバは「水気を含んだまま」買われたので、村人たちは皮をむき、乾燥させる手間を省くことができた。トラックがキャッサバをカジャールで積み込み、チラチャップへ運んだ。チラチャップからは日本へ船で運ばれ、家畜の飼料やガソホール燃料の製造に利用された[16]。日本の商社が支払ったキャッサバ一ｋｇあたりの価格は、村人たちが今では大量に買うことが必要になった低地産米の一ｋｇあたり価格に比べてずいぶん低かった。それでも最も貧しい世帯を除く皆が、キャッサバから米へのこの移行を実施した。かつてティウルで腹を一杯にしないと働けないと言っていた鍛冶職人たちも、今では笑いながら、米を食べればとてもよく働けると認めるようになった。

カジャールの農業部門への政府の介入策は、あまり成功しなかった。かつてカジャールの村人たちは、二種のもち米（*ketan*）を含む稲の伝統品種を栽培していた。これらの伝統品種は収量が低いが、干ばつや病気に抵抗性があった。いくつか異なる品種を栽培することは、病虫害が広域に拡大するのを防ぐ効果があった。しかしとうとう、ビマスによる稲作集約化プログラムが、カジャールのような高原の畑作地域村落にまで拡大された。このプログラムが要求する条件のひとつは、村人が伝統品種の栽培を止めることだった。しかし、カジャールで配付された新品種はひとつとして成功せず、その結果、伝統品種の種籾の備蓄が失われ、陸稲生産は激減する羽目になった。一九九一年には、村の耕地のうちわずか五ヘクタール、つまり全耕地の一％でしか陸稲の栽培は行われていない。ビマス計画がカジャールに残した持続的結果と言えば、購入した肥料と殺虫剤の使用を村人たちに紹介したことだけだ。

## 古代の遺物

数年前、ファン・ヘーケレン（Van Heekeren）の古典的著作『インドネシアの青銅器・鉄器時代』（*The Bronze-Iron Age of Indonesia*）を読んでいた時、カジャールに関連する以下の記述を見つけた。

かつて（紀元後数世紀に）ジャワの東端部では、巨石文化が全盛だったことがある。（…）南部山地のウォノサリ地方で発見された石棺墓群（stone-cist graves）は、おそらく同じ時代のものだ。それらは一九三四年にムーンス（J. L. Moens）が報告し、同じ年にファン・デル・ホープ（A. N. J. van der Hoop）によって調査された。この石棺墓群は、ウォノサリの北部と西部で、地表のすぐ下に埋まっているのが見つかった。カジャールでは、そのひとつが北から南の方角に横たわっていた。床は大きな平たい厚板から成り、長い方の側壁は二枚の垂直な厚板でできていた。さらに小さな石柱が、石棺を補強する役割をしていた。墓の寸法は、長さが一・九〇m、幅が六三cm、深さが八〇cmだった。内側には、三五人を下らぬ人骨が一緒に詰め込まれているようだったが、一番上のひとつ以外の骨は当然にもばらばらに砕けていた。最上位の骸骨は仰向けに横たわり、両手は骨盤の上に置かれていた。他のものは、腕を脇に伸ばしていた。最上部に近い骸骨は頭を南向きに、最下部のそれらは北向きに横たわっていた。死者には多数の贈与品も添えられていた。その内訳は、斧や鎌の形をしたナイフなどおびただしい数の鉄製用具、ばらばらになった小さな青銅のリング、何百もの（青色、海緑色、黄色、白線の入った青色の）ガラスでできたムティサラ（*mutisalah*：インドネシアで出土する独特の数珠玉（ビーズ））、および六角形の断面をもち紅玉髄（carnelian）だけで作られた三つのムティサラなどであった。ココナツを半分に割った形の、小さな土器の椀も見つかった。鉄製の遺物のいくつかには目の粗い織物が添えられていた。骸骨のひとつは、左手に壊れた鉄剣（一三一×三〇×一〇ｍｍ）を帯びていた。この墓の近くには、損傷を受けた別の石棺墓群と、いくつかのメンヒル（立石）状の小像（menhir-statuettes）と二〇個ぐらいのメンヒルも見つかった（van Heekeren 1958, 51）。

この論及は驚きだった。私は何度もこの村を訪れたが、これらの遺跡についてはまったく聞いたことがなかったためである。そのため私は取り憑かれたように、カジャールの先史時代の過去についてもっと多くの情報を追跡するようになった。

ファン・デル・ホープの一九三五年刊の著作に付けられた図解（一九八五年刊のベルウッドの著作に再掲）によると、出土品の大半がカジャールの集団墓地（mass grave）から出たものだ。それらは典型的な初期鉄器時代の組立品と見られるが、ひとつ例外的なことがある。すべての鉄製用具が、受け口によるはめ込み（socketed）ではなく、中子による差し込み（tanged）で組み立てられていることだ[17]。これは、紀元後数世紀とするヘーケレンの年代推定に疑問を抱かせる。

一方、中国製陶磁器が見られないことも注目に値する。組立てが行われた時代は、紀元後最初の千年間の末期か二番目の千年間の初期のように思われる。グヌン・キドゥルの山地は、インドの影響が低地に現れたずっと後も、初期鉄器時代の文化が持続する文化的僻地にとどまっていた可能性さえある。数珠玉のひとつ（出土品目二一番）は、インドネシアではマジャパヒト式ビーズとして知られるタイプの「目玉模様」の数珠玉のようである。ピーター・フランシス（Peter Francis）によれば、これらは一〇世紀から一四世紀のあいだにジャワで製造された（Francis 1991a）。ファン・デル・ホープの本に描かれている鉄製用具の形が、カジャールで現在作られている用具とそっくりというわけではない。出土品目のひとつを、ホープとベルウッドはクリスと鑑定した。それは中子を使い、根元がやや非対称形である点でクリスに似ている。刃がわずかに背の方に反っている点がクリスの典型から外れているが、そういうクリスもないわけではない。長さは二二―二三ｃｍ（約九インチ）で、剣というよりはクリスや短剣の類に入る。ベルウッドはグヌン・キドゥルでの発見について、次の意見を付け加えている。

「ジャワとバリでは、多くの遺跡で、初期鉄器時代の組立品が石板墓（slab graves）と関連して製造されていた。（…）ヘーケレンが作成したジャワの資料の目録からは（…）これらの遺跡についての知見はひどくあいまいだが、ホープ（1935）は中部ジャワのグヌン・キドゥル地方のウォノサリ近くで発掘されたいくつかの石板墓について明瞭な報告を提示した。カジャールとブレベラン（Bleberan）[18]から出た保存状態のよい遺物の例は（…）数多くの鉄製用具（主に中子付きのナイフ、短剣、斧と鑿（のみ））、青銅のリング、ガラスや表面がカットされた紅玉髄の数珠玉を伴う伸展葬（extended burials）[19]が行われた証拠である。（…）これらの墓の多くは、ホープがグヌン・キドゥルの遺跡について可能性を考えたように、ジャワの歴史的文明と年代が一致しているかもしれない」（Bellwood 1985, 295, 297）。

一九九一年八月、私はハワイ大学人類学科のアリス・G・デューイに付き添われてカジャールを訪れた。訪問の目的のひとつは、ホープの見た石板墓を探すことだった。私たちは、カジャールで最後のクリス製造職人であるカルヨディウォンソ（Karyodiwongso）氏と話し合った。彼は発掘期間を通じてそれに立ち会っており、ホープの記述の詳細の多くを確認することができた。彼によれば、一九三四年の出来事は次のとおりだ。――石板墓は、ある農地の真ん中にあった。それは土で覆われ、表面からは何も見えなかった。村人たちが最初に何かが埋まっていることに気づいたのは、その農地を犂で耕していた一対の牛が、その地点を歩いて通過するのを拒んだときである。持ち主がその土地を耕そうとするたびに、牛たちは不可視の墳墓の端まで歩いてから左右のどちらかに向きを変えてしまうのだった。この不思議な出来事を、村人たちはジョクジャカルタのスルタン王宮に報告した。当時はハメンクブウォノ八世[20]の在位中だった。村人の報告を確認するために、王宮は役人を派遣した。王宮はまた、植民地政府にも報告したに違いない。なぜなら、現地の調査のためオランダ人数名が送り込まれたからである。そのうちの一人（ファン・デル・ホープ）は妻子とともに村に滞在し、二カ月をかけて石板墓を発掘した。彼は、細心の注意を払ってすべての土が少しずつふるい分けられるのを確認した。墓を開けてみると、中からは三五体の遺骨が見つかった。遺骨の脇に積み上げられたたくさんの鉄製用具も、墓のなかで見つかった。用具の形は現在カジャールで作られているものとは異なっており、そのなかには一振りの剣（*pedang*）もあった。遺骨の多くはビーズで作られた宝飾品を身に着けていた。オランダ人たちは、墓のなかで見つかった用具やビーズ、その他の遺物のすべてを持ち去ったが、彼らがそれらをどこへ運んだのかを村人たちは知らない。オランダ人たちは二体の遺骨を持ち去ったが、残りの遺骨は墓のなかに残していった。墓はふたたび閉じられて、オランダ人たちは彼らが持ち去った物の対価を農地の持ち主に支払った。他の村人たちが見つけた同様のビーズなどの遺物も買い取ると、オランダ人たちは持ちかけた。そのときに多くの村人がオランダ人たちに遺物を売り渡した。

これらの出来事を語った後でカルヨ氏[21]は、ありふれたクリスの刃の寄せ集めとともに、彼が父親から受け継いだという「昔の鉄」（*besi kuno*）で作られた三つの用具を私たちに見せてくれた。彼の言うには、この三つの用具は集団墓地から取りだしたのではなく、父親が「森のなかで」見つけたものである。この三つの用具も、現在カジャールで作られているものと形が異なっていた。一つはハート型の鍬か鋤で、バリの鉄器時代初期の遺跡で発見されたものに似ていた。三つの用具はみなすっかり錆び付いていて、どれも同じ場所で見つかったもののように見えた。カルヨ氏は今では高齢で健康も思わしくないが、息子にクリスの刃文（はもん）（*pamor keris*：第六章［6］を参照）の作り方を教えている。亡くなる前に三つの用具を息子に譲り、一振りのクリスを作るのに使わせようと考えている。このような昔の鉄でできたクリスは、間違いなく非常に強い力をもつことだろう。

その後、カルヨ氏の親戚の一人が私たちを、今でもキャッサバの段々畑の真ん中にあるくだんの集団墓地の跡へ連れて行ってくれた。しかし、新しい墓石と小さな屋根の覆いを付け加えることにより、今のカジャールにおける墓地の様式に一致するよう村人が遺跡を造り替えてしまったため、見るべき物はほとんどなくなっていた。

一九九一年九月、私はジャカルタの中央博物館のワフヨノ氏（Wahyono M.）に連絡したところ、彼は親切にもカジャールの出土品を展示する労を取ってくれた。ファン・デル・ホープが一九三四年にそれらを博物館に持ち帰ったのだが、今やそこで先史時代のコレクションの一部に加えられたのである。博物館は最近、先史時代のコレクションに新たな展示室を設けたが、カジャールで見つかった非常に美しいムティサラと紅玉髄のビーズもそこで展示されるようになった。鉄製の器具はすべて、この展示室の裏にある保管室の引き出しの一つにまとめて収納されている。私は、ファン・デル・ホープが彼の発見した出土品を記録した目録とともに、全コレクションの調査と撮影を許可された。鉄製の用具は予想以上に細密だが、博物館の天井が高過ぎて空調が不可能なため錆びによる損傷を受けていた。用具の多くは、ペテル（*petel*）つまり木工用の鑿である。

カジャールの鉄製用具と同じ引き出しには、四つの鉄の岩塊（iron rocks）が保管されている。ファン・デル・ホープの目録には記載されていないが、これらは同じ集団墓地から用具として収集されたものだ。形や大きさはさまざまで、ハリソンやオコナー[22]の分類でいう「鉱滓（slag）」に似ている。最も大きなものは寸法が八ｃｍ（3⅛インチ）で、いずれも堅い金属の芯があるようだが、錆びでできた褐色の厚い外殻に覆われてしまっている。私は、これらの岩塊が自然にできた鉄の団塊（natural iron nodules）なのか、溶解した鉄の塊なのか、あるいは鉱滓なのか特定できなかった。色と質感はカジャール製の用具と非常によく似ているため、これらが用具の原材料の典型であるという印象をぬぐい去ることは難しい。これらが墓に埋められていたということは、埋葬された人々のなかにはたんに用具を使っていた人たちだけでなく、用具を作る人もいたことを示しているのかもしれない。これらの岩塊は、石灰岩でできたこの地方の岩塊には似ていない。中央博物館は、紀元前五〇〇年から紀元一〇〇〇年までの期間を、青銅器時代（紀元前五〇〇年―紀元零年）、先史時代（紀元零年―五〇〇年）、初期歴史時代（紀元五〇〇―一〇〇〇年）に分けている。彼は西暦カジャールの出土品は先史時代に区分されてきたが、ワフヨノ氏はたぶんもっと後だろうと感じている。彼は西暦七〇〇年という大まかな時期を示したが、さらに後の時代かもしれないとも認めている。

スクー寺院遺跡（Candi Sukuh）[23]の鍛冶場を描いた浮き彫りの左側のパネルをよく見ると、その鍛冶場の用具のいくつかがカジャールの墳墓のものとそっくりなことが分かる（例えば、パネル下方の「ビーマ」（Bima）像の足下近くに描かれた二丁の鑿（のみ））。カジャールはラウ山の南西、ちょうど七〇ｋｍ（四三マイル）の位置にある。スクー寺院は東部ジャワ期（一五世紀）[24]の建造で、おそらくカジャールの集団墓地よりいくらか後世のものだが、カジャールに埋葬された人々はラウ山地域とつながりがあったように思われる。

ファン・ヘーケレンの報告書は、この地域に他の石棺墓群が、メンヒルやメンヒル状の小像とともに、この地域で発見されたことを示している。カジャールのメンヒルとメンヒル状小像の大半またはすべては、カジャールの出土品を最初に報告したオランダ人官吏のムーンスが持ち去ったと思われる（ヘーケレンの上記報告書を参照）。ムーンスは大会がジョクジャカルタに長く住み、多くの遺物を収集した。一九八〇年にインド洋・太平洋地域先史学会（ＩＰＤＡ）のジョクジャカルタで開かれたとき、私はこれらのメンヒルとメンヒル状小像のいくつかを見る思わぬ機会に恵まれた。ジョクジャカルタに住む著名なバティック・デザイナーのアルディヤントから、彼の自宅を訪れ、彼が買い集めてきた二〇〇個を越すこれらの石のコレクションを見るよう求められたのである。以下の物語はアルディヤントが語ったものである。ムーンスは第二次世界大戦前に、グヌン・キドゥルとスマトラのパセマー（Pasemah）高地[25]の二カ所で石を集めていた。一九五〇年代に、スカルノ大統領によりオランダ人が国外退去を強いられたときに、ムーンスは華人の助手にコレクションの保管を託した。助手の妻は、霊が宿っているかもしれないと感じて、たくさんの古い石を丸ごと預かることに神経質になった。彼女は夫を説得して、それらをやはりジョクジャカルタに住む別の華人に譲らせた。その華人は、譲り受けた石を、彼が建造中の窯の二重壁を充填するのに利用した。壁をいっそう強化するために、彼はこれらの石像に軟質のセメント材を注ぎかけた。一九七〇年代に窯が解体されるまで石像は壁の内部に残っており、その解体工事のときに持ち主はそれらをまとめて買わないかとアルディヤントに持ちかけた。アルディヤントは当時まだ学生だったが、この石は重要なものかもしれないと考え、コレクション一式を買い取るのに十分な資金をかき集めた。セメントを石から取り除いたうえで、ガジャマダ大学人類学科の学生たちが石像を撮影し目録を作るようにアルディヤントは手配した。ジャワ各州の文書館の記録から、これらの石をムーンスがグヌン・キドゥルとパセマーから集めたことを確定することができた。そのうえ彼は、ムーンスがグヌン・キドゥルで収集した石は、もともと農地の真ん中にあったことも突き止めた。

私は、ＩＰＰＡの他の参加者たちとともに、これらの石に目を通す機会を得た。ほとんどが小さく、高さは平均四〇ｃｍ（一六インチ）ほどだった。農地の真ん中に残されていたことから予想されるように、大半がひどくすり減っていた。それらは、三つの様式上の範疇に区分されるように見えた。第一は、パセマー様式の彫像で、石のもとの形は変わらず、表面に人と動物の姿が彫り込まれているものだ。第二は、やや無骨な「先祖の肖像」的様式の彫像で、インドの影響は見られない。最後は、ガネシャ神などインドを起源とする神々の像が彫られた「インド化時代」の様式の彫像だ。もちろん、今のところ石像の年代を定める方法はなく、ムーンスの収集が徹底していただけに残念至極である。[*12]

もう一つ、カジャールの遺物で特筆すべきものがある。墓地として使われている小さな丘のてっぺん近くに、長さ数フィートの奇妙な黒い石がある。この石の上面には歯か角のような奇妙な入り組んだ模様が彫り込まれている。これらの模様は、ジャワの一部で用いられている粘土でできた破風の装飾の模様に似ており、またバリ風の門構えに見られる炎のような形の鍔にも類似している。この石の様式は、実は中部ジャワよりも東部ジャワやバリにおける石彫の様式との共通点が多い。村人によれば、この石は村が作られたときにはすでにそこにあり、丘の上に墓ができたのはそれより後だという。

遺物に関する情報からは、古代のカジャールがジョクジャカルタおよび西側の地域よりも、ラウ山および東側の地域とのつながりが強かったようだ、と要約できる。カジャールの集団墓地の年代は、早ければ紀元七〇〇年、遅くても紀元一五〇〇年とすることができるだろう。中子を使った用具やガラス製ビーズからはいくらかインドの影響があったことが明らかだが、全般的には初期金属器時代の特色をとどめた文化的僻地という印象が濃い。

## 伝統的社会階層

ジャワの村落が均質だという見解は、少なくとも一九世紀以来の伝統的名称をもつ社会階層の存在を無視するものだ。階層の数と用いられている正確な呼称は、村ごとに違っている。クンチャラニングラット（Koentjaraningrat）[26]が記述したシステムでは、村落を次の五階層に区分している。

一．**プラボット・ドゥスン**（*prabot dusun*）[27]、すなわち村長（*lurah*）を含む村役人たち（カジャールではパモン・デサ *pamong desa* と呼ばれる）。これらの役人たちは大面積の村有地（*tanah bengkok* または *siti bengkok*）の用益権をもち、ふつう同時に自分自身でも広大な相続地を所有している。

二．**ティヤン・バク**（*tiyang baku*）、すなわち村のしばしば伝説上の創設者たちの子孫。これらの村民は、ふつうは広い相続地を所有するが、クンチャラニングラットによると、土地を失い貧しくなっても他の村民から敬意を払われる。崇拝される村の草分けたち（チャカル・バカル：*cakal bakal*）と彼らの関係は、しばしば古い家屋や宝物の所有や、草分けの聖墓へのつながりによって支えられる。

三．**クリ**（*kuli*）、すなわち屋敷地（プカランガン：*pekarangan*）と小規模な耕地の双方を所有するふつうの土地持ち村民グループ。歴史的には、このグループが所有する土地は、王領地の一部であったかもしれず、その代償として彼らは賦役を負担していたかもしれない。

四．**リンドゥン**（*lindung*）、すなわち屋敷地だけを所有し耕地はもたないグループ。

五．**ポンドック**（*pondok*）または**グロンソル**（*glongsor*）、すなわち完全な土地無しで、しばしば移住民や新参者から成る（Koentjaraningrat 1985, 187–193）[*13]。

村役人がティヤン・バクと別個の階層なのかは、疑問の余地がある。なぜなら、彼らの出自はほとんどつねにティヤン・バクの身分だからである。人数がもっと多いグループである零細土地所有者や土地無しが、なぜ結束して彼らの一員を村役人に選出しないのか、その理由は複雑だ。そのなかには、儀礼を通じて強化されるティヤン・バクへの敬意、村役人（とくに村長）の地位が父から息子へと継承される傾向、ふつうの村人が自由に投票することを阻む経済的従属関係、高額な選挙戦費用などが含まれる。

たいていの村でチャカル・バカルは、森を切り開きその地域に住み着いた最初の農民と見なされている。村によっては、草分けとなった祖先は古代の王族の一員で、宮廷を去って騎士や隠者として流浪した後、最後に村に落ち着いたと主張している。さらに別の村、とくにジャワ島北海岸の村々では、草分けはイスラームの聖者またはその他の宗教的先達だと主張するところもある。

チャカル・バカルの墓は、村じゅうで崇拝されている。特定の儀式の際にその墓には供え物が捧げられ、祭祀の実行においてはティヤン・バクが重要な役割を演じる。神聖な墓のことをジャワ人はププンデン（*pepunden*）と呼ぶ。チャカル・バカル以外の者の墓もププンデンとして崇められることがある。クンチャラニングラットは、逝去した著名な村落指導者、有名なワヤン（*wayang*：影絵芝居）の人形使い、ガムラン奏者、村の伝統療法治療師（ドゥクン：*dukun*）、宗教指導者（キヤイ：*kyai*）の墓もププンデンとして崇拝の対象になることがあると指摘している。それどころか、悪名高い犯罪者や、人気抜群だった踊り子、はては娼婦でさえその墓がププンデンとなることがある（Koentjaraningrat 1985, 331）。カジャールは二つのエリート集団、すなわちティヤン・バクに属するメンバーから成る農業エリート集団と、村の鍛冶屋の始祖たちの子孫である別個の鍛冶業エリート集団が併存している点で興味深い。ティヤン・バクはみなカジャールⅠ〜Ⅲの三集落に住んでいることから、この地区に村人が最初に定住し、北部の他地区には後からの移住者が住み着いたように思われる。三つのカジャール集落のドゥクー（集落長）はみなティヤン・バクのメンバーであり、サストロ夫人も最も有力なティヤン・バクの一族の出身である。ティヤン・バクの一族は農業が自分たちの本業と見なしているが、近年になって鍛冶業の原材料や製品である用具類の商売を始めた者もある。

二つ目のエリート集団は、一九二〇年代に鍛冶業を始めたと言われるグノカルヨ（Gunokaryo）とカサン・イクサン（Kasan Ikhsan）という二人の鍛冶職人の子孫たちである。村のすべての鍛冶職人、とりわけウンプや自分も作業をするプラペン所有者たちは、これら二人の子孫であると主張している。

死者を鉄製用具や鉄の塊の一式とともに埋葬したカジャールの古代人たちと、現代のカジャールの鍛冶職人たちのあいだには、あるいは何かのつながりがあるのかもしれない。もしそうだとしても、そのつながりはいつしか失われたのだ。村に口述で伝わる歴史によれば、鍛冶業の起源は二人の鍛冶職人が来住したことに帰せられる。最初に来たのは、クラテン県のバヤット村出身の、グノカルヨという名の男である。バヤット（Bayat）はカジャールの北西約一七ｋｍ（一〇・五マイル）の、ちょうど中ジャワ州との境界を越えたところにある。グノカルヨはバヤット村では鍛冶屋だったが、カジャールでは最初九年間農業労働者として働き、その後にプラペンの設立を決意した。この決意は、カサン・イクサンという名のもうひとりの移住鍛冶職人が、テモン（Temon）という村から来住したことに誘発されたのである。テモンは、カジャールの南東約一四ｋｍ（八・五マイル）にあり、ポンジョン（Ponjong）の町に近い[28]。グノカルヨは農具を作るふつうの鍛冶屋だったが、カサン・イクサンは刃文（パモール）細工に長けていて、クリスを作ることもできた。彼らは一緒にプラペンを設立することを決め、グノカルヨはバヤット村に戻って必要な設備を入手した。プラペンはカジャールⅠ集落にあるグノカルヨの屋敷地に建てられ、彼が所有者、そしてカサン・イクサンはその助手と見なされた。プラペンでは最初は農具だけを作ったが、数年後からカサン・イクサンはクリス作りの注文を受けるようになった。

グノカルヨとカサン・イクサンはともにカジャールの女性と結婚した。グノカルヨは四人の息子と一人の娘を授かった。息子たちはみな鍛冶職人になり、ついにはそれぞれが自分たちのプラペンを始めた。一人娘は結婚し、サストロスヨノ、ギトンガディ、パエランという三人の息子をもうけた。サストロスヨノ（サストロ氏）は、一九六〇年代に原材料と製造された用具の商人として頭角を現し、今では村で最大のウンプ・プダガンだ。パエランは若くして村役人になり、村長の娘と結婚した。そして義父が亡くなった後の一九七八年に自分が村長選に出馬して当選し、一九九〇年代に入ってもその地位を保った。ギトンガディは、兄や弟ほど目覚ましい成功はしなかったが、村の北部で大きな雑貨屋（ワルン）を営んでいる。このように、カランテンガー村の村長と最大のウンプ・プダガンは、鍛冶屋として働いたことはないにせよ、ともに村の最初の鍛冶屋の孫なのである。

カサン・イクサンの墓はグノカルヨの墓の近くにあり、同じように村人から崇拝されている。彼には二人の娘があり、いずれもカジャール出身のマルトディノモとカルヨディウォンソに嫁いだが、カサン・イクサンはこの二人を弟子に取った。彼は二人に刃文細工の難しい技を教え、カサン・イクサンの死後にこの二人が村のクリス製造の伝統を受け継いだ。マルトディノモとカルヨディウォンソはカサン・イクサンの娘婿であり実の息子ではないから、本当は鍛冶職人の血を受け継いでいるわけではない。しかし、村人たちはこの事実を度外視している。マルトディノモには一九七八年に何度かインタビューしたが、彼は一九八八年に高齢で亡くなった。一九三四年の発掘についてのカルヨディウォンソの物語は、すでに述べた。彼は一九九〇年代初めにも存命だったが、健康はすぐれなかった。すでに述べたように、彼はその鍛冶職人の技能を息子のいずれかに受け継がせようとしていた。彼の息子はもちろん、母親を通じてカサン・イクサンと血がつながっている。

パンチュラン山（Gunung Pancuran）は村の裏にある石灰岩の丘のひとつだが、ここが村の主要な墓地として使われている。チャカル・バカル（草分け）の墓など、古くて神聖な墓ほど、丘の頂上に近い場所に作られている。グノカルヨとカサン・イクサンの墓ができたために、チャカル・バカルたちの墓は重要性が薄れるに至った。これらの墓はたしかにププンデン（霊廟）と化し、当地に固有の俗信の的になっている。病気や不妊などの問題を抱えたり、運勢の好転を期待するとき、村人たちはこれらの墓に米や花の供え物を捧げる。村で調査中に私が目の病気にかかり、その治療が通常より少し長引いて二週間ほどになったとき、村人たちはその治療の方法についていろいろ提案を始めた。最初に彼らは、スンブル・カジャールの泉の水で目を洗い清めるよう提案した。これが目立った効能がないと分かると彼らは、パンチュラン山の頂きに詣でてグノカルヨとカサン・イクサンの墓にお供えをするよう提案したのだった。

## 祭式と儀礼

毎年、ジャワ暦の一月にあたるスロ（*Suro*）月の初日には、カジャールではウンプのスラマタン（*Selamatan Empu*）と呼ばれる重要な祭礼が行われる。[*14] これは、参加者がウンプに限られている点で、ふつうのジャワのスラマタンとは異なっている。[29] プラペンをもつウンプも、被用者のウンプもともにこれに参加するが、プラペンの他の労働者たちが参加することはない。原材料と製品を扱う商人も除かれる。祭の当日はすべてのウンプが正装し、村の一カ所に集合する。ジャワの男性の正装は、バティックの布で作ったサロン（腰巻）に長袖でハイネックの暗色をした上着、[30] そしてバティックの布を精巧に折り込んだ小さなターバン[31]から成る。可能であればクリスも装着する。どのウンプも、自家製の食物のお供えを盛った竹製の盆を祭典用に持参する。そしてすべてのウンプが縦一列になって厳粛に村を巡回し、最後はパンチュラン山の麓にたどり着く。それから彼らは丘に登り、グノカルヨとカサン・イクサンの墓に捧げ物を供える。丘を下りる前に彼らは、墓の傍らにとどまりしばし瞑想や祈禱を行う。私の知るかぎり、この祭典はカジャール村独特のものだが、スラマタン（共食儀礼）やニュカール（*nyekar*：墓参り）[32]のようなもっとありふれた祭式を想起させる要素も含まれている。

ジャワ式陰暦の二月にあたるサパル（*Sapar*）月の末には、鍛冶屋のスラマタン（*Selamatan Pandai Besi*）と呼ばれる、もうひとつの祭典が催されることもある。この祭典にはすべての鍛冶職人が参加し、いっそう華やいだ雰囲気でワヤンの上演やその他の娯楽が盛り込まれる。しかし、この祭典はそれほど重要ではなく、毎年行われるわけでもない。

ウンプのスラマタンと鍛冶屋のスラマタンに加え、カジャールの村人たちは手の込んだ型のブルシー・デサ

（*Bersih Desa*：村を浄める祭り）の祭典をも挙行する。カジャールでは丸一日を費やすこの祭典は、ジャワ暦の一一月に催される。私は、一九七八年六月三〇日にブルシー・デサ祭に参列したが、落花生と大豆の収穫の直後で村人の金回りが良かったので、この日の祭はとくに豪勢だった。その日のフィールドノートから若干抜粋すると、次のとおりだ。

先週は、ブルシー・デサ祭の準備と落花生や大豆の収穫で忙しかったので、プラペンでの活動はほとんどなかった。「ブルシー・デサ」とは、悪霊から村を浄めるという意味だ。祭の資金は、収穫物の販売で賄われる。（中略）村外に住んでいるカジャール出身者のほとんどが、家族や友人たちの目を引く明るい色の衣装を身に着け、バスやコルト（ミニバス）で帰省して祭に参加する。（中略）

今朝七時ごろ、私たちはアトモ氏（カジャールⅢの集落長）の家で行われたスラマタンに参加した。私以外の参加者はみな男性で、成人男性がいない世帯は少年や隣人が代理を務めていた。参加者はみなご飯とおかず（*lauk*）を持ち寄り、それらは部屋の中央に集められた。カウム（*kaum*：村の宗教役人）によるイスラーム式の祈りのあと、集落の最長老によるジャワ式の祈りが捧げられた。これに続いてアトモ氏の挨拶があり、そのなかでジョコ（調査の助手）と私が紹介され、私たちの調査の目的が説明された。その後、ごく少量の食事が行われ、残った食べ物は再分配されてそれぞれが家に持ち帰った。

朝のうちは、各集落で別々にスラマタンが行われ、午後には合同のスラマタンがサストロ邸にある吹き抜けの大広間（*pendopo*）で催された。スラマタンのあいだカウムは大広間後方の戸口に座って香を焚き、その煙の向こうから祈りを唱えた。三つのグヌンガン（*gunungan*：円錐形をした山盛り飯で供え物に使われる）が置かれていた。村長が挨拶を行い、アトモ氏から会計報告があった。彼は三つの集落の全部から祭りのご祝儀を集める役を務めていた。最後に、社会福祉担当の村役人［ハルトウトモ氏］が挨拶をした。

夕方近くには、レヨッグ[33]の演技が道路とサストロ邸の前庭で行われた。これはまず、怪物や道化師などの面をかぶった踊り手の一群の登場で始まった。ついでクダ・ルンピン（*kuda lumping*：竹で作られた平面状の馬の人形にまたがり恍惚状態になった踊り子のこと）の舞い手たちが現れた。最後に近衛兵（*perajurit kraton*：ジョクジャカルタの王宮の衛兵たち）のような衣装をまとった男性の一団が登場した。レヨッグには、他の村から来た者も含めて約二千人の観客が集まった。レヨッグの最中のあるときには、屋根の上に稲束を積んだ神輿が運ばれてきた。村人たちはこの稲を奪い合い、神輿の担ぎ手たちはそれを防ぐ仕草をした。この稲を少しでも奪い取ることができた者は誰でも、次の年に稲の豊作に恵まれるという信仰があるのだ。演技の後にレヨッグの踊り手たちは列を作って各集落を順に訪れ、食べ物の供え物を持ち帰った。サストロ邸の庭や近くの道路では、一日中玩具や風船、みかん、安価な装身具などが（露天商たちにより）売られていた。サストロ氏は妻の店のなかにほぼ終日ひとりで座っており、祭には参加しなかった。夜には費用のかかるワヤン・クリット[34]やガムランの上演がサストロ邸の大広間で催された。この演し物のために、ジョクジャカルタから有名な人形遣い（ダラン）が雇われてやって来た。

祭全体の費用はおよそ一四万ルピア[35]だったが、そのうちワヤンの上演だけで九万ルピアかかった。アトモ氏は各世帯から約五〇〇ルピアずつ集めてその費用に充てた。カジャールのブルシー・デサが割合豪勢なのは、近隣の村々よりも住民が裕福な証だと言われている。

ジャワのたいていの村では、ブルシー・デサ祭と同じ日に草分け（チャカル・バカル）の墓が参詣される（Koentjaraningrat 1985, 375-376）が、カジャールではこれは行われない。

干ばつの年には、雨乞いを目的とする特別な儀式がスンブル・カジャールで執り行われる。この儀式はもう少しイスラーム色が濃いようで、ブルディキル（*berdikir*）[36]つまり儀礼上の決まり文句を繰り返し詠唱することが含まれている。*15 この儀式は、村全体のために村の首長たち（村長と集落長）が執り行う。首長たちは晩に集まり、カウムつまり村のイスラーム宗教役人に付き添われて、スンブル・カジャールに出かける。詠唱が始まり、翌朝まで途切れることなく続けられる。参加者たちは、初めはゆっくりと、しかし夜が更けるにつれてもっと速くまた荒々しく身体を左右に振る。ブルディキルの儀式が村の他の場所ではなくスンブル・カジャールで行われるひとつの理由は、雨と湧き水との連想である。しかし、もうひとつ別の理由もあるようだ。それは、スンブル・カジャールの近くにたくさん生えている水生植物の一種が、風とともに前後に激しく揺れるからだ。この植物は、前後に揺れることを意味するジャワ語の語彙クカジャール（*kekajar*）にちなんでカジャールと名づけられている。村の名前も元来この植物に由来するのだ。

個々の鍛冶職人たちが行うその他の儀礼も存在する。（五日で一巡する）ジャワ暦の週の初日であるルギ（*Legi*）の日に、プラペン所有者たちは金床に小さな供え物をする。このような供え物を、ジャワ語ではサジェン（*sajen*）と呼ぶ。新しいプラペンを建てると、所有者は同じ集落の他の鍛冶職人たちを招いてスラマタンを催さなければならない。そのようなスラマタンを行わないと、事故や不運が労働者たちに降りかかるおそれがあると考えられている。

マルトディノモとカルヨディウォンソがまだクリスを作っていたころ、二人は義父であるカサン・イクサンから教えられた多くの儀式を行っていた。マルトディノモによれば、カサン・イクサンは一種のジャワ神秘主義であるイルム・クバティナン（*ilmu kebatinan*）に通じていた。イルム・クバティナンとは文字どおりには「内なる自己の科学」を意味し、霊力と人生の意味への洞察を深めるための、主としてヒンドゥー教・仏教に起源をもつ一連の修行から成り立っている。都市部では、イルム・クバティナンの実践者たちはふつうアリラン・クバティナン（*aliran kebatinan*：アリランは「流れ」の意）[37]と総称される公式のグループのメンバーになっている。これら公式のグループは、宗教哲学を論じたり瞑想を行うために定期的に会合を行う。多くの場合グループは、精神的な指導を行う教師やリーダー（*guru, panuntun*）に率いられている。農村部では、公的な組織の形をとった集団はほとんど存在せず、イルム・クバティナンと、より広く普及しているアバンガン的信仰や習慣とのあいだにはっきりした線引きを行うのは難しい。[38]カサン・イクサンはイルム・クバティナンに通じていたと言うことによって、彼がただの村人ではなく、他の者とは異なる霊力と洞察の持ち主だったという考えを、マルトディノトは表明したかったのだ。

カサン・イクサンが義理の息子たちに執り行うよう教えた儀式の多くは、スロ月のあいだに催される。カサン・イクサンは、どのクリスもスロ月の初めに作り始め、そして翌年のスロ月の初めに完成しなくてはならないと教えた。そのため、顧客は発注してから受け取るまで少なくとも一年間待たなければならない。スロ月の初めはウンプのスラマタンが行われる日でもあるから、クリス作りはおそらくこの重要な儀式の後に始められたのだろう。マルトディノとカルヨディウォンソは、最盛期にはそれぞれ一年に八～一〇本のクリスの注文を受けた。これらのクリス作りにかかる前に、彼らはまず三日間断食を行った。それからささやかなスラマタンが催され、炭火で焼いた鶏肉、米飯、ココナツ入りの飯から成る供え物も捧げられた。このスラマタンの目的は、鍛造のあいだクリスを害悪から守ることだった。クリスのためにスラマタンを催すということは、それらが生き物と見なされたことを示している。生まれてくる子供と同じように、彼らは起こりうる害悪から守られねばならないのだ。クリスのためのスラマタンに続いて、ブロコハン（*brokohan*）またはモン・モン（*mong-mong*：「護り育む」という意味の語 *among-among* に由来する）[39]と呼ばれるもうひとつのささやかな儀式が行われた。この儀式は、クリスの刀鍛冶を悪霊から守る一種の個人的スラマタンであった。カサン・イクサンは、ソロ月の全期間が刀鍛冶にとって神聖であると教えた。この月のあいだ、職人たちはあらゆる動物の殺生を控えなくてはならない。最初の三日間の断食以降も、この月のうちは毎月曜日と木曜日は断食を続けなくてはならない。この月のあいだ、彼らは神にいっそう近づかなければならない（ブルバクティ *berbakti*

またはブルタクア *bertaqua*）。また、使用する鉄のなかに存在する精霊（*roh*）とも親密にならなくてはならない。もしこの精霊と親密にならなかったら、作業中に事故に遭ったり、失明したり、麻痺状態になったり、重病になったり、発狂したり、それどころか急死することもありうる。スロ月にはどのクリスにも予備的な鍛造が加えられ、そのあいだに鍛冶職人はクリスの最終的な形状を決定する。鉄のなかから霊力や刃文が出現するように、この予備的鍛造のあいだも彼は祈りを捧げ続ける。

スロ月の各儀式を済ませた後、クリス作りは一年の残り期間断続的に行われる。カジャールの刀鍛冶はクリス作りだけを行うのではなく、この仕事をつねにふつうの農具製造と組み合わせており、実際にクリス製造に費やす時間は割合に少ない。翌年のスロ月にはまた別に、クリスの仕上げと神聖化に関連した一群の儀式が催される。初めにクリスはすべて三日間硫黄の液（*larutan belerang*）に浸され、さらに次の三日間はライムの果汁（*air jeruk*）に浸される。こうしてクリスはくまなく白色に変わる。最後にヒ素の液（*warangan*）にクリスをくぐらせることによって、刀の峰にあたる鉄の部分は黒くなるが、ニッケルを含んだ鉄から成る刃先の部分は白いままに残る。これは劇的な瞬間である。刃文の模様が、このとき初めて肉眼で見えるようになるからだ。けれどもマルトディノモ氏によれば、イルム・クバティナンの術を使うことにより、クリス職人には刃文の模様がこれよりずっと前から感得できるのだそうである。ヒ素の溶液にくぐらせる作業には、クリスの刃を注文した者も招いた儀式が伴う。他の村人たちが、非公式の観客として加わることもある。この儀式は刀鍛冶が執り行い、彼はクリスを液にくぐらせながら穏やかに祈りを唱える。次いで、クリスの安全のために、もうひとつのささやかなスラマタンが行われる。その日のうちにクリスには、すでに買いそろえておいた柄と鞘が取り付けられる。

## 二〇世紀の鍛冶産業史

ジャワの村人たちは、目立つ出来事や時代の系列によって彼らの歴史を記録している。そのため、村人たちは自分たちが生まれた年を知らないかもしれないが、それが「日本時代」(*jaman Jepang*) つまり日本による占領期よりも前か後かは知っていることだろう。カジャールの村人が目印に使うのは、次の出来事と時代である。

・最初の降灰 (*hujan abu pertama*):バリ島とロンボク島の東にあるスンバワ島のタンボラ (Tambora) 火山の噴火 (一八一五年) による降灰。この噴火は、記録に残る最も大きな自然の爆発だった。
・第二の降灰 (*hujan abu kedua*):ジャワ島の西側でのクラカタウ (Krakatau) 火山の爆発 (一八八三年) による降灰。
・第三の降灰 (*hujan abu ketiga*):一九一二年に起きたもうひとつの大がかりな降灰。
・オランダ時代 (*jaman londo*):一九四二年以前の時期。
・日本時代 (*jaman Jepang*):一九四二―四五年の日本による占領の時期。
・旧秩序の時代 (*jaman orde lama*):一九四五~一九六五年の故スカルノ大統領の政権期。
・第一次「軍事衝突」の時代 (*jaman "clash" pertama*):オランダによる一九四八年のジョクジャカルタ侵攻。
・第二次「軍事衝突」の時代 (*jaman "clash" kedua*):インドネシア軍部隊による一九四九年のジョクジャカルタ奪回。[40]
・ガブルの時代 (*jaman gaber*):一九六二―六三年の飢饉。
・第四の降灰 (*hujan abu keempat*):バリ島のアグン山 (Gunung Agung) の噴火による降灰。

・ゲストック（九月三〇日事件）の時代（*jaman Gestok*）：多くの村人が殺された一九六五―六六年の政治的動乱。[41]
・新秩序の時代（*jaman orde baru*）：一九六七年に始まり一九九二年現在継続しているスハルト大統領の政権期。

村人の数え方では、グノカルヨが彼のプラペンを建てたのは、オランダ時代の第三の降灰の後だった。彼はプラペンをカジャールI集落に建て、鍛冶業は他のカジャール集落にも徐々に広がっていった。一九三五年までにはいくつかのプラペンができ、その数は一〇未満だったが、結社を作るには十分だった。この結社は、村に運び込まれる原材料の積荷を押収するためにカジャールの外の道路脇で待ち構えている悪徳警官どもに対する防衛手段を講じるのを目的にしていた。押収はいつも製品の配達が終わり代金の支払いが済んだ後で行われたため、損失は商人ではなくプラペン所有者にのしかかった。ときに警官たちは押収した原材料をジョクジャカルタで転売することもあった。しかし警官たちは、彼らが（「賠償」を意味する英語の restitution を借用して）レスティトゥシ（*restitusi*）と呼ぶ高額な賄賂を請求した後で原材料をプラペン所有者に返還する、という手口を使うことの方が多かった。[42] もしプラペン所有者たちが別々に原材料を村に運び込んだら、「賠償金」支払いの負担は過大であった。しかし、積荷をひとつにまとめることによって、彼らはこの負担を軽減することができた。依然「賠償金」の支払いを強いられたとはいえ、結社を通じてその単価を値切り、メンバーの利益に及ぶ損失を減らすことができたのである。この「賠償金」支払い問題が過去の話になっていればよいのだが、残念ながらそれは今日でも続いている。

一九四二年にカジャールには、占領日本軍という形の災難が降りかかった。カジャールに鍛冶屋がいるのを見つけると、兵士たちは彼らに武器を製造するよう要求した。日本兵たちは、押収した農具やその他の屑鉄など大量の貨物を原材料として使うために村へ運び込み、銃剣などの武器を模造の見本として提供した。ひどく怯えた鍛冶職人たちは、その要求に従った。日本はもっとたくさんのプラペンを建てるよう要求し、これらのプラペンで働くよう人々を訓練することをグノカルヨとカサン・イクサンに命じた。こうして鍛冶業は強制的に拡張され、プラペンは一七カ所にまで増えた。

占領の末期に日本は政策を逆転させ、カジャールの村人の扱いにおいてもそれまでよりいくらか人道的になった。インドネシアでは食料生産が激減したため、日本人は自分たちの部隊の食料確保にも困るようになった。食料減産の原因のひとつは、農村地域における農具の不足だった。そのため、日本人はカジャールの鍛冶屋たちにまた農具を作り始めるよう命じて、原材料として使うよう壊れた武器類の山を持ち込んだ。職人たちには訓練と誘因も提供された。例えば、もし日本人が新型の農具を模造するよう持ち込むと、最良の模造品を作った職人には報賞が与えられた。職人たちはペルパリ（ＰＥＲＰＡＲＩ）と呼ばれる協同組合に組織され、作った農具にはみな固定相場で代金が支払われた。農具は農民が多い地域へと投入されたのである。

日本による占領の経験は恐ろしかったが、ある意味でカジャールの鍛冶屋たちはそれから恩恵も受けた。プラペンと鍛冶職人の数は増加し、占領が終わった後も減ることがなかった。新製品の模造を強いられたおかげで、職人たちは彼らの技能を高め、その幅を広げた。今日でもカジャールの鍛冶屋たちは、彼らの成功の多くが、買い手が注文したがる物は何でも模造するこの能力の賜物だと言う。最も重要なのは、ヨーロッパから輸入した棒鉄よりも屑鉄を使う方が安上がりに用具を作れるのを学んだことだ。これは、壊れた船から出た鉄板や放棄された鉄道建設計画から放出されたレールなど戦争自体から生まれた安価な屑鉄が大量に得られた戦後の数年間、彼らをたいへん有利な状態に導いた。戦時中に止まったヨーロッパ製棒鉄の輸入は、その後も再開されることはなかった。

日本の占領は、チークの木から作られる木炭の供給と価格に悪影響を及ぼしたかもしれない。ジャワのあちこちで日本はチーク林へ通じる鉄道を敷き、チークの木々を伐採し始めた。グヌン・キドゥルは最も深刻な影響を受けた地域の一つだった。チーク材は港湾拡張などインドネシアでの建設事業に使われ、一部は日本へ輸出された。[*16] スカルノ大統領の旧秩序政権下で、カジャールの鍛冶業はゆっくりと拡大を続けた。鍛冶職人の息子たちは成長して結婚し、自分たちのプラペンを開き始めた。賠償金の問題は引き続き村人を苦しめたが、それには警察と軍人の両方が加担していた。このころのある時期に、まだとても若かったサストロ氏が原材料の商売を始めた。村内で彼が急速に権力の座に登ったのは、彼の商才とともに、悪徳役人どもとの交渉能力に負うところが大きいようだ。

賠償金問題に対処するため、一九六二年に鍛冶業協同組合が設立された。カジャールの鍛冶屋たちは大型の農具を作るので、鉄道のレールとチーク材の販売は政府が独占権をもつことを知る必要がある。賠償金問題を理解するには、鉄道のレール鉄道のレールを原材料に用いるのを好む。彼らが使うレールは、現行の鉄道路線ではなく、植民地期か日本軍占領期に開始され未完に終わった鉄道建設計画に由来するものなのだ。ときには、オランダ時代に圃場から製糖工場へのサトウキビの運搬に使われたが、今では多くが使われなくなった軽便軌道（ロリ *lori* またはレリ *leri* と呼ばれる）のレールが来ることもある。法律上これらのレールは、買い手に販売証明書を支給する官営鉄道会社（Perusahaan Jawatan Kereta Api：略称ＰＪＫＡ）という名の国有企業を通じて入手しなければならない。しかし、この会社からレールを買うには許可証が必要だ。カジャールの鍛冶屋たちはそれぞれが何年ものあいだ許可証の交付を申請したが、いつも却下された。会社が大口の販売にしか関心がないのは明らかだった。レールを合法的に入手できないので鍛冶屋たちは、自由市場で商人が売っている、おそらくは使われなくなった線路から盗んできた非合法のレールを買うことを余儀なくされた。カジャールの鍛冶屋を長年食い物にしてきた役人どもは、この問題を承知していて、ＰＪＫＡ社の販売証明書がないことを押収の口実にしたのである。

同じような状況が木炭についても横行していた。カジャールの鍛冶屋たちは、ときには他の木から作られた木炭も使うが、チークの木から作られた木炭の方をはるかに好む。チーク林はすべて政府の所有なので、林業省だけがチークの樹を伐採して競売にかける権利をもっている。林業省はこれを、インドネシア国営林業公社（Perusahaan Hutan

Negara Indonesia：略称 PERHUTANI）という名の国有企業を通じて行う。チークはふつう木彫職人や家具製造業者に売られるので、その競売価格は非常に高い。炭焼き業者には、この競売価格を支払う余裕はない。彼らの製品は安価だからだ。チーク製木炭には、炭焼き業者が入場券を買って国有チーク林に立ち入り収集した小枝や切り株から作られる合法のものもある。にもかかわらず、林業省の腐敗した役人たちは、チーク製木炭はみな疑わしく、押収の対象になるという態度をとってきた。ここでもまた、木炭を押収する役人は実のところそれを保管することなど関心がない。それはほとんどつねに、賠償金を支払った後プラペン所有者に返還されるのである。

一九六二年に鍛冶屋たちは、もし彼らが協同組合を結成し協同組合省に登録すれば、レールを合法的に購入する許可証を与えるようにしよう、という意向を政府から伝えられた。これは実行に移され、サストロ氏、パエラン氏、ハルトウトモ氏の三人が協同組合の指導者に選ばれた。組合の役員は、現在までこの三人が交代で務めているが、サストロ氏は組合長よりも財務担当役員（*bendahara*）の地位の方を好んだ。しかし、パエランもハルトウトモも原材料や製品の売買には関わっていないので、事実上はサストロ氏がつねに組合長の役を果たしてきたと言ってもよい。一九六九年に組合は「相互扶助鍛冶屋協同組合」（Koperasi Kerajinan Pande Besi Gotong Royong）という名前で法人格を取得した。それ以来、政府のカジャールの鍛冶屋たちへの支援はすべてこの協同組合を通じて行われてきた。

協同組合の事業とサストロ氏の個人的事業を切り離して考えるのは難しいし、おそらく不可能だろう。組合の主な活動は、大量の原材料の購入とそのプラペン所有者への掛け売りによる供給である。この掛け売りを受け入れたプラペン所有者は、彼らの製品の販売を協同組合に委ねることを義務づけられる。もちろんこれは、サストロ氏が商人として自分の事業を運営する方法そのものである。プラペン所有者はすべて正式に協同組合員であり毎月組合費を払い込んでいるが、この組合費は原材料購入に使われる運転資本のほんの一部を成しているに過ぎない。ふつう屑鉄の形で政府が協同組合に行う寄付も、若干の追加的資本になった。しかしこれは、組合設立後の三〇年間にわずか数回起きたに過ぎない。それゆえ、協同組合が使う運転資本の大半はサストロ氏からの「借り入れ」であるようだ。同様に、サストロ氏のもつ車両は、原材料の購入と製品の配達のため組合に「賃貸し」されている。彼の倉庫も、組合が購入した原材料と販売が組合に委ねられた製品の保管場所として「借用」されている。協同組合創設時には、サストロ氏の自宅がその本部の役を果たした。後には、彼の倉庫の一室が組合の事務所として使うために改装された。

組合名義での購入と販売は、すべて村から離れたところで行われ、サストロ氏と彼が雇った運転手たちに管理されているため、組合員たちが売買の値段を知ることはできない。自分の名義であれ組合名義であれ、サストロ氏が購入し供給する鉄や木炭には隠された利子が上乗せされているのではないかと、組合員たちは疑っているが、これを証明する手立てはない。サストロ氏が自分の名義で販売する製品によって個人的利益を得ていることを彼らは知っているが、もちろんこれは、商人としての彼の権利だ。しかし彼らは、組合に帰属する製品の販売によって得られた利益の全体からも氏がいくらか個人的利益をくすねているのではないか、という疑いを抱いている。つまり、組合名義で記帳された利益は、本当の利益の全額ではないという疑惑である。しかしここでも、これを証明（あるいは反証）する方法はない。

サストロ氏に協同組合の財務について話しかけることは、防衛的な反応を引き起こす。自分個人の取引と組合の取引は厳格に区別している、と彼は主張する。これは、真実かもしれない。財務担当役員として、サストロ氏は組合独自の帳簿一式を整えており、組合員が集まるときにはいつもそれらを提示する。これらの帳簿の数字に公然と疑義を唱える者はいない。けれども、私的な会話では、プラペン所有者たちは協同組合とその財務について皮肉たっぷりに語る。この皮肉はサストロ氏の地位への嫉妬が影響しているので、それがどこまで正当なものか私には断定することができなかった。

組合の結成後じきに、一九六二―六三年の干ばつとネズミの来襲という災害が続き、一九六三年末の数カ月にわたる深刻な飢饉（*jaman gaber*）をもたらした。この農業部門の壊滅が、回り回ってプラペンの数を約五〇にまで急増させることになった。食料を買うために人々は、農業以外の収入源を探すことを余儀なくされたからである。[*17]

カジャールでは「ゲスタプの時代[43]」として知られている一九六五―六六年の時期に、天災がふたたびグヌン・キドゥルを襲った。グヌン・キドゥルは昔も今もアバンガン的文化が濃厚な地域で、イスラーム教が全面的に浸透したことはなく、イスラーム以前の信仰と儀礼が優勢である。カジャールには村のモスクは無く、イスラームの祭礼や祝日は、先ほど述べたアバンガン的祭礼や祝日と同等の重要性を認められていない。村役場にはイスラーム宗教役人（カウム）がいるが、彼の影響力は限られているようだ。一九六六年に陸軍とイスラーム系青年組織が協働して農村地域の共産主義者の抹殺を図ったときには、カジャールも含めてグヌン・キドゥルの全域が疑惑の的となった。ハルト氏[44]によれば、カジャールにはある陸軍軍曹がナフダトゥル・ウラマ（Nahdlatul Ulama：伝統主義のイスラーム組織）の青年組織[45]のメンバーたちと一緒に繰り返し訪れ、処刑のために生け贄を差し出すよう要求した。ハルト氏は一貫して、村には共産主義者はひとりもいないと否定し、そのために人命の喪失は比較的わずかで済んだ。ハルト氏によれば、彼がこの難しい時期に村人を守ったことが感謝されており、以来そのために村人は彼を村役場の社会福祉担当責任者に選ぶようになった。

ゲスタプの時代の後には、スハルト大統領の新秩序政権が経済の安定化に成功するまで激しいインフレの時期が続いた。通貨切り下げと結びついたインフレは、インドネシアの至る所で、未熟な協同組合に悪影響を及ぼした。組合費や貯金の形で協同組合が集めた基金をほとんど無価値にしてしまったからである。カジャールの協同組合もおそらく同様であり、もしサストロ氏が自分個人の営業資本を注入してその存続を図らなかったら、壊滅寸前の状態になっていたことだろう。

鍛冶業は一九七二年ごろからふたたび拡大を始めた。村人によれば、一九六〇年代初期の拡大は農業部門の問題に起因したが、一九七〇年代の拡大は市場の改善によるものだった。低地地域で始まった緑の革命が農具への需要を拡大させ、農民が農具を購入するのに必要な所得も増加させた。同時に交通の改善により、商人がカジャールやウォノサリの市場以外へ働きに出て、農具をより広い地域に売りさばくことができるようになった。このように、「プッシュ」と「プル」の双方の要因が、時期は違うにせよ、ともに働いて鍛冶業の拡大をもたらしたようだ。

インドネシア政府は、ジャワとバリの人口過密で貧困化した地域の村人が、外島の低人口密度地域へ「島嶼間移住」(transmigrate) するのを支援する計画を長年続けてきた。移住先となる地域はふつう、スマトラの南部と西部、カリマンタン（ボルネオ）の南部と東部、スラウェシの南東と南西に突き出た地域だったが、最近は西イリアン（ニューギニア）[46]が移住先地域の一覧表に加えられた。どの移民家族にも、新境地で生活を再建するのに必要な基本的生活物資が供給されたが、そのなかには新しい農具一式も含まれていた。

一九七〇年代初頭、サストロ氏はスマラン市（中部ジャワ）で二、三の農具販売業者を得意先 (*langganan*) とする取引関係を確立するのに成功した。これら販売業者の一人は華人系インドネシア人で、島嶼間移住プログラムのために継続的に農具を供給する大口の契約をつかんでいた。彼はこの事業のかなりの部分をサストロ氏に流し、サストロ氏はそれを彼の配下のプラペン所有者たちに割り当てた。この契約がサストロ氏の事業と、ひいてはカジャールの鍛冶業全体が拡大する起爆薬となったのである。

しかし一九七六年に、サストロ氏は大打撃を被ることになった。彼の華人の得意先が、買い付けの商用旅行の途中でカジャールを訪れ、くつろいで行きたいという口実でサストロ氏の自宅に三泊した。彼は毎晩ひとりで村じゅうを散策した。得意先がスマランに帰った後、彼は夜の散歩のあいだ村の若い鍛冶職人たちの多くを引き抜いて雇うことに忙しかったのだということに、サストロ氏は気がついた。彼は職人たちに、カジャールで稼いでいるよりも倍近い賃金を払うから、彼がスマランに建設中の新しい最終加工工場で働かないかと持ちかけたのである。一九七六年にスマランへ出かけた労働者の推定人数は、三〇人から一〇〇人まで大きな幅がある。プラペンでの元来の仕事が何であれ、彼らはスマランではたいてい仕上げ工として雇われた。多くは独身の男たちだったが、なかには家族を残して出稼ぎに行った者もある。その後に戻って来た者はほとんどおらず、大多数が村からの永続的転出者となった。彼らの新しい雇い主は、彼らを厚遇し高い賃金を払ったようである。年に二回、雇い主は彼らを里帰りさせるためにバス一台を借り上げたので、彼らは数日間家族と過ごすことができた。

自前の工場を建てる前は、この華人の得意先はサストロ氏から最終製品だけを仕入れていたが、それ以後は半完成品を安い価格で要求するようになった。最終製品を売る前に、彼は自社の商標を貼り付けた。トゥラガ・マス（Telaga Mas：黄金の池）という彼の商標は、今ではインドネシアで最もよく知られたもののひとつになっている。たぶん、彼に製品を供給している鍛冶業村落はカジャールだけではなかった。サストロ氏は華人の得意先にひどく裏切られたと感じたにもかかわらず、彼らのあいだの事業提携を打ち切ることはしなかった。半完成品の供給からサストロ氏が手にする単品あたりの利益は最終製品の場合よりも間違いなく少ないが、この華人は彼の最大の顧客のひとりであり続けている。サストロ氏は島嶼間移住省の購買事務所が、村の鍛冶屋から直接購入するよりも主に華人から成る都市の販売業者から農具の調達を行っていることに大きな不満を抱いている。彼はカジャールの協同組合のために工業省が島嶼間移住省に干渉することを求めたが、徒労に終わった。

緑の革命が可能にした稲作集約化プログラムと島嶼間移住プログラムは、いずれも政府の支援する開発施策である。市場の需要を刺激してカジャールに顕著な「プル」効果をもたらすのにこれらのプログラムが果たした役割は大きかったから、間接的とはいえ、カジャールは政府の開発施策から利益を受けたと言って間違いない。しかし、各種政府機関がカジャールで実施した直接的介入策はあまり成功しなかった。カジャールで最も活発に動いた政府機関は、ウォノサリにある工業省と協同組合省の出先機関だった。これらの機関の地元の役人たちは、カジャールにおける鍛冶業の拡大を自分たちの手柄にしたがるが、この主張を支持する証拠はほとんどない。カジャールで実施された介入策は、最良の場合でもわずかばかりの積極的効果を及ぼしたに過ぎない。最悪の場合、それらは村のなかの階層化の過程を激化させた。

問題を処理できる新しい仲介業者の階層が出現したため、鉄道のレールに関するレスティトゥシの問題はもはや存在しない。それは、村の鍛冶屋に金属を供給する都市の大型屑鉄置き場の所有者たちだ。これら仲介業者には、華人もいればプリブミ（マレー系種族）[47]もいる。これらの仲介業者は官営鉄道会社（ＰＪＫＡ）からレールを購入する許可証をもち、押収を避けるために必要な文書類を村の鍛冶屋たちに提供する。しかしチーク製の木炭に関する問題は、相変わらず深刻だ。私が初めてカジャールを訪れた一九七八年には、サストロ氏と協同組合は、木炭の積み荷だけで三五万ルピアもの損失を被った。[48]一九九一年にサストロ氏宅で開かれたプラペン所有者約一五人との会合の際、私の質問に対して彼らは、木炭のために依然レスティトゥシの支払いを強要されていると認めた。

## 有力派閥

二〇世紀の最後の三分の一の期間、七人の人間がカジャールの社会、政治、経済生活を支配した。そのうち六人は村のカジャール集落地区に住み、近縁の関係だった。すなわち、サストロ氏、サストロ夫人、パエラン氏、ハルト（ハルトウトモ）氏、アトモ（アトモスマルト）氏、そしてハルジョ（ハルジョパウィロ）氏である。カジャールでの個人的地位は、これら有力派閥のメンバーからの社会的距離によるところが大きい。これら六人と親戚関係にない七番目の人物は、村のクドゥン集落地区で最大のプラペン所有者であるプジョ（プジョサルトノ）氏だった。

サストロ氏は、身長も体型も平均的な、ありふれた感じのジャワ人男性だ。彼の服装はシャツと半ズボンの質素なもので、外見や振る舞いにはカジャールの他の村人から彼を区別するものがない。公の会合では目立たないことを好み、会話の大部分を他の者たちに任せている。他の村人たちからはサストロ氏について多くの物語を耳にし、そのなかには奇想天外に近いものまで含まれるのだが、彼自身が自分やその業績について語ることはめったにない。語るとしても、それらの業績を軽視する傾向がある。彼の財産や富、村の行事や改善計画への財政的貢献などについて述べるよう求めても、彼はいつもそれらを過小評価する。これは部分的には、謙譲を尊び自慢話を忌み嫌うジャワの文化に帰せられる。しかしまたおそらく、村における彼の立場についての現実主義的な評価にもよるのである。彼は非常に尊敬されているが、同時にかなりの恨みも買っているからだ。

サストロ氏の母はグノカルヨの一人娘、イマン・タニである。彼の父は農民で鍛冶職人ではなかった。サストロ氏も兄弟のパエラン氏も鍛冶職人として働いた経験はない。サストロ氏は婚期を迎えるにあたり、村で最も目立つ草分け（*cakal bakal*）の家族のひとつから娘を妻に選んだ。サストロ夫人は結婚する際、彼らが長年にわたり居住している屋敷地と家屋を含め、相当な量の相続財産を持参した。カジャールの村人は妻方居住を慣例としており、サストロ氏は結婚後にカジャールI集落からカジャールIII集落に引っ越した。サストロ夫人の屋敷地と家屋は、サストロ氏の成功に重要な役割を果たした。なぜなら、あらゆる種類の村への訪問者（買付商人、供給業者、役人、開発機関の代表者など）は、まず最初にサストロ邸に立ち寄り、用件を説明するからだ。そのため彼は、他の村人が耳にするより先に新しいチャンスをつかむ立場に恵まれることが多いのである。

サストロ氏と兄弟のパエラン氏は一九六〇年ごろ、二人ともまだ二〇歳台初めで頭角を現した。この年にパエランは初めて村役人になり、同じころにサストロ氏は原材料と製品の売買を始めた。当初からサストロ氏は比較的大規模な取引を行い、商売に用いた創業資金の多くはおそらく妻から得たのである。

サストロ氏は自分を指すのに「商人」（プダガン：*pedagang*）という言葉を使わない。代わりに彼が使うのは、「企業家」(entrepreneur)と訳すのが最適な現代風インドネシア語のプングサハ(*pengusaha*)という用語である。彼の会話には、多くが英語起源のビジネス用語が散りばめられている。それらの用語を彼は、政府が後押しする研修コースや工業省の役人など外来者との会話のなかで身に着けた。多くのジャワ人同様、サストロ氏はかなり無口で控えめである。しかし、彼をいつもより快活で熱心に語らせる話題がひとつある。それは、新しい技術に関することだ。サストロ氏は、ディーゼル発電機、電動グラインダー、電動のフイゴ(ブロワー)、四輪自動車、テレビ、電灯、カメラを所有したカジャールで最初の人物だった。それはこれらの品物を購入する財力があったせいでもあり、また新しい技術や、その他彼が現代風と見なすあらゆるものへの彼の熱中のせいでもあった。

サストロ夫妻をめぐる一場面が私の印象に残っているが、それは他の村人たちと彼の関係の辛辣さを物語るものだ。一九七八年のある日の夕方、世帯別聞き取り調査を終えて帰るときに私はサストロ邸の脇を通り過ぎた。彼はそのころ村で最初のテレビ受像機を購入し、ジョクジャカルタのテレビ局の放送番組を視聴できるようになったばかりだった。農村電化計画はまだ始まっていなかったので、農村地域で使われた最初のテレビはバッテリーで動作していた。[49]サストロ夫妻は自宅でテレビを見ようとしたが、この新奇な装置を一目見ようと何百もの他の村人が、招かれてもいないのに彼らの家に押しかけた。とどのつまりサストロ氏は、憤然としながらテレビを、屋敷地の方へ外向きにして窓際に設置することを余儀なくされた。サストロ夫妻は、彼らの優越した地位とテレビの所有者であることの証として、屋敷地のテレビに直面する位置に置かれた二つの椅子に座ることを許された。残りの村人たちは彼らの背後の屋敷地に群がり、立ったままテレビを見物した。

有力派閥の第二のメンバーは、村の卓越した地主一族出身の可愛らしい女性である、サストロ夫人その人だ。夫と同じく彼女も商人で、米、砂糖、塩、小麦粉、灯油、食用油、紙巻きタバコ、マッチ、缶入りのビスケット、あめ玉、乾燥チップ、プラスチックとアルミ製のバケツ、ほうきなど、インドネシアの小さな田舎の店で見られるタイプの食品や乾物の販売に特化している。彼女は、村でいちばん大きな店舗（ワルン *warung* またはトコ *toko*）の所有者で、一九六五年に開店したこの店は、自宅の北側の道沿いにあり家屋とつながっている。サストロ夫人は来客に直接販売するとともに、村のカジャール集落地区とクドゥン集落地区に散在する他の多数の小店(ワルン)にも卸売を行う。これらの小店のうち六つはやや大きく、そのなかにはサストロ氏のもう一人の兄弟であるギトンガディ（Gitongadi）が所有する、村の北部の店も含まれる。他の約一五軒の店は、ごく小さい。サストロ夫人は、ウォノサリやジョクジャカルタへ定期的な買い出しに出かけるのに、サストロ氏の車両と運転手たちを使う。これらの車両を使えることが彼女に商売上の優位を与え、小売と卸売の両方に携わるのを可能にした。もちろん他の小店主たちもジョクジャカルタやウォノサリへ買い出しに出ることができるが、そのためには輸送手段を賃借りしなければならず、そのためには、最低でもサストロ夫人から仕入れた場合に彼女が課してくる隠された利子と同じくらい大きな出費を覚悟しなければならない。サストロ夫人は卸売、小売のどちらの顧客にも求めに応じて掛け売りをしており、村の誰もがサストロ夫人の店にいつも借りがあると皆が口を揃える。彼女が小売の顧客に掛け売りをする場合、購入する品物には五〜一〇％の価格が上乗せされる。

カジャールの他の女たちと同じように、サストロ夫人は彼女とサストロ氏が所有する農地の経営に主要な責任を負っている。彼女自身が農作業をすることはもちろんないが、多数の農業労働者を雇ってその監督にあたる。サストロ氏とサストロ夫人はそれぞれ、村の近辺のあちこちに散らばる多数の区画の農地を所有していることを考えると、これはかなりたいへんな仕事だ。村の土地台帳によると、サストロ氏は合計一・四七ヘクタールの屋敷地四区画と合計三・五一ヘクタールの別々の畑地九区画を所有している。一方サストロ夫人は、自分自身と両親名義の別の区画地を所有する。これに加えて、サストロ氏とサストロ夫人はそれぞれ年単位でいくつかの農地を賃借しているが、それは土地台帳には記録されていない。とくに隣村で賃借しているいくつかの農地は、おそらく刈分小作に転貸されているが、その場合はサストロ夫人がその管理にあたることはない。しかし、彼女が直接管理している区画もたくさんあるので、この仕事と商店経営の仕事のあいだで時間を割り振らねばならないのだ。サストロ夫妻は子宝に恵まれなかった。この悲劇は、ハルト氏が彼の子供のひとりでスラスティニ（Sulastini）という名のたいへん美しい少女をサストロ夫妻の養子に迎えるのを許したときに、いくぶん克服された。この少女はすでに成人し、自分の夫と娘をもつに至った。彼女は、サストロ夫人が商店を営み農業労働を監督するのを手伝っている。サストロ夫人は長年のあいだに他の数人の子供も引き取り、この子たちも店番や使い走りで夫人を助けた。彼らもやはり親類の子供たちだが、彼らの地位はスラスティニとまったく同等ではない。男の子の何人かは、成長すると運転手や製品の仕上げ工としてサストロ氏に雇われた。*18

有力派閥のもうひとりのメンバーはパエラン氏である。引き締まった体型とまっすぐな姿勢のおかげで、彼はいつまでも若いままという錯覚を起こさせる。一九四二年から一九七六年まで、カランテンガーの村長は、マングンハルジョ（Mangunharjo）という名の人物だった。パエランはマングンハルジョの娘と結婚することによって彼とよしみを通じ、村の振興係長（Kepala Bagian Makmuran）に任命された。[50] 義父が亡くなるまで彼はこの村役人の職を務め、その後は首尾良く村長に選出された。一九七八年から一九九〇年代に至るまで彼は村長職を務め、どうやら終身その地位を保ちそうだった。サストロ氏と同じく彼も控えめな人物で、あらゆる言動に注意深く、他より「モダン」な印象を与えることを好む。そのため、パエラン氏は選挙で選ばれた村長であるにもかかわらず、その村政運営の流儀は旧式というより新式である。サストロ氏が村の政治に直接関わらないのとちょうど同じように、パエラン氏が原材料や製品の商売に直接関与することはない。それでも彼は協同組合の三人の創設者のひとりであり、その指導部の役職のひとつをいつも務めていた。さらに彼は、外来者たちを協同組合に案内し、かつおそらくは彼らをライバルのプラペン所有者から遠ざけておく重要な門番の役割を果たしている。外来者が初めて村に足を踏み入れるときは、まず村長の役所か私邸に立ち寄り、用件を説明し村でその用件に携わる許可を求めるのが、インドネシアの慣例である。この慣例は、隣村から訪れる零細商人や農民には当てはまらない。それは、大手の買付商、政府官吏、調査を行う大学生、開発機関のために働く人々、そしてすべての外国人のように、一定の地位をもつ外来者に当てはまるのである。もしある外来者が村長の役所に立ち寄らないと、それは無礼と見なされ、村人たちは彼に話しかけるのを躊躇するだろう。会話が進み過ぎない前に、村長を訪れるよう誰かがそっと勧めるだろう。これが行われない場合は、村長を呼びにやることになるだろう。こうしてパエラン氏は、門番の役割を務めることにより、重要な外来者とカジャールの村人のあいだのやりとりの多くを統制している。

パエラン氏によれば、彼の主な収入源は農業である。村長としての彼は、給与の代わりに村役人に支給される村有地（*tanah bangkok*）のうち最も大きな部分の使用権をもっている。そのうえ彼と妻はそれぞれ、相続した農地と購入した農地をおそらくいくらか所有している。[*19] 表向きは認められていないが、パエラン氏とハルト氏はともに、協同組合の共同創設者および役員として、彼らの収入を増やすためにサストロ氏となんらかの利益配分の取り決めをしている可能性がある。こうして、原材料と製品の商取引に直接関与はしていないにもかかわらず、おそらく彼らはこの商活動からかなりの収入を確保しているのである。

ハルトウトモ氏は派閥の他のメンバーよりいくぶん年長であり、しばしば彼らに対する非公式の助言者として振舞う。サストロ夫人の兄である彼は、同じ有力な草分け村民の家系の出身だ。一九六一年から六五年まで彼は村の治安係長（Kepala Bagian Keamanan）を務めた。そして一九六六年には社会福祉係長（Kepala Bagian Sosial）に選出された。彼なりの事件の解釈によれば、ゲスタプの時代に彼は村を守った。一九七六年にマングンハルジョが亡くなったときからパエランが一九七八年に新しい村長の地位に就くまで、ハルト氏は村長代行をも務めた。

ハルト氏の人柄は、サストロ氏やパエラン氏よりもいくぶん古風なところがある。カジャールの大半の村民よりも彼は、ジョクジャカルタの宮廷、とくに在位四八年ののち一九八八年に亡くなったスルタン・ハメンクブウォノ九世[51]への強い結びつきを感じている。私的な会話のなかでハルト氏はしばしばスルタンに言及し、なぜスルタンが副大統領職を辞したのかといった事柄を推理してみせた。ハルト氏とハメンクブウォノ九世の結びつきについては、カジャールの村人たちがしばしば語る奇妙な物語がある。私は三回にわたり、この話を聞き書き取った。その最も完全な筋書きは次のとおりだ。

一九六二年にスルタン・ハメンクブウォノ九世はグヌン・キドゥルを巡行していた。一息つきたくなったスルタンは、カジャールに立ち寄ることを求めた。これは、ルギの火曜日（*Selasa Legi*、つまり五日が一週間になるジャワ暦の第一曜日に重なった火曜日）のできごとだった[52]。

その日の前の晩に、サストロ氏は夢を見た。夢のなかで彼は、姿が見えない魔法の声（*suara gaib*）が翌日に大事な来客がある、と告げるのを聞いた。その声は、もしサストロが金持ちになりたいのなら、このお客を軽食でもてなすべきだとも告げた。そして、客が帰った後の軽食の食べ残しは何でも保管しておくように、と命じた。

翌日スルタンが来ると、彼はサストロ邸に立ち寄った。彼はある椅子に座り、一切れのレンペル（*lemper*：チマキのようにバナナの葉で包んで蒸したもち米の食物）と一本のゆでたバナナを振る舞われた。スルタンは、それぞれを一口だけ食べた。スルタンが帰った後、サストロ氏は食べ残しのレンペルとバナナを特別な部屋の食器棚に保管し、その棚に鍵をかけた。彼はスルタンが座った椅子もその部屋に置き、誰がその部屋に入るのも禁じた。彼は夢のことを誰にも話さなかったが、食器棚の鍵はサストロ夫人に預けた。

三五日（つまり一スラパン[53]）が経つと、今度はハルト氏が夢を見た。その夢のなかでも魔法の声が聞こえ、もし金持ちになりたいのならサストロ氏が食器棚に保管している食物を食べなければならない、と告げた。翌朝、ハルト氏はサストロ邸を訪れたが、サストロ氏は外出していた。彼はサストロ夫人（ハルト氏の妹）に食器棚の鍵を求め、そこに保管されているものが欲しいと話した。サストロ夫人は彼に鍵を与えた。ハルト氏が食器棚を開けるとかびだらけの食物が見つかったが、彼はそれを飲み込んだ。彼もサストロ夫人もそれがスルタンの食べ残しだとは知らなかった。

この出来事のために、今日に至るまでサストロ氏はハルト氏との相談なしには何事も決められない。サストロ氏は金持ちになったひとりだが、まずハルト氏に相談しなければ決定を下したり書類にサインしたりすることは決してない。

この物語は、グヌン・キドゥル地方に伝わるある種の寓話に似ている。例えば、三代目キヤイ・アグン・ギリン（Kyai Ageng Giring III）とキ・アグン・プマナハン（Ki Ageng Pemanahan）という名の新マタラム王朝の二人の先駆者については、類似の物語が残されている。その物語では、特別なココナツの水[54]が誤って飲まれる。何人であれそのココナツの水を飲んだ者の子孫はジャワの重要な王たちになるだろう、と魔法の声が告げるのである[55]。

三代目キヤイ・アグン・ギリンの聖廟（*pepunden*）は、ソド（Sodo）という名のグヌン・キドゥル県の別の村にある。ウォノサリから南西に一〇ｋｍほどにあり、竹かご細工と鳥かご製造の一大産地があるソド村でも、たまたま私は調査の仕事をしたことがある。ソドの上記工業はアルジョパンチュラン（アルジョ氏）という名の人物が支配しており、彼の経済的役割はカジャールにおけるサストロ氏のそれに相似している。ソドでも、アルジョ氏について同様の物語が語られている。村人によれば、七代前の先祖にあたる三代目キヤイ・アグン・ギリンの墓に参詣するために[56]、スルタン・ハメンクブウォノ九世がソドにやって来た。帰宅する前にスルタンはアルジョ邸に休憩のため立ち寄った。スルタンは日陰に置かれた椅子をあてがわれた。お茶を入れる湯を沸かす時間がなかったので、やはりココナツの水がスルタンに供された。ココナツの水を飲み終えたスルタンは、アルジョ氏への謝礼として五〇ルピア硬貨を侍従に託した。アルジョ氏は、お金ではなくスルタンから祝福を賜りたいと述べた。スルタンは、その硬貨を額面価値で判断するのではなく大事に保管するようアルジョ氏に答えた。その後アルジョ氏はソドで一番の分限者となり、子供たちも全員が裕福になった。

ソドのある村人は、三代目キヤイ・アグン・ギリンの物語の、より完全なバージョンを以下のように詳述した。

三代目キヤイ・アグン・ギリンは、我々の先祖の故郷であるギリンの村に滞在していた。しかし彼が土地をもっていたのは、現在ソド村がある地域だった。ある日彼は、ソドにある彼の畑にココナツの樹を植えよという神の啓示（*wahyu*）を得た。植えられたココナツの樹は非常に高く育ち、「ガガック・ウンプリット」すなわち「カラスとミツスイ鳥」のココナツ（*Kelapa Gagak Emprit*）と呼ばれた。この名前は、大きなカラス（*gagak*）がその樹の上から人間を見下ろせば、人間はミツスイ鳥（*emprit*）のようにちっぽけに見える、ということを意味する。このココナツの樹には実が一つしかならず、「ガガック・ウンプリットのヤシの実」と呼ばれた。

次いで三代目キヤイ・アグン・ギリンは、このヤシの実の水を飲んだ者は誰でもジャワの国を統べる子供をもつようになるから、そうするように神から告げられた。彼はココナツの実を刈り取ったが、まだ早朝で喉が渇いていなかったので、なかの水をすぐ飲めるようにヤシ殻を刈り込んだうえでそれを調理場の棚の上に置いた。それから彼は畑に出かけ、誰にもそのココナツの水を飲ませないように妻に命じた。

三代目キヤイ・アグン・ギリンが畑仕事をしているあいだに、イトコのキ・アグン・プマナハンが彼の家にやってきた。ココナツを見たキ・アグン・プマナハンは、許しも得ずにその水を飲んだ（これは、キヤイ・アグン・ギリンの妻がキ・アグン・プマナハンのために妊娠したことを象徴している）。このために、キ・アグン・プマナハンの息子がジャワの王となった。一方、三代目キャイ・アグン・ギリンは、ココナツが植えられた場所に埋葬されるように求めた。

サストロ氏とハルト氏の逸話はこの地域の他の伝説と似ているが、それはカジャールの村人たちが多くのことを心のなかで納得するのに役立っている。第一にそれは、一九六二年ごろに事業を始めたサストロ氏が、他のどの村人よりも裕福になった理由を説明する。実際、彼の経済的躍進は、他の村人には魔法のように見えるに違いない。第二にこの物語は、ハルト氏が鉄やそれを原料に作られた用具の商取引に公然とは関与していないのに、間違いなく背後では大事な役割を演じるのを可能にするサストロ氏との協力関係をも、説明してくれる。ある村人は、ハルト氏の役割を影絵芝居の人形遣い（ダラン）のそれになぞらえた。つまり、村のもっと大きなドラマのなかでは、サストロ氏はただの操り人形だというわけである。第三に、ハルト氏がサストロ邸を訪れて許可なしに軽食を食べたことは、おそらく自分の子供の一人をサストロ氏が養子に迎えるのを許したことを象徴する。第四に、物語はこの村とジョクジャカルタのスルタン王家との結びつきを再確認させ、村人たちがスルタンに対して抱く強い敬愛の気持ちを示している。領内の視察、休憩のための停留、軽食の摂取、特定の椅子への着座といったスルタンの行動のすべてに象徴的な重要性が込められており、領内に住む村人たちの繁栄をもたらしたと考えられている。

皮肉屋から見れば、この物語は、それほど立腹や緊張なしに階層格差の進行を村人が受け入れるのを助け、サストロ氏を守るのに役立っている、とも言えるだろう。そういう役割を果たしているけれども、サストロ氏自身がこの物語の出所であるという証拠はない。実際、モダンな企業家として自分を演出しようと努めていることに鑑みて、彼がこのような話を自分から語ることはありそうにない。物語はおそらく、スルタンが一九六二年のある日にサストロ邸へ立ち寄ったという村人たちに周知の、単純な史実から生まれたのである。

有力派閥の五人目のメンバーはアトモサキミン（Atmosakimin）氏で、カランテンガー村の最大集落カジャールⅢの集落長である。スンブル・カジャールとサストロ邸がともにこの集落にあるため、ここは村の生活の心理的「中心」ともなっている。

アトモ氏は、小柄で俊敏、気の利いた冗談を好む滑稽な男性だ。スタイルにおいて、彼の方が昔風の村長によく似ている。彼はハルト氏の義兄弟であり、その母はハルト氏およびサストロ夫人のおばにあたる。カジャールⅢ集落の運営だけでなく、例えばブルシー・デサの祭事のために寄附を集めるような、全村的活動を手伝うのにもアトモ氏は駆り出される。パエラン氏とハルト氏は、アトモ氏をいわば彼らの副指揮官として用いているのだ。村の他の集落長と同じくアトモ氏の主な収入源は、村役人職田の農業経営である。

有力派閥の六人目のメンバーのハルジョパウィロ氏は、カジャールⅠ集落の集落長である。鍛冶職人たちのあいだでカジャールⅠ集落は、グノカルヨが最初のプラペンをそこに建てたために、特別に名誉ある場所になっている。クリスの刀鍛冶であるマルトディノモとカルヨディウォンソもカジャールⅠ集落の出身だ。

派閥の他のメンバーよりも人柄が地味だが、主にハルト氏とサストロ夫人の兄弟であるおかげで、彼も派閥の一員になっている。このように、彼もまた同じ強力な草分け村民家族の出身なのだ。彼の妻はマルトディノモの妹であり、やはり鍛冶屋一家の出身である。ここでも、婚姻を通じた村の二つのエリート集団の同盟が見られる。アトモ氏と同じようにハルジョ氏もまた、全村的活動の手助けがいつでもできるようにしている。彼も主な収入を職田から得ているが、もっと有力な義兄弟であるサストロ氏を見習い、原材料と製品の小規模な商取引を自分自身で営むこともしている。彼はまた、自宅のそばに、ふつうの農具を製造するプラペンも開いた。

## 一九七七―七八年と一九九〇―九一年のあいだの経済変化

一九七七―七八年から一九九〇―九一年にかけては、カジャールで多くの重要な経済的変化が起きた時期であった。

第一に、農業の資源基盤に対する圧力が増え続けた。表3から分かるように、カランテンガー（カジャール）村の人口は五、二五四人から六、二五〇人に増え、一k㎡あたりの人口密度が一、〇五一人から一、二五〇人に上昇した。土地無し世帯の比率は低地地域に比べて低いままだが、土地保有の平均的規模は低下した。その結果、農業以外の職業が以前にも増して重要になった。

住民世帯の農業戦略にも大きな変化があった。以前は、主食作物（キャッサバ、トウモロコシと陸稲）の自給的生産とマメ類（落花生と大豆）の換金作物生産とが組み合わされていた。主に乾燥による伝統的な食料保存の方法が、主食作物に適用されていた。ところが、一九九一年までに村人たちは自給農業をあらかた断念してしまった。環境に適さない品種を栽培させる政府の圧力への反応も手伝い、陸稲栽培用地の面積が削減される一方、キャッサバ栽培用地が拡張された。キャッサバの大半は、「生」のまま輸出のために日本人に売られつつあった。キャッサバの皮むきと乾燥は退屈な工程だから、この農業戦略の変化は、多量の労働を他の経済活動に振り向けることを可能にした。これに対してマメ類の換金用栽培は、一九九一年にも依然重要であった。

農業戦略の変化は、キャッサバから米への主食の交代に結びついていた。一九九一年までにカジャールの村人たちが食べるキャッサバは少量の間食だけになり、カロリーの大半は低地で栽培されたものを購入した米から摂取するようになっていた。米を買うお金の一部はキャッサバとマメ類の販売によって、また一部は鍛冶業や消石灰の生産のような農業外の活動から得た。購入した米の食事への移行は、村人たちの観点から見て少なくとも二つの重要な利点があった。第一にそれは、この地域で頻発する干ばつによる飢饉の危険から彼らを解放した。第二に、それは人々の社会的地位を向上させた。インドネシア人の意識では、キャッサバを食べるのは貧しさの証だからだ。

　鍛冶業は拡大を続けた。一九七七年に九〇カ所だったプラペンの数は、一九九一年には一四〇カ所に増えた。鍛冶職人の数も増加したが、その速度は七六〇人から八〇〇人へと、より緩慢だった。プラペンあたりの平均労働者数は八人から六人に減ったが、その多くは新しい省力技術の採用によるものだった。

　物価変動の影響を除去し米ドルで表現すると、プラペンの雇用労働者の実質賃金は増加した。例えば、鎚打ち職人（*panjak*）とヤスリ職人（*tukang kikir*）はかつて、日当賃金三〇〇～四〇〇ルピアを受け取り、さらに飲食物二〇〇ルピア相当を支給されていた。これは、一日あたり一・〇七から一・二八ドルにあたる。一九九一年までに彼らは日当二、〇〇〇～二、五〇〇ルピアと飲食物七五〇～一、〇〇〇ルピアを支給されるようになった。これは、一日あたり一・四〇～一・七八ドルに相当する。低地産米の実質購入価格はほぼ一定だったから、これは労働者の購買力増加を意味する。

　一カ所のプラペンで一日に必要な平均運転資金を、やはり物価変動の影響を除いて米ドルに換算すると、約一七ドルから二八ドルに増加した。この増加は、大半が屑鉄の実質価格上昇によるものと思われる。原材料に使う鉄道用レールの一kgあたり実質価格は、一九七七年の〇・二四ドルから一九九一年には〇・三五ドルに上昇した。これより等級の低い屑鉄の実質価格も一kg〇・〇七ドルから〇・二〇ドルに上がった。さらに、上述のように、実質労働コストも上昇した。

　運転資金支出の増加にもかかわらず、面接調査をしたプラペン所有者のほぼ全員が、利益水準の上昇を報告した。この利益の増加は市場の拡大によるもので、そのためにプラペン所有者たちは生産量を増やし、価格を上げることができた。値上がりは、製造される用具の外観と品質の向上によって正当化された。これらの改良は機械による研磨、錆び止め、クロームめっきなど、主に仕上げ工程におけるものだった。

低地よりかなり遅れて、一九八八年には村に電気が入った。今では大半の世帯が一単位分（四五〇W）の配電を受けているが、これは自宅やプラペンに電灯を点け、小型ブロワーなどの低電力機器を動かすのに十分である。灯油ランプは、もはや過去のものとなった。

多くのプラペンが、省力化機器を購入した。比較的大きくて資本が潤沢な九つのプラペンは、サストロ氏を真似て大型の研磨機やブロワーを買い入れ、ディーゼルエンジンや配電量を数単位分増やした電力で動かしている。これらの機械は、そのプラペン自体の生産に使われる他に、もっと小規模なプラペンのため出来高払いで仕上げの仕事を引き受け、追加収入を稼ぐのにも利用されている。これら九つのプラペンのうち三つは、サストロ氏の地位に挑戦するほど大規模になりつつある。もっと小さくて資本がそれほど潤沢ではないプラペンでも、手に届く価格の範囲で新技術機器、とくにブロワーを購入した。いくつか新しいタイプの回転式手持ち研磨機（*mesin slep*）も最近普及し、大型と小型の双方のモデルが利用可能だ。

省力化機器の採用にもかかわらずプラペン所有者たちは、市場の需要に比べて労働力が不足することに不平を言っている。

村の少年たちは就学期間が長くなった。ブロワーの購入により、フイゴ職人としての少年たちの労働はもうあまり重要ではなくなった。就学期間が長くなったので、少年たちのなかには、彼らを不可避的に村落世界から引き離すことになるような新しい志望を抱く者も出てきた。しかし、鍛冶業の収入は一般にウォノサリやジョクジャカルタのような近隣都市のインフォーマル・セクターで得られる収入を上回るから、南部の五集落からの転出はこれまでのところ比較的わずかである。

カジャールの鍛冶業は、以前ほどスマランの華人系買い付け業者に依存していない。スラバヤとジョクジャカルタの業者と新たに取引関係が開かれた。それにもかかわらず、マーケティングの根本問題は以前と変わっていない。つまり、都市の用具取引業者は半製品を買い付け、雇用労働を用いて自分の作業場で最終加工を行いたがるのである。そうすれば製品に自分自身の商標を貼ることができるし、半製品を安く入手して付加価値の取り分を大きくできるからだ。一九九一年現在、カジャールで製造される用具の約半分が半製品のまま出荷されている。

インドネシアで商標を用いるには、SII（インドネシア工業規格）と呼ばれる一種の認可証をもつことが必要だ。カジャールの協同組合は、そのような認可を得るため政府に働きかけたが、これまでのところ成功していない。現在、村で仕上げられた用具には、台湾、ドイツ、中国からの輸入品または密輸品の偽ブランドが貼られている。そのような製品は、商標のない用具よりもよく売れると言う。

いくつかの暫定的実験を除き、新しいタイプの製品への目立った拡張は見られなかった。一九九一年のある会合でサストロ氏と他の数人の業界指導者たちは、自分たちは鋳造技術になじんでいるが、「チェペール」（テガル県の集落）には太刀打ちできないことを恐れる、と述べた[57]。

かつては、四輪車両をもつ村人はサストロ氏だけだった。二〜三台のトラックとミニバンを所有する彼は、他の企業主よりも断然優位に立った。一九九一年までに村のなかの四輪車両の数は約三〇台にまで増えた。サストロ氏はそのうち一五台を所有し、新しい運送事業を始めていた。残りの一五台は他の村民の所有であり、そのうち何人かは独立のプラペン所有者たちである。四輪車両に加え、以前よりずっと多くの村人がオートバイを所有するようになった。カジャール地区の村道はアスファルト舗装に改良されたが、クドゥンと北部の地区では未舗装のままだ。

一九七七年以降、階層分化が消石灰製造業に影響を及ぼし始めた。以前は、この産業は小規模な生産単位に組織され、その分布は村の北部に限られていた。一九八四年に、サストロ氏の従兄弟の一人がカジャールⅢ集落に「トポ・ガンピン工場」（Pabrik Topo Gamping）という名の消石灰製造工場を設立した。この工場は、今や七五人の労働者を雇用している。この工場で加工される石灰岩の一部は村内で採掘されたものだが、その多くは、バロン（Baron）海岸に近く約一九ｋｍ離れたジャワ島南海岸のテプス（Tepus）郡から運ばれている。

## 注

＊1　この信念を説明するのに用いられるインドネシア語は、ナシブ（*nasib*：運命、宿命）とバカット（*bakat*：才能、生まれつきの能力）である。カジャールの男たちが鍛冶職人になるバカットを備えているのは、それが彼らのナシブだからである。よそ者にはそういうナシブがないから、バカットももたない、というわけだ。

＊2　*Pak*（パッ）は、「父」を意味する *Bapak*（バパッ）に由来する敬称である。それは、既婚男性の誰に対しても用いられる。*Bu*（ブ）は、既婚女性に対する同等の用語で、「母」を意味する *Ibu*（イブ）に由来する。カジャールで使われている人名は、典型的なジャワ語の名前である。日常会話では、人名はふつう最初の二音節までに短縮される。例えば、カルヨディルジョ（Karyodirejo）はカルヨ氏（Pak Karyo）、マルトディノモ（Martodinomo）はマルト氏（Pak Marto）、ハルジョパウィロ（Harjopawiro）はハルジョ氏（Pak Harjo）等々である。文字表記上は、多くのジャワ人が自分の名前に古いオランダ式綴りを使い続けている。そのため、Sastrosuyono（サストロスヨノ）は Sastrosoejono、また Karyodirejo（カルヨディルジョ）は Karjodiredjo と綴ることもできる。事態をさらに複雑にしているのは、英語の"law"における"aw"のような発音をする場合、人名表記では多くのジャワ人が"a"と記すことだ。これらの慣例を組み合わせると、カルヨディルジョという人名を示すのに、"Karjadiredja"と"Karyodirejo"のどちらを書いてもよい、ということになる。

　私はサストロスヨノ氏を示すのに仮名を使うことも考慮したが、それは無意味だと確信するに至った。カジャール村の生活における彼の役割は傑出しており、ウォノサリの政府官吏のあいだでも有名だから、この地域を訪れる誰でもたちまち彼の本名に気づくことだろう。

＊3　ある年配の村民によると、彼が子供のころは、チーク林の端がカジャールから一・二km以内にまで迫っていた。カジャールの家屋は、クンチャラニングラットの著作（1985, 135）に描かれたスロトン（*srotong*）とリマサン（*limasan*）の様式に似ている。彼によれば、スロトン様式はふつうのジャワ人村民が用いるものだが、リマサン様式は村の創設者の子孫と村役人だけが用いる。カジャールの古い家屋は、図体が大きく、また編んだ竹ではなくチーク材でできた羽目板を備えている点で、低地の家屋とは異なる。それらはまた、クンチャラニングラットの著作には描かれていない、平らな屋根の建て増しを家屋の脇か背後に行っている。

＊4　床を設けるのにセーブ・ザ・チルドレン財団から支援を受けた世帯もある。

＊5　この部分の記述に私は、実際にカジャールで使われている用語を用いたが、それらにはジャワ語とインドネシア語の用語が入り混じっている。ある箇所では英語の用語さえ使用した（“*kepala sosial*” を “social welfare officer” と表記）。ジャワの村落行政について、すべて純然たるジャワ語の用語だけを使ったいっそう完全な記述としては、以下を参照。Koentjaraningrat 1985, 190-196.

＊6　ドゥクー（*dukuh*）という用語はいささか混乱を招く。それは集落を表すジャワ語だが、同じ意味のインドネシア語はドゥスン（*dusun*）である。それぞれもっと長い名詞形のプドゥクハン（*pedukuhan*）とプドゥスナン（*pedusunan*）を用いることもできるが、意味は同じである。集落長は公式にはクパラ・ドゥクー（*kepala dukuh*）またはクパラ・ドゥスン（*kepala dusun*）と呼ばれる（クパラは「頭」の意）。しかし実際には、この称号はたんにドゥクー（*Dukuh*）またはパッ・ドゥクー（*Pak Dukuh*）と縮めて呼ばれるのがふつうである。だから、ドゥクーは集落を指すこともあれば、その首長を指すこともある。また *dukuh* は *dukoh* と綴ることもある（［12］［13］も参照）。

＊7　「土地無し」（landless）という言葉は、かりに畑（*ladang*）やその他のタイプの「乾地」を所有していても、水田（*sawah*）はもたない世帯すべてについて適用されることもある。だがこの用法は、畑作地帯や灌漑システムが未発達なインドネシアの他の地域について語るのを困難にする。なぜなら、そうした地域の村落のあらゆる世帯が定義によって「土地無し」になってしまうからだ。

＊8　中央統計局（BPS）は一九七三年に全国規模の農業センサス調査を実施し、その成果は学術的な、また開発関連の出版物で広く引用されてきた。カジャールの土地所有について一九三六年の土地台帳（registry、［15］も参照）が提供しているよりも良いデータを得ようと努め、私はウォノサリのBPS出先事務所を訪れた。事務所の係官たちの説明によると、カジャールはたしかに一九七三年センサスの調査区画のひとつだったが、すべての調査票はコンピュータ入力のためとうの昔にBPSの中央本局に送られてしまった。そこで私はジャカルタのBPS本局に問い合わせたところ、各種政府機関からのデータ請求のうち未処理のものが二年分も溜まっており、個人からの請求には応じられないと告げられた。がっかりした私はウォノサリのBPS出先事務所に戻り、カジャールでセンサス・データの収集にあたった現地調査員の名前を尋ねた（この調査員は今でも調査票の写しをベッドの下に隠し持っているかもしれない、と想像したのだ）。現地調査員を使ったことはない、とウォノサリの係官は答えた。センサスの調査票は該当地域のすべての村役場書記が記入して提出するように、彼らに対して配付されたというのである。そこで私はカジャールの村役場書記のもとへ戻って尋ねたところ、彼は無邪気にも、一九七三年のセンサス調査票を埋めるのに一九三六年の土地台帳の数字を使ったことを認めたのであった！

＊9　一九六二―六四年のあいだ、ジャワでは一般に農作物の不作が続いた。ベン・ホワイトによると、食料不足と食料価格高騰により引き起こされた広範囲の社会不安が、スカルノ政権崩壊の主な要因のひとつとなった（White 1989, 70, 72）。

＊10　ジョクジャカルタのスルタンはニャイ・ロロ・キドゥルと直接連絡をもち、この女神は危機の際に自らスルタンの前に現れて国と民を安泰に導く手助けをする、と言われている。スルタンは毎年、ムラピ（Merapi）山とラウ（Lawu）山の神々と並び、ニャイ・ロロ・キドゥルにラブハン（*labuhan*）と呼ばれる供物を捧げる（Selo Soemardjan 1962, 18-19）。ジョクジャカルタでは多くの人々が、ニャイ・ロロ・キドゥルこそがスルタンの本当の妻だと信じている。彼らによれば、その他の妻たち（つまり人間の妻たち）には、側室以上の公的地位は決して与えられない。近年、とくに南海岸沿いの地域では、ニャイ・ロロ・キドゥル崇拝の復活が認められる。多くの女性が、ニャイ・ロロ・キドゥルと

結びついた緑色の衣装をまとい、一九八九年のスルタン・ハメンクブウォノ一〇世の即位の式典に加わった。即位式の行列が市内を練り歩くあいだ、スルタンは馬車の座席の一角に座り、隣りを空席のままにした。これは、ニャイ・ロロ・キドゥルがスルタンの隣に座っていることを意味すると、広く受け止められた。行列を目撃した庶民のなかには、実際に彼女を見たと主張する者が多くいた。スルタンとのつながりにもかかわらず、ニャイ・ロロ・キドゥルには否定的、破壊的な側面もあり、彼女をインド起源の女神ドゥルガ・カーリー（Durga-Kali）と関連づける者もいる。愚かにも緑色の衣装をまとって南海で泳ぐ者があれば、誰であれ彼女はその者を「連れ去る」（つまり溺死させる）と言われている。あらゆる災厄と疫病は彼女が引き起こす、と村人たちは信じている。

＊11　ジャワには、ゴトン・ロヨンによる労働交換が数種類存在する。カジャールでかつて農業労働の交換を指して使われた用語はサンバタン（*sambatan*）である。中部ジャワのクブメン（Kebumen）におけるゴトン・ロヨンの古典的研究（一九六一）でクンチャラニングラットは、サンバタンとグロジョガン（*grodjogan*）を含む七種類を識別した。サンバタンは、同じ集落（*dukuh*）に住む世帯同士が、家屋の建築と修繕、井戸掘り、祝祭に備えた米搗きなど、世帯の需要に関連する課題について取り交わす労働交換のことであった。グロジョガンは、隣接する世帯、または農地が隣接する世帯のあいだで行われる農業労働の交換であった。しかしクンチャラニングラットは、グロジョガンはしばしば、サンバタンを含む別の名前でも知られている、とも注記している（Koentjaraningrat 1961、第六章）。

＊12　やはり同じ出土品コレクションを検分したギャレット・ショーヨム（Garrett Solyom）は、いくつかの石像はもっと最近のものと考えている。

＊13　緑の革命の影響を論じた初期の著作もまた、村落内部の階層構成について、あたかも村落がかつては均質であったかのように述べた。植民地期の史料がいっそうよく知られるようになると、これは訂正されるようになった。ホワイトによれば、一八世紀末の史料は大まかに言って三つの土地保有階層が存在したことを示す。すなわち、村役人層、クリ（*kuli*）あるいはシクップ（*sikep*）などと呼ばれる中核村民層、そして土地無し農民の三つである。二〇世紀初頭に植民地政府が行ったさまざまな大規模調査が示すところでは、土地無し層の比率はすでに三〇～四〇％に達していた。村

役人、卸売商、少数の富農から成るこの時代のエリート集団は、人口の五～一〇%を占めていた（White 1989, 67-69）。三〇～四〇%という高い土地無し比率は、しかし現在の水稲作地域における五〇～五五%という比率に比べればまだ低い。エリート集団の五～一〇%という比率は、現在も当てはまる（Sutoro 1991、第二～四章）。

*14 スロ月の第一日にジョクジャカルタ市では、四本の槍、宮殿用のクリス（短剣）などの武器を含む王宮の宝物（*pusaka*）が蔵から出されて掃除される。そのあと、これらの宝物は宮殿敷地の外壁（*beteng*）を七周する荘厳な夜の行列によって運び回される。行列のあいだは沈黙が保たれ、誰も話すことが許されない。宝物を運ぶのは宮殿の家臣たちだが、公衆が行列に付き従うことは許される。同様の儀式がスラカルタ（ソロ）でも行われる。＊10で述べたラブハンの供物も、スロ月の第一日に送り出される。奇妙なことにこれらの行事は、クンチャラニングラットが作成したアガミ・ジャウィ（*Agami Jawi*）すなわち「ジャワ教」の年中祭儀一覧表には記載されていない。イスラーム色の強いサントリ的ジャワ人［第一章の［4］を参照］にとっては、スロ月第一日はムハッラム（Muharram）［イスラーム暦の一月］に相当する。

*15 カジャールのブルデイキル［念唱、本章［36］を参照］は、クンチャラニングラット（1985, 391）が記述したディキル（*dikir*）の慣行と同様である。クンチャラニングラットによれば、ディキルはサントリとアガミ・ジャウィ信徒（つまりアバンガン）のジャワ人双方によって行われる。神秘主義的なサントリの教団の信徒のなかには、ディキルに参加するうちついには荒々しく踊り出しトランス状態に陥る者さえある。しかし、アガミ・ジャウィ信徒のジャワ人の場合は、儀式がトランス状態に至るまで続けられることはない。アガミ・ジャウィ信徒のジャワ人が行うディキルは主に葬儀の儀式に関連している、とクンチャラニングラットは述べている。だが、カジャールでのディキルの目的はまったく異なる。

*16 ナンシー・ペルーゾ（Nancy Peluso）との個人的やりとりにもとづく。

*17 農業部門が一時的崩壊状態に陥ったときに急拡大した竹かご細工工業の類例については、Sutoro 1982, 31-40を参照。同工業は、ジョクジャカルタ市の北側、スレマン（Sleman）県のマランガン（Malangan）村に立地している。この急

拡大は、一九七五―七八年にファン・デル・ウェイク（Van der Wijk）水路の改修のため、村への灌漑用水の供給が農作物の七生育季にわたって途絶えたときに起きた。そのうえ、用水路の改修工事開始時には、トビイロウンカ（*wereng*）の深刻な病害蔓延が起きた。

＊18　一九九一年八月に私がカジャールを再訪したとき、サストロ氏は元のサストロスヨノからサストロカディス（Sastrokadis）へ彼の名を変えていた。改名の理由を尋ねる機会はなかったが、ジャワ人が彼または彼女の名前を変える最もありふれた理由は、子宝に恵まれなかったことである。命に関わる重病も、もうひとつのありふれた理由だ。改名は悪霊の関心を逸らし、その人の運命に変化をもたらすと信じられている。

＊19　ここでも、土地所有に関する正確な情報を得ることの難しさが強調されねばならない。パエラン氏は、村の土地台帳には所有者としてまったく記載されていない。けれども、彼の母方の祖父のグノカルヨは、とっくに亡くなっているのに依然所有者として記載されているのだ。

［1］原文は英語で banyan となっているが、インドネシア語ではブリンギン（*beringin*）と呼ばれるクワノキ科の樹を指すと考えて間違いない。学名は *Ficus benjamina* だが、和名はベンジャミン、シダレガジュマルなど一定していない。ここでは原文に従い、「バニヤン」としておく。なおこの樹はしばしば「菩提樹」と訳されているが、日本で菩提樹とされているのはシナノキ科の樹（学名 *Tilia miqueliana*）であり、ここで言うバニヤンともインドボダイジュ（学名 *Ficus religiosa*）とも異なる。またガジュマル（学名 *Ficus microcarpa*）を意味する漢語の「榕樹」をこの樹の訳語に当てることもあるが、これも正確ではない。

［2］第二章の［11］を参照。

［3］サウォ（*sawo*）は、果肉が柿に似た褐色の果物で学名は *Manilkara achras*。クドンドン（*kedondong*）は卵形をした緑色の果物で、甘酸っぱい果肉はサラダの材料などに使われる。学名は *Spondias dulcis*。

［4］ジャワの石臼（ルスン）は米を搗くのに使われるが、その形は日本の餅つき臼のような円筒形ではなく、横に長い舟

形である。

[5] 肩にこぶのあるこの大型の牛は、一九一〇年代ごろにオランダ植民地政府の手で、当時の英領インドからジャワに導入され、普及したものである。

[6] BIMASは「集団的（営農）指導」を意味するBimbingan massalの略語である。稲の高収量品種（HYV）と化学肥料などの投入財を信用パッケージとして農民に供給し営農指導を行う政府の食糧増産プログラムで、一九六〇年代末から一九七〇年代半ばまで行われた。インドネシアの稲作における「緑の革命」の初期のプログラムだったが、その後は信用パッケージ方式を廃止して投入財の入手方法を自由化したインマス（INMAS：Intensifikasi massal、集団的集約化の意）計画に改められた。

[7] 原文はtuff stoneとなっているが、tuff stoneの誤植と思われる。

[8] デサおよびクルラハンは、一九七九年の村落行政法公布以降用いられてきた行政村の組織名で、デサは農村部の行政村、クルラハンは都市部の行政村を指す。ドゥクーは行政村の下位にある行政区画名（戦前日本の字名に類似）で、一九七九年以前の中部ジャワで広く使われた。しかし一九七九年以降は全国共通のドゥスンに名称が変更された。一九七九年村落行政法は一九九九年に廃止されて新しい地方行政法がそれに替わったが、デサ、クルラハン、ドゥスンという行政区画名はジャワをはじめ多くの地方で今も使われている。

[9] バクミー（*bakmi*）、バッソ（*bakso*）は、それぞれ福建語の「肉麵」「肉酥」が語源で、前者は肉や野菜が具に入ったソバ、後者は主に牛肉を素材にした肉団子のスープを指す。

[10] この段落の筆者の説明は、大きな誤りを冒している。一九七九年村落行政法以降、村人の普通選挙で選ばれる農村部の行政村（デサ）の村長は「クパラ・デサ」と呼ばれ、ジョクジャカルタ特別州を含む中部ジャワのほとんどすべての地域では、給与の代わりに村有耕地の耕作権を与えられてきた。この給与代わりの耕地（日本の研究者は「職田」と言い習わしている）の呼び名は地方により異なるが、「タナー・ブンコック」（*tanah bengkok*）という一般的呼称が普及している。ただし、旧スルタン侯領のジョクジャカルタ特別州では「ルングー」（*lungguh*）というジャワ語の呼称も

使われてきた。一方、「ルラー」は都市部の行政村である「クルラハン」の長で、政府が任命し、政府から給与を受ける。つまり、筆者の説明は事実と正反対になっている。ただし、一九七九年以前には「クパラ・デサ」という名称は存在せず、ジョクジャカルタ地方では農村部の行政村とその首長を「クルラハン」、「ルラー」と呼んでいた。このようにややこしい事情があるので、筆者は誤認したと考えられる。

[11] 一九七九年以降は、ジャワ語のパモン・デサに代わり、インドネシア語のプランカット・デサ（*perangkat desa*）という用語が村役人の総称として公式に使われるようになった。

[12] これも一九七九年以降は、「クパラ・ドゥスン」（*kepala dusun*）という名称に変更された。

[13] この説明も不正確である。一九七九年村落行政法施行後の「集落」の名称は、農村部ではドゥスン（*dusun*）、都市部ではリンクンガン（*lingkungan*）であり、ドゥクーという呼び名は以後現在まで公式には使われていない。また、都市部の「集落長」の名称はクパラ・リンクンガン（*kepala lingkungan*）である。

[14] ジャワでは「畑」はふつう「テガル」（*tegal*）と呼ばれる。「ラダン」という語は畑一般を指すこともあるが、とくに焼畑地を意味する場合もあるので使用を避ける傾向が見られる。

[15] 原文はland documentであるが、グヌン・キドゥル地方を含めインドネシアの農村では土地の登記はほとんど行われておらず、土地所有に関する公式の記録文書として使われているのは地税賦課の台帳だけである。したがってこれを「土地登記簿」と訳すことはできない。

[16] ガソホール（gasohol）は、エタノールを低濃度で混合したガソリンのことで、オイルショック以降、自動車用燃料としてブラジルやアメリカ等で実用化されたが、日本では実用化されていない。したがって、本書のこの記述は不正確である。インドネシアを含め、東南アジアから日本に輸入されたキャッサバの大半は澱粉製造の原料として用いられている。

[17] 刃物の根元の部分を円筒状に加工して柄の外周にはめ込むようにしたものをソケット、柄の芯に差し込んで固定するようにしたものを中子（tang）と呼ぶ。

[18] ブレベランはグヌン・キドゥル県プライェン（Playen）郡の村落。カジャールのすぐ西側に位置する。
[19] 伸展葬（しんてんそう）とは、文化人類学、考古学の用語で、体全体を伸ばした状態で埋葬すること、またそのような埋葬の方法のことを指す。
[20] Hamengku Buwono VIII（1880-1939）。インドネシア共和国第二代副大統領となったハメンクブウォノ九世の父で、現在のジョクジャカルタ・スルタン王家当主ハメンクブウォノ一〇世の祖父にあたる。
[21] 前述のカルヨディウォンソ氏の略称。
[22] イギリスの考古学者 Benjamin Harrison（1837-1921）と Anne O'Connor を指すと思われるが、確証が得られない。
[23] 中ジャワ州と東ジャワ州の境にそびえるラウ山（Gunung Lawu、海抜三、二六五ｍ）の西側の中腹、海抜一、二〇〇ｍ付近にある石造ヒンドゥー寺院遺跡。マジャパヒト王国末期の一五世紀に建立されたと考えられており、当時の鍛冶作業を描いたレリーフが残っている。
[24] 現在のジョクジャカルタを中心とする中部ジャワの一帯からブランタス川流域を中心とする東部ジャワへと、ヒンドゥー教寺院と王国の所在地が移動した一〇世紀から、東部ジャワで栄えたマジャパヒト王朝が衰え始める一五世紀までの時期を、ジャワ史における「東部ジャワ期」とするのが歴史家の慣わしになっている。
[25] パセマー高地は、南スマトラ州の南西部に位置する高原で、巨石文化の遺跡が数多く存在する。現在は、コーヒーの産地としても知られる。
[26] クンチャラニングラット（1923-1999）はジョクジャカルタ生まれの人類学者で、インドネシア大学教授。草創期のインドネシア人類学界の大御所であり、本書も引用している編著書『インドネシアの村落』（初版は一九六七年刊）がある。
[27] 原著では、*probot dusun* となっているが、明らかに *prabot dusun* の誤記（または誤植）である。
[28] 原著は Ponjang と誤記しているので訂正した。。
[29] スラマタンまたはスラメタン（*slametan*）とは、さまざまな機会と目的に応じ平安を祈願して一緒に集まり、飲食を

ともにするジャワの儀礼的行事のことを指す。クンドゥレン（*kenduren*）と呼ぶこともある。

［30］ジャワ語でソルジャン（*sorjan*）と呼ぶ。

［31］正方形または三角形の布を、頭を巻き付けるような形にして被る。帽子のような形にした既製品もあり、ジャワ語でブランコン（*blangkon*）と呼ばれる。

［32］ニュカールは *sekar*（花）を語根とするジャワ語の動詞で、墓に花を供えることを意味する。

［33］レヨッグ（*reyog*）またはレオッグ（*reog*）は、祭礼のときに催されるジャワの伝統的演技や舞踊で、いろいろなタイプがあるが、獅子の面をかぶった演技者が練り歩く東部ジャワのポノロゴ地方のものがとくに有名である。

［34］ワヤン・クリット（*wayang kulit*）は、水牛の革で作られた多数の人形をひとりの演者（*dalang* または *dhalang*）が操り、ジャワ流に改作されたマハーバーラタの物語などをアドリブも交えながら夜を徹して演じる影絵芝居を指す。

［35］当時の為替レート（一米ドル＝四六八ルピア）で約三〇〇米ドルに相当する。

［36］ブルディキルまたはブルズィキル（*berzikir*）は、ディキル（*dikir*）またはズィキル（*zikir*）を語根とする動詞で、アッラーへの「念唱」を意味するアラビア語「ズィクル」が語源である。

［37］原文は「クバティナンは『流れ』を意味する」と説明しているが、明らかに誤りである。

［38］アバンガンについては、第一章のクリフォード・ギアーツの研究を紹介した節を参照。

［39］原著は *among-among* の語義を「自衛する」（to protect oneself）と解説しているが、不正確である。*among-among* という語は、幼児が健やかに育つように祈願するために催されるスラマタンを指すこともある。次を参照。W. J. S. Poerwadarminta, *Baoesastra Djawa*. Groningen & Batavia: J. B. Wolters, 1937, 9.

［40］ここで書かれている「第一次軍事衝突」「第二次軍事衝突」の説明は、インドネシアでのふつうの理解とは違っている。通常、「第一次軍事衝突」とは一九四七年七月下旬から開始されたオランダ（蘭印）軍の「第一次警察行動」（*Eerste politionele actie*）と言う名の攻勢によるインドネシア軍との戦闘を、また「第二次軍事衝突」とは一九四八年一二月一九日からのジョクジャカルタ侵攻を発端とするオランダ軍の「第二次警察行動」（*Tweede politionele actie*）

に伴う戦闘を指す。

［41］その後、一九九八年五月のスハルト大統領の辞任による政変によって「新秩序の時代」は終了し、以後二〇一五年現在まで続く時代をふつうインドネシアでは「改革の時代」（*zaman reformasi*）と呼んでいる。

［42］*restitusi* は、英語ではなく同じ意味のオランダ語 *restitutie* が語源と思われる。

［43］ゲスタプ（Gestapu）は、Gerakan September Tigapuluh（九月三〇日運動）の略。これに対して数ページ前で述べられているゲストック（Gestok）は、Gerakan Satu Oktober（一〇月一日運動）の略だが、どちらも一九六五年九月三〇日深夜から一〇月一日未明にかけてジャカルタで起きた左派系軍部隊のクーデタ未遂事件を指す。クーデタを鎮圧した側は、ナチス・ドイツの秘密警察ゲシュタポを連想させる「ゲスタプ」という表現を意図的に用いたのに対して、クーデタを起こそうとした当事者の側は「ゲストック」という略語を用いた。日本では「九月三〇日事件」または「九・三〇事件」という呼び方が定着している。

［44］前出のハルトウトモ氏を指す。

［45］ナフダトゥル・ウラマ（略称ＮＵ）傘下の青年組織であるアンソル青年運動（Gerakan Pemuda Ansor：略称 GP Ansor）を指す。

［46］一九六三年にインドネシアに編入された旧オランダ領西ニューギニア（ニューギニア島の東経一四一度以西の地域）には、西イリアン（Irian Barat）州が設置されたが、スハルト政権下の一九七三年にイリアンジャヤ（Irian Jaya）州と改名した。しかし、スハルト政権崩壊後の二〇〇一年には新たに制定された特別自治法にもとづき、パプア（Papua）州に改名された。さらに、二〇〇三年にはその西部が西パプア（Papua Barat）州として分離され今日に至っている。

［47］「プリブミ」（*pribumi*）は「土地っ子」を意味するサンスクリット語起源の用語で、華人など外来系の人種・民族より先にインドネシアに居住していた人々を指す。スハルト政権下で一九八〇年代までは、いわゆる「プリブミ優先政策」のもとで広く用いられたが、華人に対する差別・抑圧策の緩和とともに使用が避けられるようになり、現在は公式

用語としては用いられていない。

［48］一九七八年初頭の外国為替相場は、一米ドル＝四一五ルピア＝約二〇〇円であった。

［49］ジャワの農村電化計画が国策として開始されるのは、一九八〇年代初めからであった。

［50］インドネシア語の *makmur*（マクムール）は「豊かな」「栄えた」を意味する形容詞で、この語からは「繁栄」を意味する *kemakmuran*（クマクムラン）という派生語の名詞を作ることができる。しかし、*makmuran* という派生語はふつう使われない。著者は、Kemakumran を Makmuran と誤記した可能性が高い。

［51］Sri Sultan Hamengku Buwono IX（1912-1988）。父親のハメンクブウォノ八世が亡くなったオランダ植民地時代末期の一九四〇年に、ジョクジャカルタ侯領の新スルタンとして即位した。一九四五年から一九四九年までの独立戦争期にはインドネシア共和国側を支持する立場をとり、独立後は亡くなるまでジョクジャカルタ特別州の州知事を兼任した。また一九四六年以来たびたび共和国政府の閣僚となり、スハルト政権下では一九七三年から一九七八年まで副大統領を務めた。

［52］ルギについては、第二章の［11］をも参照。

［53］第二章の［11］で説明した五日（パイン、ポン、ワゲ、クリウォン、ルギ）で一巡するジャワ暦の「市の日」（*dina pasaran*）と七日で一巡する西暦またはイスラーム暦の「曜日」を組み合わせた三五日間の周期を、ジャワ語ではスラパン（*selapan*）と呼ぶ。

［54］ココナツの実の中にある透明な胚乳液を指す。独特の甘みがあり、ココナツジュースとも呼ばれる。

［55］三代目キヤイ・アグン・ギリンとキ・アグン・プマナハンは、どちらも一六世紀の人物で、伝承によれば、自分が植えたココナツの実の液を一気に飲み干せばその子孫は王になるだろうという魔法の声のお告げを三代目キヤイ・アグン・ギリンが受けるが、彼が畑に出ているあいだに、彼の家に立ち寄ったキ・アグン・プマナハンが喉の渇きに耐えかねてその液を代わりに飲み干してしまう。のちにキ・アグン・プマナハンの息子のセノパティ（Panembahan Senopati）が今日のジョクジャカルタに近いコタグデ（Kota Gede）を最初の都とする新マタラム王朝の開祖となるこ

とによって、このお告げは的中する。しかし、キ・アグン・プマナハンの子孫がセノパティ以下六代目までの王位に就いたあと、三代目キヤイ・アグン・ギリンの子孫のプグル（Puger）が王位を奪って第七代の王となることにより、この因縁話は終わる。次のWebサイトを参照。"Menelusuri jejak-jejak situs kerajaan Mataram Islam: Situs Makam Ki Ageng Giring" http://tembi.net/selft/0000/mataram/mataram03.htm（二〇一四年六月一〇日参照）なお、セノパティが開いた王朝は、古代ジャワのヒンドゥー・仏教王朝が栄えたマタラム（現在のジョクジャカルタ付近の地方名）の故地から出現してイスラーム教を奉じたため、「古マタラム」（Ancient Mataram）あるいは「ヒンドゥー・マタラム」（Hindu Mataram）王朝と対比して「新マタラム」（Later Mataram）あるいは「イスラーム・マタラム」（Islam Mataram）王朝とも呼ばれる。

[56] 三代目キヤイ・アグン・ギリンは一六世紀の人であるから、「七代前の先祖」というのは、実際には勘定が合わない。三代目キヤイ・アグン・ギリンの七代後の子孫で、歴代のスルタン・ハメンクブウォノの先祖とされるプグル（[55]参照）の場合と混同したものと思われる。

[57] チェペール（Ceper）は中部ジャワの中・小規模金属加工業の集積地として名高いが、テガル県ではなくジョクジャカルタ特別州の北東に隣接するクラテン（Klaten）県所属の郡（*kecamatan*）またはそのなかの行政村（*desa*）の名称であり、集落名ではない。同じ中部ジャワの西北端にあるテガル県にも中・小規模金属加工業の集積地があるので、筆者はこれら二つの別の地域を混同したのであろう。

# 第4章
# 関連のマクロデータ
*Relevant Macrodata*

本章では、インドネシアの金属加工業の将来に目を向けてみたい。注目するのは、政府の開発計画策定者や援助機関が想像する未来像だ。しかしここで忘れてならないのは、開発において村民は受け身の参加者ではないということだ。彼らは自分たち自身の条件と基準に従って、計画を受け入れたり、拒んだりする。村人たちは、参加に伴うどんなコストをも上回るような積極的利益をある計画がただちにもたらすと見なせば、熱心に参加しようとする。もしコストが利益を上回りそうならば、たいていは丁重に参加を断る言い訳を見つけ出す。

本章では、政府の開発計画策定者たちが利用可能なマクロデータを概観する。章の初めでは一般的な趨勢の見取図を示すが、重点は小規模および零細金属加工業、すなわち雇用労働者が二〇人未満のそれに関連するマクロデータに置かれる。データの不備についても論じ、データから導き出せる主な結論を要約する。

## いくつかの一般的な経済動向

一九七〇年代と八〇年代にインドネシアの農業部門に影響を及ぼした動向のいくつかについては、すでに第一章で触れた。これらの動向には、以下が含まれる。人口増加が農村から都市への恒久的移住を上回ったために、人口に対する土地面積の比率はいっそう低下した。緑の革命の技術革新により、水田の生産性は著しく増加した。賃貸、入質、完全な売却を通じた、比較的少数の農村エリート層の手中に水田保有の統合が進んだ。水田保有における土地無し層の比率が若干上昇した（問題の時期より前からこの比率はすでに高かったけれども）。農業部門から農村経済の他部門、とくに零細商業、サービス、小規模工業への労働と資源の移転が進んだ。表4、5はこれらのうち最後の動向を立証している。人口増加により就業者の絶対数はあらゆる部門で増加したが、農業における就業労働力の比率は一九七一年から一九八五年までのあいだに一一・六％も減少したことを表4が示している。同じ期間に、商業の就業労働力比率は四・二％、サービスは三・〇％、製造工業は二・五％増加した。[*1] 農業からの労働力の移転は、一九六〇年代から始まったもっと長期の動向の一部である。[*2]

表5は、この動向における男女両性間の若干の違いを示している。一九七一年から一九八〇年のあいだに、男性よりも女性の方が比率的に多く農業部門から去ったことが分かる。農業を離れた者のうち、女性は主として零細商業とサービス業に移ったのに対して、男性はもっと均等にさまざまな経済部門に吸収された。

文献で論じられることは少ないが、農村工業部門には、次のようにいくつもの類似した動向が見られたようである。

・農村地域のキャッシュフローが改善され、操業停止によって失われる時間が減って、年間を通じて持続的生産が増加した。
・世帯収入における農業の役割が低下したため農村地域の経済活動における季節変動が減少した。これも、年間を通じた持続的工業生産の増加につながった。
・小規模工業および家内工業で用いられるフルタイム労働の比率がパートタイム労働よりも増加した。
・小規模工業および家内工業における雇用労働の比率が無給労働に比べて増加した。ただしこれは、若年の成人である家族成員にも賃金を払うという農村では比較的新しい習慣のため、いささか目立たずにいる。

**表4　経済部門別就業人口百分比　(1971 〜 1985 年)**

| 経済部門 | 人口センサス 1971年 | 全国労働力調査 1976年 | 全国労働力調査 1977年 | 全国労働力調査 1978年 | 人口センサス 1980年 | 全国社会経済調査 1982年 | 中間人口センサス 1985年 | 百分比増減 1971〜85年 |
|---|---|---|---|---|---|---|---|---|
| 1. 農業、林業、狩猟、漁業 | 66.3 | 61.6 | 61.5 | 60.9 | 55.9 | 55.5 | 54.7 | -11.6 |
| 2. 製造工業 | 6.8 | 8.4 | 8.6 | 7.4 | 9.1 | 10.4 | 9.3 | +2.5 |
| 3. 運輸、倉庫、通信 | 2.4 | 2.7 | 2.9 | 2.5 | 2.8 | 3 | 3.1 | +0.7 |
| 4. 卸売・小売商業、飲食店 | 10.8 | 14.4 | 14 | 14.9 | 13 | 14.8 | 15 | +4.2 |
| 5. サービス | 10.3 | 10.7 | 10.5 | 12.3 | 13.9 | 11.7 | 13.3 | +3.0 |
| 6. その他（鉱業・採石業、公益事業、建設業、金融など） | 3.4 | 2.2 | 2 | 5.3 | 4.3 | 4.5 | 4.5 | +1.1 |
| 7. 合計 | 100 | 100 | 100 | 100 | 100 | 100 | 100 | |

（出所）最初の6列の数値は、『1986年経済センサス結果の序論的分析』（*Analisa Pendahuluan Hasil Sensus Ekonomi*, 1986）28ページから転載。1985年の数値は『インドネシア統計年鑑 1989 年版』（*Statistical Yearbook of Indonesia 1989*）の表3.8から計算。いずれも BPS（中央統計局）の刊行物。

・農村工業における男性労働の比率が女性労働に対して増加した。

・大・中規模企業に限らずあらゆる規模の企業で生み出される実質付加価値が目立って増加した。この増加は、第一章で論じた「プル」理論の提案者たちにいくらかの支持を与える。

・大・中・小規模企業における雇用が急増した反面、零細（家内）企業では雇用が減った可能性がある。

表6は、上記の五番目の動向、つまり女性労働者に対する男性労働者の比率の変化を示している。農村工業労働力に占める男性の比率は、一九七一年の四五・八％から一九八〇年には五〇・五％に増加した。ここでも、就業者の絶対数は男女ともに増えているが、その増加率は男性の方が四・六％で女性の二・四％に比べて速かった。工業部門におけるその他の動向に関する情報については、以下に示すとおりである。

表５　農村就業人口の経済部門別性別百分比　(1971 年と 1980 年)

| 経済部門 | 1971 年 | | | 1980 年 | | | 百分比増減 (1971 ～ 1980 年) | | |
|---|---|---|---|---|---|---|---|---|---|
| | 男 | 女 | 合計 | 男 | 女 | 合計 | 男 | 女 | 合計 |
| 1. 農業、林業、狩猟、漁業 | 75.9 | 72.3 | 74.6 | 68.9 | 63.7 | 67.2 | -7.0 | -8.6 | -7.4 |
| 2. 鉱業・採石業 | 0.2 | — | 0.1 | 0.9 | 0.3 | 0.7 | +0.7 | +0.3 | +0.6 |
| 3. 製造工業 | 5.2 | 11.3 | 7.3 | 6.1 | 11.7 | 8.0 | +0.9 | +0.4 | +0.7 |
| 4. 運輸・倉庫・通信・公益事業 | 1.9 | 0.1 | 1.3 | 2.7 | 0.1 | 1.8 | +0.8 | — | +0.5 |
| 5. 建設業 | 2.2 | — | 1.4 | 3.9 | 0.2 | 2.7 | +1.7 | +0.2 | +1.3 |
| 6. 卸売・小売商業、飲食店 | 6.9 | 11.7 | 8.6 | 7.4 | 15.9 | 10.3 | +0.5 | +4.2 | +1.7 |
| 7. サービス | 7.8 | 4.6 | 6.6 | 10.0 | 8.1 | 9.4 | +2.2 | +3.5 | +2.8 |
| 8. 合計 | 100.0 | 100.0 | 100.0 | 100.0 | 100.0 | 100.0 | | | |

（出所）Poot, Kuyvenhoven and Jansen 1990, 66 の表 3.13 から算出。

表６　都市部および農村部の製造工業就業人口の性別人数と百分比　(1971 年と 1980 年)

| | 1971 年 | | | 1980 年 | | | 年平均増減率 | | |
|---|---|---|---|---|---|---|---|---|---|
| | 男 | 女 | 合計 | 男 | 女 | 合計 | 男 | 女 | 合計 |
| 1. 都市部製造工業 | 467,000 (67.7%) | 223,000 (32.3%) | 690,000 (100.0%) | 913,000 (66.5%) | 460,000 (33.5%) | 1,374,000 (100.0%) | +7.7% | +8.4% | +8.0% |
| 2. 農村部製造工業 | 1,125,000 (45.8%) | 1,333,000 (54.2%) | 2,458,000 (100.0%) | 1,685,000 (50.5%) | 1,652,000 (49.5%) | 3,337,000 (100.0%) | +4.6% | +2.4% | +3.5% |
| 3. 合計 | 1,592,000 (50.6%) | 1,556,000 (49.4%) | 3,148,000 (100.0%) | 2,598,000 (55.1%) | 2,112,000 (44.8%) | 4,711,000 (100.0%) | +5.6% | +3.5% | +4.6% |

（出所）　Poot, Kuyvenhoven and Jansen 1990, 66 の表 3.13　(1971 年と 1980 年の人口センサスのデータによる)

## 利用可能なデータセット

インドネシアでは、経済と福祉に関する統計データを収集し刊行する仕事は、ＢＰＳ（Biro Pusat Statistik：中央統計局）が行っている。ＢＰＳは他の政府機関から独立性を保証された組織として、省庁に所属しない大統領直属の機関である。独立後に年数を経て、ＢＰＳの作る統計の質は着実に改善され、今では他の発展途上国、いや先進国の同種の機関の統計に比べても同等、あるいはそれ以上に優れたものになっている。しかし、この改善はそれ自身が厄介な問題を引き起こしている。改良の努力のなかで統計調査の定義、指針、調査票の書き換えが絶え間なく行われているために、初期と後期の調査の比較可能性に深刻な問題が生じている。

ＢＰＳの調査において工業は、大規模、中規模、小規模、家内工業の四つの規模別に区分されている。一九七四―七五年の工業センサス実施時には、これらの区分について新しい、それまでと大きく違う定義が採用された（表7を参照）。このために、一九六四年の工業センサスで集められたデータと、一九七四―七五年あるいはそれ以後に集められたデータを比較するのは困難である。そのうえ、政治的社会的破局状態が、一九六四年に集められたデータの質に影響したと考えられる。これらの理由から、一九六四年のデータが用いられることはまれであり、ここでも考慮しないことにする。[*3]

本書の初めの方で、農村の金属加工企業の従業員数は、自分も働く事業主、無給の家族従業員、雇用労働者を含めて一般に二～七人の範囲だと述べた。つまりこれらの工業は、ＢＰＳの定義する「家内」工業と「小規模」工業にまたがる傾向があり、おおよそ五分の四が「家内工業」、五分の一が「小規模」工業のカテゴリーに当てはまる。低級な屑鉄からナイフや小型の用具を作る鍛冶業のほとんどすべては、現在ＢＰＳが採用している定義によれば家内工業

表7　新旧の工業企業定義

| 区分 | 1964-65 年工業センサスで使われた旧定義 | 1974-75 年工業センサスと 1986 年経済センサス（Susenas）で使われた新しい定義 |
|---|---|---|
| 大規模工業（LI） | 就業者 100 人以上で動力設備なし または就業者 50 人以上で動力設備あり | 従事者 100 人以上 |
| 中規模工業（MI） | 就業者 10 ～ 99 人で動力設備なし または就業者 5 ～ 49 人で動力設備あり | 従業者 20 ～ 99 人 |
| 小規模工業（SI） | 就業者 1 ～ 9 人で動力設備なしまたは就業者 1 ～ 4 人で動力設備あり | 従業者 5 ～ 19 人（自分も働く事業所所有者、賃金の支払いを受ける労働者、無給の家族労働者を含む） |
| 家内工業（CI） | 賃金の支払いを受ける労働者のいない事業所（無給の家族労働に全面的に依存している事業所） | 従業者 4 人以下（自分も働く事業所所有者、賃金の支払いを受ける労働者、無給の家族労働者を含む） |

である。一方、もっと良質の屑鉄から大型の農具や職人用工具を作る鍛冶業は、家内工業のこともあれば小規模工業のこともある。バトゥール村の鋳造企業のなかで最大規模のごく少数を除き、本書で取り上げる工業企業で中規模または大規模のカテゴリーに該当するものはない。

この状況は、金属加工業だけに特有のものではないだろう。表8はBPS刊の『インドネシア統計年鑑』最新版から取ったもので、第一章の表1よりもっと完全な形になっている。これが示すように、家内工業の平均規模は、一九七四―七五年から一九八六年までのすべての種類の工業について二～四人の範囲にある。一方、小規模工業の平均規模は、従業員六～一〇人となっている。これに対して、中規模および大規模企業の平均規模は、五五～五六三人の幅がある。このように、インドネシアの工業部門には依然として「二重構造」的ギャップが存在しているように見える。

いわゆる家内工業を小規模工業から統計上区別することを正当化できるほどに、両者のあいだに十分な質的差異があるように私には思えない。今では多くの家内工業が雇用労働力によって家族労働力を補い、小電力の電気機器を用いている。一方、多くの小規模工業は家屋や屋敷地のなかで営まれている。そのうえ、家内工業と小規模工業はふつう同じ村や都市の一画に群生し、同じルートで資材の供給や製品の販売を行っている。

もしBPSが同じ調査票を使っているのならば、家内工業と小規模工業を統計上区別することに問題はないだろう。ところが残念なことに、非常に違うタイプの質問を並べた異なる質問票が使われており、両者はごく一部しか重なっていない。だから、同じセンサス調査のなかで、はたして比較可能かどうかが問題になるのだ。同じデータが集められている場合でも、小規模工業のデータの方が精度が高いものを公表する傾向が見られる。

労働力の就業の定義も、やはり異なっている。一九七四―七五年工業センサスの家内工業の項では、「どんなに短時間でも、またどんなに就業回数が少なくても、ともかく活動に充てている時間があれば」その人は「就業者」と見なされていた。つまり、たとえ一カ月にわずか半時間程度でも仕事に参加した者は、「就業者」に計上されたのだ。ところが、一九八六年の経済センサスの家内工業の項では、「通常の労働時間の三分の一未満」、つまり週に四〇時間と見なされる通常の労働時間に比べて、およそ一三時間に満たない時間しか働かない事業主や無給の家族労働者は計上されていない（BPS 1987b, 90-99）。この労働力就業率の定義の違いこそ、統計から想定される家内工業における雇用減少の原因の一部もしくは全部と考えられる。表8が示すように家内工業の雇用は、一九七四―七五年と一九八六年のあいだに三九〇万人から二七〇万人に減少している。多くの観察者が、この見かけ上の減少を重視し、家内工業の不可避的な、しかも差し迫った消滅のいっそうの証拠だと考えた。しかしそれは、おおかたは統計上の作り事に過ぎない。[*4] 女性の方が男性よりも無給の家族労働者としてパートタイムの仕事に従事することが多いから、一九八六年に採用された労働力の新しい定義のもとでは除外されてしまい、結果として女性労働の減少が人工的に誇張されている可能性が高いのである。見かけ上の減少の、もうひとつの、あまり重要ではない要因としては、雇用労働者の増大

表８　工業の種類と事業所の規模別に見た事業所と従業者数　（1974-75、1979、および 1986 年）

| 産業コード番号 | 製品種類別工業区分 | 年 | 事業所数 | | | | 従業者数 | | | |
|---|---|---|---|---|---|---|---|---|---|---|
| | | | 大・中規模企業（従業者20人以上） | 小規模企業（従業者5～19人） | 家内企業（従業者1～4人） | 全企業 | 大・中規模企業（従業者20人以上） | 小規模企業（従業者5～19人） | 家内企業（従業者1～4人） | 全企業 |
| 31 | 食料品・飲料・タバコ | 1974-75 | 2,367 | 24,275 | 434,284 | 460,926 | 268,388 | 151,194 | 1,401,177 | 1,820,759 |
| | | 1979 | 2,420 | 57,280 | 617,668 | 677,368 | 294,441 | 403,517 | 1,362,762 | 2,060,720 |
| | | 1986 | 3,875 | 38,935 | 443,595 | 486,405 | 520,069 | 318,722 | 937,800 | 1,776,591 |
| 32 | 繊維・衣服・革製品 | 1974-75 | 2,066 | 5,792 | 139,680 | 147,538 | 174,246 | 55,375 | 435,124 | 664,745 |
| | | 1979 | 2,147 | 9,692 | 177,246 | 189,085 | 227,787 | 91,402 | 293,198 | 612,387 |
| | | 1986 | 2,852 | 15,068 | 149,124 | 167,044 | 389,072 | 132,718 | 238,956 | 760,746 |
| 33 | 木材・家具を含む木製品 | 1974-75 | 407 | 5,456 | 534,862 | 540,725 | 22,368 | 41,680 | 1,644,004 | 1,708,052 |
| | | 1979 | 633 | 15,144 | 434,376 | 450,153 | 51,221 | 110,932 | 735,816 | 897,969 |
| | | 1986 | 1,160 | 14,393 | 467,071 | 482,624 | 181,452 | 106,080 | 805,394 | 1,092,926 |
| 34 | 紙・紙加工品・印刷・出版 | 1974-75 | 289 | 867 | 2,628 | 3,784 | 21,982 | 8,067 | 9,478 | 39,527 |
| | | 1979 | 358 | 1,263 | — | 1,621 | 29,876 | 11,931 | — | 41,807 |
| | | 1986 | 602 | 2,348 | 7,130 | 10,080 | 62,531 | 21,476 | 14,680 | 98,687 |
| 35 | 化学品・化学製品石油・石炭・ゴムおよびプラスチック製品 | 1974-75 | 899 | 1,382 | 5,317 | 7,598 | 83,802 | 12,422 | 20,946 | 117,170 |
| | | 1979 | 823 | 1,786 | — | 2,609 | 103,803 | 17,363 | — | 121,166 |
| | | 1986 | 1,591 | 2,596 | 7,530 | 11,717 | 245,419 | 24,906 | 16,090 | 286,415 |

| | | | | | | | | | | | |
|---|---|---|---|---|---|---|---|---|---|---|---|
| 36 | 非金属鉱物製品（ガラス・セメント・石灰・粘土製品） | 1974-75 | 480 | 6,749 | 80,599 | 87,828 | | 24,597 | 46,916 | 263,203 | 334,716 |
| | | 1979 | 675 | 19,814 | 104,997 | 125,486 | | 43,000 | 133,687 | 221,113 | 397,800 |
| | | 1986 | 1,208 | 13,582 | 105,789 | 120,579 | | 80,980 | 106,063 | 248,799 | 435,842 |
| 37 | 製錬業を含む基礎金属工業 | 1974-75 | 18 | — | — | 18 | | 2,060 | — | — | 2,060 |
| | | 1979 | 22 | — | — | 22 | | 8,247 | — | — | 8,247 |
| | | 1986 | 30 | — | — | 30 | | 16,894 | — | — | 16,894 |
| 38 | 金属製品・機械器具製造業 | 1974-75 | 500 | 2,957 | 15,432 | 18,889 | | 55,867 | 22,113 | 55,773 | 133,753 |
| | | 1979 | 796 | 6,814 | 32,009 | 39,619 | | 105,686 | 49,527 | 79,447 | 234,660 |
| | | 1986 | 1,272 | 5,018 | 34,403 | 40,693 | | 181,641 | 39,577 | 78,634 | 299,852 |
| 39 | その他の製造工業 | 1974-75 | 65 | 708 | 21,709 | 22,482 | | 8,394 | 5,473 | 70,151 | 84,018 |
| | | 1979 | 86 | 1,231 | 51,506 | 52,823 | | 5,958 | 8,676 | 102,497 | 117,131 |
| | | 1986 | 175 | 2,604 | 201,794 | 204,573 | | 13,377 | 20,602 | 373,711 | 407,690 |
| 合計 | | 1974-75 | 7,091 | 48,186 | 1,234,511 | 1,289,788 | | 661,704 | 343,240 | 3,899,856 | 4,904,800 |
| | | 1979 | 7,960 | 113,024 | 1,417,802 | 1,538,786 | | 870,019 | 827,035 | 2,794,833 | 4,491,887 |
| | | 1986 | 12,765 | 94,544 | 1,416,436 | 1,523,745 | | 1,691,435 | 770,144 | 2,714,064 | 5,175,643 |

（出所）*Statistical Yearbook of Indonesia 1989*, 300-301 の表 6.1.1 から算出。

（訳注）原著の計算間違いと思われるいくつかの数値を訂正してある。

と追加により一部の家内工業が小規模工業に転換したことが考えられる。

比較可能性については、他にもいくつかの問題がある。人口密度の低い七つの州が、交通の便の悪さと費用を理由に、一九七四―七五年のセンサスからは除外されていた。全国総人口の五％を少し下回るこれらの地域が、新しく創設された東ティモール州[1]と同様に、一九八六年センサスでは対象に含まれたのである。

家内工業の数は膨大なため、完全な網羅的調査は非現実的と見なされ、代わりに標本調査の方法が採用された。例えば一九七四―七五年には、人口センサスの調査区（センサス・ブロック）の八％にあたるサンプルが抽出され、公表された全国合計の数値もこのサンプルにもとづく推計値が用いられた。季節変動の影響を避けるため、一九七四年八月から一九七五年七月までの各月に、上記ブロックの一二分の一ずつについて面接調査が行われた。ところが、小規模工業部門の場合には、まったく異なる方法が使われた。一九七五年六月から八月のあいだに、全国規模ですべての小規模工業企業について全数調査が行われ、季節変動の修正は施されなかったのである（World Bank 1979, vol. 2, 21）。

工業省のような政府機関は統計調査の企画についてBPSが提供する支援に大きく依存しているが、国家開発企画庁（BAPPENAS）や地方開発企画局（BAPPEDA）の財政的認可を得て、独自に統計を集め調査を行うことも許可されている。現地の調査員たちはしばしば、彼らの日常的行政事務の一環として統計を集めるよう要求される。しかし、特別目的の調査が行われることもある。これらの調査結果はめったに公表されず、役所のなかの企画立案にだけ使われている。一九八七年には、工業省の小規模工業総局内の金属課が、「里親」プログラムの計画的拡大[2]に関連してそういう調査を行った。この調査のデータを以下に提示する。*5 工業省の調査は、企業と労働者の数について、BPSの調査よりもいくぶん大きい推計を行う傾向がある。工業省の現地調査員の方が地方の村落の事情に通じているため、より完全な集計ができるように思われる。

## インドネシアの産業分類コード

インドネシア政府は、国際労働機関（ＩＬＯ）が定めた国際標準産業分類（ＩＳＩＣ）の修正版を採用してきた。このシステムでは、各産業が二桁、三桁および五桁のコードで分類される。ここでは、金属加工業に関連する二桁および三桁コードを示しておこう。

37：基礎金属工業（Basic Metal Industries）
　３７１：第一次鉄鋼製造業（Iron and Steel Basic Industries）
　３７２：第一次非鉄金属製造業（Non-Ferrous Metal Basic Industries）
38：金属製品・機械・器具製造業（Fabricated Metal Products, Machinery, and Equipment）
　３８１：刃物・手工具・金物類製造業（Cutlery, Hand Tools, and General Handware）
　３８２：電気機械を除く機械製造業（Machinery, Except Electrical）
　３８３：電気機械器具製造業（Electrical Machinery, Apparatus, Appliances, and Supplies）
　３８４：輸送用機械器具製造業（Transport Equipment）
　３８５：専門・科学・測定・写真・その他光学用装置製造業（Professional, Scientific, Measuring, Photographic, and Optical Equipment）
39：その他の製造工業（Other Manufacturing Industries）
　３９０：その他の製造工業

インドネシアの工業統計はこれらの分類コードにもとづき公表されているが、識別の標識が付記されていないことが多いため、工業データを解釈するにはこれらのコードを習得することが必要になる。コード番号37の基礎金属工業とは、鉱石や金属を含有する砂や砂利から未加工の金属を最初に抽出するとともに、棒や竿や薄板のような形態へと二次加工する業種を指す。先に論じたように、小規模な地場の鉱業と製錬業は一九世紀中に壊滅し、政府所有の諸企業がその役割を引き継いだ。二〇世紀後半には民有の会社や法人が多少の参入を認められたが、これは基本的に、小規模企業や家内企業の参入を政府が認めていない一部の部門に限られている。そのため、表8に見られるように、コード番号37の分野は小規模企業と家内企業の調査からは除外されていることが多い。しかし、一九八七年に金属課(the Subdirectorate for Metal)が行った調査では、大部分がジャワとスマトラに所在し、鉄鋼の二次加工に従事するものも含めて八八一の小規模および家内工業が記載されている(表10を参照)。

コード番号38の金属製品等製造業には、装身具、装飾品、土産物および楽器を除くあらゆるタイプの金属製消費財製造が該当する。上記の除外品目はコード番号39に分類され、木材、竹、動物の角、骨および貝殻から作られた同種の製品と一括りにされている。そのため、コード番号39に含まれる金属加工企業や鍛冶職人の数について正確な推定を行うのは至難の業である。

コード番号381は、本書で論じる伝統的鍛冶職の大半をカバーしている。農具、職人用の用具やナイフを作る鍛冶屋とともに、厨房用品を作る銅細工師や、錠前、かんぬき、ちょうつがいなどを作る真鍮細工師もそのなかに含まれる。シートメタルやメタルチューブ製品を作る非伝統的鍛冶職の一部も、コード番号381に含まれる。一九八七年の金属課の調査によれば、コード番号38に分類される小規模および家内企業の七四・三%が、コード番号381の業種で占められた[3]。一方、コード番号382および383の機械工業は一二・一%を、384および385のそれは残りを占めている。382および383の機械工業のうち、四分の三近くは機械製造というよりも修繕や補修に従事している。機械製造に従事する小規模および家内企業の総数は、全国でも二、一六四に過ぎなかった。機械工業の数が比較的少ないのは、一般にインドネシアの技術的後進性と輸入機械類への過剰な依存の証拠とされる（Weijland 1984, 1-2)。

一九七四―七五年の工業センサスと一九八七年の金属課による調査のあいだに、金属加工業用に使われた二桁および三桁のコードの変化はなかった。しかし五桁のコードは、明らかに世界銀行の評価チームによる一九七九年の提言にもとづき、全面的な改修が加えられている。五桁コードの項目数は二七から八二に増え、その内容も変化した。例えば変更後の二つの項目を一緒にして変更前の単一の項目に照合することにより、二つのシステムを一致させることができる場合もあるが、いつでもそうとは限らない。ほんの一例を挙げると、ナイフ製造は変更後の項目編成では農具および職人用の用具製造と一緒になっている（コード番号３８１１１）が、変更前の項目編成では釘、ナット、ボルトおよび類似品目の製造（コード番号３８１１２）に含まれているのだ。ゆゆしい問題のひとつは、三桁および四桁コードによる家内工業のデータを一九八六年以降ＢＰＳがいっさい公表していないことだ。そのため、表８および９で用いた二桁のきわめて大ざっぱなものよりも精密な、完全な比較表を作成することは不可能である。

金属課の調査は限られた数の変数しかカバーしていないが、家内工業と小規模工業を単一のカテゴリーにまとめ五桁のコード番号で細分しているため、有益な補足資料になっている。もっともそれは、コード番号39に含まれる装身具製造などの工業を含んでいない。これらは違う部課、つまり手工芸品および各種工業担当課の管轄下にあるからだ。

## マクロデータからのいくつかの結論

いくつかの問題点を適切に自覚したうえで、可能な結論を得るためにマクロデータの再検討を始めることが可能になる。表8は、二桁の産業分類コードで分類された企業数と労働者数の時系列データを提示している。それによれば、一九七四—七五年に分類コード38の業種は、全国の企業総数の一・五％と労働者総数の二・七％の割合を占めていた。一九八六年までにその比率は、企業総数の二・七％、労働者総数の五・八％に達した。つまり、コード番号38の産業は、工業部門の全体よりも速い割合で拡大している。

全国では、家内企業と小規模企業が一九七四—七五年に企業総数の九九・五％、労働者総数の八六・五％を占めた。一九八六年にも家内企業と小規模企業は、依然企業総数の九九・二％を占めたが、労働者総数における比率は六七・三％に低下した。中規模および大規模企業の平均規模の上昇は、この急落をもたらした原因のほんの一部に過ぎない。それは主に、すでに述べた労働力の定義の変更によるものだ。

中・大規模企業は、コード番号38の産業では、工業部門全体における以上に重要な役割を演じている。これは、機械類、電気器具、車両の製造や組立てを行い、それぞれ数千人の労働者を雇用する、非常に大きい、主に都市部の工場が存在するからだ。そのため、小規模企業および家内企業が占める比率がいくらか低下するのである。一九七四—七五年にコード番号38の産業における家内企業と小規模企業の割合は、企業総数の九七・四％、労働者総数の五八・二％であった。一九八六年には、これらの比率は九六・九％および三九・四％に変化した。

コード番号38の産業内部では、家内企業および小規模企業の絶対数は、一九七四—七五年の一八、三八九から一九八六年の三九、四二一へと、二倍以上に増加した。労働者の数も、七七、八八六人から二一八、二一一人に増えている。労働力の定義の変更にもかかわらず、コード番号38の家内企業における労働者数は減少ではなく増加したのだ。これはおそらく、大量のパートタイム女性労働者を用いる食品製造や繊維のような部門よりも、コード番号38の産業が定義の変更によってこうむる変化は少なかったからである。

全国の家内工業における雇用減少の二つの理由については、すでに示唆した。つまり、労働力の定義の変更と、成長による一部の家内工業の小規模工業への転換である。三つめの理由としては、省力化技術の採用による家内企業の「合理化」が考えられる。この合理化はまた、農村電化の拡大と関連している。ブロワーやグラインダーのような装置の採用により、コード番号38の産業では家内企業一単位あたりの平均労働者数が、まぎれもなく減少した可能性がある。いっそう調査が進めば、同じ理由で他の類似業種でも労働者数減少を経験したことが示されることだろう。

コード番号38の金属加工業とすべての工業を比較した投入・産出データを表9に掲げた。BPSの用いる用語としての総産出高（gross output）は、製造・販売される生産物の価値と投与されたサービスの価値、および（小規模工業の場合は）あらゆる偶発的商取引から得た利潤を含む。また、やはりBPSの用いる用語としての投入高（input）は、購入された原材料・部品の価値、購入燃料の価値、および外部の個人や会社から購入されたサービスの価値を含む。雇用労働者に支払われた賃金はそれに含まれない。付加価値額を算出するには、総産出高から投入高を差し引く。これは、税金、借入金の利払いや減価償却費を含まないセンサス上の付加価値である。BPSは、賃金支払いについてのデータも提供している。表9とそれに続く数表で私は、企業所有者とその無給家族労働者が取得する「所有者の利潤」と名づけた数値を得るため、付加価値から賃金支払い額を差し引いた。それは、村の工業生産者が用いる「利益」(*keuntungan*) というインドネシア語の用語に合致している。しかしそれは、経済学者がフォーマルセクターの工業について記述するときに用いる用語としての「利潤」(profit) には合致しない。これは、所有者とその無給家族労働者が費やした労働の価値をいっさい差し引いていないからである。

表9は、あらゆるタイプの工業が一九七四―七五年から一九八六年のあいだに急成長したことを示している。中規模および大規模工業は、付加価値と利潤をおよそ三倍に増やしたが、小規模および家内工業は同様、またはもっと速い割合で成長した。物価上昇の影響を除いて米ドルに換算すれば、家内工業全体の平均付加価値は一六一ドルから七〇八ドルに増加し、平均利潤は一四二ドルから六〇六ドルに増加した。コード番号38の家内工業の付加価値は

表９　金属加工業および工業全体の総産出高、投入費用、付加価値生産額および利潤（1974-75、1979、および 1986 年）

| | 年 | 金属加工業（コード番号 38） | | | | 工業全体 | | | |
|---|---|---|---|---|---|---|---|---|---|
| | | 大・中規模企業（従業者 20 人以上） | 小規模企業（従業者 5 ～ 19 人） | 家内企業（従業者 1 ～ 4 人） | 全企業 | 大・中規模企業（従業者 20 人以上） | 小規模企業（従業者 5 ～ 19 人） | 家内企業（従業者 1 ～ 4 人） | 全企業 |
| １企業あたり年間平均総産出高（千ルピア） | 1974-75 | 347,560 | 3,057 | 383 | 9,992 | 182,455 | 3,270 | 163 | 1,281 |
| | 1979 | 874,695 | 5,124 | 1,335 | 19,534 | 581,735 | 5,317 | 527 | |
| | 1986 | 3,151,241 | 21,630 | 3,310 | 103,967 | 2,027,210 | 23,090 | 2,482 | |
| １企業あたり年平均投入費用（労働を除く）（千ルピア） | 1974-75 | 227,000 | 1,747 | 191 | 6,439 | 115,194 | 2,169 | 96 | 806 |
| | 1979 | 593,680 | 3,048 | 614 | 12,948 | 373,135 | 3,659 | 322 | |
| | 1986 | 2,137,252 | 11,240 | 1,811 | 69,724 | 1,294,858 | 14,889 | 1,593 | |
| １企業あたり年平均付加価値額（市場価格表示、総産出高－投入費用）（千ルピア） | 1974-75 | 120,560 | 1,310 | 192 | 3,553 | 67,261 | 1,100 | 67 | 475 |
| | 1979 | 261,015 | 2,077 | 721 | 6,586 | 208,600 | 1,675 | 206 | |
| | 1986 | 1,013,991 | 10,390 | 1,499 | 34,244 | 732,353 | 8,201 | 885 | |
| １企業あたり年平均付加価値額（米ドル換算、価格変動調整済み） | 1974-75 | 289,608 | 3,149 | 462 | 8,541 | 161,685 | 2,644 | 161 | 1,142 |
| | 1979 | 445,349 | 4,990 | 1,143 | 10,437 | 330,586 | 2,626 | 326 | |
| | 1986 | 611,193 | 8,312 | 1,199 | 27,395 | 585,882 | 6,560 | 708 | |
| １企業あたり年平均付加価値額（中等米 kg 換算、価格変動調整済み） | 1974-75 | 1,106,055 | 12,018 | 1,761 | 32,596 | 617,073 | 10,092 | 615 | 4,357 |
| | 1979 | 1,653,029 | 12,218 | 4,241 | 191,741 | 1,227,059 | 9,747 | 1,211 | |
| | 1986 | 2,824,487 | 28,942 | 4,175 | 95,387 | 2,039,981 | 22,844 | 2,465 | |
| １企業あたり年平均労働費用（千ルピア） | 1974-75 | 25,814 | — | 41 | 717 | 13,157 | 338 | 8 | 80 |
| | 1979 | 73,030 | 868 | 175 | 1,758 | 40,421 | 620 | 27 | 279 |
| | 1986 | 241,862 | 3,651 | 399 | 8,348 | 147,910 | 2,431 | 128 | 1,609 |

| | | | | | | | | | | |
|---|---|---|---|---|---|---|---|---|---|---|
| 全投入費用に対する労働費用の百分比 | 1974-75 | 9.2% | — | 21.5% | 11.1% | | 11.4% | 15.6% | 8.3% | 9.9% |
| | 1979 | 12.3% | 28.5% | 28.5% | 13.6% | | 10.8% | 16.9% | 8.4% | 11.2% |
| | 1986 | 11.3% | 32.5% | 22.0% | 12.0% | | 11.4% | 16.3% | 8.0% | 11.4% |
| １企業あたり年平均所有者利潤（付加価値額－労働費用）（千ルピア） | 1974-75 | 94,746 | — | 151 | 2,836 | | 54,104 | 762 | 59 | 395 |
| | 1979 | 207,985 | 1,209 | 546 | 4,828 | | 168,179 | 1,037 | 179 | 1,111 |
| | 1986 | 722,129 | 6,739 | 1,100 | 25,896 | | 584,443 | 5,770 | 757 | 5,957 |
| １企業あたり年平均所有者利潤（米ドル換算） | 1974-75 | 227,765 | — | 363 | 6,817 | | 130,058 | 1,832 | 142 | 950 |
| | 1979 | 329,612 | 1,916 | 865 | 7,651 | | 266,528 | 1,642 | 284 | 1,761 |
| | 1986 | 617,703 | 5,391 | 880 | 20,717 | | 467,554 | 4,616 | 606 | 4,766 |
| １企業あたり年平均所有者利潤（中等米ｋｇ換算） | 1974-75 | 869,229 | — | 1,385 | 26,018 | | 496,367 | 6,991 | 541 | 3,624 |
| | 1979 | 1,223,441 | 7,112 | 3,212 | 28,400 | | 989,280 | 6,100 | 1,053 | 6,535 |
| | 1986 | 2,150,777 | 18,772 | 3,064 | 72,134 | | 1,627,975 | 16,072 | 2,109 | 16,593 |
| 総産出高に対する投入費用の百分比 | 1974-75 | 65.3% | 57.1% | 49.9% | 64.4% | | 63.1% | 66.3% | 58.9% | 62.9% |
| | 1979 | 67.9% | 59.5% | 46.0% | 66.3% | | 64.1% | 68.8% | 61.1% | 64.2% |
| | 1986 | 67.8% | 52.0% | 54.7% | 67.1% | | 63.9% | 64.5% | 64.2% | 63.9% |
| 総産出高に対する労働費用の百分比 | 1974-75 | 7.4% | — | 10.7% | 7.2% | | 7.2% | 10.3% | 4.9% | 6.2% |
| | 1979 | 8.3% | 16.9% | 13.1% | 9.0% | | 6.9% | 11.7% | 5.1% | 7.2% |
| | 1986 | 7.7% | 16.9% | 12.1% | 8.0% | | 7.3% | 10.5% | 5.2% | 7.3% |
| 総産出高に対する所有者利潤の百分比 | 1974-75 | 27.3% | — | 39.4% | 28.4% | | 29.7% | 23.3% | 36.2% | 30.8% |
| | 1979 | 23.8% | 23.6% | 40.9% | 24.7% | | 28.9% | 19.5% | 34.0% | 28.6% |
| | 1986 | 24.5% | 31.2% | 33.2% | 24.9% | | 28.8% | 25.0% | 30.5% | 28.7% |

（出所）*Statistical Yearbook of Indonesia* 1989, 300-301 の表6.1.1および6.1.2から算出。

四六二ドルから一、一九九ドルに増え、利潤は三六三ドルから八八〇ドルに増えた。小規模工業も同様の成長を経験した。小規模工業全体の平均付加価値は二、六四四ドルから六、五六〇ドルに、平均利潤は一、八三二ドルから四、六一六ドルに増加した。コード番号38の小規模工業については、付加価値が三、一四九ドルから八、三一二ドルに増えた。コード番号38の小規模工業における一九七四—七五年の労働コストは公表されていないので、利潤の増加額を確定することはできないが、一九八六年の利潤の水準は五、三九一ドルだった。これら付加価値と利潤のレベルを判定する場合、農村家族はふつういくつかの職業をもっていることを想起すべきである。つまり、家族所有の工業から得られた収入は、おそらく全家族収入の一部を表しているだけなのだ。

金属加工工業は他のタイプの生産物を製造する工業よりも資本集約的で高利潤であることを、私は先に示唆した。これは、表9から確認される。金属加工工業は、工業全体に比べ、投入財と雇用労働のために平均して二倍の運転資金を必要とする。しかし、その結果として、やはり約二倍の付加価値と利潤が生み出されるのだ。例外は五～一九人の労働者を用いる小規模金属加工工業で、小規模工業全体に比べ投入財への支出が平均して約二〇%も少ないのに、より多くの付加価値と利潤を達成している。

インドネシアの農村世帯は、現金収入の多くを米の追加購入に充てているため、米価がしばしば物価変動除去のデフレーターとして用いられる。平均的な農村家族は、およそ五人の家族から成り、世帯内の成人と子供の人口比にもよるが、一日あたり一～二kgの米を消費する。平均規模の世帯が一年間に必要とする米の最大量を七三〇kgと仮定すると、家内工業および小規模工業の金属加工工業が、米の必要量を満たすのに十分な以上の収入をもたらすことは、表9から明らかだろう。これは、米のすべてを購入しなければならない土地無し家族の場合にも当てはまる。

一九七四—七五年には、家内工業全体ではまだこの目標に届いていなかったが、一九七九年までに状況は改善された。表9は、総産出高に対する百分比で、投入財、労働コストと利潤の価額を示している。その結果、工業全体に比べて金属加工業は投入財への支出の割合が少なく、労働への支出の割合が多いことが分かる。これは明らかに、金属加工業が他の工業よりも男性の雇用労働者への依存度が高く、それらの労働者に比較的高い賃金を支払っているからである。金属加工業はまた、総産出高一単位についてより多くの利潤をその所有者のために生んでおり、この意味でより「効率的」である。家内工業もまた、この意味で小規模、中規模、大規模工業よりも効率的であることが興味深く注記される。これはおそらく、家内工業が無給の家族労働により強く依存しているためだ。

表10～12は、金属加工業について利用可能な、コード番号三桁と五桁のデータを示している。横線で示した部分は、データが公表もしくは収集されなかったことを意味する。表10は、金属加工業に割り当てられた三桁コード番号のうち、３９０番を除く全業種における小規模および家内工業の企業数と労働者数のデータを示している。３９０番を除いたのは、金属以外の原料から装身具などを作る産業が含まれており、その割合がどれだけなのか不明だからである。本書の観点から表10で最も重要なのはコード番号３８１で、そのなかには鍛冶業などの伝統的非機械工業が含まれる。一九八七年の金属課による調査結果の数字は、金属加工業の全企業の七四・三％、および全労働者のやはり七四・三％が依然コード番号３８１の業種で見いだされる一方、コード番号３８２および３８３の機械工業には一二・一％の企業と一〇・四％の労働者しか存在しないことを示している。すでに述べたように、コード番号３８２と３８３の業種の企業と労働者の大多数は、実際には機械の製造よりも修理と保守に従事している。コード番号３８１のなかでは、家内企業の数が一九七四―七五年に小規模企業よりもおよそ六対一の割合で上回っていた。コード番号３８１における企業と労働者の数は、一九七四―七五年から一九八七年のあいだに約三倍に増えたように見える。ただし、工業省の調査の方が［ＢＰＳの調査よりも］より徹底した列挙を行う傾向がある、ということはここでも注記しておく必要がある。

コード番号３８１と３８１１１について利用可能な詳しいデータが表11に示されている。３８１１１は、鍛冶業に

表10　選ばれたコード番号3桁業種ごとの企業ユニット数と労働者数（1974-75、1986、および1987年）

| 産業コード番号 | 製品種類別工業区分 | 1974-75年工業センサス | | | 1986年経済センサス | | | 1987年金属課調査 |
|---|---|---|---|---|---|---|---|---|
| | | 小規模企業 | 家内企業 | 小規模+家内企業 | 小規模企業 | 家内企業 | 小規模+家内企業 | 小規模+家内企業 |
| 371 | 製鉄・基礎鉄鋼業（iron and steel basic industries） | | | | | | | |
| | ユニット数 | 2 | — | — | 0 | — | — | 475 |
| | 同百分比 | 0.1% | — | — | 0.0% | — | — | 0.8% |
| | 労働者数 | 21 | — | — | 0 | — | — | 2,069 |
| | 同百分比 | 0.1% | — | — | 0.0% | — | — | 0.8% |
| 372 | 非鉄基礎金属工業（non-ferrous metal basic industries） | | | | | | | |
| | ユニット数 | 4 | — | — | 0 | — | — | 406 |
| | 同百分比 | 0.1% | — | — | 0.0% | — | — | 0.7% |
| | 労働者数 | 29 | — | — | 0 | — | — | 1,645 |
| | 同百分比 | 0.1% | — | — | 0.0% | — | — | 0.7% |
| 381 | 金属製品製造業（fabricated metal products） | | | | | | | |
| | ユニット数 | 2,265 | 13,600 | 15,865 | 3,598 | — | — | 45,912 |
| | 同百分比 | 76.5% | — | — | 71.7% | — | — | 74.3% |
| | 労働者数 | 16,165 | 49,531 | 65,696 | 26,473 | — | — | 182,374 |
| | 同百分比 | 73.1% | — | — | 66.9% | — | — | 74.3% |
| 382 | 電気機械を除く機械製造業（修理と保守を含む） | | | | | | | |
| | ユニット数 | 162 | — | — | 359 | — | — | 2,190 |
| | 同百分比 | 5.5% | — | — | 7.2% | — | — | 3.5% |
| | 労働者数 | 1,419 | — | — | 3,510 | — | — | 9,351 |
| | 同百分比 | 6.4% | — | — | 8.9% | — | — | 3.8% |
| 383 | 電気機械・装置・器具・備品製造業（修理と保守を含む） | | | | | | | |
| | ユニット数 | 63 | — | — | 357 | — | — | 5,305 |
| | 同百分比 | 2.1% | — | — | 7.1% | — | — | 8.6% |
| | 労働者数 | 553 | — | — | 3,212 | — | — | 16,316 |
| | 同百分比 | 2.5% | — | — | 8.1% | — | — | 6.6% |

対する五桁のコード番号だ。一九七四—七五年の調査では、コード番号３８１１１は農具と職人の工具を作る企業に限られていた。一九八六年には、ナイフなどの刃物を作る企業はコード番号３８１１２から外されて３８１１１に加えられた。表を読むときにはこのことを念頭に置く必要がある。コード番号３８１１１の企業数と労働者数の増加の一部は、このコード分類定義の変更によるものだからだ。ナイフ製造企業は、農具や職人の工具を作る企業よりも小規模で資本金も少ないことが多いから、労働者数と投入・産出データの平均値もこれによって多少の影響を受けている可能性がある。表11は、コード番号３８１と３８１１１の双方で、一九七四—七五年と一九八七年のあいだに企業数と労働者数が急増したことを示している。企業数は、３８１番の場合は約三倍に、３８１１１番の場合は約四倍に増えた。労働者数は、どちらの場合も約三倍に増加した。これらの増加にともない、一企業あたりの平均労働者数は、３８１番の場合は四・一人から四・〇人へ、３８１１１番の場合は四・二人から三・六人へとわずかに減少した。[4]

小規模企業が雇用労働の方に強く依存するのに対して、家内企業が無給の家族労働の方に依存することを表11が示しているのは、驚くことではない。一九七四—七五年の調査によると、コード番号３８１の小規模企業が労働需要の七九・五％を雇用労働により満たしているのに対して、やはり３８１番に分類される家内企業では労働需要を雇用労働で満たす比率はわずか一九・七％に過ぎない。３８１１１番に限って見ても、前者の比率は七四・四％、後者は二五・九％で大差が無い。一九八六年の調査では、小規模工業における雇用労働の比率は三〜四％の減少を見せたが、家内工業については数値が公表されなかった。

ここで、賃金の支払いを受ける家族成員（ふつう一〇歳台と若い成人から成る）の分類という問題について注記しておく。これは新しい慣習だが、急速に広がりつつあるように見える。今のところ、それは他の地域よりもジャワとバリの比較的豊かな村落でいっそう普及している。センサスの調査票は、すべての家族労働者が無給労働を行い、逆に賃金を払われる労働者はすべて家族ではないと想定している。だが実地の観察は、それがもう当てはまらないことを

表11　産業コード番号381と38111の業種に関して選ばれた経済データ（1974-75、1986、および1987年）

| 項目 | 産業コード番号 | 1974-75年 工業センサス | | | 1986年 経済センサス | | | 1987年 金属課調査 |
|---|---|---|---|---|---|---|---|---|
| | | 小規模企業 | 家内企業 | 小規模＋家内企業 | 小規模企業 | 家内企業 | 小規模＋家内企業 | 小規模＋家内企業 |
| 1. 企業数 | 381 | 2,265 | 13,600 | 15,865 | 3,598 | — | — | 45,912 |
| | 38111 | 894 | 5,090 | 5,984 | 1,518 | — | — | 23,113 |
| 2. 雇用労働を用いる企業数 | 381 | — | 5,192 | — | — | — | — | — |
| | 38111 | — | 2,793 | — | — | — | — | — |
| 3. 雇用労働を用いる企業数の百分比 | 381 | — | 38.2% | — | — | — | — | — |
| | 38111 | — | 54.9% | — | — | — | — | — |
| 4. 労働者数 | 381 | 16,165 | 49,531 | 65,696 | 26,473 | — | — | 182,373 |
| | 38111 | 5,469 | 19,800 | 25,269 | 9,433 | — | — | 82,085 |
| 5. 無給の家族労働者数 | 381 | 3,318 | 39,769 | 43,087 | 6,489 | — | — | — |
| | 38111 | 1,401 | 14,665 | 16,066 | 2,713 | — | — | — |
| 6. 無給の家族労働者数百分比 | 381 | 20.5% | 80.3% | 65.6% | 24.5% | — | — | — |
| | 38111 | 25.6% | 74.1% | 63.6% | 28.8% | — | — | — |
| 7. 雇用労働者数 | 381 | 12,847 | 9,762 | 22,609 | 19,984 | — | — | — |
| | 38111 | 4,068 | 5,135 | 9,203 | 6,720 | — | — | — |
| 8. 雇用労働者数の百分比 | 381 | 79.5% | 19.7% | 34.4% | 75.5% | — | — | — |
| | 38111 | 74.4% | 25.9% | 36.4% | 71.2% | — | — | — |
| 9. 一企業あたりの平均労働者数 | 381 | 7.1 | 3.6 | 4.1 | 7.4 | — | — | 4.0 |
| | 38111 | 6.1 | 3.9 | 4.2 | 6.2 | — | — | 3.6 |

| | | | | | | | | |
|---|---|---|---|---|---|---|---|---|
| 10. 無給の家族労働者の一人あたり年平均労働人日 | 381 | — | 92.3 日 | — | — | — | — | — |
| | 38111 | — | 82.2 日 | — | — | — | — | — |
| 11. 雇用労働者の一人あたり年平均労働人日 | 381 | — | 227.0 日 | — | — | — | — | — |
| | 38111 | — | 210.5 日 | — | — | — | — | — |
| 12. 雇用労働者の人日あたり平均賃金（ルピア） | 381 | — | 264 | — | — | — | — | — |
| | 38111 | — | 251 | — | — | — | — | — |
| 13. 雇用労働者の人日あたり平均賃金（米ドル換算） | 381 | — | $0.64 | — | — | — | — | — |
| | 38111 | — | $0.60 | — | — | — | — | — |
| 14. 雇用労働者の人日あたり平均賃金（米換算、kg） | 381 | — | 2 | — | — | — | — | — |
| | 38111 | — | 2 | — | — | — | — | — |
| 15. フルタイム（1日5時間を越す）の無給家族労働者数比率 | 381 | — | 1 | — | — | — | — | — |
| | 38111 | — | 1 | — | — | — | — | — |
| 16. パートタイム（1日5時間以下）の無給家族労働者数比率 | 381 | — | 0 | — | — | — | — | — |
| | 38111 | — | 0 | — | — | — | — | — |
| 17. 一企業あたり年平均原材料消費額（燃料を含む、ルピア） | 381 | 1,544,076 | 198,933 | 390,976 | 8,512,916 | — | — | — |
| | 38111 | 519,419 | 145,809 | 201,626 | 3,075,752 | — | — | — |
| 18. 同上サービス消費額（賃借料・修理費を含む、ルピア） | 381 | 23,434 | 3,489 | 6,337 | 475,434 | — | — | — |
| | 38111 | 17,132 | 2,365 | 4,571 | 214,018 | — | — | — |
| 19. 同上投入財合計消費額（17+18、賃金を含まず、ルピア） | 381 | 1,567,510 | 202,422 | 397,313 | 8,988,350 | — | — | 3,913,653 |
| | 38111 | 536,551 | 148,174 | 206,197 | 3,289,770 | — | — | 2,512,108 |
| 20. 同上物財生産額（ルピア） | 381 | 2,277,328 | 365,483 | 638,432 | 17,750,014 | — | — | — |
| | 38111 | 1,007,541 | 314,193 | 417,778 | 11,939,851 | — | — | — |

（続）表11　産業コード番号381と38111の業種に関して選ばれた経済データ（1974-75、1986、および1987年）

| 項目 | 産業コード番号 | 1974-75年 工業センサス | | | 1986年 経済センサス | | | 1987年 金属課調査 |
|---|---|---|---|---|---|---|---|---|
| | | 小規模企業 | 家内企業 | 小規模＋家内企業 | 小規模企業 | 家内企業 | 小規模＋家内企業 | 小規模＋家内企業 |
| 21. 同上サービス提供額·(ルピア) | 381 | 308,243 | 23,711 | 64,333 | 692,593 | — | — | — |
| | 38111 | 30,715 | 25,001 | 25,855 | 194,030 | — | — | — |
| 22. 商取引（購入時のままの転売を含む）からの同上利潤額（ルピア） | 381 | 1,662 | — | — | 63,941 | — | — | — |
| | 38111 | 1,941 | — | — | 26,809 | — | — | — |
| 23. 同上総産出高（20+21+22、ルピア） | 381 | 2,587,232 | 389,194 | 702,765 | 18,506,547 | — | — | 9,734,549 |
| | 38111 | 1,040,197 | 339,194 | 443,633 | 12,160,690 | — | — | 5,593,425 |
| 24. センサスによる同上付加価値額（23-19、ルピア） | 381 | 1,019,722 | 186,772 | 305,690 | 9,518,198 | — | — | 5,820,896 |
| | 38111 | 503,645 | 191,021 | 206,197 | 8,870,920 | — | — | 3,081,317 |
| 25. センサスによる同上付加価値額（米ドル換算） | 381 | $2,451 | $449 | $735 | $7,615 | — | — | $3,528 |
| | 38111 | $1,211 | $459 | $496 | $7,140 | — | — | $1,867 |
| 26. センサスによる同上付加価値額（米換算、kg） | 381 | 9,355 | 1,714 | 1,887 | 26,513 | | | 14,444 |
| | 38111 | 4,621 | 1,752 | 1,892 | 24,861 | | | 7,646 |
| 27. 雇用労働者への一企業あたり年平均賃金支払い額（ルピア） | 381 | — | 43,088 | — | 3,057,990 | — | — | — |
| | 38111 | — | 53,328 | — | 2,129,953 | — | — | — |
| 28. 企業所有者の一企業あたり年平均利潤額（24-27、ルピア） | 381 | — | 143,684 | — | 6,460,208 | — | — | — |
| | 38111 | — | 137,693 | — | 6,795,255 | — | — | — |
| 29. 企業所有者の一企業あたり年平均利潤額（米ドル換算） | 381 | — | $345 | — | $5,168 | — | — | — |
| | 38111 | — | $331 | — | $5,436 | — | — | — |

| | | | | | | | | |
|---|---|---|---|---|---|---|---|---|
| 30. 企業所有者の一企業あたり年平均利潤額（米換算、kg） | 381 | — | 1,318 | — | 17,995 | — | — | — |
| | 38111 | — | 1,263 | — | 18,928 | — | — | — |
| 31. 産出額に対する投入額の百分比 | 381 | 60.6% | 52.0% | 56.5% | 48.6% | — | — | 40.2% |
| | 38111 | 51.6% | 43.7% | 46.4% | 27.1% | — | — | 44.9% |
| 32. 産出額に対する賃金の百分比 | 381 | — | 11.1% | — | 16.5% | — | — | — |
| | 38111 | — | 15.7% | — | 17.5% | — | — | — |
| 33. 産出額に対する企業所有者利潤の百分比 | 381 | — | 36.9% | — | 34.9% | — | — | — |
| | 38111 | — | 40.6% | — | 55.9% | — | — | — |
| 34. 雇用労働者一人あたりの年平均賃金（ルピア） | 381 | — | 60,029 | — | 550,573 | — | — | — |
| | 38111 | — | 52,861 | — | 481,141 | — | — | — |
| 35. 企業所有者利潤の雇用労働者賃金に対する比率 | 381 | — | 2.4 対 1 | — | 11.7 対 1 | — | — | — |
| | 38111 | — | 2.6 対 1 | — | 14.1 対 1 | — | — | — |
| 36. 内インドネシア（ジャワ、バリ、マドゥラ）所在の企業数百分比 | 381 | — | 69.1% | — | — | — | — | 71.4% |
| | 38111 | — | — | — | — | — | — | 67.4% |
| 37. 外インドネシア所在の企業数百分比 | 381 | — | 30.9% | — | — | — | — | 28.6% |
| | 38111 | — | — | — | — | — | — | 32.6% |
| 38. 内インドネシア（ジャワ、バリ、マドゥラ）で働く労働者数百分比 | 381 | — | 71.0% | — | — | — | — | 72.2% |
| | 38111 | — | — | — | — | — | — | 67.5% |
| 39. 外インドネシアで働く労働者数百分比 | 381 | — | 29.0% | — | — | — | — | 27.8% |
| | 38111 | — | — | — | — | — | — | 32.5% |
| 40. 男性労働者の百分比 | 381 | — | — | — | 93.2% | — | — | — |
| | 38111 | — | — | — | 94.9% | — | — | — |

（続2）表11　産業コード番号381と38111の業種に関して選ばれた経済データ（1974-75、1986、および1987年）

| 項目 | 産業コード番号 | 1974-75年 工業センサス | | | 1986年 経済センサス | | | 1987年 金属課調査 |
|---|---|---|---|---|---|---|---|---|
| | | 小規模企業 | 家内企業 | 小規模＋家内企業 | 小規模企業 | 家内企業 | 小規模＋家内企業 | 小規模＋家内企業 |
| 41. 女性労働者の百分比 | 381 | — | — | — | 6.8% | — | — | — |
| | 38111 | — | — | — | 5.1% | — | — | — |
| 42. 動力設備を用いる企業数の百分比 | 381 | 1.5% | — | — | — | — | — | — |
| | 38111 | 0.0% | — | — | — | — | — | — |
| 43. 機械・設備への一企業あたり投資額（ルピア） | 381 | — | — | — | 1,974,996 | — | — | 1,321,436 |
| | 38111 | — | — | — | 329,980 | — | — | 761,321 |
| 44. 機械・設備への一企業あたり投資額（米ドル換算） | 381 | — | — | — | $1,580 | — | — | $801 |
| | 38111 | — | — | — | $264 | — | — | $461 |
| 45. 一企業あたり年平均木炭消費量（kg） | 381 | — | — | — | 3,295 | — | — | — |
| | 38111 | — | — | — | 6,684 | — | — | — |
| 46. 一企業あたり年平均石炭・コークス消費量（kg） | 381 | — | — | — | 447 | — | — | — |
| | 38111 | — | — | — | 309 | — | — | — |
| 47. 一企業あたり年平均石油燃料消費量（kg） | 381 | — | — | — | 846 | — | — | — |
| | 38111 | — | — | — | 131 | — | — | — |
| 48. 一企業あたり年平均電力消費量（kW） | 381 | — | — | — | 2,679 | — | — | — |
| | 38111 | — | — | — | 278 | — | — | — |
| 49. 未払いの銀行ローン借入件数 | 381 | — | — | — | 691 | — | — | — |
| | 38111 | — | — | — | 194 | — | — | — |

| | | | | | | | | |
|---|---|---|---|---|---|---|---|---|
| 50. 未払いの協同組合ローン借入件数 | 381 | — | — | — | 73 | — | — | — |
| | 38111 | — | — | — | 49 | — | — | — |
| 51. 同一州内にだけ出荷している企業数百分比 | 381 | — | — | — | 87.5% | — | — | — |
| | 38111 | — | — | — | 88.6% | — | — | — |
| 52. 製品の少なくとも一部を他の州に出荷している企業数百分比 | 381 | — | — | — | 12.5% | — | — | — |
| | 38111 | — | — | — | 11.4% | — | — | — |
| 53. 製品の少なくとも一部を外国に輸出している企業数百分比 | 381 | — | — | — | 1.8% | — | — | — |
| | 38111 | — | — | — | 2.3% | — | — | — |
| 54. 深刻な問題はないと回答した企業数百分比 | 381 | — | — | — | 23.5% | — | — | — |
| | 38111 | — | — | — | 27.9% | — | — | — |
| 55. 資金調達に問題があると回答した企業数百分比 | 381 | — | — | — | 29.4% | — | — | — |
| | 38111 | — | — | — | 41.6% | — | — | — |
| 56. 原材料の調達または価格に問題があると回答した企業数百分比 | 381 | — | — | — | 21.0% | — | — | — |
| | 38111 | — | — | — | 25.0% | — | — | — |
| 57. 出荷に問題があると回答した企業数百分比 | 381 | — | — | — | 33.1% | — | — | — |
| | 38111 | — | — | — | 25.0% | — | — | — |
| 58. 製品の少なくとも一部を最終消費者に直売している企業数百分比 | 381 | — | — | — | 46.4% | — | — | — |
| | 38111 | — | — | — | 39.7% | — | — | — |
| 59. 製品の少なくとも一部を仲介業者を通じて販売している企業数百分比 | 381 | — | — | — | 64.0% | — | — | — |
| | 38111 | — | — | — | 80.4% | — | — | — |
| 60. 製品の少なくとも一部を協同組合を通じて販売している企業数百分比 | 381 | — | — | — | 0.9% | — | — | — |
| | 38111 | — | — | — | 1.4% | — | — | — |

（訳注）原著の計算間違いと思われるいくつかの数値を訂正してある。

示している。賃金の支払いを受けている家族成員が現在どのように分類されているかは不明であり、センサスの調査員に対する手引き書では、この点への説明がなされていない。

労働の強度について情報を提供している唯一のデータセットは、一九七四―七五年センサスの家内工業部門に関する部分に見られる。これによると、コード番号381と38111の産業では、調査された家族労働者の四分の三が、一日あたり五時間以上という意味で、フルタイムの労働を行っている。労働日にフルタイムで働いたとしても、どうやら年間を通じて継続的に働いているわけではない。これは、年間労働の平均人日数(average person-days)から判明する。[5] コード番号381の産業における家族労働者は平均して年間に九二人日しか働かず、38111番の場合も平均八二人日に過ぎない。これは、381番においては二二七人日、38111番では二一〇人日と、平均して二・五倍も働く雇用労働者とはまったく対照的である。

一九八七年の金属課による調査には、いくつかの投入・産出データが含まれているから、関連する変数について時系列の変化を組み立てて示すことができる。表11は、コード番号381の企業の年平均付加価値額が、一九七四―七五年から一九八七年のあいだに三〇万五、六九〇ルピアから五八二万八九六ルピアに増えたことを示している。物価変動を調整し米ドルに換算すると、付加価値額は七三五ドルから三五二八ドルに増えたことになる。これは、実質で五倍近い増加であり、わずか一二~一三年間の変化としては実にめざましいものだ。やはり物価変動を調整して等価量の米に換算した場合は、七~八倍の実質増加になる。[*6] コード番号38111の業種の平均付加価値額はこれよりかなり低いが、それでも二〇万六、一九七ルピアから三〇八万一、三一七ルピアへとやはり急増した。これは四九六米ドルから一、八六七米ドルへの、ほぼ四倍増にあたる。等価量の米への換算でも、やはり四倍増という結果が得られる。

企業規模にもとづく明細データは、一九七四―七五センサスについてのみ利用できる。それは、コード番号381

と３８１１１のあいだの平均付加価値額の差異が、家内工業よりも小規模工業の場合に見られることを示している。家内工業の付加価値額は、３８１１１番の方が一九万一、〇二一ルピアで、３８１番の一八万六、七二二ルピアよりも実際は高かった。３８１１１番の投入財への消費額が一四万八、一七四ルピアで、３８１番の二〇万二、四二二ルピアよりもかなり少なかったにもかかわらす、こうなのだ。

総産出高あるいは売上高に対する比率で表すと、一九七四―七五年に３８１番の家内企業は五二・〇％を投入財に、一一・一％を雇用労働に費やしたことになる。残りの三七％が、企業所有者と家族の受け取る利潤となったのである。３８１１１番の家内企業は、より低い比率（四三・七％）を投入財に、そしてより高い比率（一五・七％）を雇用労働に費やし、やや高い率（四〇・六％）の利潤を受け取った。

雇用労働者に支払われた賃金の価額に関するデータは、一九七四―七五年センサスの家内工業部門と一九八六年センサスの小規模工業部門について利用可能だ。したがって、これら二部門の企業所有者が得る年間の利潤も算出できる。一九七四―七五年の家内工業部門の場合、所有者の平均利潤は、コード番号３８１番が一四万三、六八四ルピア、３８１１１番が一三万七、六九三ルピアだった。これらの数値は、米ドル換算では三四五ドルおよび三三一ドルに相当する。一九八六年センサスの小規模工業部門の場合、所有者に対する利潤の平均値は、３８１番の業種では六四六万二〇八ルピア、３８１１１番では六七九万五、二五五ルピアだった。これらの値は、それぞれ五、一六八米ドル、五、四三六米ドルに相当する。重要なのは、コード番号３８１１１の鍛冶業が、企業所有者の観点から見ると３８１番の他の工業業種よりもはるかに効率が良い、という点である。鍛冶業は投入財の調達に要する運転資本が他より相当に少ないにもかかわらず、他とほとんど同額あるいはそれ以上の付加価値と利潤を生み出すのだ。

一九七四―七五年センサスの家内工業部門と一九八六年の小規模工業部門の場合、いくつか追加の算定を行うのに賃金のデータを使うことができる。一九七四―七五年に、コード番号３８１の家内企業の雇用労働者は年平均六万二九ルピアを得たが、38111番の家内企業の雇用労働者は平均五万二、八六一ルピアを得ていた。これらの値は、一四四米ドルおよび一二七米ドルに等しい。したがって、企業所有者の得る利潤の雇用労働者賃金に対する比率は、381番では二・四対一、38111番では二・六対一だった。これは、家内企業は比較的平等主義的であるという印象を裏づけるものだ。雇用労働者に支払われる平均年間賃金を労働の平均人日数で割ると、コード番号381の場合は一人日あたり二六四ルピア、38111番の場合は二五一ルピアという単位賃金額が算出される。これらの値は、〇・六四米ドルおよび〇・六〇米ドルに等しい。

一九八六年には、コード番号381の業種の小規模工業企業における雇用労働者は年平均五五万五七三ルピアを稼いだのに対して、38111番の業種の雇用労働者の平均稼ぎ高は四八万一、一四一ルピアだった。これらはそれぞれ、四四〇米ドルおよび三八五米ドルに等しい。したがって、企業所有者が稼ぐ利潤と雇用労働者に支払われる賃金の比率は、381番では一一・七対一、38111番では一四・一対一になる。これらの比率は、家内工業における二・四対一と二・六対一という前述の比率よりかなり高く、小規模企業の方が家内企業よりも不平等だという印象を裏づける。

表11には、その他の変数についての、ややまとまりの無いデータも示されている。381番と38111番の企業と労働者の約七割は内インドネシア（Inner Indonesia：ジャワ、バリ、マドゥラの三島）に、残り三割は外インドネシア（Outer Indonesia）に所在する。労働者の密度も、内インドネシアの方が高い。一九八七年の381番における労働者数を同じ年の全国人口と比較してその密度を見ると、内インドネシアでは一対一、二八七だが、外インドネシアでは一対二、四四六である（表13をも参照）。労働者の性別比率は、一九八六年センサスの小規模工業部門についてだけデータが得られる。それによると、381番（男子が九三・二％）でも38111番（同九四・九％）でも、男子が女子よりもはるかに多い。動力機械を用いる企業の比率は、一九七四―七五年センサスの小規模工業部門についてだけ

データが得られる。この年には機械化はまだほとんど始まっておらず、上記比率は３８１番が一・五％、３８１１番は〇・〇％に過ぎない。

　農村の企業にとって、資本参入や創業に必要な前提条件は、機械、設備、作業場のための初期投資資金に加えて、少なくとも一回分の製造過程に必要な原材料を購入し、労働者に一回分の賃金を支払い、最初に仕上がった最終製品の一群を市場に輸送するのに十分な運転資金をも確保することだ。新たに創業する村人の大半が、一～二カ月分の原材料の購入に十分なよりもいくらか大きな運転資金の備えを、貯蓄や借り入れで調達しようと試みるだろう。表11は、一企業あたりの機械・設備への投資額についていくつかのデータを示している。一九八七年には、コード番号３８１番の企業の平均投資額は一三二万一、四三六ルピア、３８１１番のそれは七六万一、三二一ルピア、米ドル換算ではそれぞれ八〇一ドルおよび四六一ドルであった。この数値に二カ月分の投入財への支出額を加えると、二つのコード番号の業種における初期投資必要額はそれぞれ一九七万三、七一二ルピアおよび一一八万六ルピア、米ドル換算では一、一九六ドルおよび七一五ドルと推計できる。これは大ざっぱな推計ではあるが、鍛冶企業の初期投資必要額はコード番号３８１番に属する他の金属加工企業に比べて少ないことが分かる。この差違の大部分は、家内工業部門ではなく小規模工業部門における差違に由来するように思われる。小規模工業に関する一九八六年センサスの数値を使った同様の計算からは、コード番号３８１番について三四七万三、〇五四ルピア（二、七七八米ドル）、３８１１番について八七万九、一〇八ルピア（七〇三米ドル）という推計値が得られる。次の第五章の一部では、農村信用の供給元について述べ、これらの金額の創業資金を村人がどこで手に入れるのかという問題を論じる。

　表11の残りのデータは、一九八六年センサスにおける小規模工業部門に関するものだ。これらのなかには、燃料消費についてのデータもある。それによると、コード番号３８１１の企業は、平均して３８１番の企業の二倍の木炭を使うが、石炭、コークス、石油系燃料（ガス、ディーゼル油、灯油）、電力など別種の燃料使用量は他より少ない。

一九八六年にコード番号38111の小規模企業では操業中断は比較的少なく、毎月の平均操業日数が二五日だったと仮定すると、一カ所のプラペンにおける一日あたり木炭消費量は平均二二kgとなる。

入手可能な限られたデータによると、政府系協同組合が金属加工企業の活動に重要な役割を演じているようには見えない。コード番号381の小規模企業のうち一九八六年に協同組合から未返済の融資を受けているのはわずか二・〇%に過ぎず、協同組合を通じて出荷を行っているのも〇・九%だけだった。38111番の場合も、これらの比率はそれぞれ三・二%および一・四%と、わずかに高いだけだった。したがって、カジャール村の市場売買で協同組合が重要な役割を演じているのは、例外的なのかもしれない。

主にインドネシア国民銀行（Bank Rakyat Indonesia）や地方開発銀行（Bank Pembangunan Daerah）のような政府系銀行からの銀行ローンは、これよりはるかに重要だ。一九八六年の調査時に銀行ローンを借り入れ中の小規模工業部門の企業の比率は、コード番号381で一九・二%、38111番で一二・八%だった。

一九八六年センサスの小規模工業部門に関する部分には、市場売買についての情報も含まれている。それによると、コード番号381の企業の大半にあたる八七・五%は、製品のすべてを依然同じ州内にだけ出荷していた。少なくとも製品の一部を他の州にも出荷していたのは、残り一二・五%の企業だけだ。外国への輸出はまだまれで、製品の一部を輸出した企業は一・八%に過ぎなかった。これらの比率は38111番の企業の場合も、八八・六%、一一・四%、二・二%とだいたい同じくらいであった。最も件数の多い出荷方法は仲介業者を通じるもので、とくに38111番の企業では、仲介業者への依存度が381番の他の企業よりもいっそう高かった。その次に一般的な出荷方法は、ふつう市場（いちば）で行われる消費者への直売である。なんらかの直売を行う企業の比率は、コード番号381では四六・四%、38111番では三九・七%だった。

一九八六年センサスの小規模工業部門には、企業所有者が直面する問題についての情報も集められている。センサスの質問票には、もし必要ならば所有者ごとに二種の問題をコード番号で記入できるスペースが設けられているので、表11に集計されたその該当比率は一〇〇%にはならない。およそ四分の一の所有者は、とくに大きな問題はないと答えた。コード番号381の残りの所有者たちが最も多く訴えた問題は、資金調達の困難（二九・四%）、原材料の供給または価格（二一・〇%）、および市場販売の困難（三三・一%）だった。38111番の企業所有者たちは、これよりも資本と原材料の問題を経験する場合が多く、市場販売の問題を経験することは少ないようだった。これはおそらく、彼らが市場販売は仲介業者に依存するためだろう。38111番の場合、上記の比率はそれぞれ四一・六%、一五・〇%、および二五・〇%だった。

表12は、装身具および楽器を作る企業について入手可能なデータの多くを示したものだ。一九七四―七五年の調査で装身具製造に割り振られた五桁のコード番号は、39010だった。一九八六年センサスの実施前にこのコード番号は、貴金属から作られた装身具（3901）と基礎金属・模造金属から作られた装身具（3901）に分割された。同じように、一九七四―七五年には楽器製造には39020という単一のコード番号が割り当てられていたが、のちにはやはり分割されて、ガムラン演奏用セットなど伝統的楽器には39021が、非伝統的楽器には39022が使われた。表12では、一九八六年のコード番号のデータを合算して、二度のセンサスの結果を比較可能にしてある。

一九七四―七五年のインドネシアでは、金属を用いた装身具を製造する小規模および家内企業の数は二、八一三だった。そのうち家内企業の数は、小規模企業を二四対一の比率で圧倒していた。これら二、八一三企業で就業する労働者数は九、六八八人、つまり一企業あたり平均三・四人だった。装身具製造の小規模企業の数は、一九七四―七五年から一九八六年のあいだにほとんど四倍に増えたが、その平均規模は就業者数八・一人から七・〇人へといくらか縮小した。ここでも、規模縮小の原因はおそらく、研磨機や金属板・金属線の小型製造機など新しい機械設備の導入だった。一九八七年の金属課の調査ではコード番号39の企業がカバーされていないため、装身具を製造する家内企業を含

| 1974-75年工業センサス | | | 1986年経済センサス | | |
|---|---|---|---|---|---|
| 小規模企業 | 家内企業 | 小規模＋家内企業 | 小規模企業 | 家内企業 | 小規模＋家内企業 |
| 113 | 2,700 | 2,813 | 432 | — | — |
| 25 | — | — | 93 | — | — |
| — | 461 | — | — | — | — |
| — | — | — | — | — | — |
| — | 17.1% | — | — | — | — |
| — | — | — | — | — | — |
| 912 | 8,776 | 9,688 | 3,017 | — | — |
| 217 | — | — | 731 | — | — |
| 240 | 8,007 | 8,247 | 1,032 | — | — |
| 45 | — | — | 186 | — | — |
| 26.3% | 91.2% | 85.1% | 34.2% | — | — |
| 20.7% | — | — | 25.4% | — | — |
| 672 | 769 | 1,441 | 1,985 | — | — |
| 172 | — | — | 545 | — | — |
| 73.7% | 8.8% | 14.9% | 65.8% | — | — |
| 79.3% | — | — | 74.6% | — | — |
| 8.1 | 3.3 | 3.4 | 7.0 | — | — |
| 8.7 | — | — | 7.9 | — | — |
| 1,367,664 | 204,891 | 251,600 | 11,789,065 | — | — |
| 1,847,360 | — | — | 6,249,785 | — | — |
| 18,274 | 1,596 | 2,266 | 258,222 | — | — |
| 129,800 | — | — | 444,882 | — | — |
| 1,385,938 | 206,487 | 253,866 | 12,047,287 | — | — |
| 1,977,160 | — | — | 6,694,667 | — | — |
| 2,343,221 | 268,481 | 351,825 | 16,549,120 | — | — |
| 3,274,920 | — | — | 13,616,925 | — | — |
| 267,646 | 87,801 | 95,026 | 1,097,079 | — | — |
| 24,640 | — | — | 493,140 | — | — |
| 2,195 | 0 | 88 | 118,755 | — | — |
| 0 | — | — | 3,656 | — | — |
| 2,613,062 | 356,283 | 446,939 | 17,764,954 | — | — |
| 3,299,560 | — | — | 14,113,720 | — | — |
| 1,227,124 | 149,795 | 193,073 | 5,717,667 | — | — |
| 1,322,400 | — | — | 7,419,053 | — | — |
| $2,950 | $360 | $464 | $4,574 | — | — |
| $3,179 | — | — | $5,935 | — | — |

表12　装身具製造業および楽器製造業に関して選ばれた経済データ（1974-75 および 1986 年）

| 項　　目 | 製品種類 |
|---|---|
| 1. 企業数 | 装身具<br>楽器 |
| 2. 雇用労働を用いる企業数 | 装身具<br>楽器 |
| 3. 同上百分比 | 装身具<br>楽器 |
| 4. 労働者数 | 装身具<br>楽器 |
| 5. 無給の家族労働者数 | 装身具<br>楽器 |
| 6. 同上百分比 | 装身具<br>楽器 |
| 7. 雇用労働者数 | 装身具<br>楽器 |
| 8. 同上百分比 | 装身具<br>楽器 |
| 9. 一企業あたり平均労働者数 | 装身具<br>楽器 |
| 10. 一企業あたり年平均原材料消費額（燃料を含む、ルピア） | 装身具<br>楽器 |
| 11. 一企業あたり年平均サービス消費額（賃借料、修理費を含む、ルピア） | 装身具<br>楽器 |
| 12. 一企業あたり年平均投入額合計（10+11、賃金を含まず、ルピア） | 装身具<br>楽器 |
| 13. 一企業あたり年平均製品合計額（ルピア） | 装身具<br>楽器 |
| 14. 一企業あたり年平均サービス提供額（ルピア） | 装身具<br>楽器 |
| 15. 商取引（購入時のままの転売を含む）からの一企業あたり年平均利潤額（ルピア） | 装身具<br>楽器 |
| 16. 一企業あたり年平均総産出高（13+14+15、ルピア） | 装身具<br>楽器 |
| 17. センサスによる一企業あたり年平均付加価値額（16-12、ルピア） | 装身具<br>楽器 |
| 18. センサスによる一企業あたり年平均付加価値額（米ドル換算） | 装身具<br>楽器 |

| 1974-75 年工業センサス | | | 1986 年経済センサス | | |
|---|---|---|---|---|---|
| 小規模企業 | 家内企業 | 小規模＋家内企業 | 小規模企業 | 家内企業 | 小規模＋家内企業 |
| — | 14,821 | — | 2,011,449 | — | — |
| — | — | — | 3,738,516 | — | — |
| — | 134,975 | — | 3,706,218 | — | — |
| — | — | — | 3,680,537 | — | — |
| — | $324 | — | $2,965 | — | — |
| — | — | — | $2,944 | — | — |
| — | 52,036 | — | 437,756 | — | — |
| — | — | — | 637,949 | — | — |
| — | $125 | — | $350 | — | — |
| — | — | — | $510 | — | — |
| — | 2.6 対 1 | — | 8.5 対 1 | — | — |
| — | — | — | 5.8 対 1 | — | — |
| 53.0% | 58.0% | 56.8% | 67.8% | — | — |
| 59.9% | — | — | 47.4% | — | — |
| — | 4.2% | — | 11.3% | — | — |
| — | — | — | 26.5% | — | — |
| — | 37.9% | — | 20.9% | — | — |
| — | — | — | 26.1% | — | — |
| — | — | — | 85.2% | — | — |
| — | — | — | 95.2% | — | — |
| — | — | — | 14.8% | — | — |
| — | — | — | 4.8% | — | — |
| — | — | — | 424,535 | — | — |
| — | — | — | 524,409 | — | — |
| — | — | — | $340 | — | — |
| — | — | — | $420 | — | — |

(続) 表12　装身具製造業および楽器製造業に関して選ばれた経済データ (1974-75 および 1986 年)

| 項　　目 | 製品種類 |
|---|---|
| 19. 雇用労働者への一企業あたり年平均賃金支払い額（ルピア） | 装身具<br>楽器 |
| 20. 企業所有者の一企業あたり年平均利潤額（17－19、ルピア） | 装身具<br>楽器 |
| 21. 企業所有者の一企業あたり年平均利潤額（米ドル換算） | 装身具<br>楽器 |
| 22. 雇用労働者一人あたりの年平均賃金（ルピア） | 装身具<br>楽器 |
| 23. 雇用労働者一人あたりの年平均賃金（米ドル換算） | 装身具<br>楽器 |
| 24. 企業所有者利潤の雇用労働者賃金に対する比率 | 装身具<br>楽器 |
| 25. 産出額に対する投入額の百分比 | 装身具<br>楽器 |
| 26. 産出額に対する賃金の百分比 | 装身具<br>楽器 |
| 27. 産出額に対する企業所有者利潤の百分比 | 装身具<br>楽器 |
| 28. 男性労働者の百分比 | 装身具<br>楽器 |
| 29. 女性労働者の百分比 | 装身具<br>楽器 |
| 30. 機械・設備への一企業あたり投資額（ルピア） | 装身具<br>楽器 |
| 31. 機械・設備への一企業あたり投資額（米ドル換算） | 装身具<br>楽器 |

（訳注）　原著における明らかな誤記は訂正した。

む時系列データを構築することができない。表11と表12を比較すると、装身具製造企業が多くの点で鍛冶企業に似ていることが分かる。一九七四―七五年に装身具を製造する小規模企業はその労働需要の七三・七%を雇用労働で満たしていたが、これは小規模鍛冶企業における七四・四%という比率にきわめて近い。しかし、装身具製造の家内企業は労働需要の八・八%しか雇用労働で満たしておらず、この比率は鍛冶業における二五・九%よりもずっと低かった。

装身具製造の小規模および家内企業の一九七四―七五年における平均総産出高は四四万六、九三九ルピアであったのに対して、投入財の平均価額は二五万三、八六六ルピアだった。したがって、付加価値は差し引き一九万三、〇七三ルピアになる。これは米ドル換算年額四六四ドルであり、鍛冶業における四九六ドルに近い。

賃金のデータは、一九七四―七五年センサスの家内工業部門と一九八六年センサスの小規模工業部門についてしか得られない。したがって、利潤を計算できるのはこれらの部門だけだ。一九七四―七五年に装身具製造の家内企業が一年に得た平均利潤額は三二四米ドルであり、これもまた鍛冶業の三三一ドルにほぼ等しい。賃金率も、労働者一人あたり年額五万二、〇三六ルピアおよび五万二、八六一ルピアと、やはりほぼ等しかった。装身具製造企業は鍛冶企業に比べて、労働よりも投入財への支出の比率が高いが、これは雇用労働への依存度が低いからである。総産出高に対する百分比で示すと、装身具製造の家内企業は投入財に五八・〇%を費やし、賃金には四・二%しか支出していない。残りの三七・九%が企業所有者とその家族に対する利潤となる。所有者が得る利潤は、雇用労働者［一人あたり］に支払われる賃金の二・六倍であり、これは鍛冶業の場合とまったく同じだった。

装身具製造の小規模企業は、一九七四―七五年から一九八六年のあいだにまずまずの付加価値額成長率を達成したが、小規模鍛冶企業の成長率には及ばなかった。等価の米ドルで表した装身具製造小規模企業の実質付加価値額は、二、九五〇ドルから四、五七四ドルへ増えた[6]。同時期に小規模鍛冶企業の実質付加価値額は、一、二一一ドルから七、一四〇ドルへとほぼ六倍に増えた。そのため、装身具製造小規模企業の付加価値額の方が一九七四―七五年にはずっと高かったのに、一九八六年には逆に低くなってしまった。

付加価値額成長率が低かったために、一九八六年までに企業所有者の利潤と雇用労働者の賃金も装身具製造小規模企業の方が低くなった。一九八六年にはその平均利潤は二、九六五米ドル、平均賃金は三五〇米ドルだった。これに比べて、小規模鍛冶企業の平均利潤は五、四三六米ドル、平均賃金は三八五米ドルだった。所有者一人あたり利潤と雇用労働者一人あたり賃金の比率は、装身具製造小規模企業では八・五対一、小規模鍛冶企業では一四・一対一だった。総産出高に対する企業所有者利潤の比率は、前者が二〇・九％、後者は五五・九％である。

女性の雇用労働者の比率は、装身具製造業の方がコード番号３８１の業種よりも高い。女性労働者には研磨工として働く者と、手持ちの溶接用火炎ランプ（blowtorch）を使って装身具の組立てを行う者がある。一九八六年に装身具製造小規模企業で働く労働者三、〇一七人のうち四四七人（一四・八％）が女性だった。

一九八六年に装身具製造企業が所有する機械・設備の平均価額は、三四〇米ドルだった。コード番号３８１の業種について先ほど述べた方法を使って装身具製造小規模企業の創業資金必要額を推計すると、一九八六年に二四三万二、四一六ルピア、すなわち一、九四六米ドルだった。これは、小規模鍛冶企業の推定創業資金必要額八七万九、一〇八ルピア（七〇三米ドル）よりもはるかに高額である。

楽器を製造する家内企業についてはデータが得られない。しかし、やはり楽器を作る小規模企業の場合は、一九七四—七五年と一九八六年の双方について若干のデータが得られるので、時系列の比較が可能になる。一九七四—七五年には、楽器を製造する小規模企業が全国で二五社存在した。その大部分が、ガムランの合奏に使う楽器一式の製造に携わっていた。その労働者は合計二一七人、つまり一企業あたり平均八・七人だった。これらの労働者のうち雇用労働者の比率は七九・三％と高く、家族労働者は残り二〇・七％に過ぎなかった。一九八六年までに企業数と労働者数は三倍以上に増えた。一企業あたり平均労働者数は七・九人に、また雇用労働者の比率は七四・六％へと、ともにわずかながら減少した。

楽器はとても大きいため、原材料などの投入財への平均支出額も高額である。一九七四―七五年に小規模な楽器製造企業は、投入財に年平均一九七万七、一六〇ルピアを費やして三二七万四、九二〇ルピアの製品を作り、一三二万二、四〇〇ルピアの付加価値を生み出した。[7] この付加価値は三、一七九米ドルに相当し、同じ年における他の金属加工業のどの業種の付加価値額よりも高かった。一九七四―七五年から一九八六年のあいだに、小規模な楽器製造企業の生み出す平均付加価値額は、ほぼ倍増して七四一万九、〇五三ルピアすなわち五、九三五米ドルになった。これはまずまずの成長率だが、コード番号381の小規模企業が一九八六年に九五一万八、一九八ルピアすなわち七、六一五米ドルの平均付加価値を生み出したのには及ばなかった。

一九八六年の小規模な楽器製造企業における利潤を計算するのには十分な賃金のデータが存在する。これらの企業の所有者は、年平均三六八万五三八ルピア、すなわち二、九四四米ドルの利潤を得た。彼らは労働者に、年平均六三万七、九四九ルピアすなわち五一〇米ドルというきわめて高い賃金を支払った。これは、同じ年のあらゆる金属加工企業業種のなかで最高の賃金水準である。総産出高に対する割合で表すと、企業所有者の得る利潤は二六・一%と割合に低かった。所有者の利潤と雇用労働者の賃金との比率も、五・八対一で他の小規模企業に比べて相対的に低かった。賃金が高いのは、労働力のほとんどすべてが高い技能レベルをもつ成人男子から成るためだ。一九八六年の小規模な楽器製造企業における就業労働者のうち、女性はわずか四・八%だった。

小規模な楽器製造企業が一九八六年に所有する機械・設備の平均価額は五二万四、四〇九ルピアだった。これは四二〇米ドルに相当し、鍛冶業と装身具製造企業の投資額より高かったが、コード番号381の非伝統的企業よりはかなり低かった。小規模な楽器製造企業の初期投資所要額は、一九八六年に一六四万一八七ルピア、つまり一、三一二米ドル相当と見積もられる。

先に述べたように、小規模および家内制の金属加工企業における就業者数は、約二〇万人と見積もられた。コード番号37と38の業種に関する一九八七年の金属課による調査と39番に関する経済センサスの数値を結合すると、次のような修正された推計値を新たに得ることができる。

・コード番号３７１と３７２の業種（基礎金属工業）には、八八一の企業と三、七一四人の労働者。
・コード番号３８１の業種（機械、輸送機器、科学機器を除く金属加工製品製造業）には、四万五、九一二の企業と一八万二、三七四人の労働者。
・コード番号３９０１２と３９０１３の業種（装身具製造）には、四三二の小規模企業と推定八、四三九の家内企業。そして小規模企業における三、〇一七人の労働者と家内企業における推定二万六、三三八人の労働者。
・コード番号３９０２１と３９０２２の業種（楽器製造）には、九三の小規模企業と推定五五八の家内企業。そして小規模企業における七三一人の労働者と家内企業における推定二、一九三人の労働者。
・コード番号３９０の他の業種（金属製装飾品）には、推定六五一企業と二、九二四人の労働者。
・全体を合計すると、推定五万六、九六六の企業と二二万一、二八一人の労働者。

これらの推計値は、コード番号39の金属加工企業は３８１番の企業と同じ一般的パターンに従うという仮定にもとづいている。[*7] 例えば金属素材や木炭の供給業者、木炭製造業者、製造された用具の取扱商人など、脇役を演じる人々は含まれていない。ＢＰＳの調査員たちが、鋳掛け屋と刃物業者を工業部門とサービス部門のどちらに分類しているのかは、はっきりしない。もしこれらの業者がサービス部門に分類されているのならば、上述の推計値からは除外されていることになる。

表13は、コード番号381と38111の業種につき、企業数、労働者数、労働者の密度を州ごとに示したものだ。密度の測定には、総人口に対する金属加工労働者数の比率と、労働人口に対する金属加工労働者数の比率という二つの尺度を用いている。絶対数の点では、他のどこの州よりも中ジャワ州にコード番号381の金物職人が多いことを、表13は示している。中ジャワに次ぐのは、順に東ジャワ、西ジャワ、南スマトラ、ジャカルタ、バリ、北スマトラ、そして南スラウェシである。コード番号38111の金物職人については、他のどの州よりも東ジャワの人数が多く、中ジャワ、西ジャワ、バリ、南スマトラ、南スラウェシ、北スマトラ、アチェが、この順に続いている[8]。

南スマトラ州に多数の金物職人がいるのは、いささか驚きである。この州にはたいした鉱山はないし、その金属加工業が歴史的に有名なわけでもないからだ。この州にはコード番号381の金物職人が一万六、六〇五人いて、そのうち三八％にあたる六、三七二人が伝統的鍛冶職人である。金属課の一九八七年の調査は、その他の金物職人が、アルミニウムなどの金属板や管から厨房用品、構造用金属製品や家具類を製造する非伝統的業種で働いていることを示した。明らかに、近年この州ではこれらの非伝統的工業の成長が見られたのだ。

コード番号381と38111を比較すると、各州のあいだにいくつか興味深い差違が見られる。首都のジャカルタには381番の金属加工業が一、三九六企業も存在するが、そのうち38111番の鍛冶業はたった八企業（一％未満）に過ぎない。鋳物と交換部品の製造業が集中する中ジャワでも38111番の381番に対する企業数比率は二九％と低く、南スマトラも三五％で同様である。一方、バリでは、381番の三、一一一企業のうち二、九九〇企業（九六％）が鍛冶業から成っている。

一企業あたりの平均労働者数も、コード番号と州により著しく異なる。企業規模が最も大きいのは南スマトラで、381番の企業の平均労働者数は五・四人、38111番では五・九人である。ジャカルタとマルクでも、企業の平均規模は労働者数五人を超えている。逆にバリでは、一企業あたり平均労働者数はどちらのコード番号でも一・二人に過ぎない。西スマトラ、ブンクル、東ヌサテンガラ、西カリマンタン、中カリマンタン、南カリマンタン、北スラウェシでも、一企業で働く労働者は平均して三人未満である。

労働者の密度の数値も示唆に富む。コード番号３８１について密度が最も高いのは南スマトラで、労働人口一三三人中一人の割合で金属加工業に就業している。とくに労働者の一部が女性であることを考えると、これは驚異的な高密度である。男性労働者だけの密度は、疑いもなくもっと高いことだろう。バリと中ジャワの３８１番についての労働者密度も、それぞれ二二五人中一人、二二八人中一人と非常に高い。大半の地方で最近まで石器が使われていたイリアンジャヤ[9]の密度が最も低いのは、驚くに値しない。東ヌサテンガラ、西カリマンタン、ランプン、中スラウェシ、および東ティモールでも密度は低かった。

コード番号３８１１の場合、密度の数値はかなり違った様相を呈している。群を抜いて密度が高いのはバリで、労働人口二三六人中一人の割合で鍛冶職人がいる。バリでは女性の労働力参加率[10]が非常に高いので、かりに男性労働者だけの密度を得るには、この数字を約半分にしなければならないだろう。つまりバリでは、だいたい男性の労働人口一一八人につき一人が鍛冶職人である。南スマトラ、西ヌサテンガラ、アチェ、南スラウェシ、東南スラウェシ、北スラウェシ、東ジャワ、中ジャワ、南カリマンタン、中カリマンタンの諸州も密度が高い。バリと同様、ジャワの四州でも女性の労働力参加率は非常に高いので、このことが外インドネシアの諸州に比べて密度の比率を押し下げる傾きがあると思われる。

コード番号３８１１における密度が低いのは、ジャカルタ、イリアンジャヤ、ランプン、リアウ、西カリマンタン、中スラウェシ、東ヌサテンガラの諸州である。

コード番号３８１１における密度の数値は、散布の歴史的パターンについて何かを示唆しているのかもしれない。第一に、インドネシアのどの州にも鍛冶企業が存在するのは興味深い。これは、鍛冶業が古代から存在し、イリアン

| 州 | コード番号 38111 | | | |
|---|---|---|---|---|
| | 企業数 | 労働者数 | 総人口に対する労働者数の比率 | 労働人口に対する労働者数の比率 |
| 1. ジャカルタ | 8 | 44 | 1対 193,152 | 1対 60,771 |
| 2. 西ジャワ | 2,998 | 11,745 | 1対 2,759 | 1対 1,067 |
| 3. 中ジャワ | 3,583 | 15,168 | 1対 1,838 | 1対 824 |
| 4. ジョクジャカルタ | 296 | 1,174 | 1対 2,587 | 1対 1,293 |
| 5. 東ジャワ | 5,713 | 20,701 | 1対 1,554 | 1対 739 |
| 6. バリ | 2,990 | 6,553 | 1対 415 | 1対 236 |
| 内インドネシア計 | 15,588 | 55,385 | 1対 1,927 | 1対 832 |
| 7. アチェ | 595 | 2,393 | 1対 1,318 | 1対 535 |
| 8. 北スマトラ | 712 | 2,442 | 1対 4,055 | 1対 1,723 |
| 9. 西スマトラ（ミナンカバウ） | 524 | 1,463 | 1対 2,607 | 1対 970 |
| 10. リアウ | 86 | 363 | 1対 7,492 | 1対 2,524 |
| 11. ジャンビ | 148 | 495 | 1対 3,806 | 1対 1,453 |
| 12. 南スマトラ | 1,083 | 6,372 | 1対 899 | 1対 347 |
| 13. ブンクル | 164 | 436 | 1対 2,357 | 1対 1,256 |
| 14. ランプン | 200 | 691 | 1対 9,487 | 1対 3,964 |
| 15. 西ヌサテンガラ | 512 | 1,988 | 1対 1,589 | 1対 675 |
| 16. 東ヌサテンガラ | 374 | 839 | 1対 3,853 | 1対 2,025 |
| 17. 東ティモール | 90 | 292 | 1対 2,309 | 1対 1,295 |
| 18. 西カリマンタン | 174 | 419 | 1対 7,124 | 1対 2,931 |
| 19. 中カリマンタン | 251 | 608 | 1対 1,968 | 1対 845 |
| 20. 南カリマンタン | 538 | 1,317 | 1対 1,803 | 1対 792 |
| 21. 東カリマンタン | 114 | 265 | 1対 6,226 | 1対 2,751 |
| 22. 北スラウェシ | 675 | 1,301 | 1対 1,844 | 1対 810 |
| 23. 中スラウェシ | 93 | 275 | 1対 5,900 | 1対 2,534 |
| 24. 南スラウェシ | 857 | 3,522 | 1対 1,940 | 1対 670 |
| 25. 東南スラウェシ | 222 | 678 | 1対 1,722 | 1対 677 |
| 26. マルク | 75 | 404 | 1対 4,249 | 1対 1,288 |
| 27. イリアンジャヤ | 38 | 137 | 1対 10,679 | 1対 5,040 |
| 外インドネシア計 | 7,525 | 26,700 | 1対 2,445 | 1対 1,002 |
| インドネシア全国計 | 26,103 | 88,638 | 1対 2,096 | 1対 887 |

表13　産業コード番号381と38111の業種における州別就業密度（1987年）

| 州 | コード番号381 | | | |
|---|---|---|---|---|
| | 企業数 | 労働者数 | 総人口に対する労働者数の比率 | 労働人口に対する労働者数の比率 |
| 1. ジャカルタ | 1,396 | 7,114 | 1対 1,195 | 1対 376 |
| 2. 西ジャワ | 5,126 | 21,802 | 1対 1,486 | 1対 575 |
| 3. 中ジャワ | 12,367 | 54,756 | 1対 509 | 1対 228 |
| 4. ジョクジャカルタ | 855 | 3,274 | 1対 928 | 1対 464 |
| 5. 東ジャワ | 9,925 | 37,794 | 1対 851 | 1対 405 |
| 6. バリ | 3,111 | 6,888 | 1対 395 | 1対 225 |
| 内インドネシア計 | 32,780 | 131,628 | 1対 811 | 1対 350 |
| 7. アチェ | 836 | 3,721 | 1対 848 | 1対 344 |
| 8. 北スマトラ | 1,678 | 5,770 | 1対 1,716 | 1対 729 |
| 9. 西スマトラ（ミナンカバウ） | 1,039 | 2,866 | 1対 1,331 | 1対 495 |
| 10. リアウ | 175 | 817 | 1対 3,329 | 1対 1,121 |
| 11. ジャンビ | 200 | 642 | 1対 2,935 | 1対 1,120 |
| 12. 南スマトラ | 3,056 | 16,605 | 1対 345 | 1対 133 |
| 13. ブンクル | 291 | 748 | 1対 1,374 | 1対 732 |
| 14. ランプン | 420 | 1,756 | 1対 3,733 | 1対 1,560 |
| 15. 西ヌサテンガラ | 652 | 2,614 | 1対 1,209 | 1対 513 |
| 16. 東ヌサテンガラ | 410 | 1,024 | 1対 3,157 | 1対 1,659 |
| 17. 東ティモール | 91 | 303 | 1対 2,225 | 1対 1,248 |
| 18. 西カリマンタン | 276 | 780 | 1対 3,827 | 1対 1,575 |
| 19. 中カリマンタン | 297 | 751 | 1対 1,593 | 1対 1,604 |
| 20. 南カリマンタン | 676 | 1,754 | 1対 1,353 | 1対 595 |
| 21. 東カリマンタン | 274 | 885 | 1対 1,864 | 1対 824 |
| 22. 北スラウェシ | 856 | 1,776 | 1対 1,351 | 1対 593 |
| 23. 中スラウェシ | 166 | 538 | 1対 3,016 | 1対 1,295 |
| 24. 南スラウェシ | 1,213 | 5,284 | 1対 1,293 | 1対 446 |
| 25. 東南スラウェシ | 357 | 1,353 | 1対 896 | 1対 339 |
| 26. マルク | 101 | 522 | 1対 3,289 | 1対 977 |
| 27. イリアンジャヤ | 70 | 237 | 1対 6,173 | 1対 2,913 |
| 外インドネシア計 | 13,132 | 50,746 | 1対 1,287 | 1対 527 |
| インドネシア全国計 | 45,912 | 182,374 | 1対 942 | 1対 399 |

（注）労働人口（working population）は、センサス調査の実施前1週間以内に働いたことのある者と定義される。これは経済活動人口（econmically active population）の97.19％にあたる。残りの2.81％は求職者から成る。

（出所）Subdirectorat for Metal (Department of Industry), *Data on Small Industries, 1987* および BPS, *Statistik Indonesia 1989*, 44-45 の表3.1.2および3.2.3.

ジャヤの一部を除く群島の隅々まで時間をかけて広がったことを示唆している。第二に、高密度の州を地図上にプロットすると、金属加工業には、次の六つの主要な中心地帯があったことが窺える。

第一中心地帯：東ジャワ、中ジャワ、バリ、西ヌサテンガラ
第二中心地帯：南スラウェシ、東南スラウェシ
第三中心地帯：南カリマンタン、中カリマンタン
第四中心地帯：ミナンカバウ[11]、ブンクル、南スマトラ
第五中心地帯：アチェ
第六中心地帯：北スラウェシ

ただし、第一中心地帯に含めるべき西ヌサテンガラの地域はおそらく、バリ族の移住人口が多いロンボク島の西部に限られる。

第一中心地帯は他の州から多くの金属を移入したが、逆に第二、三、四地帯は多くの金属を移出した。アチェと北スラウェシは、地元の鉱山から得られる金属と他州から移入される金属の両方に依存する、他より小規模な中心地帯であった。また第一中心地帯は、かつて歴史上に存在したマジャパヒト王朝[12]と関わりが深い。同王朝は第二、第三中心地帯と密接な交易関係をもち、ときにはこれら二地帯に覇権を及ぼすのに成功したこともある。第二中心地帯は、やはり歴史上の、マジャパヒトよりは小さなルウとバンガイの王朝[13]と関わりがある。マジャパヒトは第四中心地帯とも王家のつながりと交易関係をもち、一四世紀に始まる一時期にこの地帯に覇権を及ぼそうと試みた。もっと古い時代には、第四中心地帯はパレンバン付近の南スマトラを中心とするシュリヴィジャヤ王国[14]と結びついていた。南スマト

ラ州の金属加工業の大多数は非伝統的な産業だが、それでもコード番号38111に分類される鍛冶企業の密度は、全国で二番目に高い。これはなお検証を要する仮説だが、南スマトラの鍛冶職人の一団は、武器と用具に対するシュリヴィジャヤ王国の需要に応じて勃興し、材料の鉄を西スマトラとブンクルから移入していたのかもしれない。

## 結論の要約

ここで、マクロデータから引き出される主な結論のいくつかを要約しておくのがよいだろう。

農業部門からの転出と、小規模および家内工業を含む農村経済の他部門への転入という労働力の移転がしだいに進んできた。この移転は、一九七一年から一九八五年のあいだに労働人口のおよそ一一・六％に達した。それは、一九六〇年ごろから始まった長期的趨勢の一部を成すものだ。

一九七四―七五年工業センサスでは、どんなに時間が短くてもとにかく働いた者はすべて含めるという、きわめて寛大な労働力の定義が用いられた。それ以後の調査では、一九八六年経済センサスのように、多くのパートタイム家族労働者を排除するずっと厳しい定義が使われた。パートタイム家族労働者の大半は農村の女性なので、公刊された時系列統計からはあたかも、一九七〇年代半ばにパートタイム女性労働の農村工業部門への大規模な突入が起きたあと一九八〇年代には逆に大規模な脱出が生じたような印象が得られる。これはもっぱら統計上の作為のためだが、一九七三―七五年のトビイロウンカによる稲の病害がもたらした穀物の不作がそれをさらに増幅することになった。根底で本当に起きた変化のパターンは、工業における就業の安定的だが比較的速い成長であった。この成長も一九六〇年ごろから始まり、農村地域では男子の就業拡大の方が女子のそれをいくらか上回っていた。厳しい方の定義を使えば、家内工業における就業は一九六四―六五年の約二一〇万人から一九八六年の二七〇万人へと増加した。

また、緩い方の定義を使えば、これらの合計値はそれぞれ約一〇〇万人ぐらい加算したものになるだろう（＊2と表8を参照）。

金属加工業は、フルタイムの男子労働に大きく依存している。そのため、この業種についての統計は、労働力の定義の変更からあまり影響を受けない。これらの統計によれば、金属加工業を営む小規模および家内企業の企業数と労働者数は、一九七四―七五年から一九八七年のあいだにおよそ三倍に増加した。コード番号381、すなわち鍛冶業と実用品を製造するその他の卑金属（ベースメタル）工業を含む産業コードの企業の場合、企業数は一万五、八六五から四万五、九一二に、労働者数は六万五、六九六人から一八万二、三七四人に増えた。その他の金属加工業に割り当てられたコード番号の業種についてはデータが完全ではないが、装身具、楽器、その他の金属製装飾品を製造する工業は、同じかそれ以上に速い増加を経験したようだ。

金属加工業は、他の工業よりも資本集約的だ。それは投入財と労働により多く支出し、結果的にはより多くの付加価値と企業所有者の利潤をもたらす。一九八六年に全体としての家内工業と小規模工業は平均して二、一五八米ドルを投入財と労働に費やし、平均して一、〇七五米ドルの付加価値と八七五米ドルの利潤を生み出した。これに対して、コード番号38の家内および小規模工業は投入財と労働に平均して三、〇五九米ドルを費やし、二、一〇五米ドルの平均付加価値と一、四五五米ドルの平均利潤を生み出している。

金属加工業部門の家内および小規模工業は、米の大半を購入しなければならない土地無しの家族の場合でも、飯米の必要量を満たすのに十分な以上の収入をもたらす。五人から成る平均的規模の世帯が一年に必要とする米の最大量を七三〇ｋｇと仮定すると、一九八六年に金属加工業の家内企業所有者は飯米必要量の三倍を稼ぎ、小規模な金属加工企業の所有者は飯米必要量の実に二二倍を稼いだことになる。しかもこれらの世帯はふつう、例えば女性の世帯成員が行う所得創出活動のように、他の収入源ももっているのだ。

家内制金属加工業がその労働需要の大半を無給の家族労働で充たしているのに対して、小規模金属加工業はその大半を雇用労働で充たしている。一九七四—七五年にコード番号381の家内企業は、約八割の家族労働と二割の雇用労働を用いた。小規模企業の場合は、この比率が逆であった。

コード番号38111の鍛冶業企業の平均規模は、一九七四—七五年の労働者数四・二人から一九八六年の三・六人へとやや縮小した。これはおそらく、労働力の定義変更によるよりも、小電力機械類の導入による「合理化」の結果である。データは不完全だが、装身具製造企業と楽器製造企業でも同じ理由で同様の縮小が見られたようだ。時系列データが示すところでは、一九七四—七五年から一九八六年のあいだにあらゆる規模とタイプの工業で、おしなべて実質付加価値の著しい増加が見られた。これは、いわゆる「プル（pull）」理論の提唱者に支持を与えるものだ。この付加価値は、労働者一人あたりではなく一企業あたりで表されている以上、労働力の定義変更からは影響を受けない。コード番号381と38111の金属加工業における付加価値は、工業一般よりもいっそう急速な割合で増加した。381番の小規模および家内工業の平均付加価値は、七三五米ドルから三、五二八米ドルへとほとんど五倍に増えた。増加率が最高だったのは、五人以上の労働者を用いる小規模鍛冶企業で、その付加価値は一、二一一米ドルから七、一四〇米ドルへとほぼ六倍の増加を経験した。装身具および楽器製造の小規模企業の増加率はこれより低かったが、それでも一・五倍および二倍とまずまずの増加率だった。

鍛冶業、装身具および楽器製造のような伝統的金属加工企業は、総産出高のうち賃金に充てられる比率が高く、雇用労働者の賃金に対する企業所有者の利潤の割合が比較的低いという意味で、他より平等主義的である。どうやら、分け前の比率をおよそ二・六対一に保つ歴史的な配合制度から引き継がれた期待賃金のようなものがあるようだ。企業規模が大きくなり、キャッシュフローの問題や季節変動による破綻がまれになれば、雇用労働者の所得も増加するが、企業所有者の所得はもっと速い割合で増えるので、格差が広がりこれらの業種も平等主義的ではなくなっていくことだろう。

金属加工業の賃金、とくにマンアワー[15]あたり賃金に関して利用可能なデータはきわめて乏しい。存在するかぎりのデータが示すところによれば、小規模企業で働く賃金労働者の境遇は家内企業で働く者より良い、ということを示している。一九七四―七五年にコード番号381の家内企業で働く賃金労働者は年間一四四米ドル相当、あるいは人日あたり〇・六四米ドル相当の賃金を得た。これは、一年にやっと五五一kgの米しか購入できない金額だった。したがって、もしこれらの労働者が世帯主であれば、彼らはその世帯に必要な量の飯米を確保できなかったかもしれない。一九八六年に小規模企業で働いた賃金労働者は、平均して年額四四〇米ドルを得たが、これは一年に一、五三四kgの米、つまり一世帯の飯米必要量の二倍以上を購入するのに十分な額だった。ただしマクロデータは、労働者のカテゴリーを区別できるほどきめ細かくはない。例えば、飯米必要量の多い成人家族の世帯主である場合が多いウンプ（鍛冶の頭領）と、独身または新世帯をもったばかりのことが多いパンジャック（鎚打ち職人）とを類別することはできないのだ。

コード番号38111の鍛冶企業は、他のタイプの金属加工業に比べ、企業所有者の観点から見て著しく効率的である。これらの企業は、機械・設備への投資と運転資本がいずれも少額で済むが、他の業種以上の利潤を所有者とその家族にもたらすのである。例えば、一九八六年に小規模な鍛冶企業の機械・設備への平均投資額はわずか二六四米ドルであり、投入財と労働への年平均支出額は四、三四〇米ドルだった。これに対して、コード番号381の企業における機械・設備への平均投資額は一、五八〇米ドルで、投入財と労働への支出額は九、六三七米ドルだった。しかし、鍛冶企業の稼ぐ利潤は五、四三六米ドルと、コード番号381の企業の五、一六八米ドルよりも大きかったのである。コード番号38111はコード番号381の下位区分として包含されることを想起すると、かりに鍛冶企業を（381番の中の）非鍛冶企業と比較できたならば、この対比はいっそう鮮明になるだろう。一方、一九八六年における小規模企業の創業資金推定額は、コード番号３８１全体では二、七七八米ドルだったのに対して、３８１１１番では七〇三米ドルだった。

インドネシアでは、鍛冶業は依然として最重要の金属加工業である。コード番号37、38、39と見なされるすべての業種に包含される金属加工業の、小規模および家内企業の総数は、一九八七年に五万六、九六六と推計された。このうち、二万三、一一三企業すなわち四〇・六％が３８１１１番のものであった。一方、３８１番に属する非鍛冶業企業は四〇・〇％を占めた。そのなかには、伝統的鋳物工業とともに、厨房用品やその他の実用品を金属の板と管から製造するさまざまな工業が含まれる。コード番号３８２と３８３に属する機械工業は一三・二％を占めるが、そのうちおよそ四分の三は実際には機械の製造ではなく修理と保守に携わっている。

労働者の密度と雇用労働者の家族労働者に対する比率、という重要問題について時系列統計を作成するのに十分な量のデータは公表されていない。ともあれ存在するデータは、家内企業における雇用労働者の年間労働投入量は、無給の家族労働者の約二・五倍の人日に達することを示している。小規模企業における雇用労働の家族労働に対する比率は、一九七四―七五年から一九八六年のあいだに三～五％減少したように見えるが、家族成員にも賃金を支払う傾向が拡大しているため、論点がいくぶん不鮮明になっている。

コード番号３８１と３８１１１の金属加工業の企業と労働者の約七割が内インドネシアに、残り三割が外インドネシアに分布している。労働人口に対する金属加工業労働者数の比率で示される労働者密度は、内インドネシアの方が二倍も高い。外島でも、とくに伝統的な鉱山業や精錬業をもっていたり、鉱山業や精錬業の立地点に政治的規制が行われている若干の州では、この労働者密度が高くなっている。現在、金属加工業労働者の密度が抜群に高いのはバリである。コード番号３８１１１の業種における密度のパターンは、東ジャワから東方はバリへ、西方は中ジャワへと鍛冶業が歴史的に広がっていったという仮説を支持するものだ。

政府による介入で最も重要だと思われるのは、銀行信用である。コード番号381の小規模企業のうち一九・二%が、一九八六年に銀行から未返済の融資を受けていた。対照的に、協同組合の役割はあまり重要ではなさそうだ。381番の小規模企業のうち、協同組合から未返済の融資を受けているか協同組合を通じて製品を出荷しているのは、わずか二〜三%に過ぎなかった。

マクロデータはまた、鍛冶企業が木炭のヘビーユーザーであるという印象を裏書きする。一プラペンあたりの年間平均木炭消費量は、六、六八四kgに上る。

小規模金属加工企業が出荷のために最も多く使う方法は仲介業者を通じるものであり、市場（いちば）における消費者への直売がこれに続く。鍛冶企業は、他の金属加工企業以上に強く仲介業者に依存している。出荷の大半は同じ州内で行われるが、381番の小規模企業の一二・五%は、その産物の一部を他の州にも出荷している。外国への輸出はコード番号381の企業ではなおまれだが、装身具や楽器の製造のような三九番の企業の場合はもっと普及しているかもしれない。

小規模金属加工企業が最も頻繁に訴える三つの問題は、出荷の困難、資金調達の困難、そして原材料の供給と価格である。

一九七四—七五年の調査では、投入・産出構造の点で装身具製造企業は鍛冶企業に酷似していた。装身具製造の小規模および家内企業の付加価値生産平均額は四六四米ドルで、鍛冶企業の四九六米ドルと肩を並べていた。装身具製造家内企業における企業所有者の利潤は三二四米ドルで、やはり鍛冶業の三三一米ドルと同等だった。しかし装身具製造業の付加価値額成長率が低かったため、一九八六年までに二つの業種のあいだには大きな格差が生じた。

コード番号391の楽器製造企業の大半が、ガムラン用楽器一式を製造している。これらの企業は、規模が大きく、投入財への平均支出が高額で、賃金水準が非常に高いことが特徴だ。一九七四—七五年の楽器製造小規模企業の平均付加価値額は三、一七九米ドルで、金属加工業の他のどの分野よりも高かった。しかしここでも、楽器製造企業の成長率は他より低かったので、一九八六年までにコード番号381の企業に追い越されてしまった。

注

＊1 表4~6は、本業の種類によって就業者の百分比を算出した労働力のデータにもとづいている。政府は副業についての情報も収集したが、そのほとんどは公刊されていない。その他の表は、各事業所からの所得がその所有者の家計所得全体に占める百分比の如何にかかわらす、すべての工業事業所の列挙を試みた工業調査にもとづいている。

＊2 ブースによれば、一九六一年以前には労働力の七割以上が農業を本業にしていた。彼女の示す数値は、一九〇五年が七四%、一九三〇年が七七%、一九六一年が七二%だが、これら数値の変化のいくらかは、労働力の参加を測る基準の変更によるものだ。一九六一年から一九七一年のあいだには、七二%から六三%へと急激な減少が起きた。これはその後も続き、次の一〇年後には五六%にまで減少した（Booth 1988, 31, table 2.1)。

＊3 ポートは、いくつかの調整を加えたうえで一九六四年のデータのいくつかを使うことを試みた。彼の計算した数値によれば、家内工業の就業者数は、一九六四年の二一〇万人から一九七四—七五年には三八〇万人に増加した。最も増加が大きかったのは、パートタイムの農村女性就業者だ。大量のパートタイム労働者が労働力に加わった結果、家内工業の労働者一人あたり付加価値額も低下した（Poot 1980. これは Poot, Kuyvenhoven, and Jansen 1990, 118-120, and table 4-13 に要約されている)。パートタイムの女性就業者の数値は労働力をどう定義するかに強く影響されるが、上記の趨勢はそれ以後は逆転したように思われる。これについては、本章のこの後の議論を参照。

＊4 ウェイランドは、一九八六年センサスの数値が示す家内工業（cottage and household industry）の就業者数激減に着目したいくつかの論文を最近発表した。彼女は、農村における所得の向上が男性への特化とともに、生産性の低い零細工業や家内工業の活動からの女性の自発的撤退の原因だと見ている（例えば、Weijland 1984, 6-7 を参照)。いささか驚いたことに、彼女は労働力の定義の変更について注記するのを怠っている。BPSが、二つのセンサスの家内工業就業

者のデータを「比較することはできない」とはっきり断っているにもかかわらず、である（Central Bureau of Statistics 1987b, 91）。

＊5　金属課の調査報告書（一九八七）は、同課のフェリック・レンコン課長（Ir. Felik Lengkong）に提供して頂いた。

＊6　緑の革命がもたらす米供給の増加が、農民に支払われる米の市場価格の急落を招かないように、政府は米価の統制を試みた。

＊7　とくに以下のことが仮定された。

・コード番号39の金属加工業の企業数と労働者数は、コード番号３８１の業種と同じように、一九七四―七五年から一九八六年までのあいだにおおよそ三倍に増えた。

・家内企業数の小規模企業数に対する比率と、家内企業労働者数の小規模企業労働者数に対する比率は、コード番号39でも３８１でもだいたい等しい。すなわち、家内企業数は小規模企業数の六倍、家内企業労働者数は小規模企業労働者数の三倍である。

・金属製装飾品を製造する企業と労働者の数は、楽器を製造する企業と労働者の数とだいたい同じである。

［1］旧ポルトガル領植民地を併合して一九七六年に設立された東ティモール州は、スハルト政権崩壊後の一九九九年に国連管理下で行われた住民投票によりインドネシアからの分離独立が決まり、二〇〇二年に東ティモール民主共和国が発足した。

［2］一九八七年から工業省により全国各地で実施された「小規模工業里親」（Bapak Angkat Industri Kecil：略称ＢＡＩＫ）プログラムを指す。このプログラムでは、地方の小規模工業振興のため、政府から指定を受けた国営企業が養い親のように指導と支援を行うこととされた。

［3］原文は codes 381 and 382 となっているが、明らかに codes 382 and 383 の誤記である。

［4］原文は code 380 となっているが、明らかに code 381 の誤記である。

[5]「人日」(person-dayまたはman-day) とは、「人数×日数」の意味で、労働者一人が一日（ふつう八時間と想定）にこなせる仕事量の単位を指す。例えば、ある労働者が一日あたり六時間の労働を一年に八〇日行ったとすれば、その仕事量の合計は六時間×八〇日÷八時間＝六〇人日と計算される。

[6] 原著の数字に誤りがあるので訂正した。

[7] 三二七万四、九二〇ルピアから一九七万七、一六〇ルピアを差し引くと一二九万七、七六〇ルピアになるから、原著の記述は計算が合わないが、そのままにしておく。

[8] 原著は、四番目に人数の多い州に「西ヌサテンガラ」を挙げているが誤りなので表13に従い訂正した。

[9] ニューギニア島の西半分から成る旧イリアンジャヤ（Irian Jaya）州は、二〇〇二年にパプア（Papua）州に改称した。次いでその北西部が二〇〇三年に西イリアンジャヤ州として分離したが、二〇〇七年に同州も西パプア州と改称したため、今日ではイリアンジャヤ州という行政区画名は消滅している。

[10] 労働力参加率（labor force participation rate）とは、全人口に占める労働人口の比率を指す。女性の労働力参加率とは、女性の全人口に対する女性労働者の人口比のことである。

[11] ミナンカバウ（Minangkabau）は西スマトラを中心に居住する種族の名前である。他の地域と同様に州名を挙げるならば、「西スマトラ」とすべきところである。

[12] マジャパヒト（Majapahit）は東ジャワを中心に、一三世紀末から一五世紀にかけて栄えたインドネシア史上最大のヒンドゥー教王国。

[13] ルウ（Luwu）は一四―一五世紀ごろ最も栄えたスラウェシ島南部の王国。一九〇五年にオランダ領東インドに併合された。バンガイ（Banggai）は、一三世紀ごろにスラウェシ島中部に栄えた王国で一四世紀にはマジャパヒトの属国になったと言われる。やはり二〇世紀初めにオランダ領東インドに併合された。

[14] シュリヴィジャヤ（Srivijaya）は、七世紀から一四世紀にかけてマラッカ海峡地域で遠隔地交易の支配により栄えた王国で、七―八世紀には東南アジアにおける大乗仏教信仰の中心地でもあった。

［15］マンアワー（man-hour）とは、一人の労働者が一時間にこなす仕事量を表す単位で、［5］で述べた「人日」と同様の考え方にもとづき考案された。例えば、ある労働者が一日あたり六時間、一月に二〇日働いて六万ルピアの月給を受け取ったとすれば、そのマンアワーあたり賃金額は、六万÷（六×二〇）＝五〇〇ルピアと計算される。賃金が時給で支払われている場合はマンアワーあたり賃金は時給額に等しいが、そうでない場合は、給与の額を労働時間数の合計で割って算出される。

第5章

# 政府による介入

*Government Interventions*

本章では、農村工業に影響を及ぼす政府の介入策、とくに金属加工業の分野を対象とするそれについて、いくつかのタイプを記す。まず最初に、国産品と競合するおそれがある製品の輸入規制、輸出促進、工業の許認可策など、規制環境を取り上げる。次に、工業省と、同省による農村工業への普及プログラムを取り上げる。続く節では、農村で営業する政府系銀行と、農業以外の企業に資金を貸し付ける信用プログラムを取り上げる。最後に、政府の米価支持と肥料補助金について触れ、それらが農村工業に及ぼす間接的な影響を論じる。

## 五カ年計画

スカルノ大統領の旧秩序体制下では、政府は国有企業を優先する強度の介入主義的で内向的な工業発展戦略を追求した。この時期には、多くの民間国内企業と外国企業が国有化された（Poot, Kuyvenhoven, and Jansen 1990, 3-4）。この戦略は、スハルト大統領の新秩序政権が一九六六年に権力を引き継いだ後は公式に放棄されたが、保護主義的で介入主義的な心情は官僚機構のどのレベルの政府官吏のあいだにもいまだに見いだされる。

一九六九年以降、新秩序政権は五年ごとの詳細な開発計画を準備し発表してきた。この計画は、頭文字を取った略語のレプリタ（ＲＥＰＥＬＩＴＡ[1]）の名で知られ、政府の開発思想と、工業を含む全経済部門の開発戦略の概要を示したものである。これらの計画を点検すると、輸入代替と国内産業保護を強調した一九七〇年代の戦略から、輸出振興と規制緩和を強調する現在の戦略へと大まかな転換があったことが分かる。

一九七〇年代の輸入代替戦略の主な論拠は、外貨節約の必要性だった。これは、輸入品と競争する産業、つまり輸入品に代わりうる製品を作る国内産業を積極的に支援することで達せされる、と考えられていた。これらは主に消費財を製造する産業であった。それらを支援するひとつの方法は信用助成金を含む信用優遇政策であり、もうひとつは保護主義的な貿易規制だった。国内産業における雇用の確保も、輸入代替戦略のいっそうの論拠とされた。

一九八三年ごろから政府は、保護主義的政策を撤廃して自由貿易を許容するよう世界銀行やその他の外国援助機関から強い圧力を受けるようになった。[*1] 輸入を阻止するよりも輸出を積極的に促進して外貨を稼ぐべきであり、規制緩和によって国内産業はより効率的で競争力をもつよう強いられるだろう、と論じられた。多くのインドネシア政府高官や経済学者たちは、そのような方針が経済的に賢いことを確信するようになった。しかし政府は、小規模工業や家内工業は特別な事例だと見なし続けた。これらの産業への保護を取り除けば、農村地域で広範な失業が生じ、政治不安が引き起こされることが懸念された。こうして、これらの産業をカバーする保護主義的法規の多くが温存された。

五カ年計画書は、経済と同時に政治の文書として理解される必要がある。それは国全体の経済発展のための中央政府の企画立案者の戦略の概要を示すと同時に、インドネシア国民の政治的関心にも対処しなければならないのだ。何年も経つうちに政治的関心は変化したが、雇用創出、経済成長の利益の公平な分配、経済的に弱体な企業家の保護、プリブミ（すなわちマレー系）住民の非プリブミ（非マレー系、ふつうは華人を指す）住民に対する優遇措置[2]は一貫していた。

一九六九―七〇年から一九七三―七四年にかけて行われた第一次五カ年計画では、投入財の提供や生産物の加工を通じて農業部門を支えるような産業に工業開発の重点を置くことが想定された。ぜひとも必要とされた外貨を――輸入代替と輸出のどちらでも――もたらす工業、国産原材料を加工する工業、労働集約型工業、そして地域開発に寄与する工業にも優先措置が与えられた。一方、小規模企業の発展は優先事項とされなかった。[*2]

第二次五カ年計画（一九七四—七五年～一九七八—七九年）では、雇用の創出が最重要目標として導入された。国内原材料の加工業、国産原材料を加工する工業や農業またはインフラストラクチャーとの連関を促進する工業も優先され、プリブミ企業家の優遇も強調された。全般に、国内工業保護のための輸入制限や外国投資への規制強化のような介入主義的措置への回帰の傾向が認められた。石油価格の世界的上昇が石油輸出国であるインドネシアを利したため、この時期には外貨の問題への関心は薄れた。

一九七〇年代後半に、政府の「緑の革命」プログラムは農村地域の階層格差を拡大したとして厳しい批判を受けた。第三次五カ年計画（一九七九—八〇～一九八三—八四年）では、平等化（*pemerataan*）に新たな強調点を置くことにより、政府はこの批判に応えた。経済成長の目標が放棄されたわけではないが、経済的便益のより平等な分配が成長に伴うことが期待された。工業化の最も重要な目的は、経済的に弱体な企業家の振興や、秩序ある（つまり政治的に安定した）経済発展と産業的基盤の拡大、そして労働集約的工業製品の輸出促進であった。平等化の目標達成の手段と見なされたために、小規模企業の発展が初めて優先事項に取り上げられた。小規模企業には、市場よりも低い金利で信用が供与されるようになった。

第四次五カ年計画（一九八四—八五～一九八八—八九年）では、インドネシア政府に対する規制緩和と民営化への圧力が目に見えて強められた。農業部門と同規模になるように工業部門の基盤を構築することが、主要目標のひとつになった。もうひとつの目標は、石油収入への依存の軽減だった。以前からの目標でやはり繰り返し述べられたものには、雇用創出、輸出振興、輸入代替、地域開発、そして国内の天然資源の加工などがあった。機械工業の発展に初めて優先事項の地位が与えられた。小規模企業の発展もふたたび強調された。第四次五カ年計画では、民間部門にも新たに重点が置かれた。輸出産業およびハイテク産業における外国民間投資も優遇されたが、究極の目標はインドネシア側が株式の多数を所有することに置かれた。工業の成長の抑制要因のいくつかに初めて注意が向けられ、輸出入規則、国内生産の効率、資本市場の運営、および信用供給の改善の提言がなされた。しかし、国内工業の保護と市場の規制は、政策の選択肢として温存された。

第五次五カ年計画（一九八九―九〇～一九九三―九四年）では、一九六〇年代に優勢だった経済的離陸の観念が復活し、第六次五カ年計画期に起きると想定されたインドネシアの離陸への準備が主要目標と見なされた。離陸のときまでには、工業部門がインドネシア経済の主な原動力になるとされた。第五次五カ年計画のもとでは、貿易制限のいっそうの撤廃を通じた輸出指向工業の促進が新たに強調された。小規模工業の発展は引き続き重視されたが、それは大・中規模工業との連携の育成により達成されるべきもの、とされた。小規模工業が輸出振興策のなかに初めて取り込まれようとされた。政府系銀行の収益確保のために各種の信用助成金は廃止されたが、農村でも都市でも市場金利による信用が利用可能になった。

## 輸入をめぐる規制環境

インドネシア政府は、あらゆる種類の輸入製品を網羅し、それらを二桁、四桁および九桁のコードによって分類した関税表を作成している。ＳＩＴＣ（国際標準貿易分類）による番号の配列は英語で記されており、インドネシアで用いられる器具の種類にはうまく合致しない。関税表の各製品種類の隣には、輸入に課せられる各種制限とともに、輸入業者が支払うべき関税、関税課徴金、付加価値税、奢侈品税を列挙した欄がある。手工具と刃物類を示す二桁コードは82番である。82番コードの下には、以下のように一五種の四桁コードがある。

82・01：農業、園芸、林業で用いられる手工具
82・02：手引きの鋸、あらゆる種類の鋸の刃
82・03：ヤスリ、石目ヤスリ、プライヤー、やっとこ、ピンセット、金切りはさみ、パイプカッター、ボルトカッター[3]、穿孔パンチおよび類似の手工具類
82・04：手動のスパナーとレンチ、交換式ソケットレンチ[4]
82・05：他には分類できない手工具、ブローランプ、万力、クランプ（締め具）、金床、携帯用鍛造炉（portable forges）、砥石車
82・06：工具セット
82・07：動力の有無を問わず手工具用または工作機械用の交換ツール。引き抜き型または押し出し型金属加工用ダイス、削岩用またはボーリング用器具を含む。
82・08：機械または機械設備用ナイフと切断刃
82・09：工具用の板、棒、石突き（tips）など
82・10：飲食物の調理、貯蔵、給仕に使われる重さ一〇kg以下の手動機械設備。
82・11：鋸歯の有無を問わず切断刃付きのナイフ（82・08のナイフと刃以外のもので、剪定刀を含む）
82・12：カミソリとカミソリの刃
82・13：はさみと大型はさみ
82・14：その他の刃物類、マニキュアまたはペディキュア用具一式
82・15：スプーン、フォーク、ひしゃく、穴あき杓子（スキマー）、ケーキサーバー、魚肉用ナイフ、バターナイフ、角砂糖ばさみなどの厨房・食卓用品

保護政策による恩恵を最も享受しているのは、鋤（すき）、シャベル、鍬（くわ）、熊手、レーキ、手斧、斧、釿（ちょうな）、芝刈りばさみ、鎌のように農業、園芸、林業で用いられる手工具を製造するコード番号82・01の工業である。このコード番号の製品に課せられる関税などの租税はたいていの場合、合計して製品の価額の五〇％に達した。もちろんこれは、これらの輸入製品がかなりの高額で小売りされ、そのために地場製品に対して競争力が弱くなることを意味する。

コード番号82・0に包括される用具には、国有企業だけが輸入できるものもある。それらの用具を輸入する会社は、ふつう林業、プランテーション、島嶼間移住を管轄する省や局の監督のもとにある。これらの用具の大半は、国有林や国有プランテーションで働いたり、政府の島嶼間移住プログラムへの参加に同意した村人たちに無料で配分される。国有企業が輸入するタイプの用具は、たいていの場合、地場の鍛冶屋が作るものと同類であり、カジャールのような鍛冶業村落からも注文可能である。じっさい鍛冶屋たちは、国有企業が購入する用具を輸入したり、地場製の用具の場合も都市の販売業者を通じて発注するのを好むことに、共通して不満を抱いている。国有企業が鍛冶業村落とめったに直接取引しない理由は複雑で、数量、標準規格、包装、利便性などの問題と関係があるのかもしれない。輸入業者や販売業者は調達担当の役人に袖の下を渡しているのだと、一般に村の鍛冶職人たちは考えている。これら輸入業者と販売業者の多くは華人だから、この疑念は不幸にも反華人感情を増幅させる傾向がある。

国有企業は、コード番号82・01の下の九桁コードのうち七項目に該当する用具の輸入を独占している。一九八九年に国有企業が輸入したこれらの用具の総額は二億二、八〇〇万ルピア、あるいは一三万三三八米ドルだった。このわずかな金額は、ひとつの鍛冶村落の年間生産額にさえ及ばない。例えば、鍬（*pacul*）を作る平均的鍛冶企業は、一日に二〇丁を仕上げる。この企業がおおむね継続して年間三〇〇日操業するならば、年間の生産量は六、〇〇〇丁に達する。各製品を三米ドルの輸入品に代替するとすれば、代替されて消える鍛冶場の数はわずか七～八カ所に過ぎない。もちろん国有企業が輸入できるのは、独占権をもつ種類の用具に限られるわけではない。もし国有企業が他の種類の用具も輸入すれば、在来の鍛冶業に与える打撃はずっと大きくなるかもしれない。

コード番号82・01の製品輸入に高関税と輸入制限を課すのは、在来の鍛冶業を助けるのが目的だと政府は言う。だとしたら、その目的を達成するには範囲が不十分なことに注意すべきだ。たいていの鍛冶業村落で作られる製品は一般に、農具、職人の工具、ナイフの三種である。そのうちコード番号82・01に入るのは農具だけだ。職人の工具の大半（ハンマー、のみ、かんな、バール）はコード番号82・05に属し、計三〇％までの関税などの租税によって保護されている。村の鍛冶屋が作るような固定刃ナイフは82・11に属し、計三〇～四〇％の関税などの租税で保護されている。村の鍛冶屋が共通して作るその他の製品は、プライヤー[5]、ピンセット、はさみと大型はさみである。これらは82・03および82・13に属し、二〇～四〇％の保護を受ける。これらの品目のどれも輸入制限はなく、民間企業は欲しいだけの量を輸入することができる。

コード番号82の輸入品のすべてが伝統的製品と競合するわけではない。鍛冶屋は鋸を作ることができ、しばしば自家用に鋸を製造する。しかし、鋸の歯は手でヤスリがけをしなければならず、これはあまりに時間がかかるので鋸製造は儲からない。したがってコード番号82・02の製品輸入は、地場の市場にあまり影響しない。同様に、鍛冶屋はヤスリ（files）と石目ヤスリ（rasps）を手作りで製造できるが、やはり長い時間がかかり、しかも製品のできばえはあまり満足できるものではない。鍛冶屋がそれを作るとすれば、高価な輸入物を避けて自家用に製造するのがふつうだ。コード番号82・10に記載されている食品加工業用の機械設備を鍛冶屋が作らないのは明らかだ。82・12に記載されているカミソリやカミソリの刃も、鍛冶屋は作らない。地場製品と明白に競合する品目と明白に競合しない品目の中間には、どちらとも言えない言わばグレーゾーンがあり、もし複製用の見本と確実な注文が得られるのならば、村の鍛冶屋はそういう分野の製品作りを学ぼうとするかもしれない。例を挙げれば、コード番号82・08に記載された機械類の替え刃がそれにあたるだろう。

コード番号82に記載された製品のなかには、鍛冶屋が作る製品とは競合しないが、他の種類の職人の製品とは競合するものがある。電気を使わない平形アイロン（コード番号8205.51.100）とあらゆるタイプの厨房用品（コード番号82・15）が、その実例だ。前者は中部ジャワの鋳鉄職人がふつうに作る製品で、後者は多くの地方でアルミ板などの金属板を扱う職人たちが製造している。

コード番号82の輸入製品の一九八九年における合計額は一、三五六億ルピア、すなわち七、七四六万六、六九〇米ドルだった。最も重要な輸入品は次の五種類だ。

・削岩またはボーリング用具とその作業用部品（一、八一〇万米ドル）
・帯鋸、チェーンソー、丸鋸など機械鋸の刃（七九〇万米ドル）
・木工機械と同設備用のナイフおよび切断刃（五九〇万米ドル）
・スパナーとレンチ（四九〇万米ドル）
・プライヤー、やっとこ、ピンセットおよび類似の用具（二一〇万米ドル）

初めの二つのタイプは村落で作られる製品とは競合せず、最後のタイプは明らかに競合する。第三と第四のタイプは、上に述べたグレーゾーンの製品だ。

対照的に、コード番号82・11に属するあらゆるタイプの輸入物ナイフの合計額は、わずか六〇万米ドルに過ぎなかった。同様に、コード番号82・15のあらゆるタイプの輸入厨房用品の合計額は、わずか九〇万米ドルだった。もし割安な国産代替品がすでに市場に存在するならば、外国製品を持ち込むのは引き合わないと輸入業者たちは見ているようだ。これは、村落の金属加工業がすでに輸入品と十分な競争力を備えていることを示している。

鍛冶屋たちが生産のための資本財として用いている何種類かの用具に対する関税などの租税を下げるならば、彼らは実際には利益を受けるだろう、と注記するのは興味深いことだ。これらの用具には、ヤスリ、石目ヤスリ、万力、クランプなどの他に、金床、携帯用鍛造炉、台枠付きの手動またはペダル式砥石車が含まれる。

ヤスリと石目ヤスリは、もちろん仕上げの作業で使われる。万力とクランプは、製造した用具をヤスリがけのときに固定するため、水牛の角でできた台枠の代わりに用いることができる。鋳掛け屋と刃物師には携帯用鍛造炉と砥石車が必要だ。ある種のドリル、パンチと刻印機も資本財として使われることがある。これらの品目のなかでは、ヤスリが最も重要だ。なぜなら、輸入物のヤスリを頻繁に交換するための支出が、鍛冶屋の利潤を大きく削減するからだ。現在合計五〇％に達する輸入物ヤスリへの関税などの税率を下げることは、緊急の課題だ。

私の推計では、村の鍛冶屋がふつう作る製品と競合する輸入品の総額は二八九億ルピア、すなわち一、六五五万一、二五六米ドルだ。これは、全体の二二・四％にあたる。この推計額には、簡単な手工具、手持ちのナイフ、平形アイロン、はさみ、大型はさみとホウロウ引きのもの以外の厨房用品が含まれる。あらゆる種類の鋸、ヤスリ、平目ヤスリ、万力、クランプ、鍛造炉（forges）、砥石車、削岩および穴掘り用具、機械類の替え刃、食品加工設備、かみそり、かみそりの刃、マニキュアおよびペディキュア・セット、工具セット、ホウロウ引きの厨房用品は含まれない。村の鍛冶屋たちはこれらの品目を作れないことはないが、ふつうはそうしない。必要な技能や設備を欠いていたり、仕上げの工程に要する労力（とくに手作業のヤスリがけ）が甚大で、商業的生産はやっても引き合わないからだ。

国有企業の輸入品の影響は取るに足りず、おそらく七、八カ所ぐらいの鍛冶場を廃業に追い込む程度に過ぎない、とすでに推定した。同じ推定方法を使うと、国有企業と民間企業の双方による製品輸入によって廃業する鍛冶場の数は約二、七五九カ所になる。ひとつの鍛冶業村落における鍛冶場の平均数は約四〇だから、廃業する村の数はだいたい六九カ村ということになる。平均的な鍛冶場には四人の労働者がいるとすれば、廃業する労働者の数はだいたい一万一、〇三六人ぐらいである。これらの廃業は、民間企業の正当な輸入によって起きる。もちろんこれらは、大ざっぱな推計に過ぎない。輸入品の競合による損失は、もっと多くの鍛冶場と村落へと拡散し、実際には廃業よりも鍛冶場一カ所あたりの減益という形をとるかもしれない。

関税率表のコード番号82は、第四章で論じた産業分類のコード番号３８１（加工金属製品）にほぼ対応している。表11によれば、一九八七年には四万五、九一二の小規模および家内企業が３８１番に存在した。かりに二、七五九の企業が廃業する場合、それは全国の３８１番企業の合計のうち約六％にあたる。同じように、一九八七年には３８１番の産業に一八万二、三七三人の労働者がいたことを、表11は示している。もし一万一、〇三六人の労働者が廃業したとすると、これまた３８１番の産業における労働者の全国総計の約六％になる。したがって、輸入品の競合の影響はかなりのものがあるにしても、金属加工業の小規模および家内企業を壊滅させるほどではないと思われる。

廃業について推計するもうひとつの方法は、表11に収められたコード番号３８１の企業の総産出高の数値（gross output figures）を見ることだ。３８１番企業一社あたりの一九八七年における平均総産出高は、九七三万四、五四九ルピアだった。村の鍛冶屋の製品と直接競合する輸入製品の価額が二、八九〇億ルピアだとすると、二、九六九社が廃業するという推計ができる。このように、二つの推計はかなり近い値で符合する。[*3]

機械類を製造するインドネシアの能力がまだ弱いことはすでに述べた。機械類などの金属製品は、インドネシアの輸入総額のうち約四五％と非常に高い割合を占めている。一九八三年に輸入された機械類と金属製品の総額は七兆四、二〇〇億ルピア、すなわち七四億米ドルに上った。関税率表コード82番の手工具と刃物類は、この総額のうち二％に満たない。輸入機械の半分以上が主に大規模、中規模企業から成る製造業部門自身で使われ、残りのうち四分の一は建設部門で使われている。ＢＰＳと工業省の数値によれば、一九八三年に非電動機械の国内需要の六八・四％、電動機械の需要の五五・二％が輸入品で賄われていた。これらの比率は高いけれども、一九七五年からはかなり低下しており、インドネシアの機械製造能力が成長しつつあることを示している。日本は、一九八〇年には四九・六%と他のどの国よりも多くインドネシアの輸入機械類を供給し、ヨーロッパ経済共同体（ＥＥＣ）とアメリカが残りのほとんどを供給した（Poot, Kuyvenhoven, and Jansen 1990, 409-412）。

国内産業への貿易政策の影響を考えるとき、輸入品には製品（outputs）とともに投入財（inputs）もあることを想起する方がよい。農村の金属加工業にとって主要な投入財は、木炭と金属である。木炭は国産であり、輸入政策に影響されることはない。鍛冶屋（blacksmiths）と真鍮鋳造職人（brass smiths）が使う金属の大半は、植民地期と第二次世界大戦期に由来するスクラップである。ここでも、このスクラップの供給と価格は現在の輸入政策に影響されないが、かりに価格が下がればインドネシアの鍛冶屋たちも新品の鉄鋼を好んで使うことだろう。もっぱら屑鉄だけを原材料として使うようになったのは、日本による占領期からだ。日本による占領以前は、インドネシアの鍛冶屋たちは主にヨーロッパから輸入された新品の金属棒材を使っていた。これらの棒材は、インドネシアの至る所で華人の小売店主たちが売っていた。もちろん鍛冶屋たちはかなりの量の屑鉄を再利用もしていただろうが、棒材の形をした新品金属が当時は少なくとも入手可能だったのだ。

鋼鉄の主要輸入業者であり、新品の棒材（bars）、丸棒（rods）、薄板（sheet）の生産者でもあるのは、中部ジャワ南海岸のチラチャップで操業する巨大政府企業のクラカタウ・スチール株式会社（P. T. Krakatau Steel）だ。[6] クラカタウ・スチール社は鋼鉄輸入を独占しており、世界銀行の推計では国内の鋼鉄価格は国際価格を二〇〜五〇%も上回っている（World Bank 1985. Poot, Kuyvenhoven, and Jansen 1990, 45から重引）。現在、大量の鋼鉄が日本から輸入されており、シンガポール、アメリカ、フランス、ドイツからも少量が輸入されている（Central Bureau of Statistics 1989a および 1989b）。クラカタウ・スチール社は、カジャールを含む多数の鍛冶業村落のための「里親プログラム」の対象企業に選ばれており、供給リンケージの開発が工業省によって試みられた。けれども村の鍛冶屋たちは、クラカタウ・スチールからの新品金属素材と、レールや鉄筋のような上質スクラップの同等品との価格差を理由に、これらの試みを拒絶した。かりにクラカタウ・スチール社に与えられた独占が撤廃され、民間企業による自由な鋼鉄輸入が許可されれば、村の鍛冶屋たちは新品の鋼鉄の価格低下から利益を得ることだろう。

## 密輸の影響

合法的に輸入された用具とともに密輸されたものも市場に出ていると、村の鍛冶屋たちはしばしばこぼしている。もちろん両者は見かけでは区別できないのだが、市場の商人やその他の仲介業者との接触を通じて、密輸入についての報告が鍛冶屋たちの耳に届くのだ。インドネシアの海岸地方の至る所で密輸が行われているが、とくにスマトラ東海岸とジャワの北海岸ではそれが甚だしい。密輸された用具はふつう他のアジア諸国、とくに中国、台湾、シンガポール、マレーシアからやって来る。これらの用具は関税などの租税が支払われていないので、合法的に輸入された用具よりも安い値段で売ることができるし、国産品との競争力も高い。インドネシアの市場に出回る密輸用具の分量や国内企業に及ぼす影響を推計するのは不可能だが、無視できない規模だと工業省の役人たちは感じている。

外国製および工場製の製品との競争に対応するのに、村の鍛冶屋たちは三つの主なテクニックをもっている。すなわち、値引き、外国および工場製品を模造した仕上げ、およびドイツのシュリーパー社[7]のような商標の偽造である。このうち最も広く使われるのは、値引きである。村の鍛冶屋たちが密輸入品より安い価格まで値引きしてなおかつ利益を出すのは、いっそう困難だということは注記しておかねばならない。

## 規制環境――輸出

一九七〇年代のインドネシアでは、小規模および家内工業の生産物を輸出する努力がなされることはほとんどなかった。いくつかのアジア諸国、とくにインドとフィリピンでは全国にまたがる手工芸協同組合が組織され、国際市場への進出に成功した。インドネシアの手工芸産業は国際標準を充たしえないと、一般に考えられていた。そのうえ、手工芸品の市場は非常に不安定であり、海外からの注文に応えて生産能力を増強した村落が、数年後には注文が枯渇するのを目の当たりにする、ということも起こりえた。よく引き合いに出されるのは、マドラス製織維製品の市場崩壊だ。インドネシアは広大で難しい注文がない国内市場向け生産に専念すべきだと、大半のコンサルタントが提唱した。

今日では、世論の動向が変わった。輸出振興は今や、開発問題の分野における最高額の標語である。そのうえ政府の輸出振興策も、初めて小規模および家内工業を包含するまでに拡張された。とはいえ、輸出振興策の対象となったのはまだ主に、なにがしか芸術的価値のある製品を作るコード番号39の手工芸産業に限られる。農具のような実用品を作る企業は、まだ対象外なのだ。

オランダは、インドネシアを工業製品ではなく基礎的原材料と農産物の源泉として開発した。このパターンは、いまだにインドネシアの輸出品の構成に反映されており、工業製品はきわめて控えめな役割に甘んじている。輸出総額に占める工業製品の割合が低いばかりか、工業製品の産出高に占める輸出品の割合も低い。石油精製品と基礎的農産加工品を除くと、一九八〇年に工業製品が輸出総額に占める割合は四・八%、工業製品の産出額に占める輸出品の割合は五・二%に過ぎなかった。部分的には輸出振興策の結果、これらの比率は一九八〇年代にいくらか上昇したが、依然アジアで最低のままだ。工業製品輸出の実績の乏しさは、今では一九七〇年代の輸入代替戦略が原因だとされている。つまり、一九七〇年代の製造業者たちは保護された国内市場向けに製造する方が容易で利益も多く、その結果、国際競争力が損なわれてしまった、と言うのだ（Poot, Kuyvenhoven, and Jansen 1990, 413-415）。

輸出税の減免、特定種類の製品輸出禁止の撤廃、製品の大半を輸出する企業への特別奨励措置など、いくつかの輸出奨励策が採用された。もうひとつの措置は、国際市場におけるインドネシアの貿易上の地位を改善するよう考案された通貨切り下げだ。大幅な切り下げが、一九七一、一九七八、一九八三、一九八六の各年に行われた。一九八六年五月に政府は貿易改革の包括的パッケージ（packet）を導入したが、そのうちいくつかは輸出入の通関手続きの簡素化や輸出企業による輸入投入財利用の無制限な機会提供を目的としていた（Poot, Kuyven-hoven, and Jansen 1990, 415, 448-449）。

工業製品輸出は重要性を増し始めたが、小規模な金属加工企業がみずから行う輸出は依然僅少であることを、第四章の表11が示している。一九八六年の経済センサスの時点でなにがしかの製品を輸出していたのは、コード番号381の小規模企業のうち一・八％、38111番の小規模企業のうち二・三％に過ぎなかった。一九八六年のセンサスは家内企業の売買についてデータを収集していないが、輸出を行う家内企業の比率がいっそう低いであろうことは、疑いを容れない。輸出は生産者ではなく、表11に姿を見せない商人やディーラーが行っている、ということはもちろんありうる。しかし、この慣行が普及しているという認識を裏づける民族誌的証拠は存在しない。

コード番号381の企業はほとんど輸出を行っていないが、39番の企業には今や主に外国市場向けに製造するものも見られる。そのなかで最も目立つのは、ジョクジャカルタとバリの銀製装飾品産業だ。インドネシア人は銀よりも金を身に着けることを好むので、銀製装飾品の大半が外国人観光客に販売されるか、欧米に輸出される。デザインと寸法も外国人の好みに合わせている。大手の装飾品製造企業は、道路沿いに小売店舗を設けているが、そこでは外国から来たバイヤーも受け入れる。バイヤーたちには、特別な価格表により割安な卸売が行われる。輸出はふつう、観光客の需要に応えてジョクジャカルタとバリに出現した小規模な地元の運送業者を通じて行われている。これらの業者は輸出免許をもち、手工芸品と土産物の梱包と発送を専門にしている。装身具類はふつう、航空便か航空貨物で送られる。銀製装飾品輸出は、宝石が装着されていなければ関税をかけないというアメリカの方針に助けられてブームとなった。

ガムラン楽器製造者も、楽器一式を外国に輸出し始めた。楽器の主な買い手は欧米の学校と大学だ。

## 金属原料の製造と貿易

金属原料の国への出入りと、それが小規模および家内金属加工業に与えているかもしれない影響について、ここで論じておくのがよいだろう。そのために、鉄系材料（鉄鋼）、非鉄基礎金属（ニッケル、銅、錫、マンガン）、および貴金属（金と銀）に金属を分類することができる。インドネシア国内の鉱山で生産される鉄系材料と貴金属は比較的少量で、主に国内で消費される。非鉄基礎金属の生産は比較的大量で、主に輸出に回る。一九八九年の生産量は、砂鉄が一三万七、二〇五トン、ニッケル鉱が一九〇万四、三一五トン、銅鉱が三二万八、一五五トン、錫が一三万一、七三六トン、マンガンが九、〇七六トン、金が五、五七三ｋｇ、銀が六万五、四七〇ｋｇである（Central Bureau of Statistics 1989a および 1989b）。

鉱業の大半は、もうひとつの国有企業アネカ・タンバン株式会社（P. T. Aneka Tambang）の管理下にある。同社は採掘だけでなく、石油、ガス、石炭、錫を除くすべての金属原料と鉱物性生産品の予備処理と市場販売に責任を負う。石油、ガス、石炭、錫は、他の国有企業が管理している。

アネカ・タンバン社の管理下で生産された砂鉄（*pasir besi*）は、クラカタウ・スチール社に送られて、銑鉄や鉄棒などの形に加工される。最終生産物の大半が国内企業が使うために確保されるが少量の輸出もある。その合計は一九八三年の鉄系材料生産全体の一・四％に過ぎない。銑鉄は主に日本とその他の北アジア諸国へ輸出されるが、鉄棒は主に他のＡＳＥＡＮ諸国に輸出される。一九八一年には、これら二つの製品の合計額は九九〇万米ドルだった（Poot, Kuyvenhoven, and Jansen 1990, 418, 420, 426–427）。鉄は鋼鉄の生産の準備としてふつう「なまこ」（銑鉄、つまり半加工の鉄系材料[8]）に鋳造されるので、インドネシアは銑鉄を輸出し、鋼鉄をとくに日本から再輸入するような形になっている。輸出される銑鉄の価額は、輸入される鋼鉄の価額よりはるかに少ない。

一九七五年にインドネシアは、鉄系材料の国内需要のわずか六・七％を国内の鉱床から供給しただけで、残りの九三・三％は輸入で賄った。一九八三年までにこの状況はかなり変わり、インドネシアは三七・三％を国内の鉱床から供給できるようになり、輸入に頼るのは残り六二・七％になった（Poot, Kuyvenhoven, and Jansen 1990, 411）。輸入される鉄系材料の大半は鉄管と鋼管の形をとる。鉄管と鋼管の一九八八年における輸入量は一二万二、五〇〇トン、金額は一億七、三〇〇万米ドルだった。ここでも日本が第一の貿易相手国であり、ドイツとその他の欧州共同体諸国がそれに続いた（Central Bureau of Statistics 1989a）。インドネシアはもちろん、機械類の形でも鉄系材料を輸入している。一九八八年に工業および商業用の目的だけに輸入された機械類の量は一七万八、四〇〇トンで、金額は一二億九、九〇〇万米ドルだった（Central Bureau of Statistics 1989a）。これは輸入された機械類全体の一部に過ぎないから、実際には管や棒のような半製品の形よりも機械類の形で国に入ってくる金属の方が多いように思われる。

貴金属の採掘、加工、販売もまたアネカ・タンバン社の管理下にある。ここでも、貴金属の大半が国内消費のために確保されている。それはシートや薄板（wafers）などさまざまな形で、装飾品製造業者や一般市民が利用できるようにされている。小規模な装飾品製造業者はこれらの金属をアネカ・タンバン社から直接購入するのではなく、もっと大口の購入を行い仲介業者として振る舞う都市のディーラーから購入する。

非鉄基礎金属の場合は、様子が大きく異なる。インドネシアはニッケル、銅、錫を比較的大量に産出するが、その一〇〇％近くを輸出している。非鉄金属は一九八三年のインドネシアの製造品輸出総量（石油とゴムのような基礎農産物を除く）の二六・一％を占めたが、この比率は以前よりもだいぶ低下した。錫の生産量はニッケルと銅の生産量より少ないが、価額では未加工の錫は最も重要な輸出金属品目であった（Poot, Kuyven-hoven, and Jansen 1990, 416-418）。

基礎金属輸出入のこれらの状態は、小規模および家内制金属加工業にとっては何を意味するだろうか。鍛冶屋、銅鋳造職人、真鍮鋳造職人はいずれも新品の金属より再生品に依存している。かりに新品の金属を用いても、今の市場価格では利益を得ることができない。もし貿易制限の緩和により輸入された新品金属の価格が下がるのならば、おそらく彼らは便益を得るだろう。つまり、第二次大戦以前のように、少しは新品の金属を使うようになるかもしれない。

鍛冶屋たちの用いる屑鉄のすべてが、植民地期と第二次世界大戦期に由来するわけではない。その一部は、もっと最近に輸入されるようになったものだ。ひとつの実例は、車両のバネや緩衝装置から取り出されたバネ鋼である。この種の屑鉄の価格は、輸入車両に対する制限措置や関税などの租税に間接的に影響される。もちろん、車両が輸入された時期とそのバネや緩衝装置が屑鉄として村の鍛冶屋に利用可能になる時期とのあいだには、およそ二〇～三〇年の隔たりがある。けれども、非常に長い目で見れば、鍛冶屋はもっと自由な車両の輸入から便益を得るかもしれない。同様の状況が、鉄筋についても行き渡っている。鉄筋の価格は、独占や鋼鉄輸入に影響を与える関税などの租税のために高くなりうる。しかし、鋼鉄が輸入されてビルや橋などの建築工事で使われた時期と、建築物が老朽化して鋼鉄が屑鉄として利用可能になる時期とのあいだには、やはりずれがあるだろう。

楽器製造企業はさまざまな金属を使うが、そのほとんどは青銅、真鍮、そして鉄をも含む再生品である。銅鑼（どら）のいくつかは今でも鋳造した青銅で作られるが、最近はその大半がもっと重い種類の金属のシートや板で作られる。これらは、もっぱら冷間鍛造法により、ときには金型の助けを借りて成形される。例えば折り曲げ、溶接、ボルト締めなどの二次成形技術も使われるかもしれない。打楽器の棒は鋳造されることもあり、またしばしば、真鍮製の薬きょうを細断してから冷間鍛造して作られることもある。どちらの場合も、原材料はスクラップだ。だから、鍛冶屋と同じく、楽器製造業者は金属原料の輸出入にはほとんど影響を受けない。かりに影響を受けるとしても、それは間接的であり、また長期的に見てのことである。

板金工業のなかには、工場で作られたアルミニウム製や亜鉛製のロールという形の新品金属を使う企業もある。インドネシアではこれらの金属はまったく製造されていないから、これらはたぶん輸入物だ。板金工業のなかにはまた、例えば缶詰の容器を切り開いて平らにならし、折り曲げ、溶接、継ぎ目のはんだ付けなどによってつなぐなど、再生シートを活用する企業もある。

あらゆる種類の小規模および家内制金属加工業のなかで、新品金属への依存度が最も高いのは装飾品製造企業だ。これらの金属の生産と輸入の独占が取り除かれれば、価格の低下をもたらすことだろう。しかし、もし民間の鉱業企業がその産物を地元での利用よりも輸出に向けるとすれば、生産の民営化は国内での品不足を招くおそれもある。

## 規制環境——投資とライセンス供与

輸出入管理政策の他にも政府は、投資や新しい工場やサービス部門の操業へのライセンス供与など数多くの政策を実施している。これらの政策は、一九六〇年代後半に成立した外国投資法と国内投資法に由来する。

いくつかの分野（石油、天然ガス、石炭、銀行）の投資を除き、大型の外国および国内民間投資はすべて国家の投資調整庁（ＢＫＰＭ）の認可を受けなければならない。[9] ＢＫＰＭは、見込みのある投資家の計画を助け、査定の後に必要な投資認可証とライセンスを発行する（Poot, Kuyvenhoven, and Jansen 1990, 234）。ＢＫＰＭは、毎年投資優先順位表を用意する。以前は、これは投資が許される事業の「ポジティブ・リスト」だった。規制緩和への新しい動きに合わせて、一九八九年にＢＫＰＭは、なんらかの方法で投資が制限される産業を載せたずっと短い「ネガティブ・リスト」を採用した。このリストは一九九一年に更新された。ある産業が新しいネガティブ・リストに載っていなければ、投資への規制はないのだ[10]。

新しい投資のネガティブ・リストは、その年の六月に発令された大統領決定二三号の二つの付属文書という形をとっている。それは、「あらゆる種類の投資に対して閉鎖された業種」と「中規模および大規模企業と協力する小規模および家内企業の操業のために保留された業種」から成っている。付属文書Ｉに記載された産業には、外国投資に対して完全に閉ざされた業種と、例えば製品の少なくとも六五％を輸出するというような特定の用件が充たされない場合は閉ざされる業種とがある。同種の産業の大半が、大規模および小規模[11]の国内民間企業に対しても閉ざされている。記載されている品目の多くはすでに国有企業が製造しているものだから、付属文書Ｉはこれらの国有企業を民間部門との競争から保護する役割を演じていることになる。またいくつかの記載品目は、なんらかの理由で政府から独占的許可を与えられた個人が製造しているものだ。また、付属文書Ⅱの表題で使われている「中規模および大規模企業と協力する」という文言は、後述する「里親プログラム」のもとでお膳立てされるリンケージを指している。

付属文書Ｉは、例えば自動車以外の内燃機関、建設重機、輸送機器の製造業のように、産業コード番号38に分類されるいくつかの機械工業には保護を認めている。また、二種類の鋼板を製造する工業もリストに載っている。しかし、基礎金属工業についてはいっさい、またその他の金属製品を作る工業も載っていない。

第Ⅱ部では、工場との競争からの保護を政府から依然与えられたすべての小規模および家内工業が記載されている。いくつかの例外を除き、それは農民による伝統的工業の全域に及び、政府が引き続き高度の保護を約束することを証明している。対象になっているのは、重要な食品生産物の大半、繊維製品、粗製繊維（coarse fiber）、石灰、陶磁器、金属加工、貝殻細工、皮革の各産業である。しかし後述するように、たいへん重要なレンガ、屋根瓦製造と、特定種類の金属加工業はリストに見当たらない。

第Ⅱ部に挙げられた品目のうち、金属加工業に関係するのは以下のものである。

33．農具製造業

1．鍬（くわ）（*cangkul*）[12]
2．踏み鋤（すき）（*sekop*）
3．犂（すき）（*bajak*）[13]
4．馬鍬（まぐわ）（*garu*）[14]
5．鋤（すき）（*garpu*）
6．鉄挺（かなてこ）（*linggis*）
7．鎌（かま）（*sabit/arit*）[15]
8．手押し除草機（*koret*）[16]
9．稲刈り用ナイフ（*ani-ani*）[17]
10．ネズミ捕り（*emposan tikus*）
11．スプリンクラー（*alat penyiram*）
12．手動噴霧器（*alat semprot tangan*）
13．手動稲脱穀機（*alat perontok padi*）

14. 手動トウモロコシ脱穀機（*alat pemipil jagung*）
15. 手動籾摺機（*alat penyosoh*）

34. 工具製造業
1. 鑿（*pahat*）
2. ねじ回し（*obeng biasa*）
3. 金鎚（*palu/martil*）
4. かんな（*serut/ketam kayu*）
5. こて（*cetok semen*）

35. 裁断用具製造業
1. 包丁（*pisau dapur*）
2. 短刀（*parang*）
3. 斧（*kampak*）

36. 伝統楽器製造業

37. 他に分類されない手工芸品製造業
1. 植物性基本材料を用いる手工芸品
2. 動物性基本材料を用いる手工芸品

このリストからは、錠前、ちょうつがい、取っ手などの実用品を作る伝統的鋳物工業がすべて欠落している。厨房用品、容器、家具などの品目を金属の薄板や管から製造する非伝統的工業も欠けている。こういう種類のものを作る工場には特別な許可は要らないようだ。金属製の装身具、装飾品、土産物を作る企業ははたしてコード番号37に分類できるのか、という不可解な疑問もある。

新しいネガティブ・リストと以前のポジティブ・リストから見ると、鍛冶業は少なくとも工場との競争から完全に保護されているように見えるだろう。だが実は、工業省筋によればこれはそうとも言い切れない。政府はときおり、自らの政策に反して、農具などの用具を作る工場に認可を与えてきた。そのなかには、東ジャワのパスルアンにあって鎌と踏み鋤を作る「鎌工場」(Pabrik Pacul)、同じく東ジャワのスラバヤにあって島嶼間移住プログラム用の農具を製造している「ボマ・ビスマ・インドラ」(Boma Bisma Indra) 工場、中ジャワのスマランにあってガーデニング用具を輸出専門に作る工場が含まれる。

鍛冶業はよく保護されているとかりに認めたとしても、大規模な、ふつうは資本集約的な工場が鍛冶屋企業の成長に及ぼしている抑制的影響がどれほどかを推計するのは困難である。そういう工場との競争がなければ、鍛冶屋たちはもっと容易に新技術を習得して新しい種類の製品に進出しようとするだろうか。

一九六七年から一九八三年のあいだに投資調整庁は、コード番号38の金属製品工業の分野で計一六〇億米ドルの外国投資を認可したが、そのうち実行されたのは五億六、二〇〇万米ドルだった。38番の工業は、外国投資の認可総額の一七・〇%、実行総額の一六・三%を占めた。抜きん出た最大投資国は日本だった。一方、基礎金属工業は投資認可額の二七・六%を占めたが、実行額においては九・八%にとどまった (Poot, Kuyvenhoven, and Jansen 1990, 237–238, 243–246)。

一九七六年以前は、工業のうち最も多額の外国投資を受け入れたのは、繊維産業だった。その後、繊維産業の相対的比率は、化学、基礎金属、金属加工などに比べて著しく低下した。一九八〇年にはコード番号38の製品を作る中規模・大規模企業が八一二社あったが、そのうち八一社が外資の参加する企業だった。残りは、国有企業六四社と民間企業六六七社から成っていた。驚くには当たらないが、外資の参加する企業は一社あたり平均労働者数三八三人で、国有企業の一八八人、民間企業の一一八人に比べて規模が大きかった。外資系企業は、労働者一人あたりの付加価値生産額で見ても効率が高かった（Poot, Kuyvenhoven, and Jansen 1990, 238-245）。三桁の産業分類コードで細分すると、外資系八一社のうち三八社は、381番の非機械加工金属製品を製造した。さらに三四社は382番の非電気機械と383番の電気機械を、残り九社は384番の輸送機器を製造した（Poot, Kuyvenhoven, and Jansen 1990, 244-245）。

驚いたことに、金属製品を製造する国有企業は、外資系企業と同じくらいたくさんあった。国有企業六四社のうち、二六社が非機械加工金属製品、一七社が機械類、二〇社が輸送機器を製造した（Poot, Kuyvenhoven, and Jansen 1990, 244-245）。ここからは、政府の小規模および家内制金属加工企業発展計画には根本的な利害の対立がありはしないか、という疑問が生じる。規制緩和圧力に付随して、利益を出すよう公企業の重役たちに迫る圧力が強まっており、競合する製品の生産を奨励するようなことは彼らの関心事ではなくなっているかもしれないのだ。

一九八六年五月制定の改革パッケージに示された一般的な政策の傾向は、許認可などの投資規制を緩和すること、とくに製品の大半を輸出する会社や、インドネシア国民が株式の過半数を所有するという政府の目標を達成した会社に対する規制緩和を行うことである。製造工業がジャワに集中し過ぎているため、外島における投資プロジェクトにも高い優先順位が与えられている（Poot, Kuyvenhoven, and Jansen 1990, 235-236）。

インドネシアにおける大・中・小規模のすべての工業企業が規則上は政府の許可を得ることになっている一方、家内企業にはこのような義務はない。実際には、農村地域の小規模、いや中規模企業について、地方政府の役人たちはふつう見て見ぬふりをしている。工業の免許を取得する手続きは費用と時間がかかり、何回も町へ出かけて政府の官僚機構と苛立たしい接触を繰り返すことが要求される。村の企業所有者たちは、当然この手続きを可能なかぎり回避しようとする。[18] 免許をもっている村の企業はごくわずかだが、それは今や死に体と化しているKIK／KMKP信用プログラムに参加したために、融資の申請に必要な書類として免許証のコピーが要求されたからだ。

## 規制環境のまとめ

規制環境が小規模および家内制金属加工企業に及ぼしてきた影響はさまざまである。

輸入制限と関税などの租税の形による競合輸入品への保護により、小規模および家内制金属加工企業は便益を得てきたように見える。農業、園芸、林業で使う用具を作る鍛冶企業は最も大きな保護を与えられている。鍛冶企業が企業数、労働者数、一企業あたりの付加価値生産額でも最大の増加を享受してきたことは、たんなる偶然とは言えないかもしれない。その他の金属製品を作る小規模および家内工業に対する保護の範囲は、それほど完全ではない。もしこれらの産業を保護するのが政府の意向ならば、ナイフ、厨房用品やその他いくつかの職人用器具にまで手厚い保護を拡大すべきだ。

小規模および家内制金属加工企業が必要とする資本財、とくにヤスリと石目ヤスリへの輸入制限は緩和すべきだ。政府の調達担当者が、都市のディーラーや輸入業者を通じるのではなく鍛冶業村落から直接に手工具を購入するよう求められるならば、鍛冶屋たちは便益を得ることだろう。全国のどの州にも鍛冶業村落は存在するから、これは難しいことではない。

合法的に国内に持ち込まれた輸入品により、小規模および家内制金属加工企業の六%が廃業に追い込まれた、と推定される。そのうえこれらの企業は、関税などの租税を課されないので価格競争力がいっそう高い密輸入品とも競争しなければならない。

合法的に輸入される金属製品のうち、村の鍛冶屋がふつうに作る製品と直接競合するのは、全体の五分の一だけだ。ナイフや厨房用品など手厚い保護を受けていない種類の製品でさえ、村の企業と競争するのはあまり利益にならない、と輸入業者たちは見ているようだ。村の鍛冶屋たちは市場でつねに輸入品より安い値を付けることができるので、この種の輸入品の価額は相対的に低くなる。これを逆の面から見れば、ナイフや厨房用品を作る村の職人は、輸入品増加の脅威のために製品価格を上げることができず、その付加価値や利潤の水準は他の鍛冶屋より低い、ということになる。

村の鍛冶屋は、国内外に出入りする金属原料から比較的影響を受けない。これは、彼らが主に再生金属に依存しているためだ。政府による鋼鉄輸入独占が撤廃されて鋼鉄価格が下がり、その結果鍛冶屋が少なくともなにがしか新品の金属を使うことができるようになる、ということは想定可能だ。例えば車両のように、ある種の輸入工業製品に課せられる関税などの租税が軽減されて、ついにはスクラップの価格低下につながる、ということも考えられる。ただし、そうなるには二〇年以上も過ぎてからになるだろうが[*4]。

合法的に輸入された金属製品の五分の四は、村の鍛冶屋がふつうに作る製品とは直接競合しない。それでも、これら輸入品への関税など租税の軽減は、村の鍛冶屋が新しい種類の製品に生産を拡張するのに妨げとなるかもしれない。村の鍛冶屋は、かりに模造の手本が手に入り、確実な注文が来れば、例えば機械類の替え刃のように、これらの製品のいくつかの作り方を容易に習得することができるだろう。

コード番号38の小規模および家内制金属加工企業は、政府の最近の輸出振興策から便益を得たようには見えない。彼らの主な市場は、依然として域内の農民と職人から成っている。一九八六年には、コード番号38の小規模企業のうち製品の一部なりとも輸出したのは、二％未満であり、家内企業の場合はほとんど〇％に違いない。

コード番号39の小規模および家内企業、とくに銀製装飾品やガムラン演奏用楽器を作る企業は、その製品の多くを輸出している。彼らの輸出成功の秘訣は、インドネシア政府の輸出振興策というよりも、ジョクジャカルタとバリを拠点とする外国人商人の活動と、アメリカおよびヨーロッパ経済共同体（ＥＥＣ）が与える貿易上の特典にある。装身具製造者が自分たちのデザインを輸出先の嗜好に合わせようとする熱意も重要である。

小規模および家内制金属加工企業は、大・中規模の工場の許認可を抑制する保護立法からも恩恵を受けてきた。ここでも、鍛冶企業の方が他の種類の金属加工業よりも保護措置の範囲が広い。農具やその他の手工具およびナイフを製造する工場を認可することは禁じられている。もし政府のねらいが、工場との競争から村の金属加工業を保護することならば、禁止措置は、鋳物や金属薄板、金属製管類から簡単な実用品を作る工場にまで拡張されるべきだ。

金属製品を製造する国有企業は驚くほど多数（六四社）存在する。これらの企業は工業省の監督下にあり、経営者たちは利益を挙げて見せるかそれとも解散の危険を冒すかという大きなプレッシャーを政府から受けている。その存在は、工業省による村の金属加工企業のための普及プログラムをめぐり、利益相反行為が起きる潜在的可能性を暗示している。同じ疑問は、農村地域における工業省の共通サービス施設についても浮かぶだろう。

金属加工業の分野で、日本はインドネシアの第一の貿易相手だ。日本は、他のどの国よりも多くの鋼鉄、金属製品と機械類をインドネシアに供給している。日本はまた、インドネシアの非鉄金属を他のどの国よりも多く輸入している。この貿易関係の負の側面は、国内の工業がその製品の種類を拡大するのを阻むことによって、日本がインドネシアにおける市場確保を図るかもしれない、ということだ。逆に正の側面は、先進諸国のなかではほとんど唯一、インドネシアのような国の農村地域で使うことができる適正技術の開発と輸出に日本が現実的関心を抱いてきた、ということである。これらの技術は、小型機械など比較的低能力だが購入価格の安い設備、という形をとっている。

## 工業省

村落工業の生産者たちへの面接調査からは、彼らの多く（おそらく大多数）が政府の普及事業担当者と接触したこともなければ、政府の開発プロジェクトに参加したこともないことが分かった。これはとくに、企業が小さく弱体な生産者や、村に通じる主要道路から居住地が遠く離れている生産者の場合に顕著である。階層化が進み、多くの企業所有者がより強力な企業家への依存関係にある村落では、政府との接触もふつうその企業家を通じて行われる。カジャールのように、その企業家と村役人のあいだに姻戚関係がある場合は、この経路に頼る傾向はいっそう強化される。

とは言うものの、農村の生産者に普及サービスを提供する第一義的責任をもつ政府機関は、工業省である。協同組合省も、村落工業協同組合や協同組合以前組織（pre-cooperatives）[19]の設立支援と指導に責任がある。二つの省組織は協力して事業にあたり、工業省が提供する例えば信用や原材料のような投入財は、村落協同組合経由で供給できることになっていた。カジャールで見られたように、これはいつも円滑に行くとは限らず、二つの省の普及事業担当者のあいだには競争が起きる可能性がある。これら二つの主流官庁に加え、村の生産者たちの多くは、政府系銀行の職員たちとも接触をもってきた。農村地域で最も活発に営業している二つの政府系銀行は、ＢＲＩ（Bank Rakyat Indonesia：インドネシア国民銀行）とＢＰＤ（Bank Pembangunan Daerah：地方開発銀行）である（後述の農村銀行プログラムについての議論を参照）。

工業省は、二〇世紀の初めにオランダ植民地政府により設立された。その当時の目的は、より包括的な農民福祉向上計画の一環として、地方の農民工業に普及サービスを提供することだった。今の工業省も、大まかにはこの性格を保ってきた。工業省は大・中規模企業の工業計画と許認可にも関与しているが、多数の職員が農村地域に配置されている。

工業省の長は、大統領に直属する大臣である。工業大臣の下には四つの総局（general directorates）があり、そのひとつが小規模工業総局（General Directorate for Small Industries）である。小規模工業総局の下には、五つの課（subdirectorates）がある。すなわち、食品課（食品加工業担当）、化学・建設資材課（陶器および石灰製品工業を含む）、衣料・皮革課（繊維製品、既製服、および皮革製品工業を含む）、金属課（金属加工業担当）および「手工芸およびその他の工業」課である。役所の権限は、ＩＳＩＣ（国際標準産業分類）コードにもとづきこれらの課のあいだに細分されている。金属課は、基礎金属工業と金属製品工業、すなわちコード番号37と38を管轄している。37番には小規模および家内工業はほとんどないから、実際の業務上金属課が管轄しているのは、38番ということになる。そのうえ、例えば車両の修理のようにいくつかのサービス部門の企業もこの課の管轄下に置かれている。これらは、ＩＳＩＣのコード番号95の業種になる。

各課はＩＳＩＣコードにもとづく縦割りの部署だ。さらに各省には横割り、つまり地域にもとづく部署もある。これらは二七の各州事務所から成り、二四一の各県（*kabupaten*）事務所を監督している。例えば農業省や保健省のような主流官庁とは違い、工業省は郡（*kecamatan*）レベルにまで及ぶ組織はもたない。

## 工業省の普及指導員

普及サービスは、県事務所を拠点としＴＰＬ（*tenaga penyuluhan lapangan*：野外指導員）の略称で呼ばれる係員が提供している。たいていのＴＰＬは、二〇歳台の高卒男子である。勤務する県で生まれ、育った者が多い。数年間実地に勤務すると、彼らは国家公務員（*pegawai negeri*）に昇進し、インドネシアでは高く評価される一定の名声と身分保障を伴う地位に就く。彼らの給与はささやかだが、オートバイとガソリン代を支給されるので、県内の企業を巡回することができる。勤務時間後もオートバイを私用のため自宅に持ち帰ることが認められており、これは重要な役得と考えられている。

たいていの県事務所には、ＴＰＬが四人いる。全国には二四一の県があるから、およそ九六四人のＴＰＬがいることになる。一九八八年には全国には六万六、九七九の行政村（*desa/kelurahan*）[20]があるので、一人のTPLが普及サービスの提供に責任をもつ行政村の数は平均して六九カ村になる。一九八六年の経済センサスによれば、この年に全国には一五一万一、一七〇の小規模および家内企業が存在した。したがって、一人のTPLの担当件数は、平均して約一、五六八企業と推定される。訪問すべき村と担当件数がこんなに多いのでは、たいていのTPLが、農村工業の中心地で県事務所から行き来が容易な一握りの村だけに集中する、という仕事のパターンを身に着けてしまうのも驚くに当たらない。またそれらの村のなかでも、目抜き通り沿いに位置する大きくて目に付きやすい企業にばかり集中することになる。一九七〇年代後半に私がジョクジャカルタと中ジャワの工業省事務所と仕事をしていたころ、村の道路の多くは未舗装だった。これらの道は、一〇月から四月のあいだ、泥と雨でぬかるみと化し、オートバイでは完全に通行不能になってしまう。その後に村の道路は舗装されたが、TPLは依然として近づきやすい村と企業に対象を限り、雨季のあいだは訪問を減らしている。山地や孤立地域あるいは遠隔地域の村は、まったく訪問の対象になっていない可能性がある。

TPLの給与は低いので、その多くは、自分の管轄地域の工業製品を商うことで追加収入を得ようとする。厳密に言うと、これは利益相反行為（conflict of interest）にあたる。なぜなら、TPLは企業所有者が利潤を増やすのを手伝わなければならないのに、価格を引き下げるため彼らと駆け引きすることになるからだ。しかし商取引は、企業所有者が市場を拡大する方法のひとつとして、工業省内部ではふつう正当化されている。多くのTPLが商取引に関与しているばかりか、県や州の事務所のもっと地位の高い役人も同じことをしている可能性がある。

若いTPLが、村の強力な企業家や村役人と親分・子分関係（patron-client relationships）を取り結ぶ危険もつねに存在する。年長で裕福な企業家や役人は、TPLに対して優位に立ち、あるプロジェクトの実施の特定の側面に影響力を及ぼすようになるかもしれない。これはとくに、プロジェクトの参加者の選定にあたり鮮明になる。かりにTP

Lが、意識してであれ無意識にであれ、参加者選定の統制権を手放せば、弱小な企業をプロジェクトに含めるのは望み薄となるだろう。経験から、強力な企業家や村役人は、開発プロジェクトを通じて配分される信用などの資源を個人的な利益供与に利用し、政治的な支持者や友人や親類の方に誘導するからだ。

貧しい企業所有者が開発プロジェクトに参加するのを村役人たちが阻もうとするのには、別の理由もある。多くのプロジェクトには、現金、投入財、設備の形をした掛け売りの分配が含まれる。貧しい企業所有者たちが掛け金を返済しなかった場合に、工業省やチャマット（*camat*：郡長）から個人的に責任を問われることを、ふつう村役人たちは恐れている。裕福な企業所有者を参加者として選んでおけば、返済不履行の危険は軽減される。同じ論理が、ＴＰＬや村落銀行の吏員の決定にもしばしば影響する。

ＴＰＬに加えて、工業省には別種類の外勤担当者である技術指導員がいる。技術指導員には、小規模工業指導育成事業（Bimbingan dan Pengembangan Industri Kecil：ＢＩＰＩＫ）と呼ばれる一九七〇年代から続く小規模工業総局内の重要プログラムのもとで資金が拠出されている。このプログラムの主な目的は、村落工業の生産者に新しい改良技術を紹介することだ。ＢＩＰＩＫの担当官はふつう、工業省のどこかの技術センターで追加的な研修を受けた大卒職員である。ＢＩＰＩＫの各担当官は、例えば金属加工業、粘土製品製造業など特定の分野の専門家だが、複数の分野で研修を受けた者もいる。鍛冶業などの金属加工業を営む村落で働く職員に研修を施す技術センターは、西ジャワのバンドンにある冶金工業開発センター（Metallurgy Industry Development Center：ＭＩＤＣ）である。技術センターの他にも、州レベルのＢＩＰＩＫ事務所には、調査研究、製品開発、研修のための独自の技術設備が備えられている。ＢＩＰＩＫ担当官はＴＰＬよりも高額な給与と大きな便益、そして高い名声を享受している。各担当官が配属されるのは、一つ、二つ、またはせいぜい数カ村の範囲だから、彼らの担当件数もずっと少ない。重要な工業村落または工業村落群には各箇所に専属のＢＩＰＩＫ担当官を充てるのが理想とされているが、予算と雇用の制約から、この理想を実現するのは不可能だ。

## 鍛冶企業のためのプロジェクト計画

工業省のどの州事務所にも計画担当の部署がある。この部署は、毎年のプロジェクト申請書と予算書の作成に責任を負っている。県事務所には計画担当部署はないが、州の計画担当官は、農村地域で実施するプロジェクトの計画を策定する前に、県の係官およびＴＰＬと協議を行う。これらのプロジェクト計画は、ＤＵＰ（*daftar usulan proyek*：プロジェクト提案表）と呼ばれている。これらの計画は、実施前に地方開発企画局（ＢＡＰＰＥＤＡ）の審査と承認を得なければならない[21]。ＢＡＰＰＥＤＡは、国家開発企画庁すなわちＢＡＰＰＥＮＡＳ[22]の下にある独立の官庁だ。いったん承認されれば、その実施予算は中央政府から拠出することができる。承認されたプロジェクト計画は、ＤＩＰ（*daftar isian proyek*：プロジェクト一覧表）と呼ばれる。

全国のＤＵＰとＤＩＰを点検すると、それらが同一のパターンに従っていることが分かる。最初に、農村工業の弱点と当面する問題についての背景説明が行われる。これらの背景説明は、おしなべて農村工業をネガティブな言葉使いで記述する一方、農村の雇用と福祉のためにこれらの工業を支援する必要を強調する。第一章で述べたように、これらの背景説明は、二〇世紀前半のブーケなど植民地官僚の思考に負うところが多い。背景説明の次に来るのは簡単な事業計画の提示で、プロジェクトの特定の目的、プロジェクトを実施する村の名前、参加者数、実施の段取り、配分される設備や投入財の種類などが説明される。その次には、プロジェクトの予算書が続く。

一九八〇年に私は、スマトラ北部のアチェ州の二つの県と、東ジャワ州に属するマドゥラ島の四県のＤＵＰとＤＩＰを点検する仕事をした。以下は、鍛冶業村落で実施予定の四つのプロジェクトの事業計画の部分に少々手を入れ、各々の末尾に私のフィールドノートから抜粋したコメントを加えたものである。それらは、工業省が計画・実施するプロジェクトの代表的なタイプを示してくれる。

一．鍛冶屋とレンチョン（rencong：アチェ独特の短剣）を作る刀鍛冶のための信用サブプロジェクト（大アチェ県）

このプロジェクトは、バエト・サブレー（Baet Sabreh）村とラムブラン（Lamblang）村の鍛冶屋とレンチョン刀鍛冶に設備購入信用の形で一五三万六、〇〇〇ルピアを提供するものである。各村につき六つ、合計一二の企業を協同組合以前組織または「グループ」（*kelompok*）に組織する。一二の企業所有者の各々は、五、〇〇〇ルピアの大鎚（*martil*）一丁、八、〇〇〇ルピアの六インチ回転式エッジ研磨機（*gerinda tangan*）一台、五万ルピア相当の銑鉄および白鋳鉄、（レンチョンの柄に用いる）一万ルピア相当の角と象牙、ココナツの殻から作った木炭五、〇〇〇ルピア相当分、および製品が売れるまでの賃金と生計費をカバーするための運転資金五万ルピアを支給される。信用の返済期間は三年である。支払いは、ＢＰＤ（地方開発銀行）の郡出張所宛てに行う。

**コメント：**研修の実施、マーケティングと販売促進の支援、仲介業者（*tengkulak* および *ijon*）による支配からの企業所有者の解放など、プロジェクトの他の目的も事業計画で述べられているが、研修指導員やその他の関連する投入への予算配分はない。たぶんこれらの目的は、ＴＰＬがその通常業務のなかでこなすべき課題である。

二．西アチェ県クアラ（Kuala）郡の鍛冶屋たちへの信用サブプロジェクト

一〇の鍛冶企業が、このプロジェクトへの参加のために選定される。各企業は、二万ルピアの回転式エッジ研磨機、一万八、〇〇〇ルピア相当の銑鉄九ｋｇ、九万ルピア相当の木炭一八〇ｋｇ、在庫蓄積の資金（運転資金）一六万二、〇〇〇ルピアを受け取る。小プロジェクトの総予算は、二九〇万ルピア（四、五八九米ドル）である。

コメント：返済の条件と手続きについてプロジェクト文書では、何も述べられていない。

三．マドゥラ島バンカラン（Bangkalan）県のバテス（Bates）村およびプテロンガン（Peterongan）村の鍛冶屋たちへの研修プロジェクト

現在、バテス村には七五人の職人を雇用する二一のプラペンが、またプテロンガン村には一五〇人の職人を雇用する三〇のプラペンがある。これらのプラペンの製品は、草刈りに使われる鎌の一種だけである。鍛冶屋がスラバヤの町から購入する低品位の屑鉄の薄板から作られるため、これらの鎌から得られる利潤は低い。各企業が別々にこの薄板の買い付けにスラバヤへ出かけるので、単位輸送費は高い。おまけに、鍛冶職人はいまだにあぐらをかく昔ながらの座りかたで仕事をしている。このプロジェクトの目的は、鍬（パチュール）のようにもっと利益の出る大型の用具を作るよう職人たちを訓練することだ。一〇人の職人を研修のために村から選び、マルゴノ（Margono）鍛冶業協同組合のある東ジャワのブリタル（Blitar）県クサンベン（Kesamben）村に送って、三〇日間泊まり込みで研修を受けさせる。クサンベン村の一つか二つのプラペンを借り切り、そこで一〇人の職人にブリタル式鍛冶の方法を身に着けさせる。研修中に、立って仕事をして鍬を作り、それをソケットで柄にはめ込み、仕上げて梱包するまでを学ばせる。マドゥラへ戻った後は、五人ずつ二つのグループに組織する。各グループには、ヤスリ、ハンマー、金床など用具一式を与える。これら二つの作業グループは、村の他の者への宣伝班（*unit percontohan*）の役割を果たす。企業所有者全員に鉄板を供給する単一の政府系協同組合（ＫＵＤ）[23]を結成する。この鉄板は、カマル（Kamal：廃船の解体が行われるフェリー用ドック所在地）から入手する。船を解体する会社は工業省からの免許が必要なため、鉄板はこれらの会社のうち一社から調達する。最初の年には二トンの鉄を、回転信用（revolving credit）の形で鍛冶屋たちに供給する。その次の年からは、他の鍛冶屋のグループに研修を施す。鎌製造

の利潤は、労働者の数によるが、一プラペンにつき一日二四〇～三二〇ルピアだ。このプロジェクトを通じて、利潤が、一プラペンにつき一日六〇〇ルピアに増えることが期待される。プロジェクトは四年がかりで実施する。予算総額は七五〇万ルピア（一万一、八六七米ドル）であり、そのうち一七四万九、〇〇〇ルピアを初年度に執行する。

**コメント**：このプロジェクトが実施されたとき、鉄の配給は協同組合（ＫＵＤ）ではなく、村落社会機構（ＬＳＤ）が行うべきだ[24]、と県知事は主張した。ＬＳＤは、一部は行政経費、一部は利潤として一〇％の手数料を取った。ＬＳＤは、鉄の配給だけではなく、プロジェクト参加者が製品の出荷をＬＳＤを通じて行うことも要求した。

## 四．マドゥラ島パムカサン（Pamekasan）県のソマラン（Somalang）村における鍛冶屋たちのための小プロジェクト

　現在、ソマラン村には計一二人を雇用する四つのプラペンしかない。そこでは、鎌とナイフが作られている。生産は持続的ではなく、市場の立つ日に合わせて行われている。一プラペンあたりの投資総額は五万ルピア程度である。このプロジェクトの目的は、村のプラペンの数を四から一〇に増やすことによって、雇用を一二人から四〇人程度に増やすことである。そのために新たな適正技術（*teknologi tepat guna*）を導入する。鍛冶職人たちを、協同組合以前組織に加入させる。

　工業省は、新たに六つのプラペンを設立するための設備を提供するが、それには適正技術の供与も含まれる。この設備は原材料とともに、協同組合以前組織を経由する「フィーダーポイント」（feederpoint：搬入地点）システムを通じて提供される。鍛冶職人たちが仲介業者の支配を免れる（*mencegah system tengkulak*）ことができるようにするため、研修とマーケティングの支援を行う。

　プロジェクトの実施期間は四年とする。初年度の予算は四〇〇万ルピア（六、三二九米ドル）で、八万ルピアを調査費、三八万ルピアを賃金と報酬、一〇〇万ルピアを原材料購入、一四〇万ルピアを設備・機械、六〇万ルピアを

研修費、五四万ルピアを「運転経費」に充てる。

**コメント**：この予算は、ひどく水増しされている。少なくとも予算の二五％は、工業省の役人の懐に入るだろう。

これらのプロジェクトは質の点で明らかに異なるが、いずれも深刻な問題を抱えている。例えば、二番目のプロジェクトは信用返済の条件と手続きを定めていないし、四番目のプロジェクトは予算を水増ししている。最も深刻で、農村地域で政府が行う開発プロジェクトの多くに影響を与えている問題は、村民が計画策定のプロセスに参画したという証拠がないことだ。鍛冶屋たちは、はたして政府からの信用受け入れを望んでいるのか？　彼らは、グループや協同組合以前組織を作りたがっているのか？　彼らは、作業のスケジュールや、製作する用具の種類や、作業の方法を変えたいと望んでいるのか？　彼らは、三〇日間も仕事から離れて東ジャワへ旅行したいと思っているのか？　計画が州の担当部署によって作成され、ＢＡＰＰＥＤＡに承認される前に、これらの疑問が発せられることはめったにない。そのため、実施の局面になって、ＴＰＬたちが村の生産者たちからの強い抵抗に直面するとしても驚くには当たらない。工業省が行うプロジェクトの事後評価はきわめて簡潔で、プロジェクトの資金がたしかに消化されたかということ以上はほとんど言及されない。

## プログラムの主要素の批判的分析

工業省のＤＵＰとＤＩＰを点検すると、プログラムの構成要素の幅が限られていることが分かる。各プロジェクトの作業計画は、これらの要素のうちの一つか二つ、あるいはそれ以上を取り上げて、特定の村落または村落群での実施のためにそれらを結びつける。最もありふれた一二のプログラム構成要素を以下で論じ、それらの有効性を評価する。

## Ⅰ・セントラ（*Sentra*）

農村地域の工業省のプログラムで要となるのは、セントラつまり「中心」という観念である。大ざっぱに言えば、セントラは同一または関連した製品を作る複数企業の群れと定義される。それはまた、そのような群れが存在するひとつまたは一群の村を指す語としても使われる。ふつうセントラに指定されるのは、カジャールやマッセペ[25]のように、他より大きくて重要な工業村落である。例えば、カジャール村の四つの鍛冶集落は、セントラを構成している。しかし、工業省からセントラの指定を受ける前に達成されているべき企業の最低数のような決まりはない。一つか二つの企業しかないセントラの事例もいくつか見られる。とはいえ、それらの企業はなんらかの理由でとくに有名である。工業省の県事務所からジャカルタの本省に特別な要請が提出されると、ひとつ以上の村がセントラになる。大半のセントラは農村にあるが、都市部にある小規模および家内工業企業の群れがセントラに指定されたこともある。

現在、コード番号38の製品を作るセントラは、全国に八〇カ所ある。私の推定では、これは全国の金属加工工業村落の七％に過ぎない。しかし、これら八〇カ所のセントラは、38番の業種の労働者の一五～二〇％を雇用している可能性がある。それらは、平均的な鍛冶村落よりも大きい傾向があるからだ。[*5] 工業省、とくにＢＩＰＩＫ（小規模工業育成指導事業）担当部署は、セントラに普及事業の焦点を当てる。例えば、ＢＩＰＩＫの普及指導員がある村での勤務を命じられる場合、事前にその村はセントラに指定されねばならない。工業省が建設する共通サービス施設のすべてが、セントラには設置される（後述）。

セントラ概念の使用は、工業省が農村地域の工業活動の主な中心を確認し、乏しい人材とインフラの資源を、最も多くの生産者を益する場所に集中することを可能にする。反面、より小さな企業の集まりしかない村に住む生産者は見過ごされやすい、という点は不都合である。

## 二　協同組合

インドネシアの農村協同組合には、いくつかのレベルがある。最大の組合は、政府が郡（*kecamatan*）レベルに組織するＫＵＤである。[26]これらＫＵＤは、組合員のあいだの利益の共通性を基盤にしていないという意味で、だいたいは人工的な構築物である。郡内の誰もが、潜在的には組合員である。さまざまな政府プログラムがＫＵＤを通じて動いているが、最もよく知られているのは、稲作農民への投入財の供給である。多くのＫＵＤが自前の精米所をもち、米の買い上げ、精米、出荷の活動をしている。ＫＵＤのなかには、小規模商業や農村工業も含め、米以外の農業や農業外の活動に信用を提供するものもある。

その次のレベルにあるのは、カジャールの鍛冶業協同組合のように、共同の利益にもとづき組織された協同組合である。これらの協同組合は法人化されており、協同組合省に登録されている。法人格があるので、組合長は組合名義で他の事業者と契約を結び、交渉することが許される。公には、これらの協同組合はＫＵＤの下部組織である。いかなる農村協同組合も独立の実体としては存在できない、と政府が宣言しているからだ。この規制の根拠は、非政府組織（ＮＧＯ）が農村地域で政治的に強力になることへの、政府側の懸念である。しかし実際には、これらの協同組合は、ＫＵＤからほとんど独立して機能している。登録された小規模工業協同組合を、工業省はＫＯＰＩＮＫＲＡ（Koperasi Industri Kecil dan Kerajinan：小規模および家内工業協同組合）という頭文字による略語で呼んでいる。

ＫＯＰＩＮＫＲＡのなかには、工業省や協同組合省のイニシアティブで新設されたものもある。他の組合は、ＫＵＤ制度よりも先に実在した組織にもとづいている。カジャールの場合、最初のそうした組織は、鍛冶屋たちが占領日本軍により結成を命じられたＰＥＲＰＡＲＩであったことが想起されよう。[27]一九六二年になって、腐敗した警察や林業省の役人が要求する賠償金支払い（レスティトゥシ）の問題に対処するため、村人たちは独自の協同組合を組織した。さらにのちの一九六九年に村人たちは、官営鉄道会社（ＰＪＫＡ）から合法的に鉄道のレールを購入する許可を得ることを希望して、彼らの組織を法人として協同組合省に登録した。それから、ＫＵＤ制度が設けられた一九七三年には、この協同組合はＫＵＤの下部組織になるよう命じられた。従わなければ解散させられただろう。

この中間レベルにあるＫＯＰＩＮＫＲＡの下には、たんに「グループ」（*kelompok*）とか、またときには「協同組合以前組織」（*pre-koperasi*）と呼ばれる小規模で非公式の、さまざまな生産者の集まりがある。工業省のたいていの開発プロジェクトの実施計画では、参加者たちは、少なくとも責任者としてのグループ長と会計係がいるグループに組織されていることが要求され、プロジェクトの投入財のすべてがそのグループを通じて配分されることになっている。もちろん、ＫＯＰＩＮＫＲＡがすでに村に存在する場合は、投入財はＫＯＰＩＮＫＲＡ経由で配付される。

いくつかの発展途上国では、工業協同組合運動は生産に重点を置き、組合員たちは共同に出荷する製品を製造するために単一の場所で一緒に働くことが行われている。これらの協同組合はしばしば、小型の労働者所有工場に似たものになる。しかし、インドネシアはこれに該当しない。生産者協同組合は比較的まれであり、大半のＫＯＰＩＮＫＲＡは供給、信用、出荷のための組合である。同じことが、もっと小さいグループや協同組合以前組織にも当てはまる。実際の生産はふつう、プラペンのような小型で個人所有の単位のもとで行われている。

大半の金属加工業協同組合とグループの構成員は、プラペン所有者に限られている。ときには、カジャールのように、雇われたウンプも組合員になることがある。無給の家族労働者やその他の雇用労働者が、たとえ許されていても組合員になることはまれだ。協同組合長やグループ長は、構成員たちが選出する。ふつうは会計係や書記のように、選出または指名された役員が他にもいる。階層化が進み、多くの生産者が大規模企業家に従属関係で結ばれている村落では、その企業家がまず間違いなく協同組合長に選ばれる。

工業省の観点から見れば、協同組合やグループを通じて仕事をする主な利点は、普及指導員の作業負担の軽減である。普及指導員はたくさんの分散した企業所有者を個別に相手にするのではなく、彼が日々対応する相手を協同組合長とその他の役員に限ることができる。協同組合長は、現地でのプロジェクト実施者として振る舞い、投入財の配分、融資返済金の徴収、財務記録の続行に加え、多くの場合プロジェクト参加者の選定にもあたる。

協同組合省は、小規模工業の協同組合とグループに、多少の動機づけの研修を施す。ときにはこの研修が心をとらえ、組合員たちが協同組合を自分たち自身のもの、自分たちの福祉を改善するのに活用できるものと考えるようになることもある。こうなれば、組合員たちが彼らの企業を拡大、改善するよう動機づけることが可能になる。動機付けの作業は、それが資源の配分などプログラムの他の要素と結びつけられたときに、最もうまくいく。

協同組合を通じて仕事をする場合に最も不都合なことは、組合長と役員による経理の不始末の危険である。不始末による失敗の比率はインドネシアの農村ではきわめて高く、村人のあいだに協同組合への不信感が広がる結果となっている。政府系銀行を農村地域に根づかせることにより、状況はいくらか改善するかもしれない。普及事業の担当者は、協同組合の資金を、安全で利子率がかなり良い銀行に預金するよう促すことができるようになる。ひとたび資金が預金されれば、協同組合の経理についての公的記録をいつでも入手できるようになる。

協同組合長が資金を不正流用しない場合でも、カジャールで起きたように、彼が自分の個人的事業を組合の事業と一緒くたにしようとする危険が存在する。協同組合を通じて配分される現金や原材料の投入は、組合長の運転資金を拡大し、弱い生産者たちに対する彼の地位を強化する働きをする。協同組合を通じて配分されるはずの設備は、協同組合本部に溜め込まれ、実質的に協同組合長の個人的な資本資産の一部と化してしまうかもしれない。組合長の自宅や職場が協同組合の本部として使われる場合は、とくにこれが起きやすい。多くのＫＯＰＩＮＫＲＡ、ＫＵＤ、その他の組織化された農村のグループに対する実地検査の結果は、これが頻繁に起きることを示している。

## 三．センター（Centers）

工業省の作業計画で最も一般的なプログラム構成要素は、資源の配分である。これらの資源は、三つの基本的タイプから成る。すなわち運転資本として使われる現金、屑鉄や木炭のような大量の原材料、そして金床やエッジ研磨機のような生産設備・機械類である。資源配分を行うプロジェクトを記述するのに、工業省は「フィーダーポイント」（搬入地点）という英語の術語を使う。この言葉はしばしば、資源を搬入する場所、つまりふつうは協同組合かグループの本拠地を指して使われる。

ときには工業省は、村の生産者たちに対して返済義務を何も課さずに、つまり贈与や授与として資源を配分する。こういうことが起きるのはふつう、同省が外国の援助機関から何か特別なプロジェクト資金を受け取ったからである。しかし通常は、作業計画に返済義務が明記される。この返済は精力的に履行されることもあれば、そうでない場合もある。返済義務が履行される場合には、さまざまな仕組みが使われる。プロジェクト参加者は返済金を協同組合やグループの会計係に渡すだけのこともある。あるいは、それを自宅の鍵のかかった戸棚に保管しておき、工業省の外勤職員に渡したり、政府系銀行の出張所に預け入れたりすることもある。信用貸しは「回転式」（revolving）でなければならない、と作業計画が明記していることもある。つまり、最初の参加者グループが返済したものが次は二番目のグループに貸し出され、さらに二番目のグループが返済したものがまた三番目のグループに貸し出される、という具合に回していくのである。

資源の乏しい村落では、企業所有者がフィーダーポイント・プロジェクトに引きつけられるのは明らかだろう。フィーダーポイントなしには、工業省が企業所有者の関心や協力を得るのは難しいと言って差し支えない。フィーダーポイント・プロジェクトは、地方事務所や県事務所の工業省の役人には人気がある。第一に、それは実施が比較的容易である。配分する資源は、どれも調達または購入して一～二日以内に協同組合の事務所に搬入できる。そのうえで、プロジェクトは実施済みと述べた報告書を作成することができるのだ。第二にフィーダーポイント・プロジェクトは、原材料や装備・機械類の納入業者から手数料（*komisi*）を得て彼らのささやかな俸給を補填する機会を与えてくれる。ふつう業者は、正規価格つまり値引きなしの価格を購入する物品に付けるよう要求される。その後で役人は、業者がそれより高額の領収証を用意するという了解のもとに、実際には値引きを行うよう持ちかける。差額は、手数料またはリベート（kickback）として役人の懐に入るのだ。ふつうこれらの手数料は、適度な範囲に抑えられ、総額の一〇〜一五％以内にされる。手数料の徴収は工業省に限ったことではない、ということは理解されねばならない。それはインドネシアでは一般的な慣わしで、公私を問わずほとんどあらゆる機関で見いだされる。かりに役人が手数料を請求しなくても、業者は役人との得意先関係を育てるために進んでそれを提供するかもしれない。

プロジェクト計画書はしばしば、「仲介業者の支配を打破する」方法としてフィーダーポイント・プロジェクトを正当化している。より詳しく調べれば、この正当化は成り立たなくなる。第一に、村の工業生産者が仲介業者との絆を断ち切りたいと望んでいる明白な証拠など存在しない。仲介業者は、供給、輸送、出荷の必須機能を多数遂行しており、彼らがそのサービスにふさわしい利潤を得ていることは農村地域で正当と認められている。村落工業の生産者たちが供給、輸送、出荷の機能を自前で行おうと試みたならば、それは生産のための時間に大きく食い込み、ふつうは売り上げの上昇ではなく低下を招いてしまうだろう。もちろん生産者たちは、仲介業者が強欲になり彼らの利益に大きく食い込むことを試みれば反発するだろうが、ふつうは仲介業者間の競争がそういうことが起きるのを妨げている。生産者たちはまた、政府プロジェクトには明確な期限があり、一、二年、長くても数年続くだけだということを理解している。政府プロジェクトのために仲介業者との絆を断ち切るのは、彼らにとって馬鹿げたことだ。だから、フィーダーポイント・プロジェクトを通じて配分される政府の信用は、ふつう仲介業者からの信用に取って代わるよりもむしろそれを増やすために使われている。

第二に、フィーダーポイント・プロジェクトが供給する原材料、設備、機械類が仲介業者の供給するものよりもずっと安い、という確たる証拠は存在しない。ときには逆に高価なこともあり、そういう場合、村落工業の生産者たちはプロジェクトへの参加を強いられることに当然いささか反感を覚えることになる。フィーダーポイント・プロジェクトを通じて供給される運転資本でさえ、協同組合の組合費や手数料という形の偽装された利子負担が伴うかもしれないのだ。

フィーダーポイント・プロジェクトはよく、新技術の導入や普及のために利用される。これは、その技術が生産者にとって受け入れ可能で、かつ工業省がそれを外部の市場価格以下で入手できるようにすれば、うまく行く。しかし、しばしば起きているように、計画担当官が生産者たちと十分協議しなかった場合は、その技術プロジェクトは裏目に出る可能性がある。例えば、一九七八年に工業省の中ジャワ州事務所は、フィーダーポイント・プロジェクトを通じて配給するために、大量のヨーロッパ製中子付き金床（tanged anvils）[28]を輸入した。これらの金床は非常に上等な鋼でできており、中子付きの形状は、それがインドネシア製の爪型をした金床よりも作業面が広いことを意味する。けれども、中ジャワ州全域の鍛冶屋たちがこの金床の受容を拒み、中ジャワ州事務所には、損金処理せざるをえない金床が保管庫一杯に取り残されたのだった。翌年、私は状況調査を依頼され、中子付き金床受け入れの主な障壁は文化的、象徴的なもので経済的なものではないことを見いだした。爪形金床は男根（リンガ）の象徴として重要なため、鍛冶屋たちはそれを放棄することを望まなかったのだ。

フィーダーポイント・プロジェクトの実施は費用がかさむ。資源が非回転信用（non-revolving credit）の形で配分される場合も、かなりの「脱漏」が生じるため、工業省のもとに戻ってきて以後に続くプロジェクトに使える資金は比較的少ないのだ。実際は、ＤＵＰとＤＩＰは前年からのいかなる返済繰り延べの存在も認めていない。政府の石油収入が潤沢だった一九七〇年代には、フィーダーポイント・プロジェクトは非常に人気があった。しかし、一九八四年の石油価格の下落の後は、政府はこれらのプロジェクトの件数と規模を縮小することを余儀なくされた。

## 四．共通サービス施設

工業省は、国中の小規模工業セントラの多くに、共通サービス施設を建設した。共通サービス施設に対する工業省の用語はUPT（Unit Pelayanan Teknis：技術サービス・ユニット）である。コード番号38の金属製品を作る八〇カ所のセントラのうち、四八カ所がすでにUPTを備えている。

鍛冶業村落に設けられたUPTは、ほぼ全国一様の規格に標準化されている。ふつうそれは、高電力の機械類を動かすのに十分な電気を供給され、補助用の発電機も備えた、レンガと漆喰作りの小さな建物から成る。さらに、大型ブロワー（送風機）、電動式エッジ研磨機、電動ポリッシャー、電気溶接装置など、さまざまな生産用機械類が備えられている。ときには鋳造設備も設けられており、また普及の度合いは低いが、電気めっき装置が備えられていることもある。

UPTの背景にあるねらいは、小規模工業の生産者たちに、そうでなければ彼らの手に届かない機械技術への接近の機会を提供することだ。例えば、鍛冶屋たちは彼らの半製品を、ポリッシャーやエッジ研磨機を使って最終製品に仕上げることができるUPTに持ち込むことを奨励される。殺虫剤噴霧器やポンプのように、もっと複雑な製品を作る職人は、彼らの金属シートや屑鉄をUPTに持ち込み、そこで溶接装置や鋳造設備を用いることができる。

UPTには、一〜四人の雇われたオペレーターが配置されているが、彼らは工業省の下級職員である。オペレーターの仕事は、設備を維持管理し、職人たちにその適切な使用法を教えることである。職人たちには、少額の料金が、ふつうは加工品目の点数に応じて課せられ、UPTの運営費の埋め合わせとオペレーターへの給与の支払いに充てられている。

UPTのねらい自体は良いものだ。しかし、実施においては、往々にしてオペレーターたちがUPTの目的を台無しにしている。彼らは、UPTの設備を自分たち自身が販売する品物を製造するのに使って、彼らの乏しい給与を補うことを始めるのだ。もしこれに成功すると、彼らは就業日の大半の時間、設備の利用を独占し、村の生産者たちが設備に近づくのを制限する方法を見つける。そのためにときには、村人が設備を利用するには、その何日も前、いや何週間も前に予約の署名をするよう要求することさえある。またあるときには、オペレーターが使用料を引き上げてしまうために、村人が設備を利用してももはや利益が出ないこともある。かりにオペレーターが自分自身の生産のために設備を使わないとしても、設備使用料を値上げして、工業省が定めた使用料と実際の課金との差額を懐に入れることもありうるのだ。ときには、県や州の事務所の役人がUPTのオペレーターと結託して売り物の製品を作っていることもある。そういう場合、上級の役人が運転資金を供給して政府との契約を獲得するのを助け、実際の生産はオペレーターが行うのである。またときには、例えば村の企業家や近くの町の金物屋の店主など、民間の個人とオペレーターが、同じように機能する親分子分の関係を結ぶこともある。オペレーターが村の生産者たちから半製品を買い上げて、仲介業者として機能し始めることも珍しくはない。オペレーターはそれを製品に仕上げて出荷するのだ。これにはいろいろな仕組みがあるが、いずれも利益相反を伴い、村の生産者たちがUPTに接近するのを制限することになる。これらの仕組みは工業省が関知せずに設けられることもあるが、村人が製品の種類と市場を拡大するのを助ける方法のひとつとして、工業省が実際に容認している場合もある。

## 五．デモンストレーション技術プロジェクト

UPTの構想には、さまざまなタイプのデモンストレーション技術プロジェクトが密接に結びついている。

一九七〇年代には、国際的な適正技術（appropriate technology）運動に煽られて、この種のプロジェクトが流行にな

った。Ｅ・Ｆ・シューマッハーの『スモール・イズ・ビューティフル』がインドネシア語に翻訳され[29]、工業省の高官たちも公の発言のなかでいつもこの本に言及した。さらに、かなりの額の援助機関の無償資金が「アプテック」という略語で呼ばれた適正技術のために利用可能になった。

デモンストレーション技術プロジェクトのひとつのタイプは、「デモ区画」つまりいくつもの産業に関連する新技術の設備を建設または装備した用地の設置である。これらの用地は都市部、ときには工業省の地域事務所または県事務所の敷地内またはその近くに設けられ、何よりも普及指導員たちの研修に役立つのである。別のタイプのデモンストレーション技術プロジェクト施設は農村部に設けられ、村落工業の生産者たちに新技術を紹介するのに利用される。このタイプのプロジェクトはふつう、単一の産業に焦点を当てる。一九七〇年代半ばに、工業省の中ジャワ州事務所は、粘土製品製造業と石灰工業による環境破壊につながる薪の利用を止めさせようと試みた。そのために工業省が行ったのは、低品位の石油系燃料を燃やす実演用の窯をいくつも建造することだった。このプロジェクトは、中央政府が石油系燃料への補助金を打ち切るまではかなり成功を収めたが、その後は費用がかかり過ぎて営業利益が出せなくなり、窯は使われなくなってしまった。デモンストレーション技術プロジェクトは、金属加工業よりも粘土製品製造業向けの方が普及している。

デモンストレーション技術プロジェクトの施設は、その技術を商品製造に用いることを許可された村落協同組合に贈与されることもある。それは協同組合長の専制支配というおなじみの問題を引き起こすかもしれないが、少なくとも、新技術は日々生産的に利用され、他の者たちがそれを見て模倣することを可能にする。プロジェクトの施設は工業省の財産のままになることもあるが、その場合には、研修コースがそこで開催されたり、要人の一団が村を訪れたりしないかぎり、施設の用具には錠と鍵をかけて保管するのがふつうである。ときにはオペレーターつきのデモンストレーション技術プロジェクトもあるが、それはＵＰＴのオペレーターと同じ問題を引き起こす可能性がある。

## 六．研修コース

研修コースは、フィーダーポイント・プロジェクトに次いで普及したタイプのプロジェクトである。ＴＰＬ（野外指導員）とＢＩＰＩＫ（小規模工業育成指導事業）の普及指導員は、その日常業務の一環として研修実施にあたるものと見なされる。さらに、小規模工業村落のための特別研修コースがしばしば計画される。これらのコースの略称は、ＤＩＫＬＡＴ（*Pendidikan dan Latihan*：教育と訓練）である。典型的なコースは一～二週間のもので、一〇～二〇人の生産者が出席する。コースはふつう、村のなかで、例えば村の集会所（*balai desa*）や協同組合の本部事務所で開催される。ときには、村人は県事務所や他の村のデモンストレーション技術プロジェクト施設のように、別の場所に連れて行かれることもある。研修指導員はふつう、ＢＩＰＩＫの職員かＭＩＤＣ（冶金工業開発センター）のような全国レベルの技術開発センターの職員が務める。コースの主題は多岐にわたる。大半は技術に関するものだが、マーケティングや簿記のように経営に関するものも扱われる。

州と県の事務所の工業省官吏は、フィーダーポイント・プロジェクトと同じように実施が比較的容易なため、ＤＩＫＬＡＴプロジェクトを愛好する。ひとたびコースが終われば、プロジェクトは成功裏に完了したと証言する報告を書くことができ、次の予算年度に繰り越すややこしい詳細項目もないからだ。研修のための予算配分は、研修指導員、普及指導員やプロジェクト実施に関与したその他の職員の給与を増やしてくれる。ＤＩＫＬＡＴプロジェクトの価値は、もちろん研修指導員の質と主題の実用性の如何による。残念ながら、村人は決してお上に向かって不平を言わないことを知っているおかげで、研修指導員の多くは準備に十分な注意を傾けない。ＤＩＫＬＡＴに出席するよう要請された村人たちの方が指導員より知識が豊富なことさえあるのだが、礼儀正しい彼らがそれを口にすることはないのだ。

村落工業の生産者たちと交わした私的会話からは、彼らがＤＩＫＬＡＴを押しつけと考えていることが分かる。これには、少なくとも三つの理由がある。第一は、ＤＩＫＬＡＴから学ぶことで役に立つものはほとんどない、と彼らが感じていることである。第二は、ＤＩＫＬＡＴがふつう昼間に開かれるため、出席を要請された生産者たちは貴重な就業時間と収入を失うことだ。プロジェクトには、失われた就業時間に対して日当手当の形でなんらかの補償措置が盛り込まれているべきなのだが、それはつねに実施されるわけではない。第三は、ＤＩＫＬＡＴが新しい生産工程や技術を導入するよう企画されている場合、コースの期間中の作業のために原材料は自前で用意することを、参加者たちはふつう要求されることだ。実際にしばしば起きることだが、もし作った製品が売り物にならなかったら、その危険は参加者たちが負担しなければならない。ここでも、原材料費はＤＩＫＬＡＴの予算に計上されているべきなのだが、そうなっていることはまれである。

ＤＩＫＬＡＴの参加者たちは、村役人や協同組合長の助力を得て、ＴＰＬやＢＩＰＩＫの役人がかき集めるのがふつうである。多忙な企業所有者は、しばしば成人した息子の一人を参加させることによって自分が出席するのを避ける。例えば金属加工業村落では、プラペン所有者たちはしばしば、鎚打ち職人（*panjak*）として働いている成人の息子を参加させる。もしその息子が実地に企業に関与しているならば、これは良い結果をもたらす可能性がある。なぜなら、若い世代の村民の読み書きと計算の能力は、両親より高いからだ。息子は、親よりも研修の題材を容易に吸収できるかもしれない。息子が不在のあいだ、鎚打ち職人の人数が少なくて済む小型の用具を作ったり、臨時の代役として別の鎚打ち職人を雇ったりして、プラペンは生産を続行することができる。

## 七．研修旅行

ＤＩＫＬＡＴと深い関係があるのは、研修旅行だ。だが、指導員から村人への移転よりも、村人から村人への技能と知識の移転を含む点では違いがある。研修旅行には、技術研修とマーケティング研修という二つの基本的なタイプがある。技術研修旅行では、技術的に遅れていると工業省が見なす村から生産者のグループが、技術的により進んだ村へ連れて行かれる。参加者たちはその新しい村に、ふつう一～二カ月の長期間住み込み、そのあいだに受け入れ側の村人たちから新技能を習得することが想定される。すでに述べたように、しばしば鍛冶屋たちは研修ツアーで、バトゥール[30]のような銑鉄鋳造村落や、工業省がデモンストレーション用の銑鉄鋳造プロジェクトを立ち上げているその他の鍛冶業村落に送られる。

村人から村人へという接近方法による新技術の習得は、受け入れ側の村人たちがプロジェクトを快く受け入れているのならばうまく行く。彼らが受け入れるのには、二つの条件が満たされねばならない。第一に、新参者を自分たちのなかで訓練するのに注ぎ込む時間と労力に対して、金銭的または心理的な報酬が彼らに与えられねばならない。金銭的な報酬とはふつう、受け入れ側企業への一日ごとの支払いに加えて、研修員の労働の自由な利用から成る。心理的な報酬には、役人たちの賞賛と謝辞に加えて、見本市や品評会への出品のように別の機会を利用する権利が含まれる。満たされるべき第二の条件は、否定的なものだ。つまり、潜在的な競争相手を訓練していると受け入れ側の村民が感じるようなことがあってはならない。彼らがそういう感じを抱いたとしても、工業省の圧力に屈して新参者たちを受け入れるかもしれない。しかし彼らは一致協力し、いちばん重要な彼らの企業秘密のいくつかを伏せたままにして、技術移転を不完全なものにするだろう。受け入れ側の村民たちが脅威を感じるかどうかを決めるのは、ふつう距離の要素である。もし新参者たちが来たのが近隣の県からであり、いくつか同じ市場（いちば）で競合する場合には、遠くの県や別の島から来た場合よりも大きな脅威を、受け入れ側の村民たちは感じることだろう。

研修旅行のもう一つのタイプは、マーケティング習得の旅行だ。その期間はふつう技術研修の場合より短く、数日から二週間程度である。旅行のあいだ、参加者たちはふつうバスに乗せられ、彼ら自身の製品と競争相手の製品が小売りされている市場（いちば）や商店の視察に連れて行かれる。多くの生産者はその製品の小売りを仲介業者に全面的に依存しているため、これらの仲介業者が請求する小売価格については無知なのである。マーケティング研修旅行は、この状況を是正し、生産者たちにより良い市場情報を提供することによって彼らの交渉上の地位を強化するために企画される。他の村で作られた製品を調べることによって、技術改良や新製品開発のアイデアを得ることもできる。

## 八．ミニ工業団地

一九七〇年代から一九八〇年代初めにかけて、工業省はＬＩＫ（Lingkungan Industri Kecil：小規模工業区域）と略称されるミニ工業団地を数多く建設した。主にアフリカで発展したモデルにもとづくこれらＬＩＫはふつう、生産者たちに賃貸可能な作業スペースに分割された[31]、大きなセメントのビルディングの集まりから成っている。大半のＬＩＫは、豊富な電力供給が可能な大都市のはずれに建設された。電動式技術の利用が可能になるので、生産者たちはＬＩＫのスペースを賃借するよう動機づけられるだろう、と考えられたのだ。他の誘因が、水道水や新しい機械技術の利用可能性などについても付け加えられた。

工業省の職員たちとの会話からは、ＬＩＫが十分利用されていないことが分かった。一九八〇年代半ばに大半の村に電気が入ったので、ＬＩＫの構想はあらかた時代遅れになってしまった。おまけに、ＬＩＫの作業スペースの賃借料は村の基準からは割高である。自宅の庭を活用した場合の費用よりは確実に高いのだ。今でも活用されているＬＩＫの利用者は、主に都市が基盤の企業、ふつうは機械工場と修理店である。新しいＬＩＫは計画されていない。

## 九．都市の商品展示ルームと複合商業施設

工業省はいろいろな方法で、鍛冶屋を含む村の生産者による製品の販売促進を試みている。そのひとつの方法は、多様な製品の展示を買い手が見ることができる都市の商品展示ルーム（salesrooms）の利用である。もし買い手が特

定の製品に関心を示せば、工業省の職員が、しばしば買い手が村を訪れるのに同伴して、生産者との連絡の便宜を図る。これら都市の商品展示ルームは地味なもので、ふつうは工業省の州事務所に隣接する一室に設けられている。商品の小売りはまったく行わず、州内の製品を常時展示しているだけのこともある。小規模工業の製品の販売総額に対する、これら展示ルームの影響はほとんど皆無だ。

それよりはるかに重要なのは、サリナー百貨店チェーンから出て操業している国有手工芸品商社のサリナー・ジャヤ（Sarinah Jaya）である。一九六〇年代後半にイタリア人コンサルタントによって設立されたサリナー・ジャヤ社は、その構想が、インド亜大陸にある全国規模、あるいは広域の巨大な複合商業施設（emporia）、例えばインドのコテージ・インダストリーズ社やパキスタンのパンジャブ・スモール・インダストリーズ社が経営しているものに似ている。サリナー・ジャヤは、サリナー百貨店を訪れるお客に直接商品を小売りするだけでなく、大口の卸売や輸出も行う。同社が扱うのは手工芸品だけで、農具のような実用品は扱わない。しかし、これらの手工芸品には、青銅製の鋳像、土産物用のクリス（短剣）、銀製装飾品など、金属加工職人が作る製品がたくさん含まれている。インドネシアにおける手工芸品卸売市場の中心は一九八〇年代に多くがバリ島に変わったが、そこではもっぱら外国のバイヤーとバリ人の生産者および商人のあいだで民間ベースの取引が行われている。しかし、ジャカルタ地域では、サリナー・ジャヤが手工芸品の最も重要な小売り兼卸売り販売店としての地位を保っている。

多くの発展途上国では、複合商業施設は政府に支援された大規模な手工芸協同組合が所有している。サリナー・ジャヤは協同組合として組織されているわけではないが、インドネシア全国の手工芸村落とまずまずの接点をもち、その産物の出荷を申し出ている。製品の売れ行きを良くするためにデザインの変更を提案することもある。商品のなかには完全に買い取るものもあれば、販売委託品として受け入れるものもある。

## 一〇．産業展示会と博覧会

工業省と商業省はまた、産業展示会と博覧会を通じたインドネシア製品の販売促進も行っている。これらの展示会と博覧会は、全国、広域、特定地域のさまざまなレベルで組織される。そのなかには、手工芸品を中心とするものもあれば、例えば農業関連機械・用具のような実用品を中心とするものもある。これらの催しに参加を認められる生産者の選定は省の役人が行うが、規模が他より大きい企業や職人の技能の評判が高いものなど、年々同じ生産者が選ばれる傾向がどうしても生じている。例えば、カジャール村のサストロ氏はジョクジャカルタ地域の産業博覧会への出席をいつも依頼されるし、ときには全国規模の博覧会にも招かれる。博覧会では生産者たちはふつう自分自身のブースや展示テーブルを受け持つので、新しい顧客と直接接触する有益な機会が与えられる。

インドネシア政府はまた、海外での産業展示会や博覧会にも参加する。ときには、博覧会で実演を行うために、優れた技能をもつ村落工業の生産者が数週間、あるいは数カ月海外に派遣されることもある。そのため、日本やドイツの博覧会場に座り、ワヤン（影絵芝居）の革人形を切り抜いたり、バティック（ジャワ更紗）の布に蠟を塗ったり、銀細工の模様を打ち出したりしながら、寒くて困惑する数週間を過ごした経験を語る村人に遭遇することもまれではない。

## 一一．「ウパカルティ」（Upakarti）賞

厳密にはプログラムの構成要素ではないが、政府によるこの報賞制度に言及してもよいだろう。それは、伝統的手工芸の保存を推進するのに日本でうまく活用されている「人間国宝」制度を模範にしたものである。ウパカルティ賞の受賞者に選ばれた村落工業の生産者は、ジャカルタの大統領官邸に招かれて、大統領から大きな美しいトロフィーを贈呈される。そういうトロフィーを、受賞者が大統領と握手しているカラー写真とともに、村の自宅居室の奥に飾ることができれば、とてつもない名声をもたらすことになる。

## 一二・里親プログラム（Bapak Angkat）

「里親」プログラムは、数十年前からインドネシアにあるが、近年は新たな意義と機能をもつようになった。これが起きたのは、石油収入の減少のため他のタイプの農村開発プロジェクトの予算が削減されたからだ。「里親」プログラムは元来、大規模企業と小規模企業のあいだの生産リンケージを促進するために企画された。そのようなリンケージ（連関）は、鍛冶業村落がクラカタウ・スチール社の工場から鋼材を受け取ったようなときには後方連関に、車両製造工場が構成部品や予備部品の注文を鋳造職人に行うようなときには前方連関になる。一般に開発の連関モデルは、金属加工業の分野では最もよく当てはまるが、繊維や木製品のような分野ではそれほどでもない。開発論の文献では、このモデルはふつう日本の場合に結びつけられる。日本ではたくさんの農村小工場が、大工場のための構成部品や予備部品、手工具を製作しているからだ[32]。

以前の里親企業は、農村を拠点とする企業に対して原料供給者または買い手として振る舞うだけで、他の役割を演じることはなかった。その後インドネシア政府は、政府系銀行を通じた信用の手配や、技術や経営の研修など、新しい責務を担うよう里親企業に求めるようになった。里親関係は、単一の農村企業と単一の大規模工場または企業のあいだで結ばれることもあるが、多くの場合、大規模工場または企業は、村落を拠点とする多数の企業に支援を行うよう要請される。支援経路を円滑にするため、村落を拠点とする企業は協同組合やグループに組織されることもある。

政府が考えているように、村落を拠点とする企業は里親プログラムへの参加から、高品質の、または安価な原材料や燃料へのアクセスや、新製品への注文、技能や技術の移転、正規金融機関による信用へのアクセスの改善など、数多くの潜在的便益を得るだろう。しかしプログラムには、政府が十分に認識していないような危険もたしかに内在している。これらの危険は、里親企業の方が大規模で抜け目がなく、プログラムを自分に都合のよい目的のために変質させようとするかもしれないことから生じる。里親企業は、村落を拠点とする企業の独立性を蝕もうとするかもしれない（最初は独立していたとしての話で、実際はいつもそうとは限らないのだが）、あるいはまた、村落を拠点とする企業を低賃金の供給源として搾取しようとするかもしれないのだ。もし信用供与が含まれる場合は、里親企業は信用の便益をさまざまな方法で悪用する可能性がある。ひとつの実例が、この点を明らかにするのに助けになるだろう。一九九二年にインドネシア国民銀行（Bank Rakyat Indonesia：ＢＲＩ）のための調査をしているときに、私は里親企業が絡むいくつかの汚職の事例に遭遇した。ある典型的事例では、里親企業主は外注労働を利用する大きな機械制刺繡細工製造企業を所有していた。彼は、ＢＲＩの村落出張所を通じて、四〇人の外注労働者のために一人あたり二五万ルピアのローンを手配した。これらの労働者の何人かに面接調査をした結果、彼らは一人あたり一九万ルピアしか受け取っておらず、残りの六万ルピアは里親が着服していたことが判明した。労働者たちはＢＲＩとのローン契約に個別にサインしていたため、彼らは二五万ルピアの全額と利子を返済する法的義務を負わされていた。

里親プログラムには、他にも問題点がある。プログラムに登録された里親企業の多くは華人の所有である。これはたんに、工業部門の上位のレベルでは華人が優勢だという理由によるのかもしれない。しかし、里親プログラムへの参加はいつも自発的とは限らず、華人の企業所有者が彼の富を小規模なプリブミ（マレー系）の企業家にも配分するよう政府が圧力をかけるひとつの方法になっているように思われる。

### 金属課長との面接調査

一九九一年九月に私は、金属課長のフェリック・レンコン技師（Ir. Felik Lengkong）および彼の二人の部下を相手に長時間の面接調査を実施した。この面接調査からは、工業省のプログラムに関するたくさんの情報とともに、同省官吏の目から見た小規模および家内金属加工業の将来像についても、いくつかの重要な手掛かりが得られた。

鍛冶屋などの金属加工業従事者の今の暮らし向きは以前より良いと、レンコン氏は信じている。これは自分ひとりの手柄ではなく、市場の需要の増加、輸送の改善、市場ネットワークの拡大によるところが大きい、と彼は言う。他のアジア諸国から密輸入された用具との競争の問題があることを、彼は強調した。レンコン氏は「離陸」(takeoff) 概念の固い信奉者であり、政府の計画どおり第六次五カ年計画期中に、インドネシアの金属加工業は離陸を達成するだろうと確信している。彼は「離陸」を、ある企業が自立（*mandiri*）し政府の助けなしに自分の足で立つこと、と定義する。[33]

輸入制限の保護主義的な法律の撤廃は、輸出産業支援の理由から正当化されるが、コード番号38の小規模および家内制金属加工業は、現在の輸出推進の流れには含まれないことを、レンコン氏は認める。メルセデス・ベンツはかつて構成部品のいくつかを現地企業に発注し、バスをインドネシアで組み立てて輸出したが、インドネシア製の構成部品と予備部品が直接輸出されるようになったわけではない。

金属課は、機械式ブロワーやグラインダーのような新しい金属加工技術の使用を積極的に推進してきた。課員たちは、人間の労働力をこれらの機械に置き換えることの危険も承知しているが、二つの理由からこれを問題視していない。第一に、金属加工業の市場はなお急速に拡大しているので、多くの鍛冶業村落は実際には熟練労働力の不足を経験しつつある。第二に、金属加工業に従事する家族のなかに新興富裕層が見られることは、彼らが息子たちをプラペンで働かせるよりも、学校でもっと長く学ばせようとしていることを意味する。これらの少年たちがひとたび高校を卒業すると、彼らは職人として働くよりもホワイトカラーの仕事を探したがるようになる。そのため、父親の職業を継ごうとする鍛冶業従事世帯の息子たちの比率は、低下しつつある。

金属課は現在、英語名の「スプリングハンマー」で呼ばれることもある鍛造機（*mesin tempa*）の開発を試みている。

これは、鎚打ち職人の労働力に替わるものだ。一人のオペレーターがこの機械の前に立つか座って、地金板を差し込み、足でペダルを踏んでそれを鎚打つバネを開放するのだ。スプリングハンマーの原型は、ジャカルタに事務所をもつ日本の国際協力事業団（ＪＩＣＡ）[34]が金属課に寄贈した。原型の複製にあたってはいくつか問題があった。初期のモデルでは、自動車のバネから取った屑鉄を原料に使ったところ、それでは適切な力で鎚打つことができなかったのだ。もっと新しいモデルでは、バネ製造工場から特注したバネを使っている。現在までに六台のスプリングハンマーが、金属課の監督のもとで、西ジャワ州スカブミ（Sukabumi）県の鍛冶業村落で製造された。そのうち五台は、大規模国有プランテーション企業のＰＴＰ12[35]に売られ、同社はそれらをプランテーション労働者に配分する用具の製造に用いている。ＰＴＰ12社は、機械を製造した鍛冶業村落の里親の役割を務めている。六台目の機械は県知事が保管している。

金属課によると、スプリングハンマーの費用は一台六〇〇～七〇〇万ルピアで、さらにセメントの土台に二〇万ルピアかかる。この費用には利ざや（profit margin）が含まれているのかどうかは、はっきりしない。さらに、スプリングハンマーを動かすには六〇〇Ｗの電力が要る。これは、国営電力会社のＰＬＮ[36]から購入した追加電力二口分か、発電機一台のどちらかによって供給できる。どちらを採っても上記価格に約二〇〇万ルピアが付け加わり、総額は約八二〇～九二〇万ルピア（四、一七三～四、六八二米ドル）となるが、これは村落を拠点とする企業のうち最大規模のものでも負担可能な上限額に近い。

スプリングハンマーが一台あれば、ウンプは鎚打ち職人の助けをいっさい借りずに一人で仕事をすることができる。たいていの鍛冶場には二～三人の鎚打ち職人がいるので、代替される労働者の数は、ブロワーやグラインダーの場合よりも潜在的に多い。そのため金属課では、スプリングハンマーの配付を「市場が弾力的な地域」に限ることを計画している。しかし、いったん出来の良いモデルが製造されたら、その普及を金属課がコントロールできると思うのは現実的ではない。費用がかさむので、スプリングハンマーはたぶん発電機や大型グラインダー、トラックなどその他の大型資本設備と同じパターンで広がることになるだろう。各鍛冶業村落に一人もしくは数人しかいない裕福な企業所有者だけがそれを導入する余裕があり、他は人力に頼り続けることになるだろう。

金属課はまた、多くの伝統的鍛冶業村落に銑鉄鋳造の技術を導入しようと試みている。同課はこれらの村落にキューポラ（cupola：溶銑炉）かそれより小さいトゥンキック（*tungkik*）と呼ばれる溶銑炉を贈与するか、里親企業に技術を伝授することを要請した。南スラウェシ州のマッセペ村では、トナサ・セメント工場[37]からキューポラとトゥンキックをそれぞれ一基ずつ受け入れた。その代わりに、村落協同組合が下請け業者としてトナサで用いる機械類の代替部品を製造することが期待された。西ジャワ、北スマトラ、ランプンの各州における鍛冶業村落も一、二基のキューポラかトゥンキックを受け入れた。これらの設備贈与の最終的効果は小さく、商業的規模の銑鉄鋳造は、依然中ジャワのテガル県とクラテン県だけに限られている[38]。

現在、金属課はその希望のほとんどを、里親プログラムに託している。その他のプログラム、とくに工業団地プログラムは予算上などの理由から徐々に廃止されつつある。一九九一年二月に、政府はリンケージ形成国民運動（Gerakan Nasional Keterkaitan Linkages）の開始を宣言したが、これは工業部門全体で一万件のリンケージ（連関）を形成することを国家目標にしている。私が聞き取り調査を行った同年九月までに、レンコン氏は二九二社の「里親」と三六五の小規模金属加工企業および協同組合の関係を正式承認するため、全国で二八もの式典に参列したのであった。

## 農村銀行プログラムとその影響

農村銀行プログラムは、おそらく工業省のプログラムよりも大きな影響を鍛冶業村落に与えてきた。現在これらのプログラムで最も重要なのは、BPD（Bank Pembangunan Daerah：地方開発銀行）とBRI（Bank Rakyat Indonesia：インドネシア国民銀行）という二つの政府系銀行が運営するものである。どちらの銀行も、零細商業、村落工業、小規模畜産事業、小規模サービス事業など、稲作と関連しない経済活動に利用可能な少額ローンを提供している。どちらも欧米の基準からすれば高いが、金貸しが伝統的に課してきたインフォーマルな利子率や仲介業者が課する隠された利子率（第二章で論じた）よりはだいぶ低い市場金利を課している。

近代的な農村銀行プログラムは、BIMAS計画[39]による稲作用投入財のための補助金付き信用プログラムとともに、一九七〇年代初めから始まった。このプログラムは、稲作農民が「緑の革命」の技術、とくに化学肥料の使用を受け入れるのを奨励するよう企画された、より大きな普及指導パッケージの一環だった。それは、BRIが作り上げた農村銀行の全国的ネットワークを通じて運営された。ウニット・デサ（*unit desa*：村落ユニット）と呼ばれるこれらの銀行はふつう郡レベルに置かれた[40]。各銀行には四～八人の職員が配置されたが、その大半はその地域の高校を卒業した若者たちだった。

BIMAS計画は、クレジット返済率の不調のために多大な損失を被る結果となった。肥料などの投入財の闇市場が発生し、市場（いちば）の売り手や小店主のあいだで売買された。結局、インフォーマル部門の方が稲作投入財の掛け売りによる供給を効率的に行えることが明らかになり、BIMAS計画の構成要素であった信用供与は一九八四年までに徐々に消滅していった。BRIは、村落ユニットの全国的ネットワークとその職員を解散するのではなく、稲作とは無関係な活動に焦点を絞った新しい農村信用のプログラムを開始することを決めた。KUPEDES（Kredit Umum Pedesaan：農村一般信用）と呼ばれるこのプログラムは、今では世界最大の農村信用プログラムと考えられている。最初のKUPEDES融資は一九八四年二月に行われ、一九九一年末までに一、〇一〇万件、総額五兆四、五七〇億ルピア、つまり三一〇億米ドル相当が貸し出され、一件あたりのローンの平均額は五四万二九七ルピア（三〇九米ドル）

であった。

KUPEDESは「需要主導型」の信用プログラムである。ときには現地職員が村の寄り合いで演説したり、企業所有者の自宅を訪れてプログラムの宣伝を試みることもあるが、ふつうは村人たちが自ら村落ユニット［ごとにあるBRI出張所］を訪れ、ローンの申請を行い、ローンの希望額と返済条件について決めなければならない。このプログラムは、スカルノ時代にはやった旧世代の「供給主導型」信用プログラム、つまり工業省のような有力官庁を通じて作動するプログラムとは対照的だ。供給主導型プログラムでは、各村で実施されるローンの件数と金額および返済条件を、省の側があらかじめ決めている。ふつうこれらは規格化されているので、ローンの利用者は、必要の如何によらずすべて一律に同じ金額を受け取る。ローン利用者の選定は、ふつうは村役人と協力して省の現地職員が行う。供給主導型プログラムの評価報告によれば、利用者の選別にはしばしば主観的基準が影響を及ぼし、村役人の友人や取り巻き、支持者が選ばれる傾きがある。ローンの対象にふさわしくその受給により事業の便益が得られそうな貧困者は、しばしば排除されてしまうのだ。

KUPEDESでは、運転資金ローンと投資ローンという二種類のローンが利用可能である。運転資金ローンはふつう原材料、燃料、賃金の支払いのために利用され、投資ローンは建物、車両、機械類、設備のために利用される。プログラムの最初の数年間は、世界銀行からの補助金のおかげで、投資ローンに課せられる金利の方が低かった。この補助金が、村民の新技術への投資を促すと期待されたのである。しかし期待されたような効果はなく、運転資金ローンの需要と比べると、投資ローンの需要はきわめて少ないままだった。とうとう補助金は打ち切られ、二つのタイプのローンの金利は月利一・五％で同率にされた。これは、金貸しや仲介業者からのインフォーマルな信用の月利一〇～三〇％に比べてはるかに優れている。[41]

KUPEDESにはローンの最低額はないが、二〇万ルピア（約一〇〇米ドル）未満のローンはまれだ。一方、元来は一〇〇万ルピア（約五〇〇米ドル）という融資額の「上限」があったのだが、これは三〇〇万ルピア、一、〇〇〇万ルピア、二、五〇〇万ルピアと段階的に引き上げられた。それでも、ローン件数全体の約九五％は五〇〇万ルピア以下のものである。

KUPEDESのローン利用資格を得るには、借り手は確立された企業の持ち主でなければならない。例えば、賃金労働や年金、あるいは村の外に住む親族からの送金だけで暮らしているなど、自前の企業をもたない村人は資格が得られない。そういう人々はしばしば村の最も貧しい部分を成しているから、KUPEDESは農村貧困層の一部を排除していることになる。しかし、インドネシアの農村世帯の大半は複数の職業と収入源をもっているから、少なくともひとつはローン利用資格を得られる企業が世帯内にあるのがふつうだ。父親と息子が農業労働者として、母親は市場（いちば）の野菜売りとして働き、娘は衣料品工場で出来高払いの賃金を稼いでいる、という農村貧困世帯の場合を考えてみよう。この場合、父親と息子、娘にはローン利用資格がないが、市場の商業は企業と見なされるから母親は利用資格があるのだ。

KUPEDESのローン利用資格を得るには、借り手はなんらかの種類の借入保証を提供することを求められる。村落ユニット［にあるBRI出張所］の職員が好む保証は、政府機関である国土庁（Badan Pertahanan Nasional：BPN）が発行した正規の土地権利証である。しかし、土地権利証の取得には、町に何回も出かけて無関心な役人と紛らわしい接触を繰り返し、何種類もの袖の下を支払うという、困難で苛立たしく、高価な手続きを経なければならない。読み書きが達者で政府機関とのやりとりの経験がある裕福な村民ならば、まずまずの期間（二、三カ月）内になんとか権利証取得手続きを終えられるが、貧しく無教養な村民は困惑してあきらめるか、何年待っても成果がない、という羽目に陥る。土地権利証の代わりに、郡（*kecamatan*）役場が発行する「C字」証書[42]のように別の種類の土地文書を使うことができるかもしれない。それでも、大口のローンは、国土庁発行の権利証をもった村人しか利用できない。

借入保証に用いる土地は、水田である必要はない。畑、屋敷地、その他の種類の土地でも利用できる。借入保証用の土地の価格はローンの金額を上回っていなければならず、これも大土地所有世帯に有利な偏りを生むことになる。

KUPEDESの規則では、借入保証のために車両登録証、機械類、建物のような動産から成る信託物（fiducia）を用いることも認めている。しかし実際には、村落ユニット出張所の銀行職員は信託物をローンの唯一の保証として受け入れるのを渋ることが多い。もっとも、信託物は補助的な保証手段として使うこともできるので、その場合には、それが無いときよりも大口のローンの利用資格を借り手は得ることができる。

KUPEDESは全国で実施されるプログラムであり、国内のほとんどすべての郡で利用可能である。地理的な範囲はもう少し限られるが、同じく重要なのはBPD（地方開発銀行）が実施しているプログラムだ。これは、国内で人口密度が他より高い州のうち七州で行われている。中央集権化されたKUPEDESとは異なり、BPDのプログラムは分権的で州ごとにいくらか違いがある。最もよく知られているのは、試験的なBKK（Badan Kredit Kecamatan：郡信用機関）プログラムだ。BKKなどBPDのプログラムは、KUPEDESよりも平均してローンがより小口で、返済期間が短く、申請手続きが簡便で保証条件も緩い点が違っている。

農村信用プログラムに加えて、サストロ氏のような大企業家は、都市銀行からもローン利用資格を得ることができるかもしれない。これらの銀行には、国有銀行もあれば民間銀行もある。都市銀行のローン上限額は農村銀行のローンよりもずっと高く、金利は低い。しかし、都市銀行のローンを取得できる村人はまだごく少数である。

農村信用プログラムが金属加工業村落に及ぼす影響については、以下のいくつかの点に概括することができる。

・プラペン所有者は、生産的企業の所有というローン利用の要件をもちろん満たしているが、プラペンに雇われている労働者は違う。この要件を満たさない雇用労働者は、家族の一人、例えば商業企業を所有する妻を通じてローン利用の資格を得ても差し支えない。

・保証の要件のために、土地所有世帯に有利になる信用供与の偏りが存在する。カジャールのような畑作地帯の村落では、ほとんどすべての世帯が信用保証のために十分な土地を所有している。バトゥールのように人口がもっと稠密な低地村落では、多くの世帯が保証の要件を満たすのが難しいかもしれない。就業上の地位と土地所有の地位はしばしば結びついている。言い換えれば、土地を所有するプラペン所有者の比率は、土地を所有する雇用労働者の比率より一般に高い。

・従属的なプラペン所有者は、自立的なプラペン所有者よりも銀行ローンを必要としない。他方で、銀行ローンの利用は従属的なプラペン所有者が自立化するのを可能にするかもしれない。

・銀行ローンを受けるにあたり、プラペン所有者は自分の収入を考慮しなければならない。それが彼の返済能力を決めるからだ。たいていのＫＵＰＥＤＥＳローンは、期間一〜二年で、月払いの返済計画を伴う。返済計画は、プラペンの利潤から所有者が運転資本の支出を確保し、世帯の生計を支えるのに十分な額を残せるものでなければならない。この理由から、弱小なプラペン所有者はふつう少額のローンを、強大な所有者はより多額のローンを利用する。

・これまでの各章で論じたように、資本は階層化の原動力である。弱小なプラペン所有者はそのローンを運転資金として利用する。大所有者と商人のウンプはそのローンを、雇用する労働者を追加したり、従属的なプラペン所有者に信用貸しで分配する原材料を購入するのに用いる。信用貸しで分配する原材料を購入するのに銀行の資金を使うのは、一種の再貸付（relending）にあたる。言い換えれば、この慣行に携わる企業家たちが、信用貸しで配分する原材料に銀行からの借り入れ金利を上回る隠された利子を課すとすれば、それは彼らだけを利することになる。倉庫を所有する商人のウンプは、値の安いときに鉄や木炭を買いだめし、値が上がったときに自分より小規模な企業所有者に転売または再貸付するのに、銀行ローンを利用することもできる。

・二〇万ルピア以下の小型設備は、ふつう銀行ローンではなくプラペンの利潤から購入資金を充てる。ディーゼルエンジンや大型グラインダーのような大型設備の購入資金には、しばしば銀行ローンが用いられる。車両は銀行ローンを利用して購入することもあれば、ディーラーからの掛け買いで購入することもある。

・農村の銀行ローンの上限額は、金属加工業の運転資金需要に比べてしばしば厳格過ぎる。例えば、カジャールのプラペンの一日あたり運転資金平均所要額は、一九九一年に約五万五、〇〇〇ルピアだった。二〇万ルピアの一年物ローンは、多くの農村企業にとってちょうど適しているだろうが、プラペン所有者にとっては馬鹿馬鹿しいほど不十分であり、申請書に記入する労力に値しない。大半のプラペン所有者は、少なくとも三〇〇万ルピア（一、五〇〇米ドル）のローンを必要としている。

## 米価支持政策と補助金

米がインドネシア人の食生活においてもつ重要な役割のために、政府は長年にわたり米の供給に補助金を支給し、米の価格と輸出入を統制する政策を行ってきた。この政策は、米の生産者（農村の農業従事者）と、農村・都市の貧困層を含む米の消費者の双方を保護するために策定される。植民地時代とスカルノ時代を通じて、不作による米不足への対応として、また平均的インドネシア人が米を食べ続けることができるように米価を十分安く保つ努力のひとつとして、米輸出の禁止が周期的に実施された。米の国際価格が国内価格よりも高いときには、政府は輸出禁止によって対応した。逆に、国際価格の方が低いときには、農家所得の低下を防ぐために政府は輸入を禁止した。

米と稲作用投入財の市場への政府の介入は、一九七〇年代と一九八〇年代の「緑の革命」の時期にも続いた。投入財の大半は、ＫＵＤ（村落ユニット協同組合）ではなく民間の商人の活動によって配付されるようになったが、肥料の価格を低く抑え、その採用を促進するために、政府は肥料への補助金支出を続けた。最も重要な肥料は尿素であり、尿素の籾米に対する価格比率は切れ目なく低下したが、その一因は、尿素を国内で製造する政府系肥料工場の建設であった。

ＢＵＬＯＧ[43]すなわち食料調達庁（National Logistic Agency）はＫＵＤから米を買い上げ、大量の備蓄を維持している。それはまた、「緑の革命」の技術による供給増加が米価の急落を招かないように、農家の庭先での米の販売に最低価格を設定している。かりに市場の諸力の働きに状況を委ねたならば、米価の下落が起きるのは疑いないからだ。ＢＵＬＯＧはまた、米の輸入と輸入価格の設定を独占的に管理している。[44]輸入と国内調達の双方を統制するこの双子の政策は、国内の米価を国際価格の動向から絶縁する効果を挙げてきた（Booth 1988, 155）。

村落経済の農業、工業両部門のあいだには密接な関係がある。農民が使う用具を作る鍛冶屋にとって、これはとくに当てはまる。もし農民の所得が高ければ、彼らはより多くの農具を買い、そのためにより多くを支払う。稲の新品種導入によって起きるように、もし稲の作付けと収穫の頻度が上がると、農具の損耗も早くなり、より頻繁に交換することが必要になる。そのうえ、農家所得の向上は、家屋、納屋、畜舎の建設など農村での建築工事を増加させる。そのため、職人の工具類を製造する鍛冶屋も利益を受ける。例えば刃物や厨房用品の製造者など、その他の農村金属加工企業も、農家所得の増加と市場の拡大から利益を得るのである。

もし政府が米の統制を緩めたら農村金属加工業に何が起きるだろうか、と問いかける向きもあるかもしれない。かりに規制緩和が農家所得の低下を招くのならば、金属加工業も不利な影響を被る可能性が高い。同じことは、村落経済のその他多くの非農業部門についても言えるだろう。そのような動きは、一九八七―八八年に政府が肥料補助金を大幅に削減したときに、実際に起きたのである（Booth 1988, 158）。

# 注

＊1　インドネシアに対する自由貿易論的意見の初期の表明は、World Bank 1983 に見いだされる。この報告書のなかで世銀は、輸入禁止の取り下げ、関税の漸次削減、輸入品の競争から影響を受ける産業への調整支援、不正競争から国内産業を保護する反ダンピング立法を推奨している（Poot, Kuyvenhoven, and Jansen 1990, 448 から引用）。

＊2　この段落と続く四つの段落は、Poot, Kuyvenhoven, and Jansen 1990, 3-6 にもっぱら依拠した。

＊3　もちろん、どちらの推計方法も完全なものではない。製造または輸入された製品の市場価値よりも個数にもとづいているので、好ましいのは第一の方法だ。しかし、輸入された用具の個数の推計は、その平均価値が三米ドルだという、おおむね正しいにしても実証はされていない仮定にもとづいている。第二の方法は、製造または輸入された製品の市場価値にもとづいている。その弱点は、国産品についての総産出高の数字に、卸売りされるものと小売りされるものの両方が混じっていることだ。国産の用具の大半は仲介業者に卸売りされ、仲介業者はそれに利益を乗せて価格を上げるが、なかには消費者に直接小売りされるものもある。この総産出高の数字が、輸入された用具の卸売り額と比較されているのだが、こちらは関税などの租税を課し、さらに二回目の卸売りや小売りのために価格を上げる前の、海外の供給業者が売渡証に記載した数字にもとづくものなのだ。

＊4　いくらかのスクラップ、例えば真鍮製の薬きょうが実際には輸入されている、という疑いを私はもっている。これは、政府のどの輸入品リストにも姿を見せない。

＊5　金属課の調査（一九八七年）によれば、コード番号38の業種には四万五、一九二の企業が存在した。ひとつの金属加工業村落に平均四〇の企業があると仮定すれば、金属加工業村落の総数は一、一四八カ村と計算される。八〇カ村は、この総数のうち七％に相当したことになる。一方、コード番号38の業種の労働者数は一八万二、三七四人だった。八〇の大きめの村には平均して一〇〇の企業があり、各企業で働く労働者は四人と仮定すると、これらの村には各々四〇〇人の労働者がいて、全体では三万二、〇〇〇人となるが、これは就業者総数の一七・五％に相当する。

[1] ＲＥＰＥＬＩＴＡはRencana Pembangunan Lima Tahun（五カ年開発計画）の頭文字を取ったものである。
[2] 第三章［47］を参照。
[3] 原著ではbolt croppersとなっているが、日本ではボルトカッター（bolt cutters）またはボルトクリッパー（bolt clippers）の名称の方が普及している。
[4] 原著ではspanner socketsとなっているが、日本での慣用に従い「ソケットレンチ」と訳した。
[5] 原著ではpliersとなっているので「プライヤー」と直訳したが、英語のpliersには日本で言うプライヤーの他にペンチも含まれる。
[6] クラカタウ・スチール社の所在地は、正しくは西ジャワのチレゴン（Cilegon）であり、中ジャワのチラチャップではない。チラチャップは、国営石油会社プルタミナの石油精製施設やセメント工場の所在地として知られているが、鉄鋼業はない。
[7] German EYEのブランドで知られるドイツのナイフ製造企業カール・シュリーパー（Carl Schlieper）社を指す。
[8] 原著の英語は"pigs"（blank）だが、日本の鉄鋼業界の用語を踏まえてこのように翻訳した。
[9] ＢＫＰＭはBadan Koordinasi Penanaman Modalの略語である。
[10] その後、二〇〇七年に新投資法が成立・施行された。これに伴い「ネガティブ・リスト」が全面的に改定され、規制対象分野が追加・明確化されたとともに、条件付きで開放される業種・範囲も拡大された。
[11] 原文どおりに訳したが、正しくは「大規模および中規模」と考えられる。
[12] *cangkul*（チャンクル）はインドネシア語。ジャワ語ではパチュール（*pacul*）と言う。
[13] *bajak*（バジャック）はインドネシア語。ジャワ語では*luku*（ルク）と言う。
[14] *garu*（ガル）はジャワ語。インドネシア語では*sisir*（シシール）と言う。
[15] *sabit*（サビット）はインドネシア語、*arit*（アリット）はジャワ語である。
[16] 手押し除草機は、第二次大戦中の日本軍占領期に、稲の正条植えの慣行とともに導入された。原型は、一九五〇年代

まで日本の農村で広く使われていたものである。インドネシア語の一般的呼び名は *alat menyiang*（アラット・ムニアン）である。*koret*（コレット）はジャワ語（擬音語）だが、他に *kokrok*（コクロック）、*gosrok*（ゴスロック）など、地方によりいろいろな呼び名（いずれも擬音語）がある。

［17］*ani-ani*（アニアニ）はジャワ語。インドネシア語（マレー語）では *ketam*（クタム）と言うが、ジャワの農村でこの語が使われることはまれである。

［18］ＫＩＫ／ＫＭＫＰとは、「小規模投資信用／常設運転資金信用」（*kredit investasi kecil* / *kredit modal kerja permanen*）を意味する略語である。

［19］この時代のインドネシアの農村地域では、数カ村をひとつにまとめた「村落ユニット」（unit desa）に「村落ユニット協同組合」（*koperasi unit desa*：ＫＵＤ）を組織する形で既存の組合を整理・統合すること、既存組合が存在しない場合にはその準備組織としてまず「村落ユニット事業体」（*badan usaha unit desa*：ＢＵＵＤ）を設立することが義務づけられた。

［20］第三章の［8］を参照。

［21］ＢＡＰＰＥＤＡは Badan Perencanaan Pembangunan Daerah の略語である。

［22］ＢＡＰＰＥＮＡＳは Badan Perencanaan Pembangunan Nasional の略語である。

［23］［19］を参照。

［24］ＬＳＤは Lembaga Sosial Desa の略語。各種開発計画実行にあたり村民の参加を促し村落行政を補助するための組織として、スハルト政権成立後の一九六八年に導入された。一九七八年以降は「村落社会保安機構」（Lembaga Ketahanan Masyarakat Desa：ＬＫＭＤ）に改組されたが、スハルト政権崩壊後の二〇〇五年にはさらに「村落社会活性化機構」（Lembaga Pemberdayaan Masyarakat Desa：ＬＰＭＤ）に改編された。

［25］マッセペ（Massepe）村は、南スラウェシ州シデンレン・ラッパン（Sidenreng Rappang）県にあり、この地方を代表する鍛冶村落として知られている。

［26］［19］で述べた「村落ユニット」は、ひとつの郡内の村を包含する区域に設定されることも多い。
［27］第三章を参照。
［28］tanged anvil がどういう金床を指すのかよく分からないが、字義どおり「中子（なかご）付き金床」と訳しておく。あるいは「角（つの）付き金床」のことかもしれないが、その英語名はふつう horned anvil である。
［29］E. F. Schumacher, *Small is Beautiful : A Study of Economics as if People Mattered*, London: Blond and Briggs, 1973.（小島慶三、酒井懋訳『スモール・イズ・ビューティフル：人間中心の経済学』講談社学術文庫、一九八六年）インドネシア語訳は、*Kecil Itu Indah: Ilmu Ekonomi Yang Memihak Rakyat Kecil*, Jakarta: LP3ES, 1980.
［30］第二章の［14］を参照。
［31］原文は rented out by producers（生産者が賃貸する）となっているが、文脈から考えて明らかに rented out to producers（生産者に賃貸する）の誤記である。
［32］実際に日本で、部品や工具の供給に重要な役割を演じてきた中小企業の多くは町工場であるから、筆者の認識はやや不正確と言えるかもしれない。
［33］アメリカの経済学者W・W・ロストウが提唱した経済成長過程における「離陸」の概念は、もともと一国経済全体に関するものであり、個々の産業や企業について述べたものではないから、金属課長のこの理解は経済学的には少々的が外れている。
［34］原著は JAICA（Japanese Industry Cooperation Agency）と誤記しているので訂正した。なお、JICAの日本語名称は二〇〇三年より「国際協力機構」に変わっている。
［35］PTPは Perseroan Terbatas Perkebunan（農園株式会社）の略語で、末尾に通し番号を付けた国営プランテーション企業が、当時は全部で三〇社以上存在した。PTPは一九九六年に全部で一四社のPTPN（Perseroan Terbatas Perkebunan Nusantara：ヌサンタラ農園株式会社）に再編・統合された。PTP12は本社が西ジャワの州都バンドンにあったが、一九九六年にPTP11、PTP13と合併してPTPN8に変わり、現在に至っている。下記を参照

（二〇一五年三月九日）。http://id.wikipedia.org/wiki/Perkebunan_Nusantara_VIII

［36］PLNはPerusahaan Listrik Negara（国営電力会社）の略。

［37］トナサ（Tonasa）は、南スラウェシ州にある東部インドネシアで最大のセメント工場所在地で、国有トナサ・セメント株式会社（PT Semen Tonasa）が経営にあたっている。なお、一九九五年九月から同社は単一の国有インドネシア・セメント株式会社（PT Semen Indonesia）の子会社となった。

［38］第三章［57］を参照。

［39］第三章［6］を参照。

［40］原著のこの説明は、二つの点で不正確である。第一に *unit desa* というのは、本章の［19］で述べたように、協同組合を設置すべき区域のことで銀行組織を指すのではない。第二に、その地理的範囲は郡（*kecamatan*）の区域と一致するとは限らない（ただし、原著者が調査を行ったジョクジャカルタ特別州では、郡と同じ区域に設置されるのがふつうだった）。ＢＲＩの農村部における最末端施設は、この村落ユニットのレベルに設置された（日本語で言えば出張所に相当するが、インドネシア語の公式名称はたんにBRI Unit Desa）。

［41］この文章の原文は、次のとおりである。This compares with rates of 10–30 percent per month on informal credit from moneylenders and intermediaries. この原文を訳すと「これは、金貸しや仲介業者からのインフォーマルな信用の月利一〇～三〇％と肩を並べる」になってしまい、どう考えても意味が通らない。おそらくThis compares favorably with ... の誤記と思われるので、そのように意味を取って訳した。

［42］「C字」証書とは、「C字台帳」（Buku Letter C）と呼ばれるオランダ植民地時代に導入された地税賦課台帳の記載事項を裏づけとして、正規の土地権利証（土地登記が前提）の代用書類として発行される証書である。慣例的にギリック（*girik*）と呼ばれることもある。

［43］ＢＵＬＯＧは、Badan Urusan Logistik Negara（直訳すれば「国家調達担当庁」）の略語である。

［44］ＢＵＬＯＧによる米輸入の独占は、その後一九九八年に廃止された。

# 第6章
# 結論と開発論上の含意
*Conclusions and Development Implications*

本章では序論で取り上げた課題のいくつかに戻り、途中の各章で提示した材料を踏まえてそれらを再考察する。

インドネシアの工業部門は今でもなお二重構造的（dualistic）かどうか、という問いかけから始めよう。早くも一九一〇年にブーケは、欧米的な路線に沿った資本集約的企業と、それより労働集約的な農民企業とのあいだに隔たりがあるという意味で、インドネシア経済を特徴づけるためにこの用語を使用した。第四章で提示したデータは、この特徴づけが今日でも妥当なことを示している。工業部門の場合、一方の大・中規模工業と他方の小規模および家内工業のあいだに隔たりがある。例えば、一九八六年におけるコード番号38の大・中規模企業の平均規模は労働者数一四三人だったが、小規模および家内制企業の平均規模は三人であった（一九二ページの表8を参照）。総産出高、付加価値、労働者一人あたり付加価値、利潤など他の経済指標も同様の格差を示している。

ＢＰＳ（中央統計局）は、小規模工業と家内工業について別々の調査を利用している。これらの調査は一部が重なり合っているだけで、集められたデータの公表も不十分なために、その比較と時系列的構成は困難である。それにもかかわらず、公表されたデータからは、小規模工業と家内工業のあいだには重要な質的差違はただひとつしかないことが分かる。それは、雇用労働と無給の家族労働との比率の違いだ。例えば、コード番号３８１の工業の場合、一九七四―七五年に小規模企業は労働需要の八割を雇用労働で満たしており、無給の家族労働の比率は二割に過ぎなかった。家内制企業の場合、この比率は逆であった（表11を参照）。

第三章で提示した民族誌的なデータからは、金属加工業における小規模工業と家内工業は同じ村のなかで共存し、単一の社会経済的、文化的集合体を形成していることが分かる。オランダ人が中ジャワに築いた一部の鋳物工業（例えばバトゥール集落におけるような）を除き、大・中規模の金属加工企業は農村地域には存在しないように思われる。

第二の設問は、二重構造が生じたのは文化的要因のためなのか、それとも経済的要因によるのか、である。ブーケの理論は、欧米人の経済領域と現地民の経済領域の隔たりを指摘した点では、異論の余地がない。この隔たりは、現地民福祉の問題を担当した植民地政府当局によって、早くも一八九〇年代に認められていた。ブーケの議論が論争的になるのはむしろ、文化的な相違がこの隔たりの主な原因だとした点なのである。現地民は経済的ニーズよりも社会的ニーズを重んじ、無限ではなく限られた経済的ニーズしかもたず、資本蓄積には無関心で競争よりも協調を好み、組織能力と労働の規律に欠け、自分たちの時間に価値を置かず、合理的な利潤計算の能力がない、と彼は記した。[*1]

本書が提示した民族誌的データには、これらの見解を支持するものがほとんどない。それどころか、利潤に深い関心をもち、自分たちの利潤の極大化のために多くの時間と思考を費やす村落工業の生産者たちという、まったく異なる画像が浮かび上がる。一般にきわめて合理的で正確な利潤計算が、プラペンやコーヒーを飲む茶店での日常的会話を支配しているのだ。生産者たちはみな、屑鉄、燃料、雇用労働などの要素投入価格の変動と、それが利幅にどう影響するかについて敏感である。生産者と雇用労働者および仲介業者のあいだの利潤の配分を決める経済的仕組みは、もうひとつの大きな関心の的である。同じ村のなかの生産者たちが、例えばひとつのプラペンだけではこなし切れないほど大きな注文を分け合うために進んで協調することはあるかもしれない。しかし、それは協調が明らかに経済的に有益なときだけだ。第五章で述べたように、政府が支援する協同組合の大半が死に体になっている状況は、協調が自動的ではないことを示している。プラペンでの労働の規律は高く、労働者が達成することを期待される生産目標が存在している。大量の注文があれば、労働者たちは超過勤務に応じることを求められる。ふつう操業停止が起きるのは、文化的原因ではなく、例えば原材料供給や運転資金の不足のような経済的原因による。工業部門が農業など他の部門と相互に作用するところでは、資本と労働の希少な資源の配分には熟慮が払われる。田植えや稲刈りの時期に村人が彼らの稲田に「逃げ込む」のは、ブーケが主張したように彼らが労働の規律を欠くからではなく、そのように重大な時期には、農業部門への比較的小さな労働投入でも大きな報酬を生むことができるからだ。

もちろん農村工業、とくに金属加工業には重要な文化的要因があるが、この要因はふつう経済的要因と共存しており、衝突はしない。結局のところ、これら二つの要因は少なくとも二千年もの期間にわたり、ともに進化を遂げてきたのである。たまには文化的連想が、新しい技術や作業方法の採用にあたり保守的態度につながることがあるかもしれない。第五章で述べたように、中ジャワの鍛冶職人たちはヨーロッパ製の中子付き金床（tanged anvil）[1]の掛け売りによる受け入れを拒んだが、その理由は、金床は男根のような形をしているべきだという文化的期待にそぐわなかったからである。けれども、このような事例は比較的まれである。

インドネシア経済における二重構造の第一の原因は、資本への異なるアクセスであるように思われる。情報と適切な技術の欠如が第二の原因かもしれないが、民族誌的データの示すところでは、農村の鍛冶職人の多くが大きな都市の機械工場や鋳物工場で一定期間働いた経験がある。だが、たとえ村へ戻っても、彼らはこれらの機械工場や鋳物工場を複製しようと試みることはない。それは、情報の不足よりも資本の不足が原因なのだ。サストロ氏のように大きな村の企業家は、おそらく二万米ドルにも達するほどの、農村の基準からすれば多額の設備投資をしたことがあるかもしれない。[*2] しかしこれとて、大規模な機械工場や鋳物工場を建設するのに必要な数十万米ドルの資金や、近代的欧米的な施設を設立するのに要する何百万米ドルの資金に比べれば、まるで見劣りがする。第五章で述べた農村銀行プログラムは職人世帯の所得向上にはたいへん有益だが、二重構造の隔たりを埋めるにはなんの効果もない。

鍛冶場の仕事の性格と、同時に用いることができる鎚打ち職人の上限人数が三人という事情により、プラペンの作業グループの人数は最大七、八人に限られてきた。その拡張は、既存のユニットの規模を拡大するのではなく、ユニットを複製してその数を増やすことにより生じるのだ。そのため、金属加工業部門には明らかな細分化の傾向がある。これは農村工業に不可避の傾向というわけではない。いくつかの分野、とくに繊維やかご細工製造では、きわめて大規模なユニットが見られることがある。これらのユニットはふつう外注制度（put-out system）にもとづいて組織されており、労働者たちは自宅で半製品を作り、その最終加工は企業所有者に委ねる。外注制度の利用は、大規模で高価な工場の建物を建設するのを不要にする。そのような建物は、高価であるばかりか、税務署や許認可官庁のありがたくない関心の的になるおそれもある。外注制による操業はしばしば数百人の労働者を雇用するため、ＢＰＳの定義する「大規模企業」に該当することになるが、センサス調査員がそれらを単一のユニットとして認知することはめったにない。要するに、農村のインドネシア文化に、企業の規模を限定する要因は何もないのだ。農村企業が平均して比較的小規模なのは、投資額があまり多くないからである。

インドネシアの村落工業は死滅に向かっているのだろうか？　二重経済の二つの領域の接触は、欧米から輸入された工場製品に太刀打ちできないために現地民工業の破滅を不可避にする、とブーケは予見した。欧米の工場を模範としてインドネシアに設立された大規模工場もまた現地民工業と競合するうえ、資本集約的なため、職を奪われた労働力のごく一部を雇用するだけだろう。ブーケによれば品質が劣るために、輸出市場を開拓して埋め合わせる能力も現地民工業にはないだろう。こうして、あらゆる市場を奪われ、現地民工業は死滅していくことになる。

ブーケが早くも一九一〇年に行ったこの議論は、とても説得力があるように見える。しかし、歴史とは我々すべてを翻弄するもので、実際には現地民工業は死滅しなかったのである。第四章で示したデータから、一九八六年には約一五〇〇万もの小規模および家内工業が存在し、およそ三五〇〇万人の人々を雇用していたことが分かる。しかも、これは雇用についての控えめな推計である。なぜなら、一九八六年に使われた労働力の定義では、おそらく一〇〇〇万人ものパートタイムの家族労働者が除かれているからである。

一九七四―七五年から一九八六年のあいだに、小規模および家内制企業の数は、一三〇万から一五〇万に増えた（表８を参照）。異なる労働力の定義が使われたことについて修正を行うならば、労働者の数は四二〇万人から四五〇万人に増えたように思われる。労働力の定義変更を無視した学者たちは、家内工業における就業、とくに女性の家族労働者数の激減について記述した。しかし本当のパターンは、家内工業と小規模工業の双方における、安定的だがかなり速い就業の成長であったように思われる。[*3]

金属加工業は主にフルタイムの男性労働者に依存するので、その統計は労働力の定義変更からあまり影響を受けない。そのうえ金属加工業は、工業部門全体よりも速い速度で成長したようである。コード番号３８１の金属加工業の場合、一九七四―七五年から一九八六年のあいだに、企業数と労働者数はともにおよそ三倍に増加した（表11を参照）。成長率が最高だったのは、コード番号３８１１１の鍛冶業であった。上記期間に鍛冶業の企業数はおよそ四倍に膨張したが、労働者数は三倍増にとどまった。この食い違いは、鍛冶企業の平均規模が労働者数四・二人から三・六人に縮小したためだ。この減少が、農村の電化と小電力機械類による労働の代替によって起きたことは、第四章での民族誌的証拠が示している。

ブーケの議論の説得力を前提にすると、なぜ村落工業が死滅しなかったのかを問うことが重要であろう。この設問に答えるには、問題を供給と需要の両面から考えなければならない。供給側では、村人たちが非農業所得を必要とするために村落工業は死滅しなかった。人口の自然増加が農村から都市への人口移動を上回ったために、土地対人口の比率（land-person ratio）が低下した。そのうえ、一九七〇年代と一九八〇年代には、あからさまな土地の売買だけではなく賃貸借と質入れの取り決めをも通じて、土地の所有と支配[2]の不均衡がいっそう進んだように思われる。ジャワの低地では、水田を所有も支配もしていない世帯の比率が、二〇世紀初めの約三分の一から二分の一に増加した。

民族誌的証拠に照らすと、工業が多く集中している村落は、ふつう澱粉質の主食作物の生産が自給水準に達していない。例えばカジャールやマッセペ[3]のように、これらの村々のいくつかは、灌漑用水が得られず農地のヘクタールあたり収量が低い畑作地域（dry-zone areas）にある。また別の村々は、スンガイパウル[4]やバトゥール[5]のように、もっと肥沃な地域にあるものの、村自体の人口密度が著しく高くて村域内に農業用地が十分に得られない。どちらの場合も、これらの工業村落では食料の大半を購入しなければならず、耐久性のある物資を販売用に製造してそのための資金を稼ぐのである。

一九七四―七五年工業センサスと一九八六年経済センサスの工業部門調査で用いられた調査票には、土地所有や農業収入に関する質問項目がない。そのため、これらの変数と工業活動の発生率とのあいだに統計的関係があるかどうかを確定することはできない。本書が提示した民族誌的証拠はそうした関係の存在を強く示唆しているが、全国レベルについてはまだ確証は得られていない。

村落工業はなぜ死滅しなかったのか、という設問は、需要の側からも検討しなければならない。ここでは工業を、便宜上「実用的工業」および「手工芸工業」と名づける二つの大きなグループに区分するのが有益である。前者は、主に他の村民や低所得の都市住民への販売を目的として実用品を製造する。後者は、主に中・高所得の都市住民と観光客への販売を目的に、芸術的価値をもつと見なされる物品を製造する。金属加工業の場合、実用的工業はコード番号38に分類される。これには、農具、職人用工具、厨房用品、機械類を製造する工業が含まれる。手工芸工業はコード番号39に分類され、装飾品、楽器、彫像、土産用の短剣（クリス）などの製造業が含まれる。

実用的金属加工業の製品への需要は、人口の自然増加と農村の富裕度の向上という二つの理由から増加してきた。人口の自然増加のために食料の増産が必要になり、それが農業の集約化と多毛作面積の増加をもたらした。農業の機械化が伴わない場合、より多くの農民が農地を耕し、彼らは先祖たちより頻繁に、作付、除草、収穫、灌漑水路修復などの作業を行わねばならなくなる。こうして彼らは、以前より頻繁に農具の交換をすることが必要になった。同様に、人口の自然増加は、より多くの家屋やその他の建築物への需要を引き起こした。そのため、木こり、石工、大工、レンガ職人などの職人たちが、工具を以前より頻繁に交換しなければならなくなった。富裕度の向上は、農民と職人の双方が用具の購入資金を前より豊富にもつようになったことを意味する。彼らは、すり減ったり壊れた用具を前より早めに交換し、より高品質の用具の入手のために少々出費を増やすことをいとわなくなるのだ。

金属加工を行う手工芸工業の製品に対する需要も近年増加したが、その理由は大きく異なる。これらの工業は、いつも外部の得意先に強く依存している。これは、金、銀、青銅のような高価な原材料と、刃文（*pamor*）[6]や打ち出し細工（*repoussé*）のようにきわめて労働集約的な生産方法を用いるからである。歴史時代後期（the Late Historical period）[7]には、これらの工業はさまざまな地方の王宮や富裕なインド系、アラブ系、華人系の商人たちを得意先にしていた。植民地時代には、得意先の役割の多くがオランダ人たちに引き継がれた。植民地官僚とその妻たちが、剣、ピストル、茶器一式、正餐用食器類一式、装身具などを、ときにはヨーロッパ人の好みに合うようデザインの修正を求めながら大量に注文したのである。インドネシア人貴族や華人商人たちも、これに次ぐ得意先だったが、華人の場合は自前の金細工職人を連れてきていることもあった。第二次世界大戦の勃発からスカルノ時代の終わりまでの混乱期には、手工芸工業は得意客の喪失に苦しめられた。一九五六年にはスカルノがオランダ人を強制退去させ、外国人がインドネシアに再進出し始めるのは、一九七〇年代初めに政治的経済的安定が再構築されてからだった。

今日では、新しい得意先の各種グループが台頭してインドネシア製手工芸品復活に資金供給を行うようになった。これらの得意先には、裕福なインドネシア人政府官吏、軍将校とその妻たち、合弁企業、外交使節、援助機関関係の在留外国人、外国人観光客、主にジョクジャカルタとバリに住む外国人手工芸品買付商などが含まれる。外国人グループのなかでは、今やアメリカ人、ヨーロッパ人、日本人とオーストラリア人が目立つ。またしてもインドネシアの工芸職人たちは、外国人のひいき客たちの好みに合うようデザインの修正を求められている。近年では例えば、バリ島の鍛冶屋たちが日本刀（samurai swords）の模造品の製作に習熟するようになった。なぜなら、日本人のお客からそういう品物の注文を受けることが多いからである[8]。

実用品の需要を喚起した人口の自然増加と農村の富裕度上昇は、手工芸品への需要にはほとんど影響しなかった。手工芸品の需要は期せずして同じ時期に増え始めたが、それはインドネシアが一九六七年に外国人に対して公式に門戸を再開放して、一方では合弁企業への外国人の参加を奨励し、他方では観光を積極的に振興し始めたからである。

村落工業の成長にとって、「プッシュ」や「プル」の要因は重要だろうか。先に論じた供給と需要の問題の多くはまた、近年インドネシア研究者たちの関心の的となっているプッシュ‐プル論争とも関連が深い。簡単に言うと、「プッシュ」仮説の支持者たちは、農業部門における単位労働時間あたり所得の方が、商工業など農村経済の非農業部門よりも高い、と論じる。したがって、例えば土地の喪失や、刈分小作、配分制収穫労働（share harvesting）、配分制籾摺り労働（pounding rice for shares）などの取り決め[9]からの伝統的農業収入の機会を失って押し出されたときにだけ、村人は農業部門から離脱するということになる。一方、「プル」仮説の支持者たちは、村人たちが新しい経済機会によって非農業的活動へと引き寄せられている、と論じる。この新しい経済機会は、農村地域の富裕度の上昇と農業・非農業部門間の投資の連関によるものだ、という。

プッシュ仮説とプル仮説の支持者のいずれもが、「緑の革命」を主要な原因として引き合いに出しているのは興味深い。どちらの側も、「緑の革命」により稲の収量が約三倍に増加して、少なからぬ米の余剰が生まれたことには同意するようだ。プッシュ仮説の支持者たちは、この余剰の不相応に多くの部分を大土地所有者の家族が獲得した、と指摘する。これら土地所有者の家族は、購入、賃借、質受けなどの取り決めを通じていっそう多くの土地への支配を広げることに、彼らの稲作所得を利用した。彼らはまた最近、多数の伝統的配分制労働に代えて比較的少数の賃労働を使い、彼らの経営を「合理化」して利潤の取分を増やそうとする傾向を見せた。多くの場合、彼らは籾摺り・精米機のような省力技術への投資を行った。こうした動きはいずれも、村の貧困層が米の現物収入を稼ぐ機会の削減をもたらした。

「プル」仮説の支持者たちは、「緑の革命」が農村地域の富裕度の上昇をもたらした、と信じている。収量の増加は、米価の統制や投入財への補助金とあいまって農民の所得を上昇させた。非農業企業はその製品の大半を農村地域へ出荷しているから、農民の繁栄は間接的にこれらの企業をも潤すことになった。そのうえ多くの農民が、その米の余剰を新しい非農業企業への投資に用いてきた。

本書の民族誌的データは、「プッシュ」論における誤謬のひとつ、つまり単位労働時間あたり所得はつねに農業で最高だという仮定の誤りを明らかにしている。これは仮定ではなく、特定の村落について経験的に確定されなければならない。カジャールやその他の金属加工業村落では、農業の労働生産性は、二つの理由のうちのどちらかにより低いのである。つまり、農業の資源基盤が貧しい（岩石質の土壌、灌漑用水の不足など）か、人口過密のために村の境界内の農地が不足しているか、のいずれかである。人口過密は、高い土地無し比率か土地所有の著しい細分化を招く。細分化した土地所有は、農業集約化の条件下で労働の限界収益逓減法則が働くために、単位労働時間あたり収入の低下を招きがちである（Boserup 1965）。なんらかの理由で農業の労働生産性が低い村落では、農業以外の経済活動の労働生産性の方が高くなる可能性が高い。

ある村の経済活動のパターンは、個人と世帯が行う経済的選択の結果である。あらゆる経済活動には資本と技能に関する参入条件があり、それはいくつかの経済活動については他よりも高いが、インドネシアの村人たちは、所得を最大化するために、希少な資本と労働の資源を部門間でかなり自由に移転することができる。それゆえ、水田稲作村落では水稲作農業が最も収益性の高い活動であり、小規模工業村落では小規模工業が最も収益性が高いことは、驚くに値しない。これは明白に思われるが、もっぱら水田稲作村落の民族誌的調査だけにもとづいて結論を下す学者たちがしばしば見落とす点なのである。

農業部門と非農業部門の相対的収益性の最良の尺度は、雇用労働に支払われる賃金率かもしれない。ある村で農業からの労働の移転が起きている場合、賃金率の比較により、プッシュとプルのどちらの要因が作用しているのかを示すことができるだろう。農業の賃金率の方が高ければ、移転はプッシュ要因に帰着する。反対に、もし非農業部門の賃金率の方が高ければ、移転はプル要因に帰着する。カジャールでは、プラペンの成人男子労働者に支払う賃金の方が、成人男子の農業労働者に支払う賃金より高い（第三章を参照）。賃金のデータが得られる他の村についても同じ事が当てはまる。

これらの賃金データは、個々のプラペン所有者との面接調査でも裏づけられる。彼らはふつう、鍛冶業の所得が農業からの所得を上回ること、プラペン所有者は平均して農民より裕福であることを認める。鍛冶業は「本業」(*pokok*) だが、農業は「副業」(*samben* または *sambilan*) と見なされている[10]。

労働配分のパターンもまた、相対的優先順位の指標だ。例えば、カジャールの鍛冶職人は、農業労働を行わない。その代わりに、彼らは農業部門のことは村の女たちに任せ、女たちは自分の労働を隣村から雇った労働で補完する。非常によく似たパターンが、女たちが水田を経営するだけでなく所有もしているスンガイパウル[11]の母系村落でも見られる。女たちは、自分の労働を刈分小作人や雇用労働者の労働で補い、男たちが彼らの時間の大半を自由に鍛冶業に費せるようにしている。男たちが稲刈りの終わった妻の農地に野菜類を植えることもあるが、その野菜の売り上げは屑鉄や燃料を買うために使われるのである。同様に、農地を所有するマッセペ村[12]の鍛冶職人の一家は、ふつうそれを刈分小作に出している。

個々の金属加工業村落の事例研究からは、一九六〇年代と一九七〇年代初めにはプッシュ要因が重要だったかもしれないが、その後はプル要因の方が重要になったことが分かる。プッシュとプルの要因に加えて、歴史的要因も一役を演じている。例えばカジャールでは、拡大が三つの段階にわたって生じた。最初の段階は、日本軍の占領下（一九四二―四五年）の強制的拡大だった。日本軍はその部隊のために鍛造された武器を必要としたのである。第二の拡大は、一九六〇年代初めに起きたが、それは二、三年続く深刻な飢饉（*jaman gaber*）[13]と結びついていた。この時期に村人は、低地地域から食料を購入するために現金が必要だった。第三の拡大は、一九七二年ごろに始まったが、村人によればそれは市場の状況改善に帰せられる。一九七五―七六年のもうひとつの、だがそれほど深刻ではなかった飢饉も、この拡大を「プッシュ」することになった。他の村落でも、「緑の革命」以前の農業危機に反応した拡大、および近年の拡大する市場需要に反応した拡大、という同様のパターンが見られる。

第四章で提示したデータは、工業部門の一企業あたり付加価値に関する統計という形で、プッシュ‐プル論争の解決へのもうひとつの手掛かりを与えてくれる。かりに企業数が増加しているのに一企業あたり付加価値生産額が減少していれば、これはプッシュ仮説を支持することになるだろう。それは、村人たちがますます魅力の乏しい経済活動に従事せざるをえなくなっていることを意味する。反対に、もし企業数と一企業あたり付加価値生産額がともに増えているのならば、それはプル仮説の方を支持することになる。第四章は、コード番号381の実用的金属加工業の付加価値実質生産額が、一九七四―七五年から一九八七年までに四・八倍に増えたことを示している。また、同じ期間に38111番の鍛冶業では、付加価値実質生産額が三・八倍に増えた。コード番号39の手工芸工業について公表されたデータは完全ではないが、装身具製造企業では一・六倍、楽器製造企業では一・九倍の増加があったことが分かる。

プッシュ‐プル論争に関連する観察のなかで、ムコパディヤイ[14]は、農村の工業部門には顕著な双峰的構造（bimodal structure）が見られると主張した。彼が上層部門と名づける第一グループの工業は、他より洗練された技術を用い、主に雇用労働に依存する。これらの工業はだいたい継続的に操業し、余剰の産出と成長に熱心である。他方、下層部門の工業は、旧式の技術を用い、主に無給の家族労働に依存する。その活動はしばしば特定の季節に限られ、もっぱら局地的な市場に製品を提供する。ムコパディヤイによれば、上層部門は産出物に対する市場の需要に反応するが、下層部門は労働市場の供給側に反応する。上層部門における拡大は、進歩と農村開発および所得の平等化の兆候と見なせるが、下層部門における拡大はふつう、土地無し層の増加と失業や貧困に結びついている。例えばバングラデシュ、インド、パキスタン、フィリピンのように、土地無し層の発生率が高い国々では、下層部門に就業する比率も高い。他方、韓国のように土地無し層の問題が切迫していない国々では、下層部門に就業する労働者は比較的わずかである。二つの工業部門は、農業部門との連関も異なっている。豊作の年には、上層部門では安定成長が、下層部門では停滞が起きる。しかし不作の年には、上層部門では停滞が、下層部門では過密が引き起こされる（Mukhopadhyay 1985, 966. Weijland 1989a, 7-8 から言い換え）。

私はムコパディヤイの枠組みを少し手直ししたいと思うが、彼の基本的論点は正当であろう。つまり、農村工業部門の拡大は、労働の過剰供給から生じるときよりも、市場の需要の増加によって生じるときの方が健全だ、という論点である。市場の需要増加から生じる拡大は、資本金が豊かで継続的製造が可能であり、新しい技術の購入と雇用労働者への賃金支払い能力のある企業を作り出す。他方、労働の過剰供給から生じる拡大には、途切れ途切れに操業し、新技術導入と賃金支払いの余裕が乏しい資本不足の企業がつきものである。

農村工業の労働力は、どのように構成されているのだろうか。ブーケ以来、多くの著者が農村工業の労働力を、大部分が未熟練の女性家族労働者から成るものとして特徴づけてきた。素朴な技術を使い、パートタイムで、または特定の季節にしか働けないために、これらの労働者の生産性は低い、と言われている。これらの記述のいくつかは、正確かどうか疑わしい。一九八〇年の人口センサスによると、例えば、農村工業の従事者には女性よりも男性の方が若干多い（表6を参照）。もっと重要な点は、労働力のこの特徴づけはあまりに一般的で、農村地域の労働者と工業のタイプに見られる重要な差違をあいまいにしていることだ。

本書は、伝統的にきわめて異なるタイプの労働力を用いてきた一部の特殊な農村工業を扱っている。金属加工業で用いられる労働力の九割以上が男性であり、文化的資料の示すところによれば、金属加工と男性の象徴および先祖とのあいだにはいつも強い連想が働いていた。女性がプラペンに入ることはタブーとされているが、手間不足のときにはこのタブーは棚上げにすることもできる。鍛冶企業では女性がしばしばフイゴ職人として使われるし、銅、青銅、銀の加工業では、もっとふつうに研磨工として使われている。だが、大量の女性労働を用いる金属加工業は、装飾品製造だけだ。小規模な装飾品製造企業では、労働者の約一五％が女性である（表12を参照）。

資本と技能の双方に関する参入条件が、金属加工業では比較的高い。鍛冶業の場合、少年はふつう、フイゴ職人として数年間の徒弟修行を終えたのちに、もっと賃金が高く体力も必要な鎚打ち職人の仕事へと進む。鎚打ち職人がウンプの地位を任され、鍛冶場の頭領に昇格するには、一〇年以上の経験を積まねばならない。第三章で述べた装飾的金属加工技術のなかには、経験と技能だけではなく芸術的能力が必要なものもある。これには、優美な刃文の付いた武器や、失蠟法（lost-wax method）[15]を用いて鋳造した青銅の彫像、打ち出し細工や浮彫り模様を施した金銀製の儀式用容器の製造技術などが含まれる。

本書で記述したカジャールなどの村落では、金属加工は大半が男性によるフルタイムの仕事だ。作業はふつう午前八時ごろに始まり、午後四時か五時ごろにその日の生産目標を達成するまで続けられる。主に雇用労働に依存する大規模で資本の豊富な企業は、通年操業を行うことが多い。規模がより小さくて資本の貧弱な企業は、キャッシュフローの問題のために、たびたび操業停止に苦しむことがある。全国レベルでは第四章のデータが示すように、金属加工企業の雇用労働者の労働時間は、無給の家族労働者に比べ、平均して一年間に二倍以上の人日に及んでいる（表11を参照）。

金属加工企業は、全国の小規模・家内制企業のごく一部を成すに過ぎない。コード番号38の工業は工業全体の約三%にあたり、39番の手工芸工業はおそらくそれ以外の一%を占めるだけだ（表8を参照）。けれども金属加工企業は、もっぱら男性労働力に依存し、比較的資本が豊富な大きめの工業グループの典型である。このグループには、木彫、石材加工、製材、家具製造、家屋建築、小型船造船、石灰焼成、一部の皮革製品工業が含まれる。その対極にあるのは、主にパートタイムの女性労働に依存するというステレオタイプに合致する工業グループだ。この女性労働の一部は無給の家族労働から成るが、その多くは作業場や外注の作業で組織された、低報酬の出来高払いによる労働である。このグループには、伝統的に女性の仕事とされてきた各種の繊維、衣料、軟質繊維製敷物製造業が含まれる。タバコや食品加工業の一部もこのグループに属する。第二章の最後で私は、男女の労働力を混合して用い、資本規模と収益性が中くらいのことが多い第三グループの工業も存在することを示唆した。粘土製品製造業、硬質繊維製かご製品製造業、いくぶん大きな資本金が必要な食品加工業が、これに該当する。工業の種類が違うと、使う労働力のタイプも異なる理由は、完全に明らかではない。神話と伝統に根ざす文化的連想については、すでに述べたとおりだ。体力、資本調達の機会、家事への責任などにおける男女間の差違も、同様に重要と思われる（Sutoro 1982）。

村落工業の存続は、保護政策にかかっているのだろうか。第二章で述べたように、基礎的金属加工産業には、鉱業、製錬、鍛造の三分野がある。インドネシアでは、初期金属器時代の初めからおよそ紀元一八〇〇年までの少なくとも二千年間にわたり、これらの分野は小規模な現地民経済の手中にあった。この長い時代の終わりが近づくと、現地民の鉱業と製錬業は、ヨーロッパ製の地金と外国硬貨の無制限な輸入と競争しなければならなくなった。そのうえ、植民地政府当局は、現地民の鉱業と製錬業を禁じ、これらの事業をもっと資本集約的な技術を導入した国有企業の支配下に置こうとした。この政策は独立後のインドネシア政府によって続けられ、現在も不変のままだ。無制限の輸入と政府による掌握の結果、現地民の鉱業と製錬業は死滅した。個人による小規模な金と錫の選鉱を除き、現地民の鉱業と製錬業についての民族誌的報告は、一八〇〇年代半ばのものが最後である。

現地民による鉱業と製錬業は死滅したが、同じく現地民による鍛造業はなんとか持ちこたえた。その理由は、完全には分からない。ヨーロッパ人たちは、地金だけでなく農具や職人用工具もインドネシアへ輸出した。これらヨーロッパ製用具の影響は、例えばさまざまなタイプのドリル（*bor*）[16]のように、今日のインドネシアの鍛冶職人が製造するいくつかの用具の名前と形状に今も認めることができる。しかしふつうは、現地民の鍛造業が持ちこたえたのは、地元風の形状を地元の顧客が選好したおかげである。インドネシアの営農条件はヨーロッパのそれと著しく異なり、農民たちは彼らが慣れ親しんだタイプの農具を使い続けることを当然のこととして選好したのであろう。同じ事は、おそらく大工など他の職人についても妥当する。用具のタイプは同じインドネシアのなかでも均一ではなく、かなり大きな地域的変異が見られる。例えば外島の農民たちは、土壌が高密度なために、ジャワで用いられているよりも重い鍬（くわ）と踏み鋤（すき）を好む。海外の工場よりも、農村を基盤としあちこちに分散した工業の方が、このように多様な需要のパターンに適応するのにずっと有利な位置にある。そのうえ、地元製の用具を買う村人は、それを地元の職人のもとへ修理に出すのが容易なことも知っている。地元の職人は輸入物の用具を修理するのを嫌がるかもしれず、あるいは修理ができないかもしれないのである。

オランダ人はまた、インドネシアに金属加工工場を設立する試みも行った。しかしこれは、バトゥール集落におけるような鋳物工場に限られていた。これらの鋳物工場は、製糖工場や機関車のような機械類の交換部品を製造したが、農具や職人用工具は作らなかった。鋳造金属で作られた用具は壊れやすく、鍛造された用具ほど耐久性がなかった。ヨーロッパでもインドネシアでも、一九世紀には鍛造は小さな作業グループによって行われた。つまり、それは工場組織にはなじまなかったのである。

現地民の鉱業と製錬業が死滅した史実に照らすと、現地民の鍛造業の運命を完全に楽観視することはできるのだろうか。私は、そう思わない。近年の鍛造業企業数のめざましい増加にもかかわらず、これらの企業は今なお潜在的には、輸入品と工場製品との競争に対して脆弱である。これはとくに、鍛冶業と実用品を作るコード番号38のその他の工業について妥当する。今では、工場制度のもとで機械により鍛造された用具の大量生産を可能にする資本集約的技術が存在している。こうした技術は、欧米と日本ではよく知られている。興味深いことに、コード番号39の手工芸的工業の方が実際には、政府による規制緩和策に影響されにくい。これは、手工芸品を輸入する必要がインドネシアにはないからであり、また、手工芸品はその性質上、工場製品とは競合しないからである。

現在の政策的保護の水準を前提に、輸入によってコード番号381の工業がどの程度廃れたか、利用可能なデータから推計できる。第四章では、輸入により二、七五九企業、つまり各々四〇のプラペンをもつ六九の村落に等しい規模の廃業が生じた、という推計を行った。これはかなり大きな数字だが、全国の381番企業の六%に過ぎない。したがって、現在の政策的保護の水準における輸入の影響は、かなり大きいが壊滅的ではない、と述べてほぼ間違いない。

もし輸入規制による保護政策が撤廃されたら生じるであろう廃業について、利用可能なデータから推計することは残念ながら不可能である。そのような推計を行うには、価格とそれ以外の要素（用具の形状とその修理しやすさなど）が顧客の需要に対してもつ相対的重要性を知る必要がある。もし輸入規制による保護が廃止されれば、国産用具に対してもっと競争力のある価格で輸入物の用具を販売できるようになるだろう。価格が需要の重要な決定要因のひとつだと仮定すれば、その結果はおそらく用具輸入量の増加と農村工業の廃業の増加となるだろう。とはいえ、この仮定にもとづく廃業の規模を確定するのは難しい。

認可規制による保護の撤廃は、輸入規制による保護の撤廃よりも大きな脅威になるだろう。インドネシアに拠点を置く工場にとって、それが製造する用具の形状を地場の需要に適合させることは、比較的容易だろう。国有企業と民間企業の双方による工場の存在はすでに、小規模および家内制企業が、新しくて今までより複雑なタイプの製品へと事業を拡張するのを妨げる効果を及ぼしつつあるかもしれない。

近年見られる希望に満ちた兆候のひとつは、村の鍛冶職人たちの新式機械技術採用への意欲である。これらの技術は、これまでより分散した発展のパターンに道を開き、農村地域に生産が存続することを可能にして、農村の繁栄に直接的な貢献をするかもしれない。

インドネシアの村落は均質だろうか。ブーケとギアーツはともに、インドネシアの村落が貧困を共有する窮乏世帯の均質な集合であるという見解に同意した。ホワイトとストーラーなどが一九七〇年代に行ったジャワ水稲作村落の注意深い調査は、この見解に異議を唱え、かなりの程度の内部的階層化が見られることを指摘した。ふつう水稲作村落では、少なくとも三つの階層が識別される。

一．所有権、用益権（村役人の場合）、および賃貸借または質入れの仕組みを通じて、かなりの量の土地の生産物を自由にできる富裕な土地所有者の家族。これらの家族はふつう自分の所有地を自ら耕作はせず、それを小土地所有者の家族に刈分小作に出したり、雇用労働を用いて耕作する。これらの家族は、バウォン（*bawon*）と呼ばれる収穫物の分け前を、収穫を手伝った小土地所有者家族の女性に与えることもある。[17] ただし、これは近年ではあまり行われなくなっている。

二．小面積の区画地を所有し、それを自ら耕作、または少量の雇用労働または近所の世帯からゴトンロヨン（*gotong royong*）と呼ばれる労働交換の仕組みを通じて得た労働の助けを得て耕作する小土地所有者の家族。これらの家族は、大土地所有者の家族との刈分小作の仕組みにより他の区画地の耕作権を得たり、配分制収穫労働の仕組みを通じてバウォンの収入を稼ぐ権利を得ることもある。

三、農業賃金労働者[18]として働く土地無しまたはほとんど土地無しの家族。ふつうこれらの家族は、より実入りの良い刈分小作や配分制収穫労働の仕組みからは排除されている[19]。

本書の民族誌的データが示すところでは、農業部門における階層制は農村工業部門における階層制と類似している。金属加工業村落は、二つ、三つ、四つ、ときにはそれ以上の階層に分かれていることが多い。多くのプラペンを抱える金属加工業村落は、プラペンの数が少ない村よりも複雑に階層化されていることが多い。

金属加工業村落における階層化のない、つまり「均質な」システムとは、雇用労働を用いるプラペンがひとつもない状態を意味するであろう。今日ではこのような状態は、まれである。大半の金属加工業村落では、小規模で資本の乏しいプラペンは無給の家族労働に全面的に依存するかもしれないが、大規模で資本の豊かなプラペンではふつう雇用労働によって家族労働を補っている。

大きくて階層化の進んだ金属加工業村落では、少なくとも四つの階層が存在するだろう。第一は、原材料と製品である用具の商人たち（および企業経営を手伝うその家族成員たち）である。第二は、独立したプラペン所有者たち（および、無給の家族労働者も含め、その家族成員たち）である。第三は、従属的プラペン所有者たち（および、やはり無給の家族労働者も含め、その家族成員たち）である。そして第四は、雇用労働者たち（およびその家族成員たち）である。ジョロトゥンド[20]の銅細工村落のように二段階の生産システムを伴う村では、四つを上回る数の階層が存在するかもしれない。

マクロデータからは、雇用労働者の賃金に対してプラペン所有者の得る利潤の比率という形で、階層化の問題に関する若干の追加的情報が得られる（表11と表12の分析を参照）。最も高い比率は、五人以上の労働者のいる「小規模」企業で見いだされた。一九八六年におけるこれらの企業での比率は、刃物類および手工具製造業（コード番号３８１）

が一一・七対一、鍛冶業（3811番）が一四・一対一、装身具製造業が八・五対一、楽器製造業が五・八対一であった。したがって、あらゆる金属加工業のなかで鍛冶業が最も偏っているように見える。けれども、「小規模」企業よりも家内制企業の方がはるかに数が多く、家内制企業では上記比率はずっと低いという事情を想起しなければならない。[*4]

インドネシアの村落は均質というより階層化していると述べるとき、均質性というのは相対的概念であることも認めなければならない。一九八六―八七年に私は、パキスタンのパンジャブ地方における職人カーストのための信用プロジェクトに関する仕事に携わった。パンジャブ地方の村落は、三つの顕著な階級に分かれている。最上層に位置するのは、「領主」（landlords）という英語で呼ばれる世襲的な封建的土地所有者階級である。どの村も、あらゆる近代的設備を備えて丘の上に立つ優雅な邸宅に住む、ひとつまたはいくつかの領主の一族が支配している。彼らは豪華な自動車に乗り、山岳地帯のリゾート地で休暇を過ごし、子供たちを最良の大学に送り、頻繁に外遊する。これらの一族は、おのおの平均して約二五〇ヘクタールの土地を所有するが、それはふつう米作用の水田と小麦作用の畑地の組み合わせから成っている。彼らの営農方法は資本集約的であり、大型トラクターなどの機械設備も使用する。

領主階級の下には、耕作地は狭いが、何種類かの農民カーストに属するという身分に誇りを抱く小土地所有者の中間階級がいる。彼らは、領主とは離れた場所で、塀で囲まれた独自の敷地内にある泥塗りの住居で暮らす。彼らの営農方法は領主より労働集約的だ。

小土地所有者の下には、鍛冶屋、陶工、織工、革細工師を含むさまざまな職人カーストから成る第三階級がいる。職人はみな土地無しであり、彼らの身分は不可触民か準不可触民である。[*5]上位の二階級の人々は、例えば、職人たちとともに食事をしたり、同じベンチに座ろうとはしない。職人たちには独自の居住地域があるが、それは塀で囲まれてはいない。伝統的に、職人は彼らの製品を自由市場で売ることを許されなかった。彼らの地位は、領主の年季契約奉公人に等しかった。領主は彼らに原材料を提供し、彼らが季節ごとに作る製品の数と種類を指定した。引き替えに、職人たちは領主の農地で収穫された穀物からわずかな分け前を与えられた。領主が追加の農業労働を必要としたときには、職人たちを農地での労働に派遣することもできた。

この伝統的制度は、パンジャブの僻地では今も存続しているが、主要道路沿いの地域や都市近郊では変化し始めている。多くの職人たちが領主との絆を断ち、自由市場で原材料を購入し最終製品を販売している。ロハリ（*lohari*）と呼ばれる鍛冶屋カーストの成員たちは、最初に領主との絆を断ち切った人々に属し、トラクターの爪やその他の農機具用交換部品の製造に使う小型の金属折り曲げ機、ドリルなどの工具を購入して、経済的な大成功を収めた。だが、彼らの経済的地位の上昇には社会的地位の上昇が伴わなかったので、硬直した三階級制度は不変のままだ。[*6]

パキスタンのパンジャブ地方の村落に比べれば、インドネシアの村落はたしかにもっと均質的だ。インドネシアの村落の村役人やその他の大土地所有者が、ひとりで二〇ヘクタールを超える土地を支配することはふつうない。社会科学者のなかには、インドネシアの村落の多様な経済階層（economic strata）を「階級」（classes）と、また経済的分化（economic differentiation）の過程を「村落内階級形成」（intravillage class formation）として引き合いに出す人々もいるが、私は「階級」という用語を避けてきた。それはインドネシアの村落内にこれまで存在したことのないほどの社会的亀裂を含意するからだ。言葉使いや服装の流儀の違いのような明白な階級的標識は、存在しないか割合に抑制的である。サストロ氏のように豊かな村民は、質素な身なりと控えめな行動に気を配り、村のなかの誰にも親しげに礼儀正しく接しようとする。また、これ見よがしの富の誇示はほばかられる。一例を挙げると、豊かな村人のなかにはトラックやミニバンのような実用車を買う者はあるだろうが、高級セダンのようにあまりに都会風のものを所有するのは決まり悪いと思うことだろう。[*7]村のなかでは、グループ間の交流に何もタブーや障壁はない。言葉使いはみな同じだし、共通の周期的儀式や祭典には誰もが参加する。そのうえ、かなりの程度の社会的上昇志向も存在しており、雇用労働者がいつの日にか企業所有者に出世することを熱望するのも無分別なことではない。

ジャワ人は歴史的に、ウォン・チリ（*wong cilik*：小人）つまり貧しい平民とウォン・グドン（*wong gedong*：館の人）つまり宮廷都市の豊かな住民とを区別してきた[21]。今日では、ウォン・チリという言葉は、村人を指すこともあれば、都市の下町（*kampung*）に住む農村からの移住者を指すこともある[22]。これに対して、ウォン・グドンまたはウォン・グドンガン（*wong gedongan*）という語は、今日では主に地位の高い官吏、大実業家およびその家族から成る都市の特権階級を指す。ときには、在留外国人もウォン・グドンに含まれる。インドネシアにおける階級的裂け目は今でもこれら二つの大まかなグループのあいだにあり、カジャールのように経済的に階層化された村のなかの階層間には存在しないように思われる。社会科学者のなかには、都市部における新興中産階級を識別しようとする者もいる。

インドネシアの村人たちは、貧困を共有しているのだろうか。ブーケとギアーツはともに、「均質性」と「貧困の共有」の概念を関連づけた。彼らにとって「貧困の共有」は、実際には二つの意味をもっている。第一にそれは、社会的ニーズが経済的ニーズよりも優先される、ということを意味する。皆が貧しい村では、隣人を支援し、逆に支援を受けることによって災難を回避する。第二に貧困の共有は、村のなかに平準化のメカニズム、つまり、貧しい村人たちが彼らより裕福な村人たちにその富の一部を再分配するよう圧力をかけることを可能にする慣習と慣行が存在することを意味する。ジャワについてブーケとギアーツが引き合いに出す実例は、主に農業部門で見られるもので、刈分小作（*bagi hasil*）、配分制収穫労働（*bawon*）と労働配分の仕組み（*gotong royong*）を含んでいる。

ブーケとギアーツが用いているように、貧困の共有は嘲るような用語だ。富の蓄積を回避することによる貧困の共有は、企業家階級の成長を妨げ、その結果、資本主義的路線による発展を妨げる。貧困の共有の概念を「農業インボリューション」と関連づけたギアーツは、ブーケによる貧困の共有の概念を復活させたとして、いっそう近年の研究者たちに批判された。植民地時代についての歴史的研究により、一部は土地に対する権利の差違に、また一部は植民地政府への近接度にもとづく村落内の階層化が、かなりの程度まで起きていたことが明らかにされた。そのうえ、今と同じく村人のなかのエリートの一群が門番の役割を果たして、村に入ってくる資源と機会の利用を、村人から植民地政府への賦役労働の提供と租税の支払いとともに管理していた。このエリート集団のメンバーは、自分を裕福にするため他の村人たちを犠牲にして、その地位を利用することもあった。階層化の様子は、二〇世紀初め、一九三〇年代の大恐慌前の時期にはとりわけ鮮明だった。[*8]

ホワイトはまた、土地改革をめぐる土地持ち集団と土地無し集団のあいだの衝突が、一九六五年のクーデタ未遂事件とそれに続く農村部での共産党支持者虐殺を引き起こす大きな要因であったことを指摘している。彼が記しているように（White 1983, 19）、これらの混沌とした事件は、ギアーツの『農業インボリューション』の出版のわずか二年後に起きたのである。ストーラーとハートは、農業における配分の仕組み（share arrangements）が本当に貧困の共有の証拠なのかと、疑問を呈している。農村地域における農業の労働市場は競争的ではない、と彼女らは論じる。ストーラーによれば、大土地所有者と小土地所有者の集団のあいだの同盟関係が、土地無しの貧困層が刈分小作や配分制収穫労働から収入を得るもっと有利な機会を排除する役割を果たしてきた（Stoler 1977a; Stoler 1977b; Hart 1986）。

貧困の共有が一九六五年以前に存在したかどうかは、現時点ではほとんど未解決の問題である。大土地所有者が彼らの経営を合理化し始めたために、配分の仕組みが近年は衰退の一途をたどったことは、ほとんどすべての研究者が認めるところだろう。そのうえ、テレビを見たり都市の店舗や市場を訪れることによって村人が新型の消費財に接するにつれ、誇示的消費（conspicuous consumption）に対する社会的禁制も壊れ始めているかもしれない。

農村の金属加工業ではかつてさまざまな配分制度が普及していた証拠を、第二章で提示した。これらのシステムのなかには、用具やその他の製品の売り上げを、一定の比率でプラペンの作業グループのメンバーが分け合う慣行が含まれていた。自分の作業場のウンプとして働くプラペン所有者が最大の分け前を、フイゴ職人が最小の分け前を受け取った。ジャワの年長の職人の多くが、これら配分制度を記憶しており、外島のいくつかの鍛冶村落では配分制度が今も見いだされる。しかし、日当や出来高で支払われる賃金労働の制度が、その多くに取って代わった。賃金制度のもとではプラペン所有者が手に入れる売り上げの分け前が前より大きくなっているから、この交替は一種の「合理化」と見なすことができる。それは、配分制収穫労働から雇用収穫労働への交替と類似している。

同様に、一九八〇年代には機械化による合理化の開始が見られた。フイゴ職人をブロワーに置き換え、ヤスリ職人一人を電動グラインダー一台と置き換えることによって、プラペン所有者は売り上げの取分を増やすことができる。この代替は、かつて籾米を手で搗いて分け合った女性労働者の籾摺り・精米機による代替と類似している。

鍛冶業村落に来る仕事の注文はプラペンのあいだで分け合うことがあるが、この慣行は貧困の共有の一例ととらえることもできよう。だが、子細に見ると、仕事の注文を分け合うのは二つの非常に異なる状況のもとであることが分かる。第一の場合、仕事の注文を受けるのはふつうのプラペン所有者一人だ。顧客の指示する期間内に仕上げるには仕事の量が多過ぎるとき、彼はそれを他のプラペン所有者と分け合うが、その相手先は近縁の親類、友人および隣人を優先する。彼は、注文のまとめ役として少額の手数料を取ることもあれば、取らないこともある。どちらにせよ、彼の注文の分け前にあずかった親類、友人、隣人が、いつか将来彼らが受けた注文を今度は彼に分配して返礼するだろうという、明らかな期待が見られる。したがって、このシステムは相互に有益であり、農業で用いられる相互扶助（*gotong royong*）的労働交換の仕組みに類似している。第二のタイプの状況の場合、仕事の注文を受けるのはウンプ・プダガン（*empu pedagang*）つまり商人の鍛冶頭領であり、ときには政府系協同組合の長としての彼の資格にもとづき受注するのである。この場合、原材料調達や製品出荷のため彼に依存するすべてのプラペン所有者たちのあいだに、注文が配分される。独立したプラペン所有者は、その独立の代償として、注文への参加から排除される。ウンプ・プダガンはいつものように利ざやを取るので、階層化の程度はわずかながら減少ではなく増加することになる。

カジャール村について述べた第三章には、サストロ氏と他の村人たちのあいだの関係についての議論が含まれている。カジャールの村人たちは、ある程度までは、サストロ氏に彼の富の一部を再分配するよう圧力をかけることができる。これは、村の祭礼のときに最も露わになり、彼は食事や催し物の経費の多くを負担し、自宅の家屋と庭、車両を主催者の利用に供することを期待される。それ以外の時期にも、寡婦や貧者に私費で少額の融資をし、誰か病院へ連れていくことが必要になれば車を提供し、親族のつてを頼ってくる若者には賃稼ぎの仕事をあてがい、子供が結婚する村人には食器やガラス器を貸し、他の村人たちに彼のテレビを一緒に鑑賞させるなど、さまざまなことを期待される。私的な会話ではサストロ氏はこういう圧力について愚痴を言うが、実際にこれらが彼の利潤をどれくらい削減しているのかを推計するのは難しい。ただ、それが正味五〜一〇%以上の持ち出しになっているかは疑わしい。

何が農村の階層化の原因なのか。緑の革命は農村の階層化に責任があるとされてきた。土地所有者は、新技術が産み出す米の余剰のうち不釣り合いに大きな分け前を手にする地位にいた、と論じられる。緑の革命以前に土地改革の実行が失敗したことにも責任があることを、ホワイトは示唆した。農地改革を経たうえで緑の革命の技術が導入されていれば、農村住民はもっと平等にその利益の分け前にあずかれただろう、というのである（White 1989）。

階層化の問題を土地改革にあまりに強く関連づけると、農村地域における他の重要な資本的資産（capital assets）の存在を見落とすことになる。中ジャワの村落の研究（Hart 1978）のなかでハートは、ある世帯の経済的地位は水田の所有だけでは測れないことを見いだした。養魚池の所有も重要だ。その結果、彼女は、ある世帯の経済的地位をもっとよく示す基準として、「資産階級」（assets classes）という概念を展開した（Hart 1978; Hart 1986）。この概念を工業村落に適用すると、作業場、物置、車両、ディーゼル発電機、各種機械など土地以外の項目も考慮することが必要になるだろう。工業村落では、土地改革がそれ自体で自動的に平等を作り出すとは限らないのだ。

階層化は、農村地域における資本形成の増大がもたらした不可避の結果だ、という見解もある。ファン・デル・コルフはその古典的な研究（Van der Kolff 1936）で、彼が一九二二年に調査した東ジャワのいくつかの村々を再訪した。世界大恐慌の時期にこれらの村々は、国際商品市場の崩壊とプランテーションでの労賃稼得機会の喪失のために、資本形成の後退を経験していた。資本形成の後退が、市場における物々交換と、貨幣資本の使用が不要な「前資本主義的」な労働交換の仕組みへの逆行を伴ったのを、ファン・デル・コルフは見いだした。[*9]

本書の民族誌的部分で私は、農村の工業部門では資本が階層化の原動力であることを示唆することによって、ファン・デル・コルフに似た見解を提示した。賃金労働を用いない金属加工業村落では、階層化されないシステムがもたらされる。もし資本が賃金の支出に使われれば、結果は賃金を支払う世帯と受け取る世帯に分かれた二階層システムの形成になる。もし大型の工業村落でふつうに見られるように、資本が賃金と信用貸しの双方の形で使われれば、信用貸しを行う者と受け取る者という二つの階層が付け加わる。その結果はふつう、四階層システムの形成である。

階層化の原因を説明すると称するいかなる仮説も、農村の非農業部門の階層化が農業部門の階層化と並行していることを考慮に入れなければならない。示唆されたことのあるひとつの説明は、部門間における投資の連関の存在である。つまり、土地所有者は農業における余剰の販売から生じる収入の一部を非農業部門の企業に投資する可能性がある。あるいはまた、ある土地の区画を販売、賃貸、または入質したり、土地を銀行ローンの担保に使って投資資金の調達を行う可能性もある。

本書の民族誌的データは、この説明に多少の弱い支持を提供する。ふつう原材料と製品を売買する商人は大土地所有者、プラペン所有者は小土地所有者、雇用労働者は土地無しである。しかし、これにはきわめて多くの例外がある。とくに、プラペン所有者が土地無しである場合も多いから、上記とは違う説明を探した方がよさそうである。そのような説明のひとつは、資本の並行利用についてのものだ。

村落工業部門では、資本は賃金と信用貸しの形で使われる。農業部門では、資本は賃金、信用貸しの他に賃貸料としても用いられる。賃貸借は村落工業部門では普及していないが、たまに行われることがある。例えば、外注制による衣料製造企業では、針子たちはしばしば裁縫用ミシンを企業所有者から賃借することを強制され、賃借料は出来高賃金から差し引かれる。金属加工企業では、未使用のプラペンや設備一式が賃貸されることがある。

村落工業部門では配分制度はほとんど死滅し、賃金のシステムに替えられている。農業部門では変化の進行がもっと緩慢だが、やはり配分制度はまれになり、賃金制度に替わられつつある。村落工業部門における信用貸しは、ふつう従属的生産者たちへの原材料支給という形をとる。農業部門での信用貸しは、質入れされた土地に対して支給される現金という形をとる。すでに述べたように、農業部門では資本が土地の賃借に使われることもありうる。資本利用のこの類似は、農業部門と村落工業部門のあいだに直接的な投資の連関が見られないところでも、同一のパターンの階層化を産み出す。

平等を伴う成長は可能だろうか。開発についての最近の論争は、経済成長と平等を結びつけることは可能か、あるいは望ましいかという問題に集中してきた。インドネシア政府は平等を公約に掲げているが、多くの経済学者とコンサルタントは疑念を内々に認めている。すでに見たように、インドネシア農村における平等は、歴史的に資本形成の後退と窮乏化の時代に結びついていた。そのうえ、工業部門における平等とは、細分化、零細企業の増殖、より労働集約的な生産方法への後退、そして無給の家族労働者だけから成る労働力構成への退却を含意するように思われる。より大規模で安定した、そして資本形成の進んだ農村企業の成長は、ある程度の階層化と農村企業家階級の出現を含意するであろう。

ある開発報告書で私は、絶対的平等の達成よりも最低生活水準の引き上げに農村開発の努力を注ぐべきだ、と提言した（Sutoro 1990）。最低生活水準の引き上げとは、村落の最貧困層の実質所得の引き上げと生活水準の改善を意味する。工業村落では、雇用労働者と相対的に貧しい企業所有者たちに焦点を当てるべきだ。

本書の民族誌的データは、大規模で資本形成の進んだプラペンで働く雇用労働者は、小規模で資本形成の遅れたプラペンで働く雇用労働者よりも多くの年間所得を稼ぐことを示している。これは、大きくて資本形成の進んだプラペンの方が上質のスクラップ金属を使い、大型の製品を作る能力が高いので、産み出す利益も大きくなるからだ。そのために、より高い賃金率を支払うゆとりも出てくるのである。そのうえ、大きくて資本形成の進んだプラペンは、操業停止に追い込まれることが少なく、年間を通じて操業を継続することができる。かりに操業停止を余儀なくされた場合も、それは短期で済み、労働者が他のプラペンに転出してしまうのを避けるために、操業停止中も日当賃金を払い続けることができるかもしれない。反対に、小さくて資本形成の遅れたプラペンは利益が低く、支払う賃金率もいくらか低く、キャッシュフローの問題のために頻繁で長い操業停止に苦しまねばならないのである。この停止期間中に労働者が立ち去るのも、放任せざるをえないかもしれない。

やはり民族誌的データの示すところでは、従属的なプラペン所有者の方が独立したプラペン所有者よりも稼ぎが多いこともある。独立したプラペン所有者の資本力が弱ければ、低品質のスクラップを使い利益の薄い製品を作らざるをえないのだ。頻繁な操業停止のために収入を失うこともあるだろう。賃金を支払うゆとりがないので、事業を広げることができないかもしれない。同じ理由で、新しい技術を購入することもできないかもしれない。

逆に、もし弱小のプラペン所有者がウンプ・プダガンへの従属関係を築けば、高品質のスクラップの供給を信用貸しで継続して受けられるだろう。操業停止の問題も解消するだろう。彼自身の資本は、賃金の支払いや新技術の購入のために自由に使えるようになるだろう。もちろん、ウンプ・プダガンに渡すために作る用具一個あたりの収入は少し減るだろうが、増加する生産量と作った用具の市場価値の向上はそれを補って余りあることだろう。

小さくて階層化が進んでいない村よりも、カジャールやマッセペのように大きくて階層化が進んだ村の方が、鍛冶職人の平均収入は高いということを、最後に指摘しておかねばならない。この理由は複雑だが、規模の経済による投入財単価と輸送費の削減、仲介業者のより良いサービスによる職人の生産専念時間の増加、熟練労働者確保のためのプラペン同士の競争による賃金水準の上昇などが関係している。

これは、村落工業の階層化を政府が意図的に促進すべきだ、ということを意味するだろうか。私は、そうは考えない。第五章で論じたように、政府のプログラムの多くは、村役人たちや一人のウンプ・プダガン支配下の村落協同組合を通じて資源を配分することにより、階層化を不注意に助長している。保証条件が必要な信用のプログラムも、これと同じ結果を招く可能性がある。もっと良いプログラムは、貧しい企業所有者の資金力を改善するため資源を直接彼らに供給するものだ。すでに述べたすべての理由により、貧しい企業の賃金労働者たちも、そういうプログラムから間接的利益を得るだろう。例えば自分自身の企業を設立するために信用を提供するなど、賃金労働者を直接対象とするプログラムはふつう誤りである。工業の細分化をもたらすからだ。[*10]

企業家精神は、農村工業の成長の制限要因だろうか。農民社会は経済発展に必要な企業家精神を生み出すことができない、という強い懸念が一九六〇年代には抱かれていた。当時のコンサルタントや政策立案者たちの大半が、農民的文化を経済発展の障害と考える近代化論の信奉者だった。近代化論者たちの仮定のひとつは、農民は貧困を共有し、経済的ニーズよりも社会的ニーズを重んじ、経済的誘因に反応しないから、良い企業家にはなれない、というものだった。これらの態度や価値観を変えるなんらかの努力が払われなければ、農村地域に信用やその他の投入財を流し込んでも無駄だ。普及や研修のプログラムによってこれを成し遂げるのが最良である、と論じられた。

本書の民族誌的データは、企業家精神がインドネシア農村には横溢しているのを示している。工業の普及指導を受けたり、研修コースに出席した企業所有者は実際にはごく少数であるから、企業家的態度は伝統文化の一部を成すように思われる。そのような態度は、村人にとって十分な量の資本への接近が可能になればいつでも出現するのである。カジャールのように比較的大きい金属加工業村落では、企業家として描写できるような二つのグループが存在する。

すなわち、原材料と製品を扱う商人と独立のプラペン所有者である。従属的プラペン所有者は、経営機能の範囲全体を履行するわけではないので、企業家と見なすことはできない。

原材料と製品を扱う商人は、大きな金属加工業村落では、つねに最も裕福な人々である。例えばカジャールのように、ただ一人だけそういう人物がいて、信用貸しによる投入財供給をほぼ独占する体制を築くことができるような村落もある。他方、マッセペのように、数人の商人がいて、従属的プラペン所有者との信用貸しの関係を競い合っているような村落も存在する。原材料と製品を扱う商人は、いくぶんか自前の設備をもち自宅の敷地で仕上げの工程を行うことができる場合もある。しかし、彼らの基本的な経済力は、信用貸しの元手としての資本の利用に由来する。

他方、独立型プラペン所有者の経済力は、賃金の元手としての資本の使用に由来する。大きな金属加工業村落では、彼らの人数は多い。原材料と製品を扱う商人と違って、独立型プラペン所有者は、生産のすべての局面に直接関与する。彼らは経営機能の全範囲を履行するから、企業家と見なすことができるが、賃金の元手としての資本の利用が、信用貸しの元手としての資本の利用と同じくらい大きな利潤を生み出すわけではないことも明白である。

信用貸し基盤型と賃金基盤型という二つの企業家類型の区別は、インドネシアのあらゆる村落工業に当てはまる。開発計画の立案にあたっては、プロジェクトが育成しようとする企業家精神のタイプについて考慮を払うことが必要だ。多くのプロジェクトが、意図的であれうかつにであれ、信用貸し基盤型の企業家を助成している。しかし私は、賃金基盤型の企業家に向けられたプロジェクトの方に賛成する。なぜなら彼らこそ資本を生産的に利用しているのだし、この種のプロジェクトの方が成長と平等という二つの目標のあいだの穏当な妥協策に相当するからだ。

村落工業の将来像はどのようなものだろうか。インドネシアの村落工業の将来像を正確に予見することは不可能である。観察が必要ないくつかの変数を挙げることしかできない。そのなかで最も重要なのは、規制緩和と機械化である。工業部門の規制緩和について、インドネシア政府は国際援助を行う国や機関からかなり強い圧力を受けている。

大・中規模工業の規制緩和はすでにかなり進みつつあるが、小規模および家内工業の規制緩和については、政府はこれまで抵抗を示してきた。平等が微妙な政治的問題であるときに、規制緩和が農村地域の仕事と収入の喪失をもたらすのを、役人たちの多くが危惧している。プリブミ企業家の支援への政治的圧力が存在するときに、規制緩和が華人系少数グループの支配力を強めることも、彼らは恐れている。例えば、都市の機械工場と鋳物工場の大半は華人の所有であり、もし許認可手続きが緩和されれば、彼らは用具製造工場の設立に最も有利な立場を得るだろう。小規模および家内工業の規制緩和には政府内で抵抗があるが、フェリック・レンコン金属課長への私の面接調査が示すところでは、この抵抗は崩れつつある。もし同じ方向の変化が続けば、規制緩和の力は強まりそうである。

上に述べたように、規制緩和に伴って起きる廃業の程度を推計するのは不可能である。規制環境による現行の保護措置は、大部分が架空のものかもしれない。例えば、市場にはすでに相当量の密輸入された用具が出回っている可能性がある。都市の中規模の作業場では、地方政府の役人たちが気づかないか見逃すままに、無免許の用具製造が行われている可能性がある。ここで脳裏に浮かぶのは、第三章で記した、スマランからやって来た華人系用具商の事例である。彼は、三〇人以上の労働者をカジャール村から「盗みとり」、農具を製造する商売敵の作業場を設立して、その製品を政府の島嶼間移住プログラムに売り込んだのだ。また、国有企業と工業省が運営する共通サービス施設の多くが、実際には村の職人たちと競合している。

たいていの著作が、小規模および家内工業には競争上の優位がないと仮定している。だがデューイは一九五〇年代に、価格と嗜好の点で欧米製の輸入品と競争できる場合はどこでも、ジャワにおける農民工業は生き延びることを観察した（Dewey 1962, 198）。農村の金属加工業は、競争上の優位を少なくとも五つもっているように思われる。それは、農村の消費者への近接、その地方で用いられる用具の形についての精通、製品の耐久性（とくに職人が高品位のスクラップを使うゆとりがある場合）、低価格、そして修理に応じる意欲と能力だ。しばしば見過ごされがちなこれらの優位を踏まえれば、村落の金属加工業は、極端な排除を被ることなしに、規制緩和のもとでも生き延びるかもしれない。

インドネシア政府は、大・中規模企業間の公開競争と対立という考えに不安を感じている。この不安感が、互恵的で非競争的な連携関係の樹立を試みる「里親」プログラムの復活の根底にある。これまでのところ、このプログラムに登録されている小規模金属加工企業と協同組合の数はわずか三六五だが、もしプログラムが有望だと見なされれば、将来おそらくそれは拡大されるだろう。このプログラムを評価するのは時期尚早だが、その潜在的影響には正負の両面がある。新しい技術が小型の企業にも移転され、それらの企業が独立生産者としての地位を保持するのならば、その影響は積極的である。だが、もし小型の企業が従属的関係に陥るのを余儀なくされるならば、その影響は消極的だ。規制緩和の圧力は、農業部門にも影響を及ぼしつつある。どのようなものであれ、農民の所得に負の影響を及ぼす農業補助金や価格統制政策の変更は、農村の職人たちが作る製品の市場にも影響するであろう。

一九八〇年代にはほとんどの農村地域が電化し、金属加工業の機械化が始まった。この変化の潜在的影響は甚大である。それは鍛冶業の社会経済組織だけでなく、文化的・象徴的内容にも影響するからだ。鍛冶業は太古からの、神聖な意味合いをもつ職業のひとつである。鍛冶職人は、村落共同体とその男系子孫および神々との仲介役を演じる、と考えられている。地金板を鍛造することは、新しい霊魂の創造あるいは死者の霊魂の再創造と同種の好意とみられている。フイゴ、金床、焼き入れ用の冷却槽などを備えたプラペンは、この神聖な活動が執り行われる小寺院か祭場のような役割を果たすのである。

プラペンについての象徴的連想を踏まえると、機械化が職業としての鍛冶業の非神聖化をもたらさないかと、疑問を抱かざるをえなくなる。電動ブロワーは、空気を火床に押し込むという点で、マレー式フイゴと同じ機能を果たすが、構造と外観はフイゴとまったく違っている。フイゴにつきものの象徴的連想をブロワーに移し替えることはできそうにない[*11]。同じように、プラペンにある物のなかでも最も神聖な金床を、スプリングハンマーつまり電動式鍛造機に置き換えたら、いったい何が起きるか怪しまずにはいられない。

機械化による潜在的な社会経済的影響も、負けず劣らず深刻だ。数名のフイゴ職人が一台のブロワーに、ヤスリ職人の一人が一台のグラインダーに、そして数名の鎚打ち職人がスプリングハンマーに置き換えられたら、プラペンの労働力は激減するだろう。機械化により、伝統的に四~七人のグループが行ってきた仕事を、二人の人間（スプリングハンマーの操作員一人とグラインダーの操作員一人）でできるようになるだろう。今のところ、スプリングハンマーはまだ試作機が開発中で、工業省はその拡散を制限しようと試みている。しかし、次の一〇年以内に商業的採算に乗るモデルが得られるようになり、その拡散を抑える努力は無駄になるだろう。これまでのところ、ブロワーとグラインダーの導入による雇用への悪影響は、市場の拡大によって隠蔽されてきた。プラペン一カ所あたりの平均規模がいくらか縮小しても、プラペンの数が大きく増加して、機械化により失職した労働を吸収したのである。スプリングハンマーによって失職する労働の吸収はそう容易ではないかもしれない。鎚打ち職人の数は鍛冶業の労働力の約半分を占めるからだ。階層化に対する機械化の影響は、電力と銀行からの投資信用への接近可能性に大きく依存するだろう。政府は現在、村の世帯が購入する最初の一単位分の電力一五〇Wについて、補助金を支給している。この電力量は、市販されている最小型のブロワーとグラインダーを動かすには十分だが、もっと大きい型のそれを動かすには不十分だ。ふつうのプラペン所有者たちは、一〇万ルピア（五〇米ドル）未満の価格で購入できる小型のものに投資する。ふつうは、銀行ローンに頼らず、利潤のなかから購入費を捻出することができる。裕福なウンプ・プダガンや何人かの独立したプラペン所有者は、もっと大きなブロワーやグラインダーに投資しつつある。これらのモデルは、ディーゼルエンジンか、補助金のつかない追加単位分の電力を政府から買うことによって稼働する。何百万ルピアもかかるこれらの大型技術設備の購入には、政府系銀行のローンの助けを借りることもある。

機械化は将来、労働者の失職と階層格差の拡大という問題を引き起こすかもしれない。しかしそれは、村の金属加工企業が競争力を維持して生き延びるという最良の希望を提供する。したがって、村の職人たちが新しい技術を採用する意欲は、将来への積極的な兆候と見なすべきである。金属加工などの工業が農村地域に存続すれば、それは農村社会の繁栄に対する直接の貢献を続けることだろう。資本が充実し小型機械技術を採用して生産性の増した農村工業による分散型の発展は、おそらく将来への最良の希望を提供する。

## マクロデータベース改善への提言

研究者、工業振興計画策定者および政策立案者が利用できるマクロデータベースは、独立後の年月を経て、量的にも質的にも着実に改善されてきた。にもかかわらず、時系列的な比較や構成を難しくするようなデータの欠陥が、依然として存在する。それゆえ、次のことを提案する。

一．本書の民族誌的データの示すところでは、農村地域の小規模および家内工業は単一の社会経済的および文化的複合体を形成している。したがって、工業部門内のこれら二分野を調査するときは、同一の調査用紙を用い、調査対象期間も統一することが望まれる。現状では、一部しか共通点がない別個の用紙が用いられているので、同じ工業センサスの中でも比較可能性に問題が生じる可能性がある。

二．できれば、小規模および家内工業の将来の調査では、すべての収集データが五桁のＩＳＩＣ（国際標準産業分類）コードに従って公表されるべきである。あるいは少なくとも、三桁のＩＳＩＣコードに従って公表されるべきだ。表11と表12のデータの隔たりは、不完全な公表がもたらす弊害を示している。

三．規模にもとづく企業の定義（大規模、中規模、小規模および家内制）、労働力参加についての定義、および五桁のＩＳＩＣコードの内容が変更されたために、時系列データの構成が難しくなった。もうこれ以上の変更は避けねばならない。ただし、一九七四―七五年の工業センサスで使われていた、今より包括的な労働力の定義への回帰は別である。なぜなら、一九八六年センサスで使われた、それより窮屈な定義では、パートタイム労働者が除かれており、その人数についてなんらかの正確な推計を行うことができないからだ。もっと包括的な定義を使い、それを労働力参加の強度に関する質問で補完することができる。

四．将来の工業センサスでは、所有地および耕作地の量と種類に関する若干の基本的設問を加えるべきだ。それらを含めることによって、農業部門と工業部門の関係について研究者が若干の結論を引き出すことが可能になるだろう。

五．どの調査にも、働いた人日数と雇用労働者に支払われた賃金についての設問が含まれていなければならない。これによって、研究者が人日あたりの賃金を計算し、付加価値の数値を利潤の数値に換算することができるようになるだろう。

六．小規模および家内工業における労働力の性別区分に関するデータが、公表されるべきだ。現状では、これらのデータは、一九八六年センサスの小規模工業部門についてしか利用できない。

## 輸入規制と許認可規制の改訂への提言

同様に、輸入規制と許認可規制の改訂への提言を行うことにする。これらの提言の対象は、小規模および家内制金属加工企業に影響する規制に限られる。

一．政策立案にあたっては、市場志向の差に基づき、実用的工業と手工芸的工業の区別を行うべきである。実用的工業は、大部分が農村と地元（同一州内）における低所得者の市場向けに生産を行っている。これまでのところ、これらの工業は、政府の輸出促進策の対象には含まれておらず、かりに含めてみても、その製品に海外の需要があるかどうかは多分に疑わしい。反対に、手工芸工業は、大部分が都市の中・上層所得者の市場向けに生産しており、そのなかには高い比率で外国人観光客と在留外国人が含まれている。インドネシアの手工芸品にはかなり大きな海外の需要があり、それは輸出促進策の対象に含まれつつある。

二．実用的金属加工工業を保護している法律は、そのままにしておくべきである。それを廃止して得られる明瞭な利益がないうえに、未知の失職の危険があるからだ。規制緩和論者たちは、ふつう二つの根拠によりそれを正当化する。他国の政府と有利な貿易協定を結ぶ交渉には、規制緩和が必要な前提条件だ、というのが第一の根拠である。フェリック・レンコン課長が述べたように、もしインドネシアが台湾からの製品輸入を禁じれば、台湾もインドネシアからの製品輸入を禁じるだろう、という危惧がある。しかし、実用的な金属加工工業はほとんど全面的に国内市場向けの生産を行っているのだから、外国との貿易協定から得るものはほとんどない。正当化の第二の根拠は、規制緩和により工業の競争力が強まり、否応なく効率も上がる、というものだ。しかしながら、輸入品と工場製品との競争の増加は、逆の影響を及ぼす可能性がある。プラペン所有者は価格を引き下げ、利幅の縮小を受け入れることを余儀なくされるかもしれない。そうなると、効率の増加をもたらす電動設備や小型の省力機械を購入するゆとりもなくなってしまうだろう。

三．小規模および家内制金属加工企業が必要とする資本財については、関税とその他の租税を撤廃すべきだ。資本財のうち最も重要なのはヤスリで、頻繁な交換が必要だが、現状では五〇％もの関税とその他の租税が課せられている。石目ヤスリ、万力、クランプ、金床、携帯用鍛造炉、手動またはペダル式砥石車についても、関税とその他の租税を軽減または撤廃すべきである。

四．現在、銅と銅の合金を用いる鍛冶業と鋳造業は、みなリサイクル産業である。それは全面的にスクラップ金属に依存しており、新品の金属を購入する資力はない。だが、利用可能な民族誌的データによれば、いつでもそうだったわけではない。日本軍による占領以前には、インドネシアの職人たちは、今日よりも密接に世界の市場経済に統合されていた。これは彼らが、主にヨーロッパから輸入された新品の地金をかなり大量に使用していたからである。今日では、政府が金属の輸入を管理し、鉄鋼の輸入を独占しているため、国内価格が国際価格より二五～五〇％も割高になっている（Poot, Kuyvenhoven, and Jansen 1990, 445）。かりに政府が独占を断念し、民間部門が鉄鋼輸入に関与するのを認めれば、村の職人たちは、いくつか特定用途向きに新品の金属の利用を再開する可能性がある。鉄鋼輸入の独占が続けられる場合でも、もしクラカタウ・スチール社が価格を下げれば、鍛冶職人たちは新品の金属の利用を再開するかもしれない。

## 普及事業改善への提言

以下六項目の提言は、普及事業、とくに工業省のプログラムの改善のために示すものである。使われている事例は金属加工業から採用したが、最初の五項目の提言は、別種の工業にも当てはまるであろう。

一．野外業務に従事する工業省の職員とオペレーターの給与を増額し、利益相反を招く活動を厳禁すべきだ。これには、原材料や最終製品の売買や、個人的事業を営むための共通サービス施設の利用が含まれるだろう。

二．普及サービスを、もっと広範囲のプラペン所有者たちのグループに行き渡らせる努力がなされるべきだ。ふつうの野外業務職員の担当件数は非常に多いので、野外業務職員の増員も必要かもしれない。現状では、普及事業は、村役人、協同組合長、ウンプ・プダガンから成るエリート集団を通じて行われる傾向がある。これはふつう、これらエリート集団の資本力を強めるという、不本意な結果をもたらす。ふつうのプラペン所有者の多くが、普及事業担当者と直接接触し、工業省出資のプロジェクトに参加した経験をまったくもっていない。

三．プラペン所有者をプロジェクトの策定に関与させるために、あらゆる努力を払うべきだ。プロジェクトの企画書を起草する前に、彼らと協議することによって、これを実施すべきである。時間と資源の浪費だと考える村人を、プロジェクトに無理やり参加させてはならないし、そのようなプロジェクトを実行しなければならない立場に外勤職員を置いてはならない。信用貸しで支給する設備は、プロジェクトに予算を付ける前にプラペン所有者たちに見せ、その同意を得なければならない。

四．信用やグループ基金を含むプロジェクトは、村落ユニット[23]BRI（インドネシア国民銀行）やBPD（地方開発銀行）各郡支店のように信頼できる銀行の地方支店を通じて実施しなければならない。工業省の野外業務職員や協同組合役員は銀行員としての訓練を受けておらず、銀行業務に携わることを求めてはならない。つまり、信用供与申請者の審査、信用の支出、信用返済の徴収、返済金やグループ基金の自宅の戸棚における保管などを、彼らに求めてはならない。多くのプロジェクトが、財務上の不適切な処置や誤った運用によって失敗に陥っている。

五．研修コースや視察旅行の参加者たちは膨大な時間を浪費する。それゆえ、彼らには失われる収入に釣り合う日当の補償が支給されるべきだ。プラペン所有者がみずからウンプの役を果たしている場合、そのプラペンは研修コースの期間中、操業停止を余儀なくされるかもしれない。このため、その息子たちのうちの一人をコースに出席させる方がよいこともある。それが技術研修のコースである場合、用いる原材料や補給品の代金を支払うことにより、工業省が失敗のリスクを負わなければならない。

六．工業省は、鍛冶業村落に鉄の鋳造技術を導入することを繰り返し試みて失敗してきた。本書の民族誌的データの示すところでは、かりに鉄の鋳造技術を銅、真鍮、青銅の鋳造を行う村落に導入すれば、工業省の努力はもっと成功したであろう。鍛造と鋳造はまったく異なる工程だが、鋳物職人はふつう各種の金属に対応できる。今のところ、インドネシアには成功した鉄の鋳造中心地が二カ所あるが、どちらも中ジャワに所在し、植民地時代にオランダが関与したという歴史を共有している。これらの中心地は、鍛冶職人が見習うべき模範としてしばしば称揚されているが、中心地のひとつ（バトゥール集落）[24]についての歴史的データは、それがかつては青銅と真鍮を鋳造する村だったことを示している。

## いっそうの調査への提言

インドネシアについては、長年にわたりたくさんの学説が展開されてきた。これらの学説は、主にジャワにおける低地の水田稲作村落での民族誌的研究にもとづくものであった。それとは大きく異なる生態的適応と資源配分のパターンをもつ別種の村落は、たいてい無視されてきた。本書は、この状況を是正する試みのひとつを提示した。それは、小規模工業村落の一部、すなわち金属製品を作る村落に焦点を当てている。さまざまな理論的仮定の修正を始めるのに十分なデータを集めるには、他にも事前に多くの研究が必要なことは明らかだ。工業部門のなかだけでも、繊維工業、かご細工および敷物製造業、粘土製品製造業、革製品製造業、食品加工業およびその他いくつかの、非常に重要で多様な工業についての研究が必要である。研究者は誰でも、実地調査に向けて独自の課題を設定しているのは当然のことだが、非稲作村落についての将来の研究は、二つの問題に特別な関心を払うことが推奨される。第一は、部門間の資源配分パターン、および相対的収益性の変化によるそのパターンの時間的変化である。第二は、社会経済的階層化と、貨幣資本の使用を含む階層化の原因の考察だ。

注

＊1　第一章を参照。

＊2　これは、トラック一台、ディーゼルエンジン一基、電力消費量の大きい電動機器四点および設備の整ったプラペン四カ所の推定設備投資額である。

＊3　最も成長が速かった時期は、一九六四年から一九七四―七五年までの過去一〇年間だったかもしれない。

＊4　センサスの調査用紙は、企業所有者と雇用労働者という二つの大まかな集団しか区別していないから、これらの比率は階層化についてのきわめて粗い指標に過ぎない。カジャールやマッセペのように四つの階層が見られる村落の場合、従属的なプラペン所有者と独立したプラペン所有者はセンサスではひとつに括られてしまう。原材料と製品を扱う商人も、ふつうそうであるように生産や仕上げの作業に使うなんらかの機械類を所有している場合、企業所有者としてカウントされてしまうだろう。逆に、機械類を何も所有していない場合、つまりその活動が厳密に商業に限られる場合は、おそらくセンサスの調査対象から外れてしまう。

＊5　インドとパキスタンの伝統的織工は、パイル織りの絨毯（じゅうたん）は作らない。それよりはむしろ、ダリー（*durree*）と呼ばれる平織りのタペストリー加工された絨毯を作る。これは、下に浅い穴を掘った水平織機（horizontal pit loom）を用いて織られる。ダリーを作る織工は、ジュラーハー（*julaha*）という名のカーストに属し、土地無しである。一九七〇年代の初めには、一部の小土地所有農民がイランから垂直織機と機織り技術を持ち込み始めた。「ペルシャの庭園」様式のパイル織り絨毯がこの織機で、やはり農民カースト出身の貧しい家族と契約して確保した児童労働を用いて製作されている。これは、すべての手工芸品は土地無しの職人カーストの家族によって作られる、という通則に対する唯一の例

外である。

＊6　イスラームは、実際にはカーストを認めない。けれども、パキスタンのパンジャブ地方のイスラーム教徒たちのあいだには、ヒンドゥーのカーストとほとんど同様のカースト制度が存在する。最近の明白な隆盛にもかかわらず、依然として低い社会的地位に置かれていることに対して、ロハリ・カーストの人々はかなり大きな失望を味わってきた。あるときロハリの全国大会が催され、一六世紀の北インドとパキスタンにおけるムガール王朝の支配者たちに武具師として仕えた栄えある役割を思い起こすために、そのカースト名を公式にムガール・ロハリ（*Mughul Lohari*）と変更した。この名称変更は、上位のカーストの人々には見栄を張るものと見なされ、そのためにロハリの人々は嘲笑の的となった。

＊7　例外はバリで、村人たちは観光客に貸し出すためにしばしばセダンを購入する。彼らは、これらのセダンを自動車のディーラーから信用貸しで入手する。

＊8　これらの歴史的研究の列挙と論評については、White 1983 と Hart 1986, 32–37 を参照。

＊9　階層化に関連する農村開発と農地所有の変化（agrarian change）について、ハートは四つのパラダイムを識別した。ファン・デル・コルフのものに最も似ているパラダイムを記述するのに、彼女は「新レーニン主義者」という用語を用いる。新レーニン主義者のパラダイムは、一九世紀のロシアにおける農地所有の分化（agrarian differentiation）に関するレーニンの分析に由来する。レーニンによれば、農村における資本主義の浸透は、土地所有の両極分解（polarization）と非人格的な賃労働関係の展開を容赦なく推し進め、その結果、農民層は消滅して富農（kulaks）とプロレタリアの対立する両階級が出現する。例えばモーティマーとゴードンのように、現在のジャワについて記した新レーニン主義者の著述家は、階級意識と対立の成長を強調する点でファン・デル・コルフとは異なっている（Hart 1986, 5–6）。

＊10　平等の問題に対する、さらにもうひとつのアプローチは、生産よりも消費の面を強調する。近年、国際援助機関のあいだで人気を増してきたこのアプローチによると、インドネシアのような国の政府は、生産は自由市場に委ね、より良い公共医療サービス、教育、住宅、水道、衛生などを貧困層に提供して平等を促進することに集中すべきである。おそ

らくこれらのサービスは、例えば土地税や法人税などの所得移転策により、財源を得ることができるだろう。

＊11　このような移し替えには、ひとつの実例がある。バリのトゥンペック・ランドゥップ（Tumpek Landep）祭では、その期間中、鉄や鋼でできた品物、伝統的には刃物と武器に対して供物を捧げなければならない。最近では、いつも適応性のあるバリ人たちは、トゥンペック・ランドゥップの供物を、やはり鉄鋼でできている彼らの自動車と機械類にも捧げ始めた。

［1］第五章の［28］を参照。

［2］土地の「支配」（control）とは、その土地の管理・耕作に実際に携わっている状態を指す。日本の農業経済研究ではふつう土地の「経営」と呼んでいる概念にほぼ等しい。つまり、土地支配の規模とは農地の経営規模（自営地と借入地の合計面積）を指すと考えてよい。

［3］第五章の［25］を参照。

［4］スンガイパウル（Sungai Paur）は、西スマトラ州の古くから鍛冶業が盛んな地域の名前である。

［5］第二章［14］を参照。

［6］*pamor*（パモール）はインドネシア語およびジャワ語で、クリス（短剣）の刃に鋼とニッケルなどの合金を用いて施された紋様を指す。製法は異なるが、日本刀では「刃文（はもん）」と呼ばれるものに相当するので、そのように訳した。第三章をも参照。

［7］見慣れない用語だが、植民地化以前の時代の後期を指すと思われる。

［8］一九七〇―八〇年代に「在留外国人」のひとりとして訳者（加納）は何度もバリ島を訪れる機会があったが、日本人観光客がまがい物の日本刀を土産に買い求めるのを目にしたことはなかった。模造日本刀の顧客は、おそらく別の人々だったと思われる。

［9］ジャワの稲作農村では、伝統的に稲刈り労働への参加は隣人や知人など土地所有者以外の人々（ふつうは女性）にも

開放され、収穫した稲の数分の一が収穫ナイフ（*ani-ani*）を携えた収穫労働者の取分として認められていた。このような慣行をジャワ語でデルパン（*derepan*）、収穫労働者の取分をバウォン（*bawon*）と呼ぶ。本書が share harvesting と記しているのは、この慣行のことである。また、収穫後の稲のうち売りに出されず村のなかで消費される分については、近所の農家の主婦たちが共同で、舟形をした臼（*lesung*）と杵（*alu*）を使って籾摺りと精米を行い、その成果をやはり一定の比率で分け合う伝統的慣行があった。本書が pounding rice for shares と記しているのは、これを指す。一九六〇年代末から農村に小型精米所が普及して籾摺り・精米は機械による賃搗きが一般的になり、臼と籾による共同作業の慣行は廃れた。また稲の収穫労働も、一九七〇年代からの「緑の革命」による高収量品種の普及とともに、収穫ナイフによる穂首刈りから鎌による収穫にしだいに代わり、デルパンから貨幣賃金で雇われた労働者による作業への交代も進んだ。

［10］*pokok* はインドネシア語でもジャワ語でも「基本」を意味し、*samben* はジャワ語で、*sambilan* はインドネシア語で、ともに「副業」を意味する。

［11］［4］を参照。西スマトラのミナンカバウ族の社会は、母系社会として名高い。

［12］第五章［25］を参照。

［13］第三章を参照。

［14］ムコパディヤイ（Swapna Mukhopadhyay）は農村経済が専門のインド人研究者で、次のような著作がある。Swapna Mukhopadhyay, *Birth Place Migration in India, 1961-1971*, Delhi, 1979. Swapna Mukhopadhyay & R. Savithri, *Poverty, Gender and Reproductive Choice: An Analysis of Linkages*, Manahor, 1998. Swapna Mukhopadhyay & Chee Peng Lim（eds.）, *Development and Diversification of Rural Industries in Asia*, Kuala Lumpur, 1985.

［15］失蠟（しつろう）法とは、蠟を使って原型を作り、その上を粘土で覆って外型とし、加熱により蠟を溶かして除いた後に溶かした金属を流し込んで複雑な形の作品を製造する技法を言う。

［16］ボーリングに使うドリルをインドネシア語で「ボル」（*bor*）と呼ぶのは、英語の bore と同じく「掘る」という意味

のオランダ語の動詞 *boren*（ボーレン）に由来すると思われる。

[17] 本章の［9］を参照。

[18] ふつうブルー・タニ（*buruh tani*）と呼ばれる。

[19] 訳者（加納）が一九七〇―八〇年代にジャワ各地で行った農村経済調査の経験によれば、土地無し世帯が刈分小作に従事したり、稲刈りの共同労働に参加するのは広く見られる慣行で、とくに彼らを排除する習慣は認められなかった。

[20] ジョロトゥンド（Jolotundo）は、中ジャワ州ルンバン（Rembang）県ラスム（Lasem）郡の村の名前。銅細工が盛んな村として知られている。第二章をも参照。

[21] ウォン・チリの反対語はふつうウォン・グデ（*wong gedhe*：大人）であり、「大物」とか「地位の高い人物」を意味する。ウォン・グドン（正確には *wong gedhong* と綴る）という語を訳者（加納）は耳にしたことがないし、手元にある数種類のジャワ語辞典のどれにも記載されていない。

[22] ウォン・チリという言葉は、実際には、たとえ都市の生まれでも平民、つまり貴族（*priyayi*：プリヤイ）の血筋ではない人々を指して使われてきた。

[23] 第五章［40］を参照。

[24] 第二章［14］を参照。

付録

# この研究に関連して筆者が携わった他のプロジェクト

一．一九七七年六月から一九七八年九月にかけて私は、ホノルルのイースト・ウエスト・センターからの奨学金により、ジョクジャカルタ特別州（D.I.Y：Daerah Istimewa Yogyakarta）で村落工業に関する研究を実施した。この研究に対するインドネシア側後援機関は、工業省付属の小規模工業指導育成事業（BIPIK：Bimbingan dan Pengembangan Industri Kecil）であった。この研究期間中に、ジョクジャカルタ州の農村部四県内の工業村落三五カ村で最初の一般的調査を行った。さらにこの大きな集団のなかから四つの村落を選び、各村落で六〇世帯ずつについて標本調査を実施した。これら四村落とは、グヌン・キドゥル県の鍛冶業村落カジャール村、バントゥル県の製陶業村落カソンガン村[1]、バントゥル県の革製人形製造村落ポチュン（Pocung）村[2]、およびスレマン県の竹かご細工製造村落マランガン村[3]である。この調査では、ガジャマダ大学人口問題研究所の学生調査員数名に助けられた。この期間に筆者はまた、ジョクジャカルタの町はずれにあるコタグデ村[4]の銀細工業、スレマン県のンガウェン村[5]の真鍮製ベル鋳造業、およびスレマン県のジタル村[6]のクリス（短剣）製造についても、非公式に若干のデータを収集する機会を得た。

二　一九七八年五、六月に筆者は、インドネシア政府の第三次五カ年計画（REPELITAⅢ）のための提言を書く作業を国際労働機関（ILO）のジャカルタ事務所で行うチームの一員であった。筆者が担当したのは、村落工業とその他の農村内非農業企業に関する提言であった。これには、ILOが収集した、利用可能な英語およびインドネシア語文献資料の広範な検討の作業が含まれていた。

三　一九七八年一〇月から一九八〇年一二月まで筆者は、米国国際開発庁（USAID）の資金援助を得た中ジャワ州の開発プロジェクト（PDPI）の農村工業担当コンサルタントとして勤務した。スマランにおける工業省の州事務所を拠点とした筆者の主な任務は、北海岸に位置するクドゥス（Kudus）、デマック（Demak）、ジュパラ（Jepara）、パティ（Pati）、ルンバン（Rembang）の各県における計二二の小規模工業村落における信用プログラムの立ち上げであった。これらの村のなかには、クドゥス県のハディポロ鍛冶業村落[7]、パティ県のクニラン鍛冶業村落[8]、ルンバン県のジョロトゥンド銅細工村落[9]が含まれていた。二年間にわたりこれらの村を定期的に訪れ、プログラムへの参加が企業の収入、雇用、労働生産性などの変数に及ぼす影響の評価を行った。もうひとつの任務は、中ジャワの上記五県の工業省事務所が毎年提出する村落工業プロジェクトの提案書の評価だった。同様の評価を、アチェ（スマトラ北部）、マドゥラ、ロンボックにおける他のPDPプロジェクト実施地域についても行った。この任務の遂行にあたっては、これらの地域を見て歩くことが必要で、アチェのバエット[10]やマドゥラのセン・アセン[11]のような鍛冶業村落で非公式にデータを収集した。さらにもうひとつの任務は、中ジャワ州における村落工業とその他の非農業部門の所得創出活動に関する、大がかりなベースライン調査を完了することだった。これは、ディポヌゴロ（Dipenegoro）大学とサトヤ・ワチャナ（Satya Wacana）大学の社会科学研究所の支援を得て行われた。私用休暇の時間を利用して、カジャールとジョクジャカルタの他の村々への再訪も行った。

四．一九八一年一月から一九八四年八月まで、著者はジャカルタにあるフォード財団東南アジア地域事務所で、女性と雇用問題担当のプログラム・オフィサーとして勤務した。一週間のうち二日は、ボゴール農業大学開発研究センターのプジワティ・サヨグヨ博士（Dr. Pujiwati Sajogyo）[12]とともに、インドネシア外島地域の七つの州における農村女性の経済的役割に関する四年間の研究プロジェクトのために働いた。この業務には、プロジェクトに関与した外島地域の大学の修士課程大学院生の教育と学位論文指導も含まれていた。週の残りの日々は、インドネシアの各種組織からの助成金申請書の審査と、すでに資金助成を行ったプロジェクトの評価に費やされた。これらのプロジェクトの大半は、工業部門における女性に焦点を当てたもので、その対象は村落工業の生産者や外注生産に携わる労働者から大規模工場の雇用労働者にまで及んでいた。この仕事には何回も出張旅行が必要で、カジャールとジョクジャカルタおよび中ジャワ地域の他の村々の再訪とともに、新しい鍛冶業村落や金属加工業村落を訪問する機会にも恵まれた。

五．一九八六年五～八月と一九八七年八～一一月に著者は、零細工業開発のコンサルタントとして、グジュランワラ地方統合農村開発プロジェクト（Gujranwala Integrated Rural Development Project：GADP）のなかの融資担当業務のために、パキスタン農業開発銀行に配属された。プロジェクトの大きな枠についてはアジア開発銀行が出資したが、筆者のコンサルタント業務には国際農業開発基金（ＩＦＡＤ）の資金が充てられた。主な任務は、パキスタンのパンジャブ地方にあるグジュランワラ県の職人カースト村民のためのパイロット信用プロジェクトを立ち上げることだった。鍛冶職人（ロハリ）はこのプロジェクトが関わるカーストのひとつで、ジャンディアラ・バグアラ（Jandiala Baghwala）とカイリ・シャー・プール（Kaili Shah Pur）の鍛冶業村落を調査と評価のために何回も訪れた。このプロジェクトの対象となる他のカーストには、陶工、織工、革細工師があった。このプロジェクトの遂行にあたって筆者は、パンジャブ小規模工業組合（Punjab Small Industries Corporation）のラホール事務所と緊密に協力した。ある会議用ペーパーでは、主に開発論の視点からインドネシアとパンジャブの鍛冶職人たちを比較した。

六．一九八八年九月から一九九五年まで筆者は、ジャカルタのインドネシア国民銀行（ＢＲＩ）の研究コーディネーターとして勤務した。この仕事には、ＵＳＡＩＤと世界銀行が資金を供与した。ＢＲＩは、農村地域でプログラムを実施しているインドネシアの主要政府系銀行である。その信用および貯蓄のプログラムは世界でも最大規模のものだが、総数およそ三、五〇〇もの村落銀行の全国ネットワークを通じて行われている。稲作の投入財供給への信用には別の政府プログラムが存在するので、ＢＲＩの農村信用プログラム（ＫＵＰＥＤＥＳ）は、もっぱら農業以外の企業への貸付を行っている。ＢＲＩでの筆者の仕事は、ＢＲＩの計画・調査・開発部所属の研究チームの助力を得て、農村銀行とその顧客に関する政策志向の研究を実施することだった。その最初のプロジェクトのひとつは、四つの州における村落工業向け融資の顧客に焦点をあてたもので、工業省の県事務所の協力を得て実施された。別のプロジェクトは借り手への影響の研究で、数百人の顧客たちの世帯を対象とする集中的な聞き取り調査が必要だった。また別の調査では、村落を拠点として顧客世帯と非顧客世帯との比較研究を行った。これらの研究対象の所在地は、西ジャワ、ジョクジャカルタ、北スマトラ、南スラウェシおよびバリの各州であった。三つの調査の進行中に調査チームのメンバーによる約五〇件の集中的聞き取り調査が鍛冶業およびその他の金属加工企業を対象に実施され、筆者は調査結果のデータを活用した。筆者は調査地へ出向くチームに同行しながら、新たに多数の金属加工業村落を訪問する機会を得た。強固な鍛冶業の伝統をもつバリについて筆者が調べたのは、これが初めてだった。バリで訪れた村には、タバナン（Tabanan）県のバトゥ・サンギハン（Batu Sangihan）における鍛冶村落、ギアニャール（Gianyar）県のデロッド・パンルック（Delod Pangluk）における鍛冶村落、同じくギアニャール県のチュルック（Celuk）における銀・金細工村落、クルンクン（Klungkung）県のカマサン（Kamasan）における銀・金・真鍮および鉄細工村落などがある。別の地域の興味深い金属加工業村落には、西ジャワ州ガルート（Garut）県のクルサムナック（Kersamenak）における鍛冶業村落と南スラウェシ州シドラップ（Sidrap）県[13]のマッセペにおける鍛冶業村落があった。この仕事の期間中にも、カジャールとジョクジャカルタのその他の村を再訪することができた。もっと最近では、カジャールについての追加情報をジョクジャカルタを拠点とするジャーナリストのマデ・スアルジャナ（Made Suarjana）氏が筆者のために集めてくれた。一九九一年に筆者とマデ・スアルジャナ氏は、一九七〇年にクントウィジョヨ氏[14]が行った研究の追跡調査のために、中ジャワ州クラテン県のバトゥール[15]における鉄と真鍮の鋳造業村落を二回訪問した。

# 注

［1］正確には、バントゥル（Bantul）県カシハン（Kasihan）郡バングンジウォ（Bangunjiwo）村カジェン集落（Dusun Kajen）内のカソンガン（Kasongan）小集落である。この小集落は現在、バントゥル県庁から観光村（*desa wisata*）に指定されている。

［2］正確には、バントゥル県イモギリ（Imogiri）郡ウキルサリ（Wukirsari）村カランアスム集落（Dusun Karangasem）内のプチュン（Pucung）小集落である。主に影絵芝居（ワヤン）用の革製人形の製造で知られる。この小集落も二〇一五

年現在、バントゥル県庁から観光村に指定されている。

［3］正確には、スレマン（Sleman）県モユダン（Moyudan）郡スンブルアグン（Sumberagung）村のマランガン集落（Dusun Malangan）である。この集落も二〇一五年現在、スレマン県庁から観光村に指定されている。

［4］正確には、ジョクジャカルタ市コタグデ郡（Kecamatan Kotagede）である。

［5］正確には、スレマン県ゴデアン（Godean）郡シドカルト（Sidokarto）村のンガウェン集落（Dusun Ngawen）である。この集落も二〇一五年現在、観光村に指定されている。

［6］正確には、スレマン県モユダン郡スンブルアグン村（［3］参照）のジタル集落（Dusun Jitar）である。アン・ダナムが調査を行った当時、この集落にはクリス製造の刀鍛冶として名高いジュノ・ハルムブロジョ（Ki Empu Djeno Harumbrodjo, 1929-2006）の工房があった。http://id.wikipedia.org/wiki/Ki_Empu_Djeno_Harumbrodjo（二〇一五年四月一一日参照）

［7］正確には、クドゥス（Kudus）県ジュクロ（Jekulo）郡のハディポロ村（Desa Hadipolo）。

［8］正確には、パティ（Pati）県バタンガン（Batangan）郡クニラン村（Desa Kuniran）。

［9］第六章［20］を参照。

［10］正確には、アチェ州大アチェ（Aceh Besar）県バイトゥッサラーム（Baitussalam）郡バエット村（Desa Ba'et またはDesa Baet）。

［11］正確には、東ジャワ州のマドゥラ島におけるバンカラン（Bangkalan）県コナン（Konang）郡センアセン村（Desa Sen Asen またはDesa Senasen）。

［12］農村社会学者でボゴール農業大学教授。二〇〇二年八月に七三歳で亡くなった。

［13］Sidrap は Sidenreng Rappang の略語である。第五章の［25］を参照。

［14］クントウィジョヨは歴史家でガジャマダ大学文学部教授。

［15］第二章の［14］を参照。

# 参考文献

インドネシアにおける人名の仕組みは、その数多い文化それぞれによって異なるが、大半は名字を用いない。そのため多くのインドネシア人、とくにジャワ人の名前は一語だけから成る。あるインドネシア人が二、三語から成る名をもっていたとしても、ラストネームは名字とは限らないが、ふつうに名字を示すこともある。インドネシアでの参考文献一覧はよく、ラストネームよりもファーストネームのアルファベット順に並べられている。しかし私は、インドネシア人以外の読者が混乱しないようにと考え、ラストネームのアルファベット順に並べた。

Alatas, Syed H. *Modernization and Social Change*. 1972. Sydney: Angus and Robertson.
———. 1977. *The Myth of the Lazy Native*. London: Frank Cass.
Alexander, Jennifer. 1987. *Trade, Trader, and Trading in Rural Java*. Singapore: Oxford University Press.
Alexander, Jennifer, and Paul Alexander. 1978. "Suger, Rice and Irrigation in Colonial Java." *Ethnohistory* 25, 207–23.
———. 1979. "Labour Demands and the 'Involution' of Javanese Agriculture." *Social Analysis* 3, 22–44.
———. 1982. "Shared Poverty as Ideology: Agrarian Relationships in Colonial Java." *Man*, n.s. 17, 597–619.
Arief, Sritua, and Adi Sasono. 1980. *Indonesia: Dependency and Underdevelopment*. Kuala Lumpur: Meta.
Association for Advancement of Small Business. 1988. *The Struggle of Small Enterprises: The Case of Small Industries Ceramic, Plered, and Ironmongerey, Ciwidey*. Bandung: Association for the Advancement of Small Business.
Bellwood, Peter. 1985. *Prehistory of the Indo-Malaysian Archipelago*. Sydney: Academic.
Benda, Harry J. 1962. "The Structure of Southeast Asian History: Some Preliminary Observations." *Journal of Southeast*

*Asian History* 3, no. 1, 106–38.

———. 1966. Review of Clifford Geertz, *The Social History of an Indonesian Town*. *American Anthropologist* 68, 1542–45.

Boediono. 1986. “Strategi Industrialisasi.” *Prisma* 1 (January).

Boeke, J. H. 1953. *Economics and Economic Policy of Dual Societies, as Exemplified by Indonesia*. New York: Institute of Pacific Relations [contains *The Structure of the Netherlands Indian Economy* (1942) and *The Evolution of the Netherlands Indian Economy* (1946)]. (『二重経済論——インドネシア社会における経済構造分析』永易浩一訳、秋董書房、一九七九年)

———. 1954. “Western Influence on the Growth of the Eastern Population.” *Economica Internazionale* 7, 358–69.

———. 1966. *Indonesian Economics*. The Hague: W. van Hoeve.

———. 1980. “Dualism in Colonial Societies.” *Sociology of South-East Asia: Readings on Social Change and Development*, ed. Hans-Dieter Evers. Kuala Lumpur: Oxford University Press [repr. from *Indonesian Economics*, 167–92].

Booth, Anne. 1985. “Accommodating a Growing Population in Javanese Agriculture.” *Bulletin of Indonesian Economic Studies* 21, 115–43.

———. 1988. *Agricultural Development in Indonesia*. Sydney: Allen and Unwin.

Booth, Anne, and Peter McCawley. 1981. “The Indonesian Economy since the Mid-Sixties.” *The Indonesian Economy during the Soeharto Era*, ed. Anne Booth and Peter McCawley, 1–22.

Booth, Anne, and Peter McCawley, eds. 1981. *The Indonesian Economy during the Soeharto Era*. Kuala Lumpur: Oxford University Press.

Boserup, Ester. 1965. *The Conditions of Agricultural Growth: The Economics of Change under Popular Pressure*. London: George Allen and Unwin. (『人口圧と農業——農業成長の諸条件』安澤秀一・安澤みね共訳、ミネルヴァ書房、一九九一年)

Breman, Jan. 1980. *The Village on Java and the Early Colonial State*. Erasmus University, Rotterdam, Comparative Asian Studies Program Series, no. 1.

Bronson, Bennet, and Pisit Charoenwongsa. 1986. *Eyewitness Accounts of the Early Mining and Smelting of Metals in Mainland South East Asia*. Bangkok: Thailand Academic Publishing.

Bruner, E. M. 1966. "Review: Peddlers and Princes; Social Change and Economic Modernization in Two Indonesian Towns: Clifford Geertz." *American Anthropologist* 68, 255–58.

Budi, R. P. 1981. "Pengembangan Kesempatan Kerja Nonpertanian di Pedesaan Indonesia" [The development of nonagricultural work opportunities in rural Indonesia]. *Analisa* 10, 220–33.

Burger, D. H. 1954. "Boeke's Dualisme." *Indonesië* 7, no. 3 (January), 177–98.

———. 1956. "Structural Changes in Javanese Society: The Supra-Village Sphere." Ithaca: Cornell University Modern Indonesia Translation Series.

Carey, P. 1981. "Waiting for the *ratu adil*: The Javanese Village Community on the Eve of the Java War (1825–1830)." Paper presented at the Anglo-Dutch Conference on Comparative Colonial History, Leiden.

Catley, Bob. 1976. "The Development of Underdevelopment in South-east Asia." *Journal of Contemporary Asia* 6, no. 1, 54–74 [repr. in *Sociology of South-East Asia: Readings on Social Change and Development*, ed. Hans-Dieter Evers, 262–76 (Kuala Lumpur: Oxford University Press, 1980)].

Central Bureau of Statistics. 1973. *Laporan Industiri Kecil / Kerajinan Rumah Tangga* [Report on small-scale manufacturing and handicraft]. 1972. Jakarta: Central Bureau of Statistics [text in Indonesian only; tables in Indonesian and English].

———. 1974. *Laporan Industiri Kecil / Kerajinan Rumah Tangga* [Report on small-scale manufacturing and handicraft]. 1973. Jakarta: Central Bureau of Statistics [text in Indonesian only; tables in Indonesian and English].

———. 1977. *1974/1975 Industrial Census: Household and Cottage Industries*. Jakarta: Central Bureau of Statistics [Indonesian and English].

———. 1978. *1974/1975 Industrial Census: Small Manufacturing Establishments in Indonesia*. Jakarta: Central Bureau of Statistics [Indonesian and English].

———. 1985. *Sunsenas 1982: Report on Cottage Industry*. Jakarta: Central Bureau of Statistics [Indonesian and English].

———. 1987a. *Analisa Pendahuluan Hasil Sensus Ekonomi 1986* [Preliminary analysis of the results of the 1986 economic census]. Jakarta: Central Bureau of Statistics.

———. 1987b. *Analisa Perbandingan Industri Besar/Sedang, Kecil dan Rumahtangga* [Comparative analysis of large / medium, small and cottage industries]. Jakarta: Central Bureau of Statistics.

———. 1988. *Mining and Quarrying Statistics, Unincorporated Enterprises, 1986*. Jakarta: Central Bureau of Statistics [Indonesian and English].

———. 1989a. *Economic Census 1986: Home Industry Statistics, 1986*. Jakarta: Central Bureau of Statistics [Indonesian and English].

———. 1989b. *Economic Census 1986: Home Industry Statistics, 1987*. Jakarta: Central Bureau of Statistics [Indonesian and English].

———. 1989c. *Economic Census 1986: Small Scale Manufacturing Industry Statistics, 1987*. Jakarta: Central Bureau of Statistics [Indonesian and English].

———. 1990a. *Statistical Year Book of Indonesia*. Jakarta: Central Bureau of Statistics [Indonesian and English].

———. 1990b. *Labor Force Situation in Indonesia 1989*. Jakarta: Central Bureau of Statistics [Indonesian and English].

———. 1990c. *Upah Buruh Menurut Jenis Pekerjaan* [Wages for hired workers by type of employment], *1989*. Jakarta: Central Bureau of Statistics [Indonesian only].

Chalmers Ian. 1989. "How Relevant Is the Concept of Take-off?" Editor's introduction to dialogue section in *Prisma* 48 (December), 22–24.

Chen, Peter. 1980. "The Cultural Implications of Industrialization and Modernization in South-east Asia." *Sociology of South-East Asia: Readings on Social Change and Development*, ed. Hans-Dieter Evers. Kuala Lumpur: Oxford University Press.

Chuta, E., and S. V. Sethuraman. 1984. *Rural Small-Scale Industries and Employment in Africa and Asia: A Review of Programmes and Policies*. Geneva: International Labour Organization.

Collier, William. 1981a. "Acceleration of Rural Development in Java." *Bulletin of Indonesian Economic Studies* 18, 84–101.

———. 1981b. "Agricultural Evolution in Java." *Agricultural and Rural Development in Indonesia*, ed. G Hansen, 147–73. Boulder: Westview.

———. 1981c. "Declining Labour Absorption (1878–1980) in Javanese Rice Production." *Kajian Ekonomi Malaysia*, 102–36.

Collier, William, et al. 1988. "Employment Trends in Lowland Javanese Villages." Paper prepared for U.S. Agency for International Development, April.

Cook, Scott. 1968. *Teitipac and Its Metateros: An Economic Anthropological Study of Production and Exchange in a 'Peasant-Artisan' Economy in the Valley of Oaxasa, Mexico*. Ph.D. diss., University of Pittsburgh.

———. 1970. "Price and Output Variability in a Peasant-Artisan Stoneworking Industry in Oaxasa, Mexico: An Analytical Essay in Economic Anthropology." *American Anthropologist* 72, no. 4, 776–801.

Dapice, David, and Donald Snodgrass. 1979. "Employment in Manufacturing, 1970–1977: Comment." *Bulletin of Indonesian Economic Studies*, 6 June [reply to McCawley and Tait].

Department of Industry, Republic of Indonesia. 1988. *Sekar Lati: Panduan Belanja Industri Kecil* [Melati flowers: Small Industry shopping guide]. Jakarta: Department of Industry.

Dewey, Alice G. 1962. *Peasant Marketing in Java.* Glencoe, Ill.: Free Press.

Dobbin, Christine. 1983. *Islamic Revivalism in a Changing Peasant Economy: Central Sumatra*, 1784–1847. London: Curzon Press for the Scandinavian Institute of Asian Studies.

Donges, Juergen, et al. 1980. "Industrialization in Indonesia." *The Indonesian Economy*, ed. Gustav Papanek. New York: Praeger.

Donges, Juergen, Bernd Stecher, and Frank Wolter. 1974. *Industrial Development Policies for Indonesia.* Tübingen: J. C. B. Mohr.

Elson, R. E. 1978. "The Cultivation System and 'Agricultural Involution.'" Monash University, Centre of Southeast Asian Studies.

Evers, Hans-Dieter. 1980. "The Challenge of Diversity: Basic Concepts and Theories in the Study of South-East Asian Societies." *Sociology of South-East Asia: Readings on Social Change and Development*, 2–7. Kuala Lumpur: Oxford University Press.

———, ed. 1973. *Modernization in Southeast Asia.* Kuala Lumpur: Oxford University Press.

———, ed. 1980. *Sociology of South-East Asia: Readings on Social Change and Development.* Kuala Lumpur: Oxford University Press.

Firth Raymond. 1966 [1946], 2nd edn. *Malay Fishermen: Their Peasant Economy.* London: Routledge and Kegan Paul.

Francis, Peter, Jr.1991. "Beads and the Bead Trade in Southeast Asia." Paper distributed to accompany a lecture at the Ganesha Society, Jakarta, 19 March.

Frank, Andre Gunder. 1973. "Sociology of Development and Underdevelopment of Sociology." *Latin America: Underdevelopment or Revolution: Essays on the Development of Underdevelopment and the Immediate Enemy*, 21–94. New York: Monthly Review Press.

Furnivall, J. S. 1930. *Christianity and Buddhism: An Address to the Rangoon Diocesan Council, August 1929*. Rangoon: People's Literature Committee and House.

———. 1944. *Netherlands India: A Study of Plural Economy*. New York: Macmillan.（『蘭印經濟史』南太平洋研究會譯、實業之日本社、一九四二年／『蘭印の經濟政治社會史』清水暉吉譯、ダイヤモンド社、一九四二年）

———.1948. *Colonial Policy and Practice: A Comparative Study of Burma and Netherlands India*. Cambridge: Cambridge University Press.

Geertz, Clifford. 1956. *The Development of the Javanese Economy: A Sociocultural Approach*. Cambridge: MIT Press.

———. 1963a. *Agricultural Involution: The Processes of Ecological Change in Indonesia*. Berkeley: University of California Press.（『インボリューション――内に向かう発展』池本幸生訳、NTT出版、二〇〇一年）

———. 1963b. *Peddlers and Princes: Social Development and Economic Change in Two Indonesian Towns*. Chicago: University of Chicago Press.

———. 1973. Comments on Benjamin White's "Demand for Labor and Population Growth in Colonial Java." *Human Ecology* 1, 273–39.

Glassburner, Bruce, ed. 1971. *The Economy of Indonesia: Selected Readings*. Ithaca: Cornell University Press.

Gordon, A. 1978. "Some Problems of Analyzing Class Relations in Indonesia." *Journal of Contemporary Asia* 8, 210–18.

Hall, D. G. E. 1981. *A History of South-east Asia*, 4th edn. London: Macmillan.

Hall, Kenneth R. 1985. *Maritime Trade and State Development in Early South-east Asia*. Honolulu: University of Hawaii Press.

Harris, M. 1970. *The Rise of Anthropological Theory: A History of Theories of Culture*. New York: Thomas Y. Crowell.

Hart, Gillian. 1978. "Labor Allocation Strategies in Rural Javanese Households." Ph.D. diss., Cornell University.

———. 1981. "Patterns of Household Labour Allocation in Javanese Village." *Rural Household Studies in Asia*, ed. Hans P.

Binswanger et al. Singapore: Singapore University Press.

———. 1986. *Power, Labor, and Livelihood: Processes of Change in Rural Java.* Berkeley: University of California Press.

Hart, Gillian, et al., eds. 1989. *Agrarian Transformations: Local Process and the State in Southeast Asia.* Berkeley: University of California Press.

Hartmann, Joerg. 1985. *Landlessness and Rural Employment in Indonesia.* Rome: Food and Agriculture Organization.

Heidjrachman, R. 1974. *Pengembangan Industri Kecil dan Kerajinan Rakyat di Daerah Istimewa Yogyakarta* [Development of small industries and people's handicrafts in Yogyakarta Special Region]. Lembaga Penelitian Ekonomi, Fakultas Ekonomi, Universitas Gadjah Mada, Yogyakarta.

Heinen, E., and Hermine Weijland. 1989. "Rural Industry in Progress and Decline." *About Fringes, Margins and Lucky Dips: The Informal Sector in Third World Countries,* ed. P. van Gelder and J. Bijlmer. Amsterdam: Free University Press.

Higgins, Benjamin H. 1955a. "The 'Dualistic Theory' of Underdeveloped Areas." *Ekonomi dan Keuangan Indonesia* 7, 58–78 [repr. in *Economic Development and Cultural Change* 4 (1956), 99–115; also repr. in *Sociology of South-East Asia: Readings on Social Change and Development,* ed. Hans-Dieter Evers, 46–56 (Kuala Lumpur: Oxford University Press, 1980)].

———. 1955b. "Economic Development of Underdeveloped Areas: Past and Present." *Land Economics* 31, no. 3, 179–95.

———. 1957. *Indonesia's Economic Stabilization and Development.* New York: Institute of Pacific Relations.

———. 1968. *Economic Development, Principles, Problems and Policies,* rev. edn. New York: W. W. Norton.

Hoselitz, B. F. 1966. "Interaction between Industrial and Preindustrial Stratification System." *Social Structure and Mobility in Economic Development,* ed. N. J. Smelser and S. M. Lipset, 177–93. Chicago: Aldine.

Hughes, Helen. 1971. "The Manufacturing Industry Sector." *Southeast Asia's Economy in the 1970s,* by the Asian Development Bank, 186–251. New York: Praeger.

Hüsken, Frans, and Benjamin White. 1989. "Java: Social Differentiation, Food Production and Agrarian Control." *Agrarian Transformations: Local Process and the State in Southeast Asia*, ed. Gillian Hart ed al., 235–65. Berkeley: University of California Press.

Itagaki, Yoichi. 1963. "Criticism of Rostow's Stage Approach: The Concepts of State, System and Type." *Development Economies* 1. No. 1, 8–17.

———. 1968. "A Review of the Concept of the Dual Economy." *Developing Economics* 6, no. 2, 143–52 [repr, in *Sociology of South-East Asia; Readings on Social Change and Development*, ed. Hans-Dieter Evers, 66–75. Kuala Lumpur: Oxford University Press, 1980].

Jacobson, Edward, J. H. van Hasselt. 1975. "The Manufacture of Gongs in Semarang." *Indonesia* 19, 127–52, with 4 pages of key and 14 pages of plate [trans]. by Andrew Toth of orig. Dutch edn published Leiden, 1907, by Rijksmuseum voor Volkenkunde].

Jaspan, M. A. 1961. *Social Stratification and Social Mobility in Indonesia: A Trend Report and Annotated Bibliography*. Jakarta: Gunung Agung.

———. 1965. "Review: Agricultural Involution: The Process of Ecological Changes in Indonesia. Clifford Geertz." *Man* 65, 132–33.

———. 1975. "A Note on Palembang in 1832: Urban Manufacturing and the Work-Force." *Berita Kajian Sumatera* 4, no. 2, 5–8.

Jay, Robert R. 1963. *Religion and Politics in Rural Central Java*. Cultural Report Series no. 12. Yale University, Program in Southeast Asia Studies.

———. 1969. *Javanese Villagers: Social Relations in Rural Modjokuto*. Cambridge: MIT Press.

Kahn, Joel S. 1975. "Economic Scale and the Cycle of Petty Commodity Production in West Sumatra." *Marxist Analyses and*

*Social Anthropology*, ed. Maurice Bloch, 137–58. New York: John Wiley and Sons.

———. 1980. *Miangkabau Social Formations: Indonesian Peasants and the World Economy*. Cambridge: Cambridge University Press.

———. 1982. "From Peasants to Petty Commodity Production in Southeast Asia." *Bulletin of Concerned Asian Scholars* 14, 3–15.

Kano Hiroyoshi. 1980. "The Economic History of Javanese Rural Society: A Reinterpretation." *Developing Economies* 17, 3–22.

Kantor Statistik, Kabubaten Gunungkidul. 1990. *Gunung Kidul Dalam Angka* [Gunung Kidul in figures], 1989. Wonosari: Kantor Statistik.

Kasryno, F., ed. 1984. *Prospek Pembangunan Ekonomi Pedesaan Indonesia* [Prospect s for developing Indnesia's rural economy]. Jakarta: Yayasan Obor Indonesia.

Keyfitz, Nathan. 1985. "An East Javanese Village in 1953 and 1985: Observations on Development." *Population and Development Review* 11, no. 4, 695–719.

Koentjaraningrant. 1961. *Some Social-Anthropological Observations on Gotong Rojong Practices in Two Villages of Central Java*. Trans. Claire Holt. Cornell University, Modern Indonesia Project Monograph Series.

———. 1967. "Tjelepar: A Village in South Central Java." *Villages in Indonesia*, ed. Koentjaraningrat, 244–80. Ithaca: Cornell University Press.

———. 1975. *Anthropology in Indonesia: A Bibliographical Review*. The Hague: Martinus Nijhoff.

———. 1985. *Javanese Culture*. New York: Oxford University Press.

———. Ed. 1967. *Villages in Indonesia*. Ithaca: Cornell University Press.

Kroeber, A. L. 1948. *Anthropology: Race, Language, Culture, Psychology, Prehistory*. New York: Harcourt, Brace.

Kuntowidjojo. 1977. "Economic and Religious Attitudes of Entrepreneurs in a Village Industry: Notes on the Community of Batur." Trans. M. Nakamura. *Indonesia* 12, 47–55.

Kuyvenhoven, Arie, and Huib Poot. 1989. "Between Inward- and Outward- Looking Development: Industry and Trade in Indonesia." *Indonesian Design of Industrialism: Emerging Norms for Increasing Life Chances in the Nineties*, ed. Selo Soemardjan, Kees Boender, and Pjotr Hesseling, part I, *Collected Papers for the Indonesian-Dutch Symposium at the Roosevelt Study Center, Middelburg, Netherlands, June 1989*, 232–57.

LeClair, Edward E., and Harold K. Schneider, eds. 1968. *Economic Anthropology: Readings in Theory and Analysis*. New York: Holt, Rinehart and Winston.

Leiserson, M., et al. 1978. *Employment and Income Distribution in Indonesia*. Washington: World Bank.

Lempelius, Christian, and Gert Thoma. 1979. *Industri Kecil dan Kerajinan Rakyat: Pendekatan Kebutuhan Pokok* [Small Industory and People's Handicrafts: A Basic Needs Approach]. Jakarta: LP3ES.

Liedholm, C., and D. Mead. 1986. "Small-Scale Industries in Developing Countries: Empirical Evidence and Policy Implications." Unpublished MS.

Lluch, C., and D. Mazumdar. 1981. *Wages and Employment in Indonesia*. Washington: World Bank.

Lyon, Margo L. 1970. *Bases of Conflict in Rural Java*. Research Monograph no 3, University of California, Center for South and Southeast Asia Studies.

Manning, Chris. 1988. "Rural Employment Creation in Java: Lessons from the Green Revolution and Oil Boom." *Population and Development Review* 14, no. 1, 47–80.

Maurer, Jean-Luc. 1984. "Agricultural Modernization and Social Change: The Case of Java over the Last Fifteen Years." *Masyarakat Indonesia* 2, 109–20.

McCawley, Peter. 1981. "The Growth of the Industrial Sector." *The Indonesian Economy during the Soeharto Era*, ed.

Anne Booth and Peter McCawley. Kuala Lumpur: Oxford University Press.

———. 1983. "Survey of Recent Developments." *Bulletin of Indonesian Economic Studies* 19, 1–31.

McCawley, Peter, and Maree Tait. 1979. "New Data on Employment in Manufacturing, 1970–76." *Bulletin of Indonesian Economic Studies* 15, no. 1 (March).

Meier, G. M. 1964. *Leading Issues in Development Economics: Selected Materials and Commentary*. New York: Oxford University Press.

Mubyarto. 1978. "Involusi Pertanian dan Pemberantasan Kemiskian: Kritik terhadap Clifford Geertz" [Agricultural involution and the eradication of poverty: a critique of Clifford Geertz], *Prisma* 7, no. 2, 55–63.

———. 1989. "Pancasila Economic Democracy for Industrialization." *Indonesian Design of Industrialism: Emerging Norms for Increasing Life Changes in the Nineties*, ed. Selo Soemardjan, Kees Boender, and Pjotr Hesseling, part I, *Collected Papers for the Indoensian-Dutch Symposium at the Roosevelt Study Center, Middelburg, Netherlands, June 1989*, 213–30.

Mukhopadhyay, Swapna dan Chee Peng Lim. 1985. *The Rural Non-farm Sector in Asia*. Kuala Lumpur: Asian and Pacific Development Centre.

Myint, H. 1964. *The Economics of the Developing Countries*. London: Hutchinson.（『開発途上国の経済学』木村修三・渡辺利夫訳、東洋経済新報社、一九八一年）

———. 1972. *Southeast Asia's Economy*. Harmondsworth: Penguin.

Nash, Manning. 1959. "Some Social and Cultural Aspects of Economic Development." *Economic Development and Cultural Change* 7 (1959), 137–49.

———. 1961. "The Social Context of Economic Choice in a Small Society." *Man* 219, 186–91 [repr. in *Economic Anthropology: Readings in Theory and Analysis*, ed. Edward E. LeClair and Harold K. Schneider, 311–22 (New York:

Holt, Rinehart and Winston, 1968)].

———. 1964. "Southeast Asian Society: Dual or Multiple." *Journal of Asian Studies* 23 (1964), 417–23 [repr. in *Sociology of South-East Asia; Readings on Social Change and Development*, ed. Hans-Dieter Evers (Kuala Lumpur: Oxford University Press, 1980), 76–84, with comments by Benjamin Higgins and Lucian Pye].

Nibbering, J. W., and A. Schrevel. 1982. *The Role of Additional Activities in Rural Java; A Case Study of Two Villages in the Malang Regency*. Utrecht University, Department of Geography.

Nurmanaf, A., Rozany, and Soentoro. 1977. "Respons Masyarakat Desa Terhadap Kegagalan Panen: Kasus Batu Bata di Lanjan" [Response of villagers to harvest failure: case study of brickmaking in Lanjan]. Rural Dynamics Study, Agro-Economics Survey, Bogor.

Onghokham. 1975. "The Residency of Madiun: Priyayi and Peasant in the Nineteenth Century." Ph. D. diss., Yale University.

Paauw, Douglas. 1963. "From Colonial to Guided Economy." *Indonesia*, ed. Ruth T. McVev, 155–247. New Haven: HRAF.

Palmier, Leslie H. 1960. *Social Status and Power in Java*. London School of Economics, Monographs on Social Anthropology, no. 20. London: Athlone.

Papanek, Gustav, ed. 1980. *The Indonesian Economy*. New York: Praeger.

Penny, David, and Masri Singarimbun. 1973. "Population and Poverty in Rural Java: Some Economic Arithmetic from Sriharjo." Cornell University, International Development Monograph no. 41.

Poot, Huib. 1980. *Employment and Labour Force in Asia*. Bangkok: Asian Employment Programme, Asian Regional Team for Employment Promotion.

———. 1988. "The Industrial Sector of Indonesia: Performance and Policies." Working Paper, Minister of Industry, Jakarta, and Netherlands Economic Institute, Rotterdam.

Poot, Huib, Arie Kuyvenhoven, and J. S. Jansen. 1990. *Industrialization and Trade in Indonesia*. Yogyakarta: Gadjah Mada University Press.

Raffles, Stamford. 1965 [1817]. *The History of Java*. Kuala Lumpur: Oxford University Press.

Raharjo, M. Dawam. 1987. "The Development of Small-Scale Industry in Indonesia." Institute of Social Studies, Policy Workshop on Small-Scale Industrialization, The Hague, May 1987.

Ramli, Rizal. 1982. "Industri Indonesia: Antara Tjuan dan Kenyataan" [Indonesian industry: between goals and reality]. *Prisma* 12, 25-37.

Rietveld, Piet. 1985. "Labour Supply for Additional Activities: A Microeconomic Approach." Fakultas Ekonomi, Universitas Kristen Satya Wacana, Salatiga.

———. 1986. "Nonagricultural Activities and Income Distribution in Rural Java." *Bulletin of Indonesian Economic Studies* 22, no. 3.

Rostow, W. W. 1960. *The Stages of Economic Growth*. Cambridge: Cambridge University Press. (『増補　経済成長の諸段階——1つの非共産主義宣言』木村健康ほか訳、ダイヤモンド社、一九七四年)

Rucker, Robert L. 1985. *A Preliminary View of Indonesia's Employment Problem and Some Options for Solving It*. Jakarta: U.S. Agency for International Development.

Sadli, Moh. 1957. "Some Reflections on Prof. Boeke's Theory of Dualistic Economies." *Ekonomi dan Keuangan Indonesia* 10 (1957), 363-83.

Sajogyo. 1976. "Pertanian, Landasan Tolak Bagi Pembangunan Bangsa Indonesia" [Agriculture, the basis of Indonesian national development], introd. to *Involusi Pertanian* [Indonesian-language edition of *Agricultural Involution*], by Clifford Geertz, xxi-xxxi. Jakarta: Bhratara.

Saleh, Irsan Azhary. 1986. *Industri Kecil: Sebuah Tinjauan dan Perbandingan* [Small Industry: a guide and comparison].

Jakarta: LP3ES.

Sandee, H. and Herimine Weijland, 1989. "Rural Cottage Industry in Transition: Roof Tiles Industry in the Regency Boyolali." *Bulletin of Indonesian Economic Studies* 25, no. 2, 79–98.

Sawit, M. Husein. 1977. "Kerajinan Traditional Tali: Arti Penting Bagi Keluarga Berpendapatan Rendah di Pedesaan, Kasus Malausma" [Traditional rope industry: importance for rural low-income families, case of Malausma]. Rural Dynamics Study, Agro-Economic Survey, Bogor.

Schrieke, B. J. O. 1955. *Indonesian Sociological Sudies: Selected Writings of B. Schrieke*, The Hague: W. van Hoeve.

———, ed. 1929. *The Effect of Western Influence on Native Civilisations in the Malay Archipelago*. Batavia, Java: G. Kolff.

Schwanar, C. A. L. M. 1853. *Borneo: Beschrijving van het Stroomgebied van den Barito*. Amsterdam.

Scott, J. 1976. *The Moral Economy of the Peasant: Rebellion and Subsistence in Southeast Asia*. New Haven: Yale University Press.（『モーラル・エコノミー――東南アジアの農民叛乱と生存維持』高橋彰訳、勁草書房、一九九九年）

Selo Soemardjan. 1962. *Social Changes in Yogyakarta*. Ithaca: Cornell University Press.

———. 1989. "Cibaduyut and Cilegon: Industrialization from Within and Without." *Indonesian Design of Industrialism: Emerging Norms for Increasing Life Changes in the Nineties*, ed. Selo Soemardjan, Kees Boender, and Pjotr Hesseling, part I, collected papers for the Indonesian-Dutch Symposium at the Roosevelt Study Center, Middelburg, Netherlands, June 1989, 22–41.

Selo Soemardjan, Kees Boender, and Pjotr Hesseling, eds. 1989. *Indonesian Design of Industrialism: Emerging Norms for Increasing Life Changes in the Nineties*, part I, collected papers for the Indonesian-Dutch Symposium at the Roosevelt Study Center, Middelburg, Netherlands, June 1989.

Shand, R. T. 1986. *Off-farm Employment in the Development of Rural Asia*. Australian National University, Canberra.

Smail, J. 1965. "Review: Agricultural Involution: The Process of Ecological Change in Indonesia. Clifford Geertz." *Journal of*

*Southeast Asian History* 6, no. 2, 158–61.

Soehoed, A. R. 1967. "Manufacturing in Indonesia." *Bulletin of Indonesian Economic Studies* 8 (October), 65–84.

———. 1988. "Reflections on Industrialization and Industrial Policy in Indonesia." *Bulletin of Indonesian Economic Studies* 24, no. 2, 43–57.

Soentoro. 1984. "Penyerapan Tenaga Kerja Luar Sektor Pertanian di Pedesaan" [The rural absorption of labor outside the agricultural sector]. *Prospek Pembanguan Ekonomi Pedesaan Indonesia* [Prospects for developing Indonesia's rural economy], ed. F. Kasryno, 202–62. Jakarta: Yayasan Obor Indonesia.

Solyom, Garrett. 1973. "Iron Smelting in Borneo: Another Possible Interpretation of Santubong 'Cylinders.'" Unpublished MS.

Solyom, Garrett, and Bronwen Solyom. 1978. *The World of the Javanese Keris*. Honolulu: East-West Center.

Stanley, Eugene, and Richard Morse. 1965. *Modern Small Industry for Developing Countries*. New York: McGraww-Hill. (『中小企業政策論』中小企業銀行調査部編、中小企業銀行調査部、一九六六年)

Steinberg, David Joel, ed. 1971. *In Search of Southeast Asia: A Modern History*. Honolulu: University of Hawaii Press.

Stoler, Ann. 1977a. "Rice Harvesting in Kali Loro." *American Ethnologist* 4, 678–98.

———. 1977b. "Class Structure and Female Autonomy in Rural Java." *Signs* 3, 74–89.

Sundrum, R. M. 1975. "Manufacturing Employment, 1961–1971." *Bulletin of Indonesian Economic Studies* 11, no. 1, 58–65.

Sutoro S. Ann Dunham 1982. "Women's Work in Village Industries in Java." Unpublished MS.

———. 1988. *Case Studies of KUPEDES Investment Loans*. Bank Rakyat Indonesia, Planning, Research and Development Department, November.

———. 1990. *Briefing Booklet: KUPEDES Development Impact Survey*. Bank Rakyat Indonesia, Planning Research and Development Department, March.

———. 1991. *MARPOTSU Special Report No. 1: Village Financial Market Profiles*. Bank Rakyat Indonesia, Planning, Research and Development Department, August.

Swasono, Meutia F. 1975. "Beberapa Catatan Singkat Mengenai Entrepreneur di Indonesia" [A few short notes on entrepreneurs in Indonesia]. *Berita Antropologi* 7 (23 September).

Thorburn, Craig. 1982. *Teknologi Kampungan: A Collection of Indigenous Indonesian Technologies*. Stanford: Volunteers in Asia.

Timmer, Peter. 1973. "Choice of Technique in Rice Milling in Java." *Bulletin of Indonesian Economic Studies* 9, 57–76.

UNDP, DGIS, ILO, and UNIDO. 1988. *Development of Rural Small Industrial Enterprises*. Vienna: United Nations Industrial Development Organization.

UNIDO. 1978. *Industrialization and Rural Development*. New York: United Nations.

Van der Kolff, G. 1936. "The Historical Development of Labour Relationships in a Remote Corner of Java as They Apply to the Cultivation of Rice." Institute of Pacific Relations, International Research Series, Report C.

van Gelder, P., and Bijlmer, eds. 1989. *About Fringes, Margins and Lucky Dips: The Informal Sector in Third World Countries*. Amsterdam: Free University Press.

van Gelderen, J. 1929. "Western Enterprise and Density of the Population in the Netherlands Indies." *The Effect of Western Influence on Native Civilisations in the Malay Archipelago*, ed. B. J. O. Schrieke. Batavia, Java: G. Kolff.

van Heekeren, H. R. 1958. *The Bronze Age of Indonesia*. The Hague: Nijhoff.

van Leur, J.C. 1955. *Indonesian Trade and Society: Essays in Asian Social and Economic History*. The Hague: W. van Hoeve.

van Niel, Robert. 1983. "Nineteenth Century Java: Variations on the Theme of Rural Change." Paper prepared for the South East Asia Summer Study Institute Conference.

Wallerstein, Immanuel. 1980. *The Modern World System II*. New York: Academic.（『近代世界システム 1600–1750——重商主義と「ヨーロッパ世界経済」の凝集』川北稔訳、名古屋大学出版会、一九九三年）

Weijland, Hermine. 1984. "Rural Industries: Sign of Poverty or Progress?" Collaborative Paper no. 6, Faculty of Economics, Satya Wacana University Kristen, Salatiga.

———. 1989a. "Rural Industrialization: Fact or Fiction." *Indonesian Design of Industrialism: Emerging Norms for Increasing Life Changes in the Nineties*, ed. Selo Soemardjan, Kees Boender, and Pjotr Hesseling, part I, collected papers for the Indonesian-Dutch Symposium at the Roosevelt Study Center, Middelburg, Netherlands, June 1989, 279–300.

———. 1989b. "Rural Industry in Indonesia." Research Memorandum, Faculty of Economics, Free University, Amsterdam.

Wertheim, W. F. 1956. *Indonesian Society in Transition: A Study of Social Change*. The Hague: W. van Hoeve.

———. 1964. "Peasants, Peddlers and Princes in Indonesia: A Review Article." *Pacific Affairs* 37, 307–11.

———. 1973. "Do Not Overrate the Danger of Imperialist Software." *Journal of Contemporary Asia* 3, 471–72.

———. 1980. "Changing South-East Asian Societies: An Overview." *Sociology of South-East Asia: Readings on Social Change and Development*, ed. Hans-Dieter Evers, 8–23. Kuala Lumpur: Oxford University Press [repr. from *International Encyclopedia of the Social Sciences* I(1968), 423–38].

Wertheim, W. F. and T. S. Giap. 1962. "Social Change in Java, 1900–1930." *Social Change: The Colonial Situation*, ed. Immanuel Wallerstein, 363–80. New York: John Wiley and Sons.

Wertheim, W. F., et al eds. 1961. *Indonesian Economics: The Concept of Dualism in Theory and Policy*. Selected Studies on Indonesia by Dutch Scholars, vol. 6. The Hague: W. van Hoeve.

White, Benjamin. 1973. "Demand for Labour and Population Growth in Colonial Java." *Human Ecology* 1, 217–36.

———. 1976a. *Production and Reproduction in a Javanese Village*. Ph.D. diss., Columbia University.

———. 1976b. "Population, Employment and Involution in a Javanese Village." *Development and Change* 7, 267–90.

———. 1979. "Political Aspects of Poverty, Income Distribution and Their Measurement: Some Examples from Rural Java." *Development and Change* 10, 91–114.

———. 1983. "Agricultural Involution and Its Critics: Twenty Years after Clifford Geertz." Working Paper Series no. 6. The Hague: Institute of Social Studies.

———. 1986. *Rural Non-farm Employment in Java: Recent Developments, Policy issues and Research Needs*. The Hague: Institute of Social Studies.

———. 1989. "Java's Green Revolution in Long-term Perspective." *Prisma* 48, 66–81.

Wisseman, Jan, 1977. "Market and Trade in Pre-Majapahit Java." *Economic Exchange and Social Interaction in Southeast Asia*, ed. Karl Hutterer, 197–212. University of Michigan, Center for South and Southeast Asian Studies, Michigan Papers on South and Southeast Asia no. 13.

World Bank. 1979. *Indonesia: Cottage and Small Industry in the National Economy*. Washington: World Bank.

———. 1983. *Indonesia: Wages and Employment*. Washington: World Bank.

———. 1990. *Poverty: World Development Report 1990*. Oxford: Oxford University Press.

Yamada Hideo. 1980. "Boeke's View of Eastern Society." *Sociology of South-East Asia: Readings on Social Change and Development*, ed. Hans-Dieter Evers, 57–65 (Kuala Lumpur: Oxford University Press, 1980) [repr. from *Developing Economies* (Tokyo) 4, no. 3 (1966), 334–48].

Young K. 1988. "Transformation or Temporary Respite? Agricultural Growth, Industrialization and the Modernisation of Java." *Review of Indonesian and Malayan Affairs* 22, 114–32.

Zerner, Charles. 1981. "Signs of the Spirits, Signature of the Smith: Iron Forging in Tana Toraja." *Indonesia* (Cornell South Asia Program) 31 (April), 88–112.

解説

# アン・ダナム、インドネシア、そして人類学――一世代を経て

ロバート・W・ヘフナー
（ボストン大学文化・宗教・国際問題研究所所長、アジア学会会長〔二〇〇九―一〇年〕）

一九七七―一九九一年の調査にもとづくアン・ダナムの著作 *Surviving against the Odds* は、東南アジアの国インドネシアに対する彼女の知識と愛情の証である。本書はまた、文化人類学者としてのダナムの誠実さについても、多くのことを物語っている。ダナムが一九八〇年代半ばに彼女の調査の核心となる部分を実施していたときに、私はジョクジャカルタで短期間彼女に出会ったことがあるが、そのころから今までに、インドネシアも人類学も変貌を遂げた。ダナムの体験したインドネシアと人類学のフィールドを現在のそれと比較することは、著者の描いた世界から非常に離れた場所に読者を連れて行く危険を冒すことになる。しかし、両者を並置することには、人間世界のドラマの鋭敏な観察者であったダナム自身とともに、現在のインドネシアにおける社会的変化について識見を提供するという、歓迎される利益がある。

ダナムが訪れた一九七〇年代後半のインドネシアは、まだ数十年にわたる混乱からの回復の初期にあった。一九五〇年から一九五七年までの意気揚々とした議会制民主主義の時期を経て、一九五〇年代末のインドネシアでは

急激な政治的経済的退歩が始まっていた。イスラーム教徒が多数を占める国（現在は人口の八七％がイスラームを信仰）でありながら、当時のインドネシアは非共産圏で最大の共産党が台頭するという並外れた特徴を享受していた（Mortimer 1974）。共産主義の拡大は、ともに猛烈な反共主義者であったイスラーム教徒団体と軍部による対抗運動を引き起こした。一方、経済運営の失敗と国家事情の悪化は、一九六四―六五年までにインドネシアがハイパーインフレーションとインフラストラクチャーの崩壊、そして群島の一部地域（ダナム自身が調査したカジャール村を含む）では飢餓に苦しむことを必至にした。

この政治的きりもみ降下の文脈のなかで、共産主義に共感する陸軍の下級士官たちが、一九六五年九月三〇日の夜にジャカルタでクーデタを企てた。クーデタはじきに頓挫したが、その前に陸軍の上級指揮官の地位にあった数名の保守的将官の生命が奪われた。その後の数カ月のうちに、生き残った陸軍指導部は復讐の反撃に出て、特殊部隊と民兵（多くはイスラーム教徒団体から採用された）を動員し、共産主義者呼ばわりされた数十万人もの人々を、クーデタに責任があるとして追跡し殺害した（Cribb ed. 1990; Crouch 1978）。このトラウマの余波のなかで、インドネシアの新秩序政権（一九六六年―一九九八年五月）が出現した。

その統治の多くを特徴づける暴力と権威主義にもかかわらず新秩序体制は、ダナムの研究が立証する重大な政治的・経済的変化を始動させることに成功した。政府は外国投資を誘い入れ、ついには製造工業の活況を創出した（Booth and McCawley eds. 1981）。それは悪化していた運輸、行政のインフラを修復し、拡大した。また学校を建設し、平均就学年数を中所得国の水準に引き上げた。この時期にはまた、少数だが開放的な精神をもったイスラーム教徒の中産階級の成長が見られた。しかし同時に、政権は報道を抑圧して反対派を迫害し、イスラーム系活動家と民主化を求める活動家たちに警戒の目を向け続けた（Hefner 2000; Schwarz 2000）。

一九七〇年代後半と一九八〇年代にダナムが注意を向けたのは、この防備を固めた、しかし急速に動きつつあるインドネシアだった。戦後のインドネシアに関する最も著名な経済人類学者のアリス・デューイ（Dewey 1962を参照）の指導を受けたダナムは、農村の金属加工業に関する彼女の研究のために、ジャワ農村経済と社会についての人類学的文献の不足を補うことを目指した。農村住民の大半は稲作農民であり、稲作農業は農業以外の経済活動より実入りが良いという仮定にもとづき、インドネシア独立後の初期からジャワにおける変化のモデルは、低地の水田耕作に焦点をあてて構想されてきた。ダナムが第一章で説明しているように、これらの仮定のうち最初のものは誤解を招きやすい。ジャワの農地の半分は畑（dry-fields）であって水田（paddy）ではないし（Hefner 1990）、人類学者のベン・ホワイト（White 1976, 1977）が「多就業」（occupational multiplicity）と名づけたように、農村住民の多くが、農業と同時にさまざまな農業外の職業に携わっているからだ。第二の仮定も、経験的に見て不正確である。稲作農業よりも実入りの良い農村企業があり、もっと収益性の高い企業のなかには鍛冶業などの金属加工業が含まれる。

けれどもダナムの目的は、ジャワ農村の経済に関する大まかな特徴づけを修正することだけではなかった。ダナムは、伝統に縛られて非合理的であり、明確な経済計算よりも散漫な社会的ニーズの方を重視しがちである、というインドネシア農民の描写に反証を加えることにも熱心だった。オリエンタリズムのオランダ的変種であるこの単純化し過ぎた特徴づけに最も責任のある人物は、オランダの経済学者J・H・ブーケ（Boeke 1953）であった。一九一〇年にブーケがライデン大学に提出した学位論文は、ダナムが調査を行ったころも、インドネシアの経済学者や開発コンサルタントによって依然、幅広く引用されていた。私自身、それが今なお一部の政策担当者たちのあいだで引用されていることを証明できる。

ブーケ説の遺産のいくつかの要素は、戦後のインドネシアに関する最も著名な文化人類学者クリフォード・ギアーツの経済的分析のなかにも入り込んだ（Geertz 1960; Geertz 1963a; Geertz 1963b; Geertz 1965; Geertz 1973）。ギアーツの著作『農業インボリューション』は、ジャワの農業は停滞的で、村落工業は衰退しつつあり、いかなる種類の発展への突破も限られていた、それはジャワ人の価値観の主流が商業とは相反するからだ、と論じた。ギアーツが「農業インボリューション」と名づけた、繊細に刻まれてはいるが非生産的なジャワ農村の経済的様式は、彼にとっては、ジャワ島の停滞の原因と同時に結果でもあった。それらはまた、ジャワの「気力をなくした共同体」の「弛緩した不確定性」とギアーツが描写したものの基盤でもあった（Geertz 1963a, 129）。ギアーツによる特徴づけのうち最後のものは、おそらく最も奇妙なものだった。二〇世紀初頭以来、新しい形の宗教団体とともに、一連の大衆的基盤をもつ社会運動がジャワを席巻したこと、どちらの活動の枠組みと社会組織も静態的とはほど遠いことを、それは見逃していた（Jay 1963; Shiraishi 1990 を参照）。一九八〇年代には、インドネシアは世界で最も大きくて活動的なイスラームの社会福祉組織をもつ国として認められていた（Feillard 1995; Hefner 2000; Nakamura 1983）。

ダナムが関心を向けた安価な農具の生産者としての鍛冶屋は、一見したところ、ジャワの経済と社会について別の理解を提示するのにふさわしい調査対象ではなさそうである。けれども、ダナムは最良の人類学的流儀で、大きな真理を語るのに小さな事実を活用したのだ。ブーケとギアーツはともに農村工業の継続的衰退を予見したのだが、鍛冶業と金属加工業は一九七〇年代と一九八〇年代におおむね繁栄を謳歌したのである。小規模企業で働く労働者の数は、一九七五年から一九八七年までに三倍に増えた。すでに少なくとも農業労働者の場合と同じ高さで、鍛冶業における賃金は増加した。賃金の構成も割合平等な状態を保ち、雇用労働者の賃金に対する企業所有者の利潤の比率は低いままだった。新秩序体制下のプログラムの果実として、一九八〇年代には農村の電化が進み、鍛冶屋たちはじきに安価な電動機械を購入するようになった。彼らはまた、銀行信用をふんだんに利用し始めた。一方、金属加工業のもっと資力のある分野では、高級品向けの動きが進み、国内外の消費者のために金銀製の手工芸品を製造した。これらの発展を記述するなかでダナムは、現地民の工業全般、そしてとくに鍛冶業が、インボリューション的停滞のなかで漂うのとはほど遠い活況にあったことを立証した。

けれども、ダナムが彼女の研究を捧げた真理のなかで最大のものは、農村工業の成長もその一部である階級構造と経済組織の変化に関連するものでなければならなかった。インドネシア農村の新興政治経済に対する彼女の観察は、本書のなかでも最も先見性に富んだものである。この主題に関する彼女の発見は、一世代後のインドネシアがどうなったかを評価し、人類学者として、また人間観察者としてのダナムを理解するのに最も展望が優れた地点をも提供している。

一九七〇年代と一九八〇年代のインドネシアにおける農村研究者の大多数と同じように、ジャワの農村社会は「貧困の共有」と階級分化の一般的欠如を特徴とするというブーケとギアーツの主張を、ダナムは拒絶した（Alexander 1987; Alexander and Alexander 1982; Hart 1986; White 1983）。彼女は正当にも、植民地時代後期以前にもジャワ農村にはかなりの社会経済的階層化が見られた、と評している（Breman 1982; Elson 1978; Fasseur 1975; Kolff 1936）。階層化の進展は周期性を帯びる傾向があり、繁栄の時期には拡大し、政治経済的不安定期には縮小する。新秩序体制期は繁栄と階級的階層化（class strafication）の増大の時期だった、とダナムは記している。米の生産は急増し、農村工業は花開き、テレビジョンやオートバイのような新しくて今までより高価な消費財が遠隔の後背地にまで普及していった。「資本は階層化の原動力だ」とダナムは書いている。しかし彼女は、より資本集約的な商業的経済への変化は、経済的であると同時に政治的出来事であることを理解していた。第一章で彼女が述べているように、そのような変化は、「政治的安定と開発についてのメッセージの流布」の役割を国家の官僚たちが期待するような「強力な農村エリート」の出現を前提としていた（Hart 1986; Husken 1979）。

ダナムと同時代の研究とその後の研究のいずれもが、彼女の所見を裏づけた。実はそれどころか、彼女が観察した趨勢は、その当時我々の大半が想像できたよりも大規模であることが明らかになったのである。もうひとつの実例を挙げれば、一九八〇年代にインドネシアの広大な高地の畑作農業用地は、この国の小農農業部門がかつて目にしたなかで最も資本集約的商業的革命を経験しつつあった（Hefner 1990; Roche 1985; Palte 1984）。畑作農民はトウモロコシや陸稲のように伝統的な低収量主食作物を捨てて、果樹、野菜、チョウジやアラビカ種コーヒーの高級品種などの資本集約的換金作物に投資した。畑作農業への投資は、かつて最も貧しかった農業地帯の一部を最も活力に満ちた地域に転換させた。活況とともに、ラジオ、テレビ、オートバイ、小型トラック、新しいファッションの衣料品など、ダナムが語るような生産財と消費財が、彼女の調査地であるカジャールのあまり豊かではない村にも到来した。商業的ブームは、そのすべてが農村エリートの国家による養成に依存するような、各種の政府プログラムももたらした（Kahn 1980）。

新しい農村経済の輪郭に関するダナムの叙述の果断さに、我々は社会観察者および政策提言者としての彼女の才覚を最も明瞭に垣間見ることができる。そこから浮かび上がるのは、学際的研究に専心し、経験科学的研究をイデオロギー的短絡に置き換えることを断固として避ける研究者としての姿である。新興農村エリートの出現のような争点の多い主題について語るときも、彼女の記述はみごとに精巧で注意深いものだ。新秩序体制が階級分化を広げたことについて他の研究者たちに同意する一方で、ダナムは人間の顔をした発展の姿を描く必要も感じていた。カジャールの裕福な村人たちが質素な服装をして控えめに振る舞い、同じ村人と礼儀正しく接する、と彼女は報告した。言葉使い――それはジャワ人社会では意味深長な指標である（Smith-Hefner 1989）――でさえも、格式張らないつつましさが好まれるのだ。農村エリートのメンバーたちはまた、差違のなかの共通性を強調するものとして名高い、世帯や村落の式典にも参加すると記録している。

ダナムは、社会的不平等がもたらす人間的損失について、新秩序体制の抑圧による政治的帰結とともに気づいていた。しかしそれは、時代の地平を超えて見つめた場合、断片的な闇の部分が光の全体を消し去ることは許さない、という公平な感覚を彼女が備えていた証である。第二章で彼女は、新秩序体制のほぼ間違いなく最も重要な成果のひとつでありながら研究が不十分な事柄、すなわち、あまり目立たぬカジャールでさえ、「就学率が向上し」農村工業と農業における児童労働の使用が「劇的に」減少したことに注目している。彼女の公平さのもうひとつの例は、鍛冶屋の製品を商う商人たち（ウンプ・プダガン）の記述にも見いだされる。たしかにダナムは、「資本が階層化の原動力」であり、鍛冶業の世界ではこれらの商人たちこそ新たな階級形成の最先端である、と主張している。けれども、ダナムはこれに続けて、農村商業は一部の研究者が想定するような身動きできない鉄の檻ではない、と指摘する。村落工業は、たとえ貧しい小土地所有者の家族出身者でも、「大望を抱く個人にとって富と名声へのもう一つの道」なのだ、と彼女は認めている。一歩退いて全体を見渡し農村の情景を概括しながら、彼女はこう書いている。「本書の民族誌的データは、企業家精神がジャワ農村には横溢しているのを示している」[1]。

一九八〇年代以降の時間の経過により、ダナムの言説に若干の修正を加えることが望ましくなっているのはやむをえないことだが、ここではとくに二つの点を指摘しよう。一九七〇年代と八〇年代のインドネシア農村が不平等と大衆福祉の双方で大転換の苦闘のさなかにあった、というダナムの結論は先見性に富むものだった。しかし振り返って見ると、そしておそらくは皮肉なことに、その当時の他のすべての研究者と同じくダナムも、起こりつつあった転換の幅と深さを過小評価したように思われる。

歴史的な後知恵という利点を活かすと、ダナムの慎重さには相応の理由があったと認めることができる。彼女は、自分の研究の民族誌的な部分を、中部ジャワ南部に位置するジョクジャカルタ地方のグヌン・キドゥル県にある小村落で実施した。著者による調査地の選択は、彼女が鍛冶業について希望していた詳細な民族誌的描写に申し分なく適合していた。しかし、カジャールとグヌン・キドゥルは、ジャワの北海岸の活況に沸く工業都市に近い農村部諸県や、スマトラ南部とリアウ諸島の特殊な製造工業地帯や、カリマンタンとスラウェシの工業およびプランテーション農業混合地域に比べると、新秩序体制による政治経済的激変に直接巻き込まれる度合いは低かった。これらの地域に比べれば、一九八〇年代のグヌン・キドゥルは僻地だった。にもかかわらず、私が一九九九年と二〇〇三年に面接調査のためにそうしたように（初めてこの地域を訪れたのは一九七九年だった）、今日この地域へ旅するならば、ダナムがいかに正しい場所でその基本的鼓動を聴き取っていたかに感心させられる。二〇年前、ジャワのこの辺鄙な一角でさえ、大きな変化を経験しつつあったのだ。一世代後には、道路建設、観光、灌漑プロジェクト、商業的農業と公教育がこの地域をなおいっそう変容させた。インドネシアの膨大な工業団地やプランテーション農業地域にグヌン・キドゥルよりも近い農村地域は、それよりさらに重大な変化を経験したのである。

この一つ目の所見に続けて、二つ目のそれを述べよう。それは、ダナムが一九八〇年代にカジャールで目撃した、とくに社会的宗教的側面の変化もまた継続し深化した、ということである。二つの変化が突出している。第一は、社会階級に関するものだ。第六章でダナムは、不平等の増大にもかかわらず、カジャールとジャワ農村における社会階級の生きた経験はとくに苛酷なものではない、と次のように述べている。「言葉使いや服装の流儀の違いのような明白な階級的標識は、存在しないか割合に抑制的である。豊かな村民は、質素な身なりと控えめな行動に気を配り、村のなかの誰にも親しげに礼儀正しく接しようとする（…）言葉使いはみな同じだし、共通の周期的儀式や祭典には誰もが参加する」。一九七〇年代後半と一九八〇年代半ばに私が調査を行った東ジャワの高地の村々でも、同じパターンの穏やかで共同主義的な階級文化に遭遇した（Hefner 1983; Hefner 1985; Hefner 1990; Palte 1984; Schrauwers 2000; Smith-Hefner 1989）。

しかし、一九八〇年代でさえ、ジャワの階級構造は複雑で、ジャワの商業的変化が加速するにつれ、その複雑性が増大していたのは明らかだった。カジャールや東ジャワの高地と違い、ジャワの低地農業地域はかつてほとんど二世紀ものあいだ、植民地化され、商業化されてきた（Elson 1978; Fasseur 1975）。低地の村人たちは、顕著な階級的不平等とともに生きることに、ずっと以前から慣れっこになっていた（Hart 1986; Knight 1982; Kolff 1936）。世界のなかでもインド北部やブラジル北東部のような完璧に階層化された地域で見られるように、これ見よがしの富の表示が極端な形をとるわけではないにせよ、カジャールなどジャワの高地地方に比べれば低地農村のそれは明白にどぎつい調子のものだった。そのうえ、一九八〇―九〇年代にインドネシアの大半の農村地域に殺到した商業的脈動は、ついにはこの外向的で差別化された階級文化を、平穏なグヌン・キドゥル地方にまでもたらしたのだ。

一九九〇年代に速度を増した社会変化には、とりわけ宗教的色彩をもつ第二の特質が見られたが、それはやはり一九八〇年代のカジャールではまだ十分明白ではなかった。第三章における解説でダナムは、グヌン・キドゥル地域の宗教と社会について手早いが明敏な観察を提示している。例えば彼女は、「グヌン・キドゥルは昔も今もアバンガン的文化が濃厚な地域で、イスラーム教が全面的に浸透したことはなく、イスラーム以前の信仰と儀礼が優勢である」と述べている。アバンガンとは、大部分が自分をイスラーム教徒と考えているにもかかわらず、標準的なイスラームの要素と祖先や守護神への精霊崇拝を混ぜ合わせた混淆主義の伝統を堅持しているジャワ人たちのことである。（精霊崇拝は食物の供養により完結する。次を参照。Geertz 1960; Lyon 1970）アバンガンの本拠地である証拠に、ダナムが調査した当時、カジャールにはモスクさえ存在しなかった。村人たちは、厳格なイスラームのものよりもジャワ化したイスラームの色彩をもつ宗教的祭日の式典を行っていた。

二〇〇三年に私は、ダナムの調査村カジャールからわずか八ｋｍのある村で、宗教的変化に関するオーラルヒストリー（口述歴史記録）の収集調査を行った。その二〇年前には、この村もダナムが調べた村と同じくアバンガンの本拠地で、住民の大半はイスラームの教理に無関心だった。しかし、一九九〇年代半ばまでには、グヌン・キドゥル地方の僻地村落でさえ、インドネシアで進みつつあるイスラーム復興の影響が感じられるようになった。私の面接相手たちも、近くのカジャールとちょうど同じように、一九六五―六六年の暴力沙汰のあとアバンガンとサントリと呼ばれる厳格なイスラーム教徒たちの関係が緊張したことを詳述した。村人たちは、この出来事をサントリ的イスラーム教徒の仕業と考えたからである（Huizer 1974; Walkin 1969）。実際、一九七〇年代初めには、わずかだがキリスト教やヒンドゥー教への改宗がこの地域で進んだ。一九六五―六六年の事件にショックを受けたアバンガンたちのなかには、少数ながら、イスラームから完全に離脱することを選んだ者もいたからである（Hefner 1993; Hefner 2004; Lyon 1980）。

しかし、イスラームからの転向は深く浸透したわけではなかったし、長続きもしなかった。一九八〇年代初めには、グヌン・キドゥル地方のかつてのアバンガン村落では、ジャワの他地域における同類の村落と同じように、モスクの建設や、夕方のコーラン朗唱学習会支援や、よりイスラーム的流儀にかなうと大多数の人々が見なす衣装の着用などが広がった（Hefner 1987a; Hefner 1987b; Pranowo 1991）。さらに一〇年後、しずくほどだった流れは洪水に転じ、グヌン・キドゥル県は本格的なイスラーム復興を経験するようになった。復興のいくつかの面には、すべての学校で必修となった毎週二時間の宗教教育のように、政府のプログラムの明白な痕跡が示された（Boland 1982）。しかし、大がかりな宗教的再構築の動きは、「伝統主義」のナフダトゥール・ウラマ（信徒数約四、〇〇〇万人：Feillard 1995）や「近代主義」のムハマディヤー（信徒数約二、五〇〇万人：Nakamura 1983）を含む非政府系イスラーム団体の努力のたまものでもあった。一九七〇年代に、上記二団体はともにグヌン・キドゥル地方を改宗者を広げる格好の標的と見定めた。両者は、モスクの建築、宗教塾（*madrasa*）における教育、布教活動（インドネシア語では *dakwah*、アラビア語では da'wa）[2] などに資源を投入した。今でもグヌン・キドゥル地方は、どんな尺度から見ても厳格主義イスラームの牙城とは言えない。しかし、もはや一世代前のように「強固なアバンガン文化地域」ではない。これもまた、ジャワの変化の重要な一部である。

本稿は、今となっては故人の学者、ましてや筆者が一度しか会ったことがない学者の人柄について、精神分析的憶測をめぐらす場所ではない。けれども、ダナムの著書を読み、同時期にジャワで調査研究を行った者の視点からそれについて思い巡らすとき、著者の自立性と誠実さに胸を打たれずにはいられない。経済人類学がインドネシア研究のなかで影響力を弱め、政策志向の学問が軽んじられていたときに、ダナムは著述を行ったのである。その一世代前には、ハーバード大学を拠点として一九五〇年代前半に実施された「モジョクト」プロジェクト[3]のメンバーであったクリフォード・ギアーツとアリス・デューイが、インドネシアの経済人類学にとって堅固な礎に見えるものを築いていた。経済人類学は世界のなかのラテンアメリカやサハラ砂漠以南のアフリカのような部分で進化を遂げたが、今日でもそれは学界の重要な一翼にとどまっている。けれども、アメリカを拠点とするインドネシア研究の流派においては、経済人類学は一九八〇年代にもっと厳密な文化的アプローチに押されて地歩を失った。ジェニファー・アレキサンダー、スヴェン・セデロース、フランス・ヒュスケン、タニア・リー、ベン・ホワイトなど[4]、アメリカの外に拠点を置く経済人類学者たちの最善の努力にもかかわらず、変化が生じたのである。

アメリカのインドネシア研究で経済人類学が目立つ地位を失った理由は複雑過ぎて、ここで略述することはできない。だが、ひとつの影響については言及に値する。それは、クリフォード・ギアーツの両義的遺産である。一九八〇—九〇年代のインドネシア研究におけるギアーツの影響の範囲は誇張が困難なくらい広かった。ウェーバーとパーソンズの社会理論を学んだことを反映して、一九五〇年代と六〇年代初めに若きギアーツは、文化を経済活動のモデルにどう統合するかという問題に取り組んだ。けれども、その後の彼はこの努力と、形式的方法論一般への関心を失った。彼の関心は、彼が「厚い記述」と名づけるテキスト研究に影響されたアプローチに移った（Geertz 1973; Geertz 1984）。その成果は何であれ、アメリカのインドネシア研究においては、ギアーツのテキスト研究への転換が、考え抜かれた形式的モデルや、アン・ダナムを含め経済人類学で好まれる「埋め込まれた」組織への関心をくじく効果を及ぼしたことは、印象的だった。

一九八五年にジョクジャカルタで私が聞いた研究発表で彼女は、自分がそれまで専念してきたタイプの経済人類学に対し、インドネシアを研究する文化人類学者たちが背を向けつつあることに気づいている、と述べていた。そして経済分析と民族誌、それに政策提言という折衷的混合により、この潮流に抗いながら泳ぎ続ける決意を彼女は明確にした。午後のひとときにその報告を聞いた私の印象と、それから二〇年を経て彼女の著作を読んだ印象はいずれも、彼女のこの選択の理由はインドネシアとインドネシア人への深い愛情のためで、学問上の流儀とはあまり関係がない、というものだ。一九八〇年代の半ばまでに、ダナムの仕事の聴衆には、学術研究者だけではなく、インドネシア人、国際援助の実務家たち、その所見がふつうのインドネシア人たちの生活に影響する外国人アナリストたちが含まれる、と彼女は考え始めていた。アカデミズムの流れに同伴するよりも、多様で精力的な方法論を必要とする調査研究プログラムにダナムは忠実であり続けたが、それは何とかして真実を権力と政策決定当局に伝えたいという意図からであった。

二〇年以上前のジョクジャカルタにおける静かな午後以来、長年にわたり、この印象が私の心にとどまり続けている。彼女の著作のように、彼女の話も、不平等と社会的公正に関心を抱く研究者の気持ちを伝えるものだった。けれども、彼女の人柄と執筆スタイルは、それらのコミットメントを、他の負けず劣らず興味深い資質とないまぜにしたものだった。すなわち、彼女がともに働いた村人たちへの深い敬意、空理空論への反感、そしてとりわけ、より良い将来に向かう通路への筋の通った希望である。これらすべての面において、他の読者たちが私と印象を共有してくれることを希望する。つまり、アン・ダナムの遺産は今日も人類学、インドネシア研究、そして実践的社会研究(engaged scholarship)にとって有意義である、という印象である。

## 参考文献

Alexander, Jennifer. 1987. *Trade, Traders, and Trading in Rural Java*. Singapore: Oxford University Press.
Alexander, Jennifer, and Paul Alexander. 1982. "Shared Poverty as Ideology: Agrarian Relationship in Colonial Java." *Man*,

n.s. 17, 597–619.
Boeke, J. H. 1953. *Economics and Economic Policy of Dual Societies, as Exemplified by Indonesia*. New York: Institute of Pacific Relations.（『二重経済論——インドネシア社会における経済構造分析』永易浩一訳、秋董書房、一九七九年）
Boland, B. J. 1982. *The Struggle of Islam in Modern Indonesia*. The Hague: Martinus Nijhoff.
Booth, Anne, and Peter McCawley, eds. 1981. *The Indonesia Economy during the Soeharto Era*. Kuala Lumpur: Oxford University Press.
Breman, Jan. 1982. "The Village on Java and the Early-Colonial State." *Journal of Peasant Studies* 9, 189–240.
Cribb, Robert, ed. 1990. *The Indonesia Killings, 1965–1966: Studies from Java and Bali*. Clayton (Australia) : Monash Papers on Southeast Asia no. 21, Centre of Southeast Asian Studies, Monash University.
Crouch, Harold. 1978. *The Army and Politics in Indonesia*. Ithaca: Cornell University Press.
Dewey, Alice G. 1962. *Peasant Marketing in Java*. Glencoe, Ill.: Free Press.
Elson, R. E. 1978. "The Cultivation System and 'Agricultural Involution.' " Research Paper no. 14. Monash University, Centre of Southeast Asian Studies.
Fasseur, C. 1975. *Kultuurstelsel en Koloniale Baten: De Nederlandse Exploitatie van Java, 1840–1860*. Leiden: Universitaire Pers.
Feilland, Andrée. 1995. *Islam et armée dans l'Indonesie contemporaine*. Cahiers d'Archipel 28. Paris: L'Harmattan.
Geertz, Clifford. 1960. *Religion of Java*. New York: Free Press.
———. 1963a. Agricultural Involution: *The Processes of Ecological Change in Indonesia*. Berkeley: University of California Press.（『インボリューション——内に向かう発展』池本幸生訳、NTT出版、二〇〇一年）
———. 1963b. *Peddlers and Princes: Social Change and Economic Modernization in Two Indonesian Towns*. Chicago: University of Chicago Press.

———. 1965. *The Social History of an Indonesian Town*. Cambridge: MIT Press.

———. 1973. “Thick Description: Toward an Interpretive Theory of Culture.” *The Interpretation of Cultures*, 3–30. New York: Basic.（「厚い記述——文化の解釈学的理論をめざして」『文化の解釈学Ⅰ』吉田禎吾ほか訳、岩波書店、一九八七年）

———. 1984. “Culture and Social Change: The Indonesian Case.” *Man*, n. s. 19, 511–32.（『インボリューション——内に向かう発展』池本幸生訳、NTT出版、二〇〇一年）

Hart, Gillian. 1986. *Power, Labor, and Livelihood: Process of Change in Rural Java*. Berkeley: University of California Press.

Hefner, Robert W. 1983. “The Problem of Preference: Ritual and Economic Change in Highland Java.” *Man*, n.s. 18, 669–89.

———. 1985. *Hindu Javanese: Tengger Tradition and Islam*. Princeton: Princeton University Press.

———. 1987a. “The Political Economy of Islam Conversion in Modern East Java.” *Islam and the Political Economy of Meaning: Comparative Studies in Muslim Discourse*, ed. William R. Roff, 53–78. London: Croom Helm.

———. 1987b. “Islamizing Java? Religion and Politics in Rural East Java.” *Journal of Asian Studies* 46, 533–54.

———. 1990. *The Political Economy of Mountain Java: An Interpretive History*. Berkeley: University of California Press.

———. 1993. “Of Faith and Commitment: Christian Conversion in Muslim Java.” *Conversion to Christianity: Historical and Anthropological Perspectives on a Great Transformation*, 99–125. Berkeley: University of California Press.

———. 2000. *Civil Islam: Muslims and Democratization in Indonesia*. Princeton: Princeton University Press.

———. 2004. “Hindu Reform in an Islamizing Java: Pluralism and Peril.” *Hinduism in Modern Indonesia: A Minority Religion between Local, National, and Global Interests*, ed. Martin Ramstedt, 93–108. Leiden: KITLV.

Huizer, Gerrit. 1974. “Peasant Mobilisation and Land Reform in Indonesia.” *Review of Indonesian and Malayan Affairs* 8, no. 1, 81–138.

Hüsken, F. 1979. "Landlords, Sharecroppers and Agricultural Labourers: Changing Labour Relations in Rural Java." *Journal of Contemporary Asia* 9, 140–51.

Jay, Robert R. 1963. *Religion and Politics in Rural Central Java.* Cultural Report Series no.12. Yale University, Program in Southeast Asia Studies.

Kahn, Joel, 1980. *Minangkabau Social Formations: Indonesian Peasants and the World Economy.* Cambridge: Cambridge University Press.

Knight, G. R. 1982. "Capitalism and Commodity Production in Java." *Capitalism and Colonial Production*, ed. H. Alavi, P. L. Burns, G. R. Knight, P. B. Mayer, and Doug McEachern, 119–58. London: Croom Helm.

Kolff, G. van der. 1936. "The Historical Development of Labour Relationships in a Remote Corner of Java as They Apply to the Cultivation of Rice." Report C. Amsterdam: National Council for the Netherlands and the Netherlands Indies, Institute of Pacific Relations.

Lyon, M. L. 1970. *Bases of Conflict in Rural Java.* Research Monograph no. 3, University of California, Center for South and Southeast Asia Studies.

———. 1980. "The Hindu Revival in Java: Politics and Religious Identity." *Indonesia: The Making of a Culture*, ed. James J. Fox, 205–20. Canberra: Research School of Pacific Studies.

Mortimer, Rex. 1974. *Indonesian Communism under Sukarno: Ideology and Politics, 1959–1965.* Ithaca: Cornell University Press.

Nakamura, Mitsuo. 1983, *The Crescent Arises over the Banyan Tree: A Study of the Muhammadiyah Movement in a Central Javanese Town.* Yogyakarta: Gadjah Mada University Press.

Palte, Jan G. L. 1984. *The Development of Java's Rural Uplands in Response to Population Growth: An Introductory Essay in Historical Perspective.* Yogyakarta: Gadjah Mada University, Faculty of Geography.

Pranowo, Bambang. 1991. “Creating Islamic Tradition in Rural Jaya.” Ph.D. thesis, Clayton, Victoria: Department of Anthropology, Monash University.

Roshe, Frederick C. 1985. “East Java's Upland Agriculture: Historical Development, Recent Changes, and Implications for Research.” Working paper. Malang, East Java: Brawijaya University, Agricultural Research institute.

Schrauwers, Albert. 2000. *Colonial “Reformation” in the Highlands of Central Sulawesi, Indonesia, 1892–1995*. Toronto: University of Toronto Press.

Schwarz, Adam. 2000. *A Nation in Waiting: Indonesia's Search of Stability*. Boulder: Westview.

Shiraishi, Takashi. 1990. *An Age in Motion: Popular Radicalism in Java, 1912–1926*. Ithaca: Cornell University Press.

Smith-Hefner, Nancy J. 1989. “A Social History of Language Change in Mountain East Java.” *Journal of Asian Studies* 48, 258–71.

Walkin, Jacob. 1969. “The Moslem-Communist Confrontation in East Java, 1964–65.” *Orbis* 13, no. 3, 822–847.

White, Benjamin. 1976. “Population, Employment and Involution in a Javanese Village.” *Development and Change* 7, 267–90.

———. 1977. “Rural Household Studies in Anthropological Perspective.” Occasional paper. Bogor, Java: Agricultural Development Council.

———. 1983. “Agricultural Involution and Its Critics: Twenty Years after Clifford Geertz.” Working Paper Series no. 6. The Hague: Institute of Social Studies.

## 注

［1］アン・ダナムの原文（第六章）では「ジャワ農村」ではなく「インドネシア農村」（rural Indonesia）と書かれている。

［2］原著の英語では religious “appeal” と記されているが、直訳は日本語になじまないので、インドネシア語の *dakwah* の訳語として研究者がふつう用いている「布教」の訳語を充てた。

［3］モジョクト（Modjokuto）は、東ジャワの田舎町パレ（Pare）を指す符丁として使われた仮の地名である。一九五三—五四年にこの町とその付近の村に、クリフォード・ギアーツ、アリス・デューイ（Alice Dewey：経済人類学者、女性、ハワイ大学でのアン・ダナムの指導教授）、ロバート・ジェイ（Robert Jay）などのアメリカの研究者たちが住み込んで共同調査を行い、第二次大戦後のアメリカにおけるインドネシア研究の礎を築いた。第一章参照。

［4］ジェニファー・アレキサンダー（Jeniffer Alexander）はオーストラリア、スヴェン・セデロース（Sven Cederroth）はスウェーデン、フランス・ヒュスケン（Frans Hüsken）はオランダ、タニア・リー（Tania Li）はカナダ、ベン・ホワイト（Ben White）はイギリス（ただしオランダ在住）の人類学者である。

# 訳者あとがき

前山つよし

スタンレー・アン・ダナム氏を知ったのは、バラク・オバマ氏がきっかけだった。二〇〇七年当時、米大統領選の有力候補に取り沙汰され始めた黒人系の上院議員が、幼少期をインドネシアの首都ジャカルタで過ごしたとの地元報道を耳にし、思わず身を乗り出した。オバマ氏の少年時代をたどるなかで、もちろん実母S・アン・ダナム氏（またはインドネシア名のアン・ダナム・ストロ氏、以下ダナム）の名前に触れた。なぜ、ケニア人とのあいだに男児をもつ米国人女性がジャカルタで暮らしたのか。米ハワイ大学で出会ったジャワ人の男性と再婚し、夫の仕事の都合でインドネシアに移り住んだと知ったのは、オバマ氏が民主党の大統領候補に決まってからだった。

第四四代米大統領に就任した人物の母とは、ジャカルタの高級住宅地に住む一般的な米国人女性とは異なり、下町で暮らしながら夫の収入を支えるため日々あくせく働き、肌の色合いが異なる子どもの育児に励む一風変わった白人女性――。彼女に関する知識は当初、この程度だった。

ダナムがハワイ大の人類学科に在籍し、インドネシアの農村に関する博士論文（原題は「インドネシアの農村的鍛冶業：逆境を越えた生存と繁栄」の意）を調査開始から十四年かけて書き上げた事実を知ってから、私の関心の重点はすでにオバマ氏から彼女に移っていた。中部ジャワの農村に見られる、副業としての工業、ときには農業との相乗効果をもたらす村落工業を取り上げ、また鍛冶業という一見、農業とは相入れないモノづくりを主題に取り上げていたことに心惹かれた。しかし、論文のほんの一部しか入手できず、もどかしさだけが残っていた。

そうしたところへ、娘のマイヤ・ストロ・イン氏が働きかけ、ダナムの元指導教授らが博士論文を再編した著書が刊行されると知り、すぐさまデューク大学出版会に直接予約した。ようやく二〇〇九年末に発刊された原著を紐解くと、意外なことに日本とインドネシアとの関係についても紙幅が割かれており、頁をめくるにつれ、誰かの手により邦訳される価値があると確信した。

訳者には、ダナムの人脈へと導く一本の糸があった。本文を読み進めていた折、何気なく第二章の注＊10を参照したとき、訳者がインドネシアに深く関わるきっかけとなった村落支援団体「ディアン・デサ」の名前が目に飛び込んできた。ダナムは生前、この団体の代表であるアントン・スジャルウォ氏と知り合いで、聞き取り調査をしていたのだった。スジャルウォ氏は「農民支援に情熱的な研究者だった」と彼女を回想している。

原著刊行はオバマ大統領就任から約十一カ月後で、インドネシア国内では出版を記念するセミナーが開かれ、編者であるハワイ大のアリス・G・デューイ名誉教授が招待された。だが、主催者側の主眼はオバマ新政権と今後の世界情勢の討論に置かれ、ダナムの業績に関する議論はあまりに少なかった。会場ではインドネシア語訳版も配布されたが、これはハワイ大に留学していたインドネシア人が個人的にデューイ名誉教授からダナムの博士論文を複写し、口頭で翻訳承諾を得たもので、しかもごく一部である（本書の第一、二章のみ）。当時のインドネシア・メディアは、オバマ氏の付随情報として人類学者の母を紹介していたが、彼女の実績を正面から取り上げたところは皆無だった。

だが、幸いにこのセミナーでも、ダナムの人脈へと導かれる出会いがあった。隣席の温和なインドネシア人の年配男性が、訳者の手にしていた原著をどこで入手したのかと尋ねてきた。また、男性の隣に座っていた妻らしき白人女性はパネル討論中、ダナムの功績に言及しようとしない進行に業を煮やし、突如立ち上がり不満を唱えたのだった。この夫妻は、催事後の会話で分かったのだが、ダナムとは長年にわたり家族ぐるみで交流していた間柄だった。謙虚な物腰の夫はインドネシアで広く知られる実力派の大俳優、妻は言語人類学者である。ダナムの実に幅広いユニークな人脈が推し量られた。

こうした人々との巡り合いを通じて、何かに背中を押されるように、とにかく翻訳し何らかの形で江湖に問う意義があるという衝動に駆られるようになった。

母ダナムの性格についてオバマ氏は二〇〇八年、「向う見ずなところがあった」と振り返っている。高校生だった自分をハワイの祖父母に預け、母はインドネシアで好きな活動に没頭している――。同氏の目にはそのように映り、二人のあいだには感情の確執があった。ダナムは母としての葛藤を抱え、原著の巻頭言には、息子と娘に申し訳なかったとの気持ちが込められている。

彼女の向こう見ずで猪突猛進という側面は、親友だったインドネシア人の女性作家、ジュリア・I・スルヤクスマ氏も否定しない。権力に対し勧善懲悪なところもあった。同氏の自宅で何度かダナムの思い出話を聞いた。女性人権に関する雑誌の編集をしていた当時、ダナムに寄稿を依頼したのが知り合ったきっかけだったという。上がってきた原稿の内容が独断的過ぎると感じ、一部修正を求めたところ、ダナムは猛然と反論してきた。大喧嘩になったが、歯に衣着せぬ物言いで剛毅果断な性格を互いに知り、生涯の友となった。

本書は学術書だが、そのなかにも情熱派の研究者ダナムの人柄が垣間見える。例えば第三章の注＊8では、中央統計局の本局と地方出先事務所でたらい回しにされながらも、より詳細なデータ入手を断念せず追究し続け、最後はカジャール村役場職員が「無邪気にも」調査の手抜きを「認めたのであった！」という落ちのエピソードは、当局に対し奮闘するダナムの姿が浮かび上がり、当時の統計調査における現場の実態もよく分かる。

ダナムは、ハワイ大大学院に修士・博士課程合わせ約二〇年間在籍した。長期化したのは、インドネシアで女手一つで娘を育てながらの学業だったためで、米フォード財団のジャカルタ事務所などに勤めた。上からの慈善事業ではなく、貧困者や農民（とくに女性）と同じ目線に立ち経済的自立を支援する理念をもっていたダナムは、財団のマイクロファイナンス事業に心血を注ぎ、企画実行の責任者も任された。晩年にはインドネシア国民銀行（ＢＲＩ）に所属し、低所得者層の起業支援プログラム指導に当たった時期もあった。

ダナムの調査拠点がジョクジャカルタだったこともあり、関係が深かった地元国立ガジャマダ大学が二〇一〇年一一月、彼女の業績を称えた国際学術シンポジウムを企画した。オバマ大統領のインドネシア訪問に合わせたもので、バングラデシュのマイクロファイナンス活動が評価されたノーベル平和賞受賞者、ムハマド・ユヌス氏による特別講演も予定され、大がかりな催しだった。編者の一人、ハワイ大のナンシー・Ｉ・クーパー客員准教授も招かれると知り、またとない機運に恵まれたと当時ガジャマダ大にいた訳者は、事前にコンタクトし会う約束を取り付けていた。

だが、好機は思わぬ形で逆境に陥った。シンポジウムを控えた一〇月下旬、ジョクジャを北から見下ろすムラピ山が古都を揺るがしたのである。この年は、通常周期よりも早い時期に大規模噴火が起き、ジョクジャは一面、降灰に覆われ、雪化粧のような光景に一変した。夜の山頂には噴煙が赤々と浮かび上がり、噴火の轟音が市街地に響き渡った。住民の多くは郊外へ避難したが、火砕流による麓の犠牲者は三百名を超えた。空港はその後二週間近く閉鎖され、オバマ氏はジョクジャ訪問を中止。国際シンポジウムは延期され、ユヌス氏の講演も実現しなかった。何よりも残念だったのは、クーパー氏もインドネシアへ渡航できず、親交が深かったダナムについて話を聞くことが叶わなかったことだ。本書にも記されている、飢饉をもたらした天災として村民に語り継がれてきた噴火の脅威とはこのことかと、目の当たりに体験した。

クーパー氏はある講演で、ダナムの親日的な面に触れている。博士課程在籍時に一緒に現地調査したとき、日本軍政による地域社会への負の影響について述べたところ、ダナムはそればかりとは限らないと切り返してきたという。本書第五章で戦後のインドネシアと日本の経済関係に触れ、「先進諸国のなかではほとんど唯一」日本が農村地域の適正技術の開発と輸出に関心を抱いてきた――という指摘は注目に値する。日系人が多いハワイで青春期を過ごしたダナムが日本に関心を抱いたのは、想像に難くない。

ダナムが長年フィールドワークした鍛冶村カジャールに、訳者は何度か訪れた。主に第三章で取り上げられている有力商人（ウンプ・プダガン）である故サストロ氏の在りし日の姿をダナムが撮影しており、その写真（本書口絵参照）をサストロ夫人は「アンがくれたもの」と今でも大切にしている。実娘マイヤ氏が序文で記している村人との深い信頼と触れ合いは紛れもない事実だ。この序文を読むたびに訳者は心動かされ、「記述した人々の暮らしに、他の人たちは（…）関心をもたないのではないか」――そうしたダナムの懸念を打ち消したい一心から邦訳に取り組んだ。

まったく幸いにも、慶應義塾大学出版会が邦訳の刊行を実現してくれた。唐突な企画持ち込みに対応してくださった木内鉄也氏、担当者として諸々助言くださった奥田詠二氏はじめ、出版会関係者には感謝の念に堪えない。そして何よりも、監訳をお引き受けくださった東京大学名誉教授の加納啓良先生には心からお礼申し上げたい。多くの訳注も加えてくださり、本書の学術的価値が一層高められた。先生がジョクジャ郊外のカジャール村にまでご一緒くださったのは身に余るご厚誼で、感謝の気持ちを言い尽くすことができない。

デューイ名誉教授とはジャカルタとジョクジャでお会いし、激励の言葉をいただいた。マイヤ氏にはジャカルタで直接、邦訳の刊行について伝える機会があり、「心待ちにしている」との言葉を贈ってくれた。このほかにもたくさんの方々から多大なお力添えをいただいた。深くお礼申し上げたい。

ダナムは生前、自身で博士論文を再編し本にまとめ、貧困者支援のマイクロファイナンスの活動に役立てる計画を進めていた。しかし、志半ばで病床に伏した。五十二歳での逝去から今年でちょうど二十年になるが、世に放たれた彼女の夢は、「いまの時代」を見つめ直す燈標として価値あるものと信じる。本書を通じて、読者がダナムと対話できれば幸いである。

# 監訳者あとがき

加納啓良

慶應義塾大学出版会編集部の奥田詠二氏から、人を介して本訳書の監修のご依頼があったのは、二〇一二年秋のことだった。前山つよし氏による訳稿のプリントを持参された奥田氏と喫茶店でコーヒーを飲みながら最初の打合せを行ったとき、すでにある訳稿にざっと目を通しながら問題点を拾い出して修正していけば、この仕事は数カ月で終わるだろうという見通しを立てた。しかし、実際に仕事にかかって見るとじきに、それが最初に予想したよりもはるかに困難で厄介な作業であることが分かってきた。次の複数の理由から、散発的な問題点の修正だけではとても片付きそうになかったからである。

第一に、博士学位論文をもとに編纂された本書は純然たる学術研究書であり、ルポルタージュや気軽な読み物では許されるかもしれない「軽妙な意訳」を容れる余地はありえない。研究書である以上やむをえないことだが、緻密な論理で組み立てられたひとつひとつの文章の意味を正確にとらえ、日本語に置き換える知的重労働が避けられないのだ。

第二に、やはり研究書であるからには、頻繁に現れる数多くの学術用語、とくに経済人類学の研究成果である本書の場合は経済学、人類学、社会学などの用語の翻訳が厳密でなければならない。それぞれの分野で用いられる英語の専門用語には、それに対応する日本語の専門用語があり、それはふつうに用いられる英和辞典などを参照しただけでは分からないこともあるからだ。

第三に、インドネシア、とくに中部ジャワの農村地域で行われた現地調査の成果である本書には、原著者と同様にジャワでの調査経験をもつ者でないと理解が難しい事柄や現地語語彙、固有名詞などが頻繁に登場する。正確な翻訳には、インドネシア語だけでなくジャワ語の知識が要求される箇所も少なくないのだ。そしてもちろん、そういう場合には訳注を添えることが望まれる。

第四に、鍛冶業について詳しく調査した本書には、金属加工業関連の専門用語がたくさん使われている。これも、日本の業界で用いられている対応用語を調べ上げ、正確な翻訳を心がけねばならない。

第五に、子細に点検していくと、原著の記述にもかなり多くの誤りが発見された。翻訳ではそれらを適宜修正し、やはり訳注で説明する必要があった。

およそ以上の理由から、本書の監修作業は既存の訳稿の微修正では片付かず、それを参照しつつもすべての文章をキーボードで入力し直すことが必要不可欠になった。監修をお引き受けしてから終了まで実に三年もの時間がかかることになり、たんなる「監修」ではなく「監訳」者として名前が記されることになったのも、そのためである。

本書の筆者である故アン・ダナムは、息子のバラク・オバマがアメリカ合衆国大統領に就任したことによって、いちやく有名になった。オバマ大統領は最初の就任後の二〇一〇年一一月に、かつて少年時代に母親に連れられて滞在したインドネシアのジャカルタを公式訪問した。「バリー」の愛称で呼ばれたオバマ少年は、メンテン・ダラムという名の下町（カンポン）に一家で住み、最初は同じ地区にあるカトリック系の私立小学校に三年間、次いで同じメンテンでも言わば山の手のお屋敷町にある国立メンテン第一小学校に一年間だけ通学し、インドネシア語で授業を受けた。大統領訪問に先立ち、ジャカルタではバリー少年の記念像が造られ、メンテン第一小学校の校門脇に設置された。この小学校は、東京で言えば千代田区立番町小学校のような存在で、お屋敷町に住む上流階級の子弟が多く通学することで有名である。だが当時私の注意を引いたのは、この学校とその周囲の屋敷町ではなく、バリー少年が実際に住んでいたメンテン・ダラム地域の方だった。近辺に滞在経験のある私には、それが純然たる庶民の下町で、ふつう欧米人や日本人が住むような地区ではないことがよく分かっていた。いったい、そんな場所に住み着いたバリー少年の母親とは、どんな人物だったのだろうか？

うかつにも、この疑問が解けたのは、本書の監修をお引き受けしたことによってだった。大統領の母堂が、一九七〇～八〇年代に、同じ時代に私がしていたのと同じく、ジョクジャカルタ特別州の農村地域で経済調査に奔走していた人類学者であることを本書から知り、なるほど人類学者なら下町に家族で住み着くのをいとわないだろう、と納得がいったのである。同時期に同地域で同じようなことをしていながら、アン・ダナムの存在に気づかなかったのは、私の専攻が人類学ではなく経済史と農業経済だったからに違いない。

アン・ダナムが調査を行ったグヌン・キドゥル県は、私にとってもなつかしい土地である。私が農村経済調査の対象に選んだのは、同県に隣接する平地のバントゥル県やスレマン県の村落であり、当初の主な研究関心は稲作農業経済だった。だが、調査の合間の休日には、たびたびグヌン・キドゥルの丘陵地帯やその先の海岸にある景勝地を訪れた。一九七〇年代のグヌン・キドゥルは、あちこちでむき出しの石灰岩が見える乾いた貧しい土地で、道路の整備も悪かった。海岸まで遊びにいった帰りの夕暮れの路で乗っていたオートバイが石ころに乗り上げて転倒し、擦り傷を負った思い出もある。しかし、一九八〇年代からは緑化事業と道路整備が進み、この地方の景観はずっと潤いを増した。そのころもオートバイでいまや舗装が行き届いた丘陵地帯の道路を走っていたら、学校帰りの高校生に呼び止められ、後部座席に乗せて彼の村まで送り届けたのも、これまたなつかしい思い出だ。私が目にした、しだいに貧困から脱していくグヌン・キドゥル農村の様子は、本書の記述ともよく合致する。監訳の仕事を始めてからは二〇一二年と一三年の二回、いずれも数時間だけだが、カジャール村を車で訪れ、鍛冶屋のプラペンを実地に見学する機会を得た。うち二回目の訪問は、前山つよし氏とご一緒だった。

私自身は、当時学界の流行だった稲作農村経済の研究から現地調査に足を踏み入れたが、ジャワの他の地方での調査も含めて農村経済調査を繰り返すうちに、農業以外の経済活動が農村のなかで年を追うごとに広がっていることに気づき、今もその問題を追う調査を続けている。そういう立場からも、鍛冶業を中心とする農村工業に注目したアン・ダナムのこの先駆的業績からは、教えられることが多かった。三年にわたる監訳の重労働に耐えられたのは、ひとつには、本書の原著の編纂に携わったアリス・デューイと同じく私が授業と大学行政の負担から解放された「退職教授」だからだが、もうひとつは、本書の内容が私自身にとっても親しみ深く興味をかき立てられたからである。大部の研究書だが、本書が日本でも多くの読者に繙かれることを期待したい。

ワ語は、インドネシア語の *ular*（ウラール）に対応する *ula*（ウロ）およびその敬語形 *sawer*（サウール）である。

[27] *nakoda*（または *nakhoda*）は、インドネシア語では「船長」「船頭」を意味する。

[28] ジャワ語では *nèkel*（ネクル）、インドネシア語では *nikel*（ニクル）と言うことが多い。

[29] 元のオランダ語は *onderdeel*（オンデルデール）である。

[30] 元のオランダ語は *oven*（オーヴェン）である。

[31] 鋤（すき）はふつう、*pacul* または *cangkul* ではなく、元来は食器のフォークを意味する *garpu*（ガルプ）という言葉で呼ばれる。

[32] ピクルは約 62.5kg に相当する重量単位としても用いられる。

[33] [4] で記したように *sela* は現代ジャワ語でも「石」を意味する敬語としてふつうに用いられる。ことさらにこれを古代ジャワ語とする著者の意図は理解しがたい。

[34] インドネシア語の *seng* および *timah sari* は、英語の zinc と同じく、「亜鉛」の意味でも「亜鉛鉄板」すなわち亜鉛メッキされた鉄板（トタン板）や鋼板の意味でも用いられる。

[35] 第 2 章 [7] も参照。

[36] *steenkolen* は、オランダ語 *steenkool* の複数形。*kokas* はコークスを意味するインドネシア語。

[37] ふつうスリンは、インドネシアの歌謡曲ダンドゥットの演奏で必ず使われる横笛を指す。

[38] ピューター(pewter）は、日本語では白目（しろめ）または白鑞（はくろう、びゃくろう）とも言う。錫を主成分とする鉛との合金で、古くから食器、花瓶などに使われてきた。

[39] 著者は quench と temper を同義としているが、不正確である。quenching は日本語では「焼き入れ」と呼ばれ、「金属を所定の高温状態から急冷させる熱処理」を指す。これに対して tempering は日本語では「焼き戻し」と呼ばれ、「焼き入れされた金属を適切な温度に再加熱し自然に冷却させて粘り強さをもたせる処理」を指す。以下を参照（2015 年 4 月 30 日）。

ja.wikipedia.org/wiki/ 焼入れ

ja.wikipedia.org/wiki/ 焼戻し

http://www.sanjyokokajimunechika.com/original4.html

[40] [34] を参照。

［12］インドネシア語で *gangsa* と言う場合は「青銅」だけを意味し、ジャワ語のように敬語のニュアンスはない。また、発音は「ガンサ」である。

［13］インドネシア語では *sisir* と言う。第5章［14］を参照。

［14］インドネシア語の *gerinda*（グリンダ）は、日本語では文脈により「砥石」または「研磨機」と訳されるが、狭義には研削加工に用いる円盤形の「砥石車」を指すように思われる。

［15］第2章［7］も参照。

［16］原著ではSingkare̱k と表記しているが、正しくはSingkara̱k である。

［17］インドネシア語の *kaleng* は「缶」一般を指す言葉で、「空き缶」を指すときは「使用済みの」という意味の形容詞 *bekas* を付けて *kaleng bekas* というのがふつうである。

［18］ジャワ語の正確な表記は *kején* で発音はクジェンである。

［19］ジャワ語の *luku*（ルク）は犂そのものを指す語で、その刃先を言うのではない。一方、*bajak*（バジャック）はルクと同義のインドネシア語である。「犂の刃先」を指すインドネシア語は *mata bajak* であるが、*luku bajak* という合成語はインドネシア語にもジャワ語にも存在しない。著者は明らかに、*luku* の語義を誤解している。第5章［13］も参照。

［20］ジャワ語の正確な表記は *kèpèng*、発音はケペンである。なおこれと同義の *keping* と言う語は、訳者（加納）の知るかぎり存在しない。

［21］学名は *Sapindus rarak*。日本ではこれと類似のムクロジ（*Sapindus mukorossi*）が「石鹸の実」として知られている。果皮にサポニンが含まれ、石鹸代わりに用いられる。

［22］『インドネシア語大辞典』によると、1マサは2.412 g に相当する。*Kamus Besar Bahasa Indonesia* (Ed. 3) EBWin ファイル・バージョン“masa 4”の項目を参照。

［23］matrix という語は、英語にもオランダ語にもあり、意味も同じである。しかし、オランダ語には別に、やはり「鋳型」を意味する *matrijs*（マトレイス）という語があるので、こちらが語源と考えた方が良い。

［24］*mergongso* は正確には *mergangsa* と綴る。ただし、発音は「ムルゴンソ」である。ふつうこの語は、クリス作りの職人ではなく、木工職人や木こりを指す。例えばジョクジャカルタ市内には、かつて木工職人たちが住んだと思われるMergangsan（ムルガンサン）という名の地区がある。

［25］モコ（Moko）は、インドネシアの東ヌサテンガラ州のアロール（Alor）島の地名。ここから出土したものと同じタイプの銅鼓をモコ型銅鼓と呼ぶ。［11］で述べたペジェン型銅鼓と同義である。

［26］ナーガを指すジャワ語の単語はふつう、インドネシア語と同じ綴りの *naga*（発音はノゴ）である。*sarpa* はサンスクリット語起源の古語で「蛇」一般を意味するが、現代ジャワ語で使われることはほとんどない。「蛇」一般を指す現代ジャ

## 注

[1] インドネシア語の表記には、かつてはオランダ語式の綴り字法が用いられたが、英語式の綴り字法が使われてきたマレーシアのマレー語との統一を目指して、1972年から両国政府の協定に基づき新しい綴り字法が採用された。これを正式には「改良式綴り字法」(*Ejaan Yang Disempurnakan*：EYD) と呼ぶが、慣用的には「新式綴り字法」(*Ejaan Baru*) と呼ぶことが多い。ここで「新しい綴り字法」と書かれているのも、この「改良式綴り字法」のことである。

[2] 第6章 [15] を参照。

[3] 第6章 [6] を参照。

[4] ジャワ語では「石」を（敬語形でない）ふつうの言い方では *watu*、敬語（日本語の「丁寧語」に相当）では *sela*（発音はセロ）と言う。

[5] 第2章 [14] を参照。

[6] 第6章 [16] で述べたように、正しくはオランダ語の動詞 *boren*（穴を掘る）に由来する（と思われる）インドネシア語。ちなみに現在のオランダ語では、穿孔機を指すのにボル（*bor*）とは言わず、英語に綴りと発音が近いドリル（*dril*）という語を用いる。

[7] 第3章 [23] を参照。著者はこの寺院の建立時期を14世紀としているが、遺跡の壁面には「ジャワ暦（*Saka*）1359年」を意味する彫り込みがあり、これは西暦では1437年にあたる。次を参照（2015年4月20日）。http://id.wikipedia.org/wiki/Candi_Sukuh

[8] cuprousという語はふつう「第一銅の」（に関する、を含む）という意味の化学用語として使われる。例えばcuprous oxideは「酸化第一銅」、cuprous cyanideは「シアン化第一銅」を意味する。

[9] 現在のインドネシアでは日本起源の電気炊飯器が普及し、伝統的な湯取り法による炊飯があまり行われなくなっているため、*dandang*（ダンダン）を使って米飯を蒸し上げる光景を一般家庭の台所で見ることはまれである。

[10] インドネシアで出土した有史以前の銅鼓（青銅製のドラム）は、ペジェン (Pejeng) 型とヘーゲル型の2種類に区分されている。ペジェンは月にちなんだ伝説で有名な巨大銅鼓が発見されたバリ島の村の名前だが、ヘーゲルはその型の銅鼓について研究したオーストリアの学者フランツ・ヘーゲル（Franz Heger; 1853-1931）の名から採られた。ペジェン型銅鼓はインドネシア固有、ヘーゲル型銅鼓はドンソン起源と考えられている。ヘーゲルはこれをさらに、IからIVまでの4つのタイプに細分した。

[11]「青銅」に関係するジャワ語の単語 *gangsa*（ゴンソと発音）には、次の3通りの意味がある。① ガムラン打楽器の原料となる青銅、②ガムランの楽団そのもの、③ガムランの打楽器。W. J. S. Poerwadarminta, *Baoesastra Djawa*, Groningen & Batavia, J. B. Wolters, 1937, 132. S. Robison & Singgih Wibisono, *Javanese English Dictionary*, Hongkong, Periplus Editions, 2002, 228.

***tukang pateri***【名】鋳掛け屋。継ぎ当て、溶接、はんだ付けにより鍋や釜を修理する職人。ふつうは巡回するか市場の外で作業をする。

***tukang perak***【名】銀細工職人（*pandai perak* とも言う）。

***tukang pukul***【名】鍛冶場の鎚打ち職人、先手（***panjak*** を参照）。

***tukang sepuh/tukang sepoh***【名】めっき職人。

***tukang ubub***【名】フイゴ職人、番子（ばんこ）。鍛冶場における4つの主な仕事のうちのひとつ（マドゥラ語では *tukang gerbus*、アチェ語では *tukang put-put angin*、ブギス語では *pasau* と言う）。

***Tumpek Landep***【名】鉄の刃をはじめ、あらゆる鉄製品に供養を行うバリの祝日。

***tungkik***【名】石油用ドラム缶から作られ、回転台の上に据え付けられた小型のキューポラ。中ジャワのバトゥール村で鉄の鋳造に用いられる（***kubah/kupola/dapur kupola*** も参照）。

***tungku***【名】たいていの場合、陶窯（とうよう）を指すが、あらゆる種類の炉床、野外炉を指すこともある。ンガウェン村（中ジャワ）では、失蠟（ロストワックス）法による鋳造に使われる密閉型の炉を指す。

tuyere【名】［羽口］：耐熱粘土で作られていることが多い管で、なかを空気が通って火床に届く*（トラジャ語では *po'poran*、ダヤック語では *langit* と言う。Schwaner 1853 を参照）。

***uang logam***【名】硬貨、金属製通貨。かつては鍛冶職人が広く原材料に用いた。

***ubub***【名】フイゴ。ふつうは、垂直ダブルピストン型のマレー式フイゴを指す。関連語に *puput/put-put/puup*、古代ジャワ語の *upup* がある（ミナンカバウ語では *ambuih*、トラジャ語では *sauan*、ブギス語では *asaung*、ダヤック語では *abundan/baputan*、マドゥラ語では *gerbus*、アチェ語では *put-put angin* と言う）。

***ubub dorong***【名】吹き差しフイゴまたは箱フイゴ（Chinese box bellows。windbox bellows、push-pull bellow とも言う、***puup*** も参照）。

***ubub putar***【名】手回し式回転フイゴ。主に東部インドネシアで使われる。おそらく20世紀に発明された。よく自転車の予備部品で作られる。

***ububan***【名】フイゴの一対または一式（まれに *puputan* と呼ばれることもある）。

***warangan***【名】ヒ素。刀の刃文（*pamor*）を引き出すために用いられる。

***wedung*** [Jav]【名】肉切り包丁または鉈（なた）。よく儀礼用に使われる（***golok*** を参照）。

***weld***【動】［鍛接する］：加熱後に金槌で叩き、2つの金属片を接合すること。

***wootz***【名】インド製の結晶質の鋼。よくインドネシアのパモール（*pamor*）と間違えられる（インドでは *ukku* の名で知られる。Solyom 1973 を参照）。

wrought iron【名】［錬鉄］：多少の予備的鍛造が施され、部分的に浸炭が行われた鉄。ふつう炭素含有量は25％未満。

***yoni***（サンスクリット語が語源）【名】女陰を示す象徴（***lingga*** を参照）。

と金属を取り出すことができる*。

***tapel*** [Jav]【名】鋳型。

***telawah*** [Jav]【名】焼き入れ用水槽（*kulah/kolah* とも呼ばれる）。

***tembaga/tambaga/tembaga merah***【名】銅。

***tembaga kuning***【名】真鍮（***kuningan*** を参照）。

***tembaga putih***【名】ニッケル（*nekel* とも言う）かピューター（錫と鉛の合金）のどちらかを指して使う[38]。

***tempa/menempa***【動】鍛造、または鍛接すること（トラジャ語は *tampa*、ダヤック語は *manabasan*）。

***tempa Bali***【名】バリで作られた鍛造の金属製品。

***tempa Melaka***【名】マラッカで作られた鍛造の金属製品。刃の短いクリスの一種を含む。

temper（動詞）［焼き戻しをする］：quench を参照[39]。

***timah/timah putih***【名】錫。

***timah hitam/timah budeng*** [Jav]【名】鉛（バリ語では *timah siam*）。

***timah sari***【名】亜鉛または亜鉛鉄板（*seng/timah rek* とも呼ばれる）[40]。

tinker【名詞）［鋳掛け屋］：継ぎ当て、溶接、はんだ付けにより鍋や釜を修理する職人（インドネシア語では *tukang patri*）。

***toko besi***【名】屑鉄置き場または金物店。

***tombak/tumbak***【名】ジャワの宮廷とバリの寺院で、儀礼用武器として使われる槍。

***trisula***【名】ジャワの宮廷とバリの寺院・宮廷で儀礼用武器として用いられる三つ又の矛（ほこ）（バリ語では *tumbak trisula*）。

***tua tambang***【名】ミナンカバウにおける鉱夫の作業グループの長（*kepala tambang* とも呼ばれる。Dobbin 1983 を参照）。

***tukang***【名】あらゆる種類の熟練工または職人。

***tukang asah***【名】刃物師。砥石（*batu asah*）や砥石車を使って用具を研ぐ職人。ふつうは市場の外で作業をするか、家々を巡回する。

***tukang besi***【名】鍛冶屋、鍛冶職人（*pandai besi* と言う方がふつうである）。

***tukang gembleng***【名】銅や真鍮の細工職人（*gemblak* [Jav]/*pandai tembaga/pandai kuningan/sayang* [Jav] とも呼ぶ）。

***tukang gending***【名】銅鑼作りの職人、ガムランの楽器製作者（*pande gong* [Jav] とも呼ばれる）。

***tukang gerinda***【名】刃物師（***pandai gerinda*** を参照）。

***tukang kikir***【名】製品になる用具をヤスリがけして磨き上げる職人。鍛冶場における 4 つの主な仕事のうちのひとつ。

***tukang kowi*** [Jav]【名】鋳造に備えて金属をるつぼで溶かす職人。

***tukang mas***【名】金細工職人（*pandai mas* とも言う）。

（*onderdil* とも言う）。

***Sulawasi***【名】［スラウェシ、セレベス］：インドネシア群島中の大きな島で、歴史的にジャワに鉄を供給してきた。この名前とオランダ語の旧名称 Celebes はいずれも、*sela wesi* または *sela besi*（鉄鉱石の意）がなまったものである。

***suling***【名】［スリン］：文字どおりには「横笛」[37] を意味する陶製か竹製の管。これを通じて、フイゴからの風が火床に届く。よく一対で使われる。2 本の竹製スリンを用いる場合は、火床へ差し込む前に 1 本の陶製の羽口（はぐち）（送風管）でつなげるのがふつうである。

***sunglon***【名】鍛冶職人が製造した用具のヤスリがけに使う、特別な留め具。切れ目を入れた一対の水牛の角、または角の形に切り分けた材木で作る。

***supit/sepit***【名】挟み道具（トング）。製造する用具を鍛造するあいだ、それをつかむのにウンプ（鍛冶頭）が用いる。

***suvarna***（金を意味するサンスクリット語が語源）【名】［スヴァルナ］：かつて使われていた、金属の重量単位。1 スヴァルナは 1/16 カティ（*kati*）。

***Suvarnabhumi/suvarnadvipa***（サンスクリット語）【名】［スヴァルナブミ / スヴァルナドゥヴィパ］：文字通りの意味は「金の地」「金の島」。インドネシア群島に対する古代インドの名称。

***tahi besi***【名】錆び（*karat/karatan* とも言う）。

tailings【名】［選鉱くず、尾鉱］：金属鉱石や石炭を商業的に採掘した後に残る副産物。ふつう鉱山の近くに積み上げられる。地元の村人たちに活用されることもある。

***tajam***【形】鋭利な。

***taji***【名】闘鶏用の小さな刃。クリスと同じ伝統に則り作られる。

***tambang***【名】鉱坑、鉱山、鉱床（動詞は *menambang*）。

***tambang besi***【名】鉄鉱山。

***tambang mas***【名】金鉱、金山（きんざん）。

***Tanah Datar***【名】ミナンカバウ高地の渓谷。有史時代初期にスマトラを有名にした金の大半を産出した。

***tatah***【名】［鏨（たがね）、たがね細工］：小型の金槌で端を叩く小さな鏨、または彫刻刀。ふつう使い古した自転車のスポークを原料に、鍛冶屋が作る。金属の打ち出し細工、孔の開いた革（例えばワヤンの人形）の細工、木彫りに用いる。宝石を散りばめたり、宝石で飾った金属加工品を指して言うこともある。

tang【名】［中子、刀心］：クリスなど刃物の刀身の、差し込んで柄付けに使う部分のこと（インドネシア語では *pesi*）。

tanged hafting【名】［中子式柄付け］：中子（刀心）を使って刀身を柄に装着する技法。インドから伝わったと考えられている。

tap hole【名】［出銑口］：溶鉱炉の脇にある穴。ここから液化した鉱滓（スラグ）

***serok***【名】プラペン（鍛冶場）で火にくべるために炭をすくうシャベル。

slag【名】［スラグ、鉱滓、かなくそ、のろ］：製錬の残留物。主に溶鉱炉の中で金属に変わらなかった鉱石の成分から成る。融解温度では液体だが、冷えると、考古学者がよく見つけるような多かれ少なかれガラス状の固体になる＊（ジャワ語では *krawa* と言う）。

slaggery【名】［金糞（かなくそ）塚、金糞山］：廃棄された鉱滓の大きな堆積。考古学者が大昔の製錬場を特定する目安となる。

sledger【名】ジョエル・カーン（Kahn 1980）が、鍛冶場の鎚打ち職人を指すのに使った用語（*panjak* を参照）。

smelt【動】［製錬］：金属含有鉱石を加熱し、金属を分離させること。ふつう、［還元剤としての］一酸化炭素の存在下で行う。

smelter【名】［製錬者、製錬企業］：製錬する者。

smeltery【名】［製錬所、溶鉱所］：製錬が行われる場所。

smith【名】［金属加工職人］：製錬済みの金属を完成品に変える、あらゆる種類の金属加工作業者（インドネシア語では *pande/pandai/tukang*）。

smithy【名】［鍛冶場］：鍛造が行われる場所（インドネシア語は *perapen/besalen*）

socketed hafting【名】［ソケット式柄付け］：木などの素材で作られた刃物の柄を金属の刃の［リング状の］ソケットの内側にはめ込む技法。大昔のインドネシアの用具で用いられたが、のちに中子式柄付け（tanged hafting）に替わった。

solder【動】［はんだ付け］：粉末はんだを用いて局部的加熱により、2つの金属片を接合すること（インドネシア語では *pateri* と言う）。

soldering compound【名】［粉末はんだ］：はんだ付けに使う粉末の化合物。接合する金属表面のタイプにより異なる物が使われる。ふつう鍋や釜の修理には、粉末の錫および鉛の混合物が使われる。銅製品の製造には、銅、亜鉛、樹脂の粉末の混合物を使う。銀製装身具などの製造には、銀のヤスリ粉を使う（インドネシア語では、やはり *pateri* と言う）。

steel【名】［鋼］：鉄と炭素の合金。浸炭処理を行った鉄（carburized iron、インドネシア語は *baja*）

***steenkool***（オランダ語）【名】コークス、すなわちいったん焼いた石炭。マドゥラの鍛冶職人が使う（*steenkolen*、*kokas* とも呼ばれる）[36]。

***stoker***（オランダ語）【名】［火夫、かまたき］：キューポラに金属スクラップと燃料を満たし続ける役割の人間。中ジャワの鋳鉄製造村落バトゥールで使われている用語。

***suasa/suwasa***【名】金と銅の合金。赤みがかった金色のため、アチェと北スラウェシの金細工職人に好まれる。ジャワでは、クリス（短剣）の鞘の外装（*keris pendok*）にも用いられる。

***suku cadang***【名】機械類の予備部品（スペアパーツ）。鋳物でできている

***repoussé*** 【名】［ルプッセ］：打ち出しまたは浮き彫りの細工を施した（raised or embossed）図案によりシートメタル（金属薄板）を装飾する技法。図案は、ふつう小型のハンマーとポンチを使って裏側から刻印される。

roasting 【名】［焙焼］：溶鉱炉で製錬する前に、直火で鉱石を加熱する工程*。

***rol aluminium*** 【名】［アルミ平板ロール巻、アルミロール］：近年、工場製の薄いロールの形で入手できるようになったアルミニウム。

***rol perak*** 【名】銀のシートを作るために銀細工職人が使う小型の機械（***penipis perak*** を参照）。

***rol seng*** 【名】［亜鉛鉄板ロール、トタン板コイル］：近年、工場製の薄いロールの形で入手できるようになった亜鉛鉄板。

***rosokan*** 【名】スクラップ金属（***besi tua*** を参照）。

***sabit*** 【名】（稲や草を刈る）鎌。鍛冶屋がふつうに作る製品（*arit* [Jav] とも言う）。

***sadur*** 【名】金属のめっき、表面被覆。

***sadur mas*** 【名】金めっき（鍍金）または金張り（動詞は *menyadur mas*。*sepoh mas* と呼ぶ方がふつう）。

***sajen*** 【名】供物。例えば、かまどへの供物。

***sarung keris*** 【名】クリス（短剣）の鞘。

***sarung peluru*** 【名】薬きょう。真鍮細工職人がふつう原材料として用いる（*kelonsong peluru* とも呼ばれる）。

***sayang*** [Jav] 【名】銅や青銅細工の職人（*gemblak* [Jav]/*tukang gembleng*/*pandai tembaga*/*pandai kuningan* とも言う）。

***sela/sula*** 【名】古代ジャワ語で「石」の意。サンスクリット語の *sila* が語源（***damar sela*** を参照）[33]。

***senapan/senapang/sinapang*** 【名】ライフル銃、マスケット銃、または鉄砲一般。かつては鋳物師が作っていた。

***seng*** 【名】亜鉛または亜鉛鉄板（*timah sari* とも言う）[34]。

***senjata/sanjata*** 【名】（ふつうは金属製の）武器。

***sepuh/menyepuh/sepoh/menyepoh***（動詞）［焼き戻し］：金属を鍛える。つまり、鉄や鋼の刃を再加熱し、水や油で冷却し強化する。また、例えば銀製の装身具に金めっきを施すように、金属めっきの工程に携わることも意味する（トラジャ語では *sapua*、ミナンカバウで語は *sapuah* と言う）。ジャワでは、年配者や先祖も *sepuh/sepoh* と呼ばれる[35]。

***sepuh/penyepuh/sepoh/penyepoh*** 【名】［焼き戻しの冷却液、めっき液］：金属を焼き戻したり、めっきするために使う液体。

***sepuhan/sepohan*** 【名】金属めっきが施された物。めっきされた装身具を指すことが多い。

***sepuh mas/sepoh mas*** 【名】金めっき（鍍金）または金張り。銀が下地であることが多い。

*plat*（オランダ語起源）【名】金属板、板金。第２次世界大戦中に難破した船や撃墜された飛行機から取り出されることが多い。鍛冶屋の原材料として広く用いられる。

*plat kapal*【名】船から取り出した金属板。

*pompa*【名】フイゴ。あまり使われない用語（*ubub* を参照）。

*pondok*【名】作業や寝泊まりのための小さな物置や小屋。アチェでは、鍛冶場の意味で用いる。

*potongan*【名】切片、金属片（「切る」という意味の語根 *potong* からの派生語）。

*prada/perada/pradah*【名】金粉。伝統的には中国から輸入され、接着剤と混ぜて布に下絵を描くのに用いる。接着剤で貼った金箔のことも指す。

*punggawa*【名】南スラウェシで鍛冶場の頭領や大型の企業主を指すのに使う語。バリ語では、「領主」や「王子」を意味する貴族称号（*empu* および *pengusaha* を参照）。

*puput*【名】フイゴ。あまり使われない用語（*ubub* を参照）。

Pura Ratu Pande【名】ラトゥ・パンデ寺院。バリの鍛冶職人の神を祭ったヒンドゥー寺院（Ratu Pande を参照）。

*pusaka*【名】神器、宝物、魔力のあるお守り。または、霊が宿る物神。例えば、儀式用のクリス（短剣）、銅鑼、金の装身具、神聖な織物など（ミナンカバウ語では *pusako*）。

*puup*【名】フイゴ。あまり使われない用語。Chinese box bellows（吹き差しフイゴまたは箱フイゴ）を指すこともある（Thorburn 1982 および *ubub* の項目を参照）。

quench【動】［焼き入れをする］：鉄や鋼の刃を真っ赤になるまで再加熱し、水や（まれだが）油につけて鍛える（インドネシア語では *sepuh/sepoh/menyepuh/menyepoh*）。

quenching trough【名】［焼き入れ用水槽］：焼き入れに使う水や油を貯める槽。石で作られたものが多い（ジャワ語では *telawah*）。

*rangka*【名】骨組み、骨格。

*rasa/air rasa/air perak*【名】水銀。鉱業で、水晶など金が埋め込まれている他の鉱物から金を分離するために用いる。アマルガム法による金めっき（fire gilding）にも使用する。

Ratu Pande【名】ラトゥ・パンデ、バリの鍛冶職人氏族の守護神。この神を祭る寺院が、アグン火山中腹のブサキ－寺院群のなかにある。

refractory【形】溶解しにくい（粘土、鉱石、金属について言う）。

*rel/reli*【名】鉄道のレール。鍛冶屋にとって重要な原材料のひとつ。

*rel besi*【名】鉄または鋼で作られた鉄道のレール。

*rencong*（アチェ語）【名】レンチョン、アチェの伝統的短剣。形が、アッラーを示すアラビア文字に似ているといわれる。

***pepale***（アチェ語）【名】鎚打ち職人（ジャワ語は *panjak*、インドネシア語は *tukang pukul* または *pemukul*）。

***per***【名】ばね鋼。鍛冶屋の原料として広く使われる。

***per mobil***【名】中古自動車のスプリングと緩衝装置から取り出されたばね鋼。

***per sepeda***【名】自転車のスポーク。ナイフなどの小用具の製造原料に使われる。

***perak***【名】銀（*selaka/salaka* [Jav] とも言う）。

***perak bakar***【名】背面が酸化された銀の打ち出し細工。ジョクジャカルタ地域で普及している。

***perapen/prapen/perapian***【名】鍛冶場、炉床、または鍛造工場（語根は *api* すなわち「火」。あまり一般的ではないが、*besalen*、*dapur* とも呼ばれる）。（トラジャ語は *da'po bassi*、ミナンカバウ語は *apa basi*、ブギス語は *amanreang*、マドゥラ語は *besalen* または *pemandian*）。

***perarangan***【名】木炭製造所つまり炭焼き窯（***pengarangan*** も参照）。

***permata***【名】装身具に付けられた宝石または準宝石（語根は「目」を意味する *mata*）。

***pertambangan***【名】鉱業（語根は「鉱山」「鉱床」を意味する *tambang*）。

***perunggu***【名】青銅（*gangsa/loyang/tembaga perunggu* とも言う）。

***pesi***【名】柄に差し込まれた刃の中子。

pig iron【名】［なまこ］：銑鉄の塊や棒。若干の予備的鍛造を加えられた銑鉄のこと（錬鉄 wrought iron に類似）。

***pijar/memijar***【動】鋼を灼熱で輝くまで熱すること。鋼を鍛えること（バリ語は *mijer*）。

***pikul***【名】炭の袋、用具の束などを運ぶのに用いる天秤棒（てんびん）。秤量単位（ピクル）としても使われる。例えば、1ピクルの炭は2袋（天秤棒の両端に1袋ずつ）に相当する[32]。

***pisau/piso***【名】ナイフ（バリ語は *teyuk*）。

***pisau dapur***【名】包丁。鍛冶屋がふつうに作る製品。

***pis bolong/pipis bolong/kepeng*** [Jav]【名】中央に正方形の穴がある、銅か銅合金の古銭。バリでは現在も、奉納や偶像作りのために使われている。13世紀以降に中国から輸入された（古い碑文に記されている *pisis* 硬貨とおそらく同一である。ダヤック語では *pisih* と言う）。

piston bellows【名】［ピストン式フイゴ］：東南アジアが起源のフイゴの一種。1本の中空の管（ふつう木製または竹製）から成り、そのなかをピストンが押し引きされて空気を管から火へ向けて押し出す。この種のフイゴは、一対になり垂直に置かれて使われることが多い*。

PJKA【名】Perusahaan Jawatan Kereta Api（官営鉄道会社つまり国鉄）の略。国有企業で、鍛冶屋の用いる原材料のうち、最も普及したもののひとつである鉄道のレールを競売する権限をもっている。

ない用語）。

***panjak***（ジャワ語）【名】鎚打ち職人、先手（さきて）。ジャワの大きな鍛冶場には2、3人いる。ジャワ語ではガムラン奏者、歌手、踊り手、役者のことも指す（*pemukul/tukang pukul* とも言う。ミナンカバウ語は *tukang tapo*、アチェ語は *pepale*）。

***panji***（ジャワ語）【名】文字通りの意味は「王子」。銅鑼製作工房の頭領（Jacobson and van Hasselt 1975を参照）。

***parang***【名】大鉈（おおなた）。鍛冶屋がふつうに作る製品（*bendo* [Jav]とも言う。ダヤック語は *parang* または *mandau*）。

***paron***【名】金床（*besi landasan/bantalan besi* とも言う。トラジャ語は *tandaran*、古代ジャワ語は *paron*、*parwan*、*parean*、*paryan* など）。

***pasir besi***【名】砂鉄。

***pateri/patri***【名】はんだ。

***pateri/patri***【動】はんだ付けをする。

pattern welding【名】mixed-metal forgingを参照。

***pedang***【名】剣、刀。

***pelate/plat***【名】金属板、板金（いたがね）。

***pelat besi/plat besi/besi lantai***【名】鉄または鋼の板金。中古船から取り出すことが多い。

***pelinggih***【名】バリの鍛冶場で、供物を捧げる場所。語根は *linggih*（腰掛け）。

***pemandian***（マドゥラ語）【名】鍛冶場。語根は *mandi*、つまり「洗う」または「水浴びする」こと。マドゥラでは *besalin* という用語も使われる）。

***pemukul***【名】鎚打ち職人、先手（「打つ」を意味する *pukul* が語根。*tukang pukul* とも言う。ジャワ語では *panjak*）。

***penarik kawat***【名】金や銀の針金を作る道具。伝統的な道具は、線の太さに応じた穴が並ぶ木の板でできている。針金はウィンチ（巻上げ機）と鎖で穴から引き出される（*penganden* とも言う）。

***pendok*** [Jav]【名】クリス（短剣）の鞘の金属製外装。

***penempa***【名】鍛造または鍛接作業を行う鍛冶職人。あまり使われない用語（語根は「鍛造」を意味する *tempa*）。

***penganden***【名】***penarik kawat*** を参照。

***pengarangan***【名】木炭製造所つまり炭焼き窯（kiln）。または炭焼き（語根は「炭」を意味する *arang*）。

***pengecoran***【名】鋳物工場、鋳造所（語根は「溶解する」という意味の *cor*）。

***pengusaha***【名】企業所有者、企業家（語根は「努力」または「企業」を意味する *usaha*）。

***penipis perak***【名】銀のスクラップを薄板に変える小型機。*rol perak/mesin pres perak/mesin mengiling perak/gulung perak* などとも呼ばれる）。

oxidation【名】[酸化]：燃焼中におけるように、酸素と化合する過程。
*pacul*（ジャワ語）【名】鍬または鋤（すき）[31]。鍛冶屋がふつうに作る製品（インドネシア語では *cangkul*、バリ語では *bangkrak*）。
***padu/memadu***【動】金属を混合する、合金にする、または溶接すること。
***paduan***【名】合金。溶接された２つの金属。
***pahat***【名】鑿、または彫刻刀。鍛冶屋がふつうに作る製品。装飾用金属加工のを行う金銀細工師や、木彫職人、石刻職人に用いられる（小型のものは *tatah* と呼ばれる）。
***palu***【名】金槌または玄能。
***pamor/pamur***【名】異種金属鍛接（mixed-metal forging）と、その結果できたサンドイッチ状の金属の重なりを細工して得られる鋼の刃の模様（刃文）。そのような模様を作るために、通常の鉄と混ぜるニッケル含有鉄を指して言うこともある。また、この工程が刃に付加する魔力を指すこともある。元の意味は「混ぜる」または「混合」。
***pamor Bugis/pamor Luwu***【名】スラウェシで採れるニッケル含有鉄。
***pamor nekel***【名】輸入または工場製のニッケルから作られた刃文。他のタイプの刃文に比べて色が非常に明るい。刃文用の輸入ニッケルの大半は、ドイツからのものである。
***pamor Prambanan***【名】18 世紀半ば、中部ジャワのプランバナン寺院近くに墜落した隕石から取ったニッケル含有鉄。この隕石の大部分は今、スラカルタ（ソロ）のススフナン王宮に保管されている。
***panca-datu***（バリ語）【名】バリの儀礼と奉納で用いられる５つの神聖な「金属」。金、銀、銅、鉄、およびルビー（*mirah*）または錫から成る。
***pancagina***（バリ語）【名】バリの男性が行う、５つの神聖な工芸。鉄細工、銅細工、金細工、木彫、および絵画。
***pandai/pande*** [Jav]【名】文字通りの意味は「賢い、または熟達した者」。金属細工職人を意味する。単独で使うときは、ふつう鍛冶屋を指す。
***pandai besi/pande besi*** [Jav]/***pande wesi*** [Jav]【名】鍛冶屋または鉄工職人（トラジャ語は *pande bassi*、バリ語は *panre bessi*）。
***pandai gerinda***【名】刃物師。*gerinda*（グリンダ）つまり回転式エッジ研磨機で用具を研ぐ者。ふつうは巡回するか市場の外で作業をする。ラッフルズの『ジャワ誌』（Raffles 1965 [1817]）に言及がある。（*tukang gerinda* とも言う。グリンダの代わりに砥石を用いている場合は研ぎ師 *tukang asah* と呼ばれる）。
***pandai kuningan***【名】真鍮細工職人（*gemblak* [Jav]/*tukang gembleng/sayang* [Jav]/*pandai loyang* とも呼ばれる）。
***pandai mas***【名】金細工職人（*tukang mas* とも言う）。
***pandai perak***【名】銀細工職人（*tukang perak* とも言う）。
***pandai senjata/pande sanjata*** [Jav]【名】兵器職人、武具師（もはや使われてい

場やその所在地（*meranggi* を参照）。

***meranggi/mranggi/mergongso***　[Jav]【名】クリスの部品と飾りを作る職人（Raffles 1965 [1817] と Solyom & Solyom 1978 を参照）[24]。

***Merapi/Marapi/Gunung Merapi/Gunung Marapi***【名】ムラピ山。2つの聖なる火山の名。ひとつはジョクジャカルタのすぐ北側に、もうひとつは西スマトラ州のミナンカバウ高地にある。「火山」を意味する *gunung berapi* に由来する。

***mesin tempa***【名】スプリングハンマーまたは鍛造機。近年、工業省により導入された。

metal blank【名】［地金］：用具と同じサイズの錬鉄素材、ふつうは棒状をしている。

***mirah***【名】桃色がかったルビー。よく伝統的金細工に使われる。採掘地はカリマンタンとスリランカ。「赤」を意味する *merah* の変異形。

mixed-metal forging【名】［異種金属鍛接］：異なる色と材質の金属の鍛接。その結果として出来る地金が用具に成形されると、刃に模様（インドネシア語で *pamor*、つまり刃文）が見られるようになる（英語では pattern welding/forge-welding/damascene［ダマスカス刀剣のような波状模様］とも呼ばれる）。

***monel***【名】多くの都市の道端で売られているような、安価なリングの製造に用いられるステンレス鋼。以前は、第二次世界大戦中に撃墜された飛行機から取り出されたものが使われた。

Moon of Pejeng【名】ペジェンの月。バリ島のギアニャル（Gianyar）県ペジェン村のヒンドゥー寺院に保管されている巨大な青銅製のモコ型銅鼓[25]。紀元後の早い世紀にバリで鋳造されたと考えられている。

***naga***（サンクスリット語起源）【名】ナーガ。インドネシアの金属細工でよくモチーフに使われる、架空の大蛇または竜（ジャワ語では *sarpa* と言う）[26]。

***nangkodoh/nakoda***（ミナンカバウ語）【名】鍛冶の頭領。西スマトラの鍛冶場の長（***empu*** 参照）[27]。

***nekel***【名】ニッケル（*tembaga putih* とも言う）[28]。

***ngaroni*** [Jav]【名】銅鑼製造場のフイゴ職人。マレー式フイゴよりも、ラムス（*lamus* [Jav]）と呼ばれる山羊革のフイゴを使う（Jacobson and van Hasselt 1975 を参照）。

***onderdil***（オランダ語起源）【名】[29] 機械類の予備部品（スペアパーツ）。鋳造金属でできている（*suku cadang* とも言う）。

***open***（オランダ語起源）【名】[30] 近代的な燃料燃焼式溶鉱炉。

***orang gunung***【名】文字どおりの意味は「山の人」。鍛冶職人が使う木炭の、一般的供給元。

ore【名】［鉱石］：1種類以上の金属系鉱物を十分に含み、採掘に値する岩（または土）*（インドネシア語は *bijih*）。

*dolo*（祖先たちの刀）と呼ばれる（Zerner 1981 を参照）。

***lamus*** [Jav] /***kamus*** [Jav]【名】ヤギ革のフイゴ。主にジャワの北海岸地方で銅、真鍮、青銅の細工に使われる。

***landasan/landasan besi***【名】金床（*paron* と呼ばれることの方が多い）。

***lantak/lantakan***【名】金属の棒（例えば *besi lantak*［棒鉄］や *mas lantak*［金の延べ棒］）。

***lebur/lebor/labor/melebur/melebor/melabor***【動】融解または製錬する。金属について用いる。

***leburan***【名】(1)：金属。とくに融解または製錬された金属を指す（*logam* と呼ばれることの方が多い）。

***leburan/leboran/laboran***【名】(2)：金属の融解や製錬のための溶鉱炉（*dapur leburan* とも言う）。*laboran* という用語は、ボルネオ島南東部で、粘土で作られた円筒状の製錬用溶鉱炉を指して 19 世紀に使われた（Schwaner 1853 を参照）。

***lempuyangan***【名】赤みを帯びた金と銅の合金、赤銅（しゃくどう）。クリスの鞘（さや）のカバーに使われることが多い。

***lerak***【名】石鹼の実[21]。銀を磨くのに使われる。

limonite【名】［褐鉄鉱］：黄褐色の酸化鉄。ふつう鉱石として使われる。

***lingga***（サンスクリット語起源）【名】男根の象徴。ふつうは金属か石で作られる。

***linggis***【名】かなてこ。おそらく *lingga* と関連がある。

***logam***【名】金属。

***loyang***【名】真鍮（***kuningan*** を参照）。

magnetite【名】［磁鉄鉱］：黒味がかった酸化鉄。ふつう鉱石として使われる。

***malam***【名】蜜蝋（みつろう）。打ち出し細工を行うときの原型として失蠟（ロストワックス）法による鋳造で使われる。またバティック布の制作でも使われる。樹脂と組み合わせることもある（中ジャワのバトゥール村では *mal* と呼ばれる）。

***mandau***【名】マンダウ、ダヤック族の剣または山刀。パラン（*parang*）に似ている。刃文（*pamor*）がついていることもある。かつては首狩りなどに使われていた。

***martil***【名】大鎚、または玄能（げんのう）。

***mas/emas***【名】金。おそらくサンスクリット語の *masa* が語源（ダヤック語は *bulau*）。

***mas urai/mas pasir***【名】砂金。古代には貨幣として用いられた。

***masa***（サンスクリット語）【名】マサ、かつて金属について使われた重量単位で、およそ 2.4 ～ 2.5 g に相当[22]。1 マサは 1/16 スヴァルナ（*suvarna*）。

***matres***【名】鋳型を形作るか築き上げるための材料。おそらく matrix［鋳型、母型］が語源[23]。

***meranggen/mranggen*** [Jav]【名】クリス（短剣）の部品と飾りを製作する作業

***kepeng*** [Jav]/***keping***【名】[20] 13世紀初頭に中国から大量に輸入された銅貨（*pis bolong* 参照）。

***keris/kris***【名】真っ直ぐまたは波形の刃の短剣（クリス）。かつては戦闘に使われたが、現在は主に儀礼用。「本物」のクリスには、ふつう刃に刃文（*pamor*）がある［第6章［6］を参照］（クリスは「刻む」という意味の語根 *iris* に由来する語 *ke-iris* の短縮形だった可能性がある。ダヤック語では karis、敬語形のジャワ語またはバリ語では *duwung* と言う）。

***keris buda***【名】模様のない（つまり、ことさら刃文を付けていない）鉄で作った、短く真っ直ぐで頑丈なクリス。インドネシア人たちは、中部ジャワの仏教時代の物と考えている。後世のさまざまなタイプのクリスの祖型のひとつであったかもしれない。

***keris Majapahit***【名】マジャパヒト風のクリス。クリスの一種でふつうは小さく、先祖の彫像を連想させる様式の擬人化された柄が付いている。柄と刃は同じ鉄の部材から作られる。*keris buda* のように、古い時代の様式と考えられている。女性は *keris Majapahit* の帯刀を認められている。

***kikir***【名】職人が、用具や武器の端や表面を手作業で研磨するためのヤスリ。輸入品が多く、頻繁に交換しなくてはならない。

***kikir/mengikir***【動】器具の端などをヤスリがけすること（ミナンカバウ語は *kikia*）。

***kikiran***【名】例えば鉄の、ヤスリくず。

***kodi***【名】20個で1組のもの。例えば、一束にまとめられ、出荷の用意ができている20個の用具など。

***kokas***【名】コークス、つまりいったん焼いた石炭。マドゥラの鍛冶職人が燃料に使う（オランダ語起源の *steenkool* の名でも呼ばれる）。

***kompor***【名】金・銀細工や溶接で使われるブロートーチ（小型発炎器）。いろいろなサイズのものがあり、ガス、ガソリン、灯油、電気などを動力に用いる。

***kowi*** [Jav]/***kui/kowen*** [Jav]【名】ふつうは鉢の形をしており、粘土か石で作られたるつぼ（*pengleburan*、*takaran* とも呼ばれる）。

***krawa***（ジャワ語）【名】鉱滓、かなくそ（*arang besi* とも呼ばれる）。

***kubah***【名】融解した鉄を鋳造するのに用いる溶銑炉。底面の近くに、噴出口または「キューポラ」が備え付けられている（*kupola* とも呼ぶ）。

***kulah/kolah***【名】ふつうは長方形で、石で作られた冷却槽（*telawah* [Jav] とも呼ばれる）。

***kuningan***【名】真鍮（*tembaga kuning*、*loyang* とも呼ばれる）。

***kupola***【名】***kubah*** 参照。溶銑炉そのものを指すこともあれば、その噴出口を指すこともある。

***la'bo***（トラジャ語）【名】トラジャの刀。刃文（*pamor*）の付いたものは *la'bo to*

（*wedung* [Jav] とも呼ばれる）。

***gong***【名】ゴング、銅鑼（*gangsa* つまり青銅から製造。ダヤック語は *garontong*）。

granulation【名］［グラニュレーション、粒金技法］：装身具の表面に金属の小さなビーズをはんだ付けして装飾する技術。

***gunting***【名】はさみ、または剪定ばさみ。金属板切断用の剪定ばさみを含む。鍛冶屋がふつうに作る製品。

***Gunung Agung***【名】アグン山。バリ北東部の大きな活火山（***Besakih*** を参照）。

***Gunung Besi***【名】文字どおりの意味は「鉄の山」。ミナンカバウ高地のシンカラック湖[16]近くの小さな山。ミナンカバウの鍛冶職人が利用する鉄の大半はここの産物。

***gunung berapi***【名】文字どおりの意味は「火を吹く山」。つまり火山。

hafting【名】［柄付け］：金属の刃を柄に装着する技術。大昔のインドネシアの用具はソケットによる柄付けの方法を用いていたが、のちに中子による柄付けに変わった［ソケットと中子については、第3章［17］を参照］。

hematite/haemotite【名】［赤鉄鉱］：鉱石としてふつうに使われる赤褐色の酸化鉄。

ingot【名】［インゴット、鋳塊］：まだ最終製品にまでなっていない、製錬済みの金属の塊のことで、レンガ状または円盤状の形をしていることが多い*。

***intan***【名】ダイヤモンド。よく伝統的な金細工に使われる。産地はカリマンタン（ダヤック語は *hintan*）。

***kacip*** [Jav]【名】ビンロウジの実を切るはさみ（***caket*** を参照）。

***kaleng***【名】アルミまたは錫の空き缶[17]。最近は一部の溶接工業で原材料に使われている。

***kapak/kampak***【名】斧。

***karat/karatan***【名】錆び（*tahi besi* ともいわれる）。

***karat***【名】カラット。純金含有度を示す近代の単位。

***karung/karong/karung goni***【名】ジュート（黄麻）製の袋または粗製繊維の袋。木炭の容れ物兼秤量容器として使われる。

***kati***（サンスクリット語起源）【名】近年まで金属細工師に使われていた重量単位、カティ。1カティは約0.64kgまたは1.4ポンド。現在はキログラムに取って代わられている。

***kawat***【名】針金。例えば、金や銀の針金が装身具製造に使われる。

***kejen*** [Jav]【名】[18] 犂の刃先。ふつうは鍛造されるが、鋳造されることもある（*mata bajak*、*luku* [Jav]、*luku bajak* とも呼ばれる）[19]。

***kelinting***【名】小さい鈴（*genta* よりも小さい）。ふつうは、失蠟（ロストワックス）法により鋳造された真鍮で作られる。

***kelongsong peluru***【名】薬きょう。真鍮細工職人がふつう原材料として用いる（*sarung peluru* とも呼ばれる）。

firewall【名】［防火壁］：一部の鍛冶場で使われる、フイゴ職人を火床の熱から防護するための低い壁。ふつうはレンガ、石、割いた竹で作る。

flux【名】［融剤］：溶鉱炉の燃料と鉱石に混ぜ、出来てくる鉱滓の融点を下げる材料。例えば石灰や酸化鉄などが使われる*（ただしインドネシアではふつう使わない）。

forge【動】［鍛造する］：加熱し、鎚で叩いて金属を加工すること（インドネシア語では *tempa/menempa*）。【名】鍛造を行う場所、つまり鍛冶場（インドネシア語では *perapen*）。

forge-weld【動】［鍛接する］：鎚で叩いて金属片を接合する。可鍛性をもたせて融解温度まで加熱してから行うこともある。板金加工では、両端を折り合わせて継ぎ目を作る作業を含むのがふつうである。

foundry【名】［鋳造所、鋳造工場］：金属、とくに鉄の鋳造が行われる場所（インドネシア語では *pengecoran/besalen*）

***gamelan***【名】ガムラン。伝統的には主に青銅の鋳物で作られた打楽器から構成されるインドネシアの楽団。今日ではもっと安い金属で作られた楽器を用いることもある（丁寧語に当たるジャワ語の敬語では、青銅を意味する *gangsa* という語を用いる）[11]。

***gangsa***【名】[12]：青銅（*perunggu*、*loyang* とも呼ばれる）

***garu*** [Jav]【名】馬鍬（まぐわ）。犂（すき）で土を耕起したあと、代掻きのために用いる。鍛冶屋がふつうに作る製品[13]。

***gemblak*** [Jav]【名】銅や真鍮を鋳造または鍛接する職人（*tukang gembleng/pandai tembaga/pandai kuningan/sayang* [Jav] とも呼ばれる）。

***gambleng/menggambleng***【動】折って継ぎ目を鎚で叩くことにより、溶接または鍛接すること。

***geni*** [Jav]【名】火を意味する敬語形（丁寧語に相当）のジャワ語またはバリ語（*api* を参照）。

***genta***【名】鐘または鈴。例えば聖職者の使う鐘、牛の首につける鈴（カウベル）など。ふつうは、失蠟（ロストワックス）法により鋳造された青銅か真鍮から作られる。

***gerbus***（マドゥラ語）【名】フイゴ（***ubub*** を参照）

***gerinda/gurinda/grinda***（おそらくオランダ語起源）【名】金属製用具の表面や端を研磨するために用いられる装置の一部[14]。現在は、回転式、伝統式などいくつかの形態がある。ラッフルズ『ジャワ誌』で早くも言及されている（Raffles 1965 [1817]）。

***giggin***（マドゥラ語）【名】犂の先端（***kejen*** を参照）。

gild【動】［鍍金または金張り］：加熱して金メッキを施すか薄い金箔を貼って表面を金で覆うこと（インドネシア語は *sepuh/menyepoh*）[15]。

***golok***【名】肉切り包丁、みじん切り用包丁、鍛冶屋がふつうに作る製品

す者のこと。小型の用具の修理を行うこともある（インドネシア語では、砥石を使う場合は *tukang asah*、回転式エッジ研磨機を使う場合は *pandai gerinda* と呼ばれる）。

***damar/damer/damar batu/damer sela*** [Jav]【名】樹脂。さまざまなタイプの金属加工、とくに打ち出し細工の型に使われる。蜜蠟、松ヤニ（pitch）などの材料とともに使われることも多い。

damascene【名／形】［ダマスカス刀剣のような波状模様（のある）］：結晶質の鋼（例えばインドの *wootz*）や違う金属を混ぜた鍛造（例えばインドネシアの *pamor*）を指してさまざまに使われてきた用語。もともと、実際にはインドで作られた（シリアの）ダマスカス風の剣を指す。

***dandang***【名】⑴：硬い地面を掘り起こすのに使われるつるはし。鍛冶屋がふつうに作る製品。

***dandang***【名】⑵：米飯の蒸し器。銅細工職人がふつうに作る製品[9]。

***da'po bassi***（トラジャ語）【名】鍛冶場（*dapur* に関連、***perapen*** も参照）。

***dapur***【名】かまど、台所。鍛冶場や鋳物工場を指す場合もある（ミナンカバウ語は *apa*、トラジャ語は *da'po*。***perapen***、***besalen*** も参照）。

***dapur kupola***【名】バトゥール村で使われる用語で、鋳物工場や鉄の鋳造が行われる場所を指す。*dapur injeksi* または *dapur furnas* とも呼ばれる。キューポラの代わりにそれより小さな溶銑炉であるトゥンキック（*tungkik*）を使う鋳物工場は、*dapur tungkik* と呼ばれる。

Dong S'on【名】［ドンソン］：大昔の青銅器製作の仕事場があったベトナム北部の遺跡。紀元1世紀に中国の漢王朝により破壊されたと考えられている。ヘーゲル1型（Heger I）銅鼓[10]を含む初期のインドネシア出土青銅器の多くが、おそらくここで作られた。

***emas***【名】金（*mas* と綴ることが多い）。

emboss【動】［浮彫にする、エンボス加工にする］：一枚の金属薄板の裏面から図案を刻印すること。*repoussé* と同じ。

***empu/mpu***【名】鍛冶頭。鍛冶業の作業集団の頭（ミナンカバウ語は *nangkodoh/nangkoda*。ブギス語は *punggawa*）。ジャワ古語の敬称 *hampu* に由来し、宮廷詩人や宗教教師のような別の職業についても使われた。バリでは鍛冶職人の氏族のための僧侶についても使われた。

***empu pedagang***【名】原材料を鍛冶職人たちに供給し、製品を出荷する企業家や商人。自分自身は鍛冶の技能をもたないこともある。

***empu pekerja***【名】労働者のウンプ（鍛冶場の頭領）。*empu pedagang* とは対照的な存在。

filigree【名】［フィリグリー、金線または銀線細工］：非常に繊細な銀や金の針金で装身具やクリスの部品を作る技術。また、この技術で作られた装身具のこと。

brass【名】［真鍮］：銅と亜鉛の合金（インドネシア語は *kuningan*）。

bronze【名】［青銅］：銅と錫（すず）、鉛、またはヒ素の合金（インドネシア語は *perunggu/gangsa*）

***buruh tambang***【名】坑夫、鉱業労働者（*anak tambang* とも呼ばれる。Dobbin 1983 を参照）。

***cakarwa*** [Jav]【名】鍛冶場で、炭の残り火をかき混ぜるのに使われる火かき棒。

***caket***【名】ビンロウジの実を切断する器具。鋭い刃が片側にだけあるが、クリスと同様の伝統にもとづき製造され、形や装飾が華美なものが多い（*kacip* [Jav] とも呼ばれる）。

Candi Sukuh【名】スクー寺院。中部ジャワのラウ山の中腹にある 14 世紀の寺院。鍛冶場の情景を描いた有名なレリーフがある [7]。

***cangkul***（インドネシア語）【名】鍬（くわ）。鍛冶屋がふつうに作る製品（ジャワ語では *pacul*、バリ語では *bangkrak* と言う）。

carbonize【動】［炭化する］：（火に当てて）炭にする、焼き尽くす。

carburize【動】［浸炭する］：鉄を鋼に変えるときのように、炭素を注入する。

cast【動】［鋳造する］：ある種のるつぼのなかで金属を溶かし、鋳型に流し込む。

***celurit***（マドゥラ語）【名】マドゥラ人の伝統的短剣。

***cetak/mencetak***【動】鋳型で鋳造する。硬貨を鋳造するという意味にも用いる。

***cetakan***【名】液化した金属を流し込む鋳型、または鋳造されたもの。

Chinese box bellows/windbox bellows【名】［吹き差しフイゴ、箱フイゴ］：中国起源のフイゴの一種で、複動式ピストン、すなわち前へ押すときと後へ引くときの双方に空気を押しだすピストンを用いる。風箱（windbox）はふつう単独で水平に設置して使用される。円筒型、箱型の双方がある*（インドネシア語は *ubub dorong/ubub Cina/puup*）。

coke【名】［コークス、骸炭］：マドゥラでは鍛冶屋が燃料として用いる（オランダ語は *steenkool*、インドネシア語は *kokas*）。

***cor/mengecor***【動】金属などを溶かすこと。

crucible【名】［るつぼ］：融解した金属の容器。ふつう石か陶磁器で作られる（インドネシア語は *kowi*）。

combustion【名】［燃焼］：燃焼の行為または過程。発熱とふつうは発光を伴う急速な酸化。

cupola【名】［キューポラ、溶銑炉］：製錬炉や溶解炉の底近くにある噴出口。ここから融解した金属を流し出す。そのような取り出し口を備え、直立した円筒型の鉄の溶解炉［溶銑炉］を指すこともある（インドネシア語は *kubah/kupola*。***tungkik*** も参照）。

cuprous【形】銅に関連する（こと、もの）。例えば、cuprous な物体は考古学の発掘現場で見つかることがある [8]。

cutler【名】［刃物師］：砥石や回転式エッジ研磨機を使って、用具を研ぎ澄ま

***besi buda/wesi buda*** [Jav]【名】地中から掘り出された神聖な古い鉄。中部ジャワで仏教が信仰された時代に遡る、とジャワ人たちは考えている。

***besi cor***【名】鋳鉄（*besi tuang* とも呼ばれる）。

***besi ikat***【名】文字どおりの意味は「束ねられた鉄」、つまり棒鉄（***besi batang*** 参照）。

***besi kuning***【名】文字どおりの意味は「黄色い鉄」。目に見えないなど魔力があると一部のジャワ人が考える武器を鍛造するのに使われる鉄の一種。

***besi plat***【名】鉄板、薄鉄板（***plat*** を参照、*besi lantai*、*besi lempeng*、*besi papan* とも呼ばれる）。

***besi proyek/besi bangunan***【名】取り壊した古い建物、橋梁などから回収した屑鉄。鉄筋の形をしていることが多い。

***besi putih/besi pamor***【名】ニッケルを含有した鉄。上記の *baja putih* に似ている。

***besi tempa***【名】錬鉄（wrought iron）、つまり鍛造（forged）または鍛接（welded）された鉄。

***besi tua/besi bekas/besi roso/besi rosokan/besi bahan/besi buruk***【名】スクラップの鉄または鋼。鍛冶職人が原材料に使う。

***besi tuang***【名】鋳鉄（*besi cor* とも呼ばれる）。

***betel/petel***【名】鑿（のみ）。鍛造過程で刻み目をつけたり、細片を削り取るために使用する。木工用の鑿は、鍛冶屋がふつうに作る製品で、大工や木彫師に販売する（オランダ語の *beitel* が語源。Zerner 1981 を参照）。

***bijih***【名】鉱石。

***bijih besi***【名】鉄鉱石、鉄の団塊。

bimetallic【形】［2 種類の金属から成る］：例えば青銅の柄と鉄の刃から成る短剣のように、一部がある金属から、他の一部が別の金属から作られている用具を指して使われる語。

blacksmith【名】［鍛冶屋、鍛冶職人］：鉄や鋼を用いて仕事をする金属細工職人。

blast furnace【名】［溶鉱炉、高炉］：金属製錬用の炉。この用語を製鉄関連で使う場合は、鉄を液体にするのに十分なほど高温になる製錬用の炉、という特別な意味をもつ*（インドネシアではふつう使われない）。

bloom【名】［ブルーム（塊鉄）］：低温の製鉄炉で作られる固体の鉄の塊。

bloomery【名】［塊鉄炉］：液体の鉄の溜まりや流れではなく、固体の鉄の塊を産出する溶鉱炉。塊鉄炉は高炉より低い温度で稼働する*。

***blower***（英語が語源）【名】［ブロワー（送風機）］火床（ほど）に空気を吹き付けるための小型の電動装置。伝統的なフイゴに取って代わり始めている地域もある。

***bokor***【名】奉納に用いる金属製の鉢や皿。ふつう打ち出し細工が施されている。

***bor***（オランダ語）【名】ドリル。例えば、金属や木材に穴を開ける工具を指し、手回し式と電動式の 2 つの形態に分かれる [6]。

***baja putih/waja putih*** [Jav]【名】ニッケルを含む鋼。伝統的に、ふつうの鉄または鋼と化合させて刀の刃に刃文（*pamor*）[3] を施すのに用いる（文字どおりの意味は「白い鋼」）。今日ではステンレス鋼、つまり鋼とクロームの合金を指すこともある。

***bakar/membakar***【動】焼く、火で加熱する。

***bara***【名】燃えている石炭、燃え残りの石炭。

***bara/membara***【動】真っ赤に燃える、くすぶる。または、黒こげになる、炭化する。

***batu/watu*** [Jav]【名】石（ジャワ語の敬語とバリ語では *sela*）[4]。

***batu asah/batu asahan***【名】（回転式を含め）砥石。油または水を使って、道具を砥ぐか研磨するために使用する。大きさや目の細かさはそれぞれ異なる（バリ語は *batu sangihan*、ダヤック語は *anggong*）。

***batu bara/batu arang***【名】石炭。西スマトラと南スマトラでは、しばしば鍛冶職人が燃料として使う。だが、それ以外の地域ではふつう使用されない。

***batu besi***【名】鉄鉱石（トラジャ語は *batu bassi*）。

***batu bintang/batu lintang***【名】隕石（文字どおりの意味は「星の石」）。ニッケルあるいはニッケルを含有した鉄の原料として好まれ、合金（mixed metal）の鍛造に使われる。

***batu gerinda***【名】回転式グラインダー（*gerinda*）のなかの小さな砥石。頻繁に交換する必要がある。

***Batur/Gunung Batur***【名】バリの活火山。鍛冶職人を意味するパンデ（*pande*）の氏族に神聖視されている。また、中ジャワの大きな鋳造業村落の名前でもある [5]。

***belakas/blakas***（バリ語）：肉切り包丁。しばしば儀礼目的に作られ、ゴロック（*golok*）と対にして使われる。

bellows【名】［フイゴ］：炉あるいは火に空気を押し込むポンプ式装置*（インドネシア語は *ubub*）。

***Besakih/Pura Besakih***【名】ブサキ寺院。グヌン・アグン火山の中腹にある、バリで最も重要なヒンドゥー寺院群。儀礼用の鍛冶場とともに、鍛冶職人のパンデ氏族のための寺院がそのなかにある。

***besalen/besalin/besali***【名】金属の鋳造を行う工房。金属の溶解炉。しばしば鉄の鍛冶場としても使われる。

***besi/wesi*** [Jav]【名】鉄（トラジャ語とミナンカバウ語は *bassi/basi*。ダヤック語は *besi/sanaman*）。

***besi baja***【名】鋼（*baja* を参照）。

***besi batang***【名】棒鉄（bar iron）（*besi ikat* または *besi lantak* とも呼ばれる）。

***besi berani***【名】磁石（*batu berani*、*besi sembrani* とも呼ばれる）。

***besi beton***【名】鉄筋（***besi proyek*** を参照）。

***à cire perdue***（フランス語）【形】失蠟法（lost-wax method）[2] で鋳造された（もの）。

***alat***【名】道具、工具。

***alat besi***【名】鉄または鋼の道具、工具。

***alat pertanian***【名】農具。ふつう鍛造した鋼で作る（「農民」を意味する *tani* が語根）。

***alat pertukangan***【名】職人用工具。通常は鍛造した鋼で作られる（語幹の ***tukang*** ＝熟練労働者／職人より）。

alloy【名】［合金］：２つ以上の金属の均質な混合*（インドネシア語は *paduan*［パドゥアン］）。

***amanreang***（ブギス語）【名】鍛冶場（***perapen*** 参照）。

***amril/ambril/mangamril/mengambril***【動】紙ヤスリ（これも *amril* と呼ぶ）や砂、金属の削りくず、ミョウバンのような研磨用物質で、金属品に磨きをかける。

***ani-ani*** [Jav]【名】稲の茎を一人一人が切り取るために伝統的に用いられてきた、小さな、手のひらで握る刈り取りナイフ。ありふれた鍛冶屋の製品。

anneal【動】［焼きなます］：加熱しゆっくり冷却して金属を内部応力から解放すること。物全体に焼きなましを行うことも、また板金製品に生じた小さな穴や割れ目を修理するために局部的に熱を加えることもできる。

anvil【名】［金床（かなとこ）］：金属製の用具を鍛造するときに、それを載せる台の役割を果たす石または金属製の用具（インドネシア語は *paron* あるいは *landasan*）。

***apa basi***（ミナンカバウ語）【名】鍛冶場（*dapur* に関連、***perapen*** も参照）。

***api***【名】火（***geni*** も参照）。

***arang/areng*** [Jav]【名】炭（木炭）。大半の鍛冶業で燃料として使われる（バリ語は *adeng*）。

***arang batok kelapa***【名】ココヤシの殻から作った炭。バリとアチェの鍛冶職人に広く用いられる。

***arang batu***【名】石炭（***batu bara*** 参照）。

***arang besi***【名】鉱滓、かなくそ（ジャワ語は *krawa*）。

***arang dapur***【名】文字どおりの意味は「台所の炭」。つまり調理で火を使ったあとの燃え残しの炭で、しばしば銅細工職人がはんだ付け作業のために買い占めて使う。マドゥラの貧しい鍛冶職人も使用する。

***arang jati***【名】チーク材から作った炭。ふつうは、枝と切り株から作られる。鍛冶職人が最も広く使う燃料で、高温で安定した熱をもたらす。

***arit*** [Jav]【名】（稲や草を刈る）鎌。鍛冶屋がふつうに作る製品（インドネシア語では *sabit* と呼ぶ）。

***asam***【名】タマリンドの果実。水と混ぜ、よく銅の磨き上げに使われる。

***baja/waja*** [Jav]/***besi baja/besi waja*** [Jav]【名】鋼（はがね）。

# 金属加工業用語集

この用語集における斜字体（イタリック）の用語の大半は、インドネシア語またはジャワ語である。ジャワの村落職人たちは用語を混合して使うので、これら２つの言語を識別するのは容易でない。バリ語の用語はジャワ語にきわめて似ており、とくに断らないかぎり同一と考えて差し支えない。例えばオランダ語やトラジャ語のように、他の言語が含まれる箇所では、そのことを括弧内に注記する。インドネシア語の用語には新しい綴り字法（*dj* ではなく *j*、*tj* ではなく *c*、*oe* ではなく *u*）を用いた [1]。英語の用語には斜字体は使わない。アステリスク（＊）を付けた英語の用語の定義は、ブロンソンとチャルーンウォンの共著（Bronson and Charoenwongsa 1986）から採った。

この用語集には、鉱業と製錬業よりも鍛造業に関連する用語が多く収録されている。これは、現地民による鉱業と製錬業がインドネシアの大半の地域で1800年ごろに死滅したうえ、ジャワとバリではこれらの技能が実践されたことがほとんどないからである。

この用語集は、完全なものからはほど遠い。鉱業と製錬業に関連する英語の追加的用語については、Bronson と Charoenwongsa の論文を参照されたい。青銅製の銅鑼の鋳造に関するジャワ語の追加的用語については、ヤコブソンとファン・ハッセルトの著作（Jacobson and van Hasselt 1907、リプリント版は1975年刊）を参照。クリス（短剣）の刀鍛冶に関連するジャワ語の追加的用語については、ショーヨム夫妻の著作（Solyom and Solyom 1978）を参照。鍛冶業に関するトラジャ語の追加的用語については、ザーナーの論文（Zerner 1981）を参照。鍛冶業に関するミナンカバウ語の追加的用語については、カーンの著作（Kahn 1980）を参照。インドネシアの８つの言語で1817年当時に使われた用語については、ラッフルズ『ジャワ誌』第２巻の付録Ｅを参照（Raffles 1965、初版は1817年刊）。

ショーヨム夫妻（Garett and Bronwen Solyom）にはこの用語集を検討し、多くの有益な助言をして頂いた。

［インドネシア語にはないジャワ語の用語については、[Jav] という注記を付けた。また英語の用語については日本語の訳語を付記した。 さらに、原著者による説明のうち、明らかに間違っていたり、日本の読者には不要と思われる部分の翻訳は適宜省略した。【名】は名詞、【動】は動詞、【形】は形容詞をそれぞれ示す。］

用語　5-11

ら行

落花生　119, 122, 141, 166
ランガナン　88-90
陸稲　115, 122, 123, 127, 166
リサイクル産業　348
立石（状の小像）　129
倫理政策　10, 11, 37, 42
リンドゥン　136
零細工業　8, 9, 14, 15, 16, 28, 30, 31, 37, 40, 42, 185, 359
連合企業　15

わ行

賄賂　147

116, 122, 124-126, 137, 138, 140, 141, 143, 147-155, 159, 165, 167-169, 216, 236, 275, 276, 280, 289, 296, 302-304, 314, 315, 322, 325, 328, 330, 334, 335, 337-341, 343, 344, 347, 349, 351
プラボット・ドゥスン　135
プリブミ企業家　42, 155, 244, 245, 295, 342
ブルシー・デサ祭　141, 142, 165
ブレベラン　130
プロジェクト計画　273, 283
プロジェクト一覧表（DIP）　273, 277, 284
プロジェクト提案表（DUP）　273, 277, 284
ペルパリ（PERPARI）　148
貿易　21, 47, 244, 251, 256-260, 267, 268, 347
補助金　33, 46, 243, 287, 297, 300, 304, 305, 321, 343, 344
墓地　110, 129, 131-133, 135, 139
ボマ・ビスマ・インドラ工場　264
ポンドック　136

ま行

マーケティング　56, 57, 77, 87, 88, 169, 274, 276, 288-290
マジャパヒト式ビーズ　129
「マレーシア粉砕」作戦　19
密輸　169, 254, 266, 296, 342
緑の革命　32, 33, 38-41, 48, 153, 154, 173, 185, 238, 245, 299, 304, 305, 320, 321, 323, 336
民営化　245, 260
民族―都市連続体　7
ムコパディヤイ　323, 324
村の草分けたち（cakal bakal）　136, 137, 139, 142, 156, 160, 165
村役人　46, 86, 117, 119, 135, 136, 138, 142, 156, 159, 160, 165, 171, 173, 269, 271, 272, 289, 300, 329, 332, 340, 349
木炭　56-58, 64, 74, 78, 82, 83, 87, 90, 93-95, 98-104, 113, 114, 148-151, 155, 215, 216, 225, 236, 253, 274, 282, 303
モジョクト・プロジェクト　20, 40

や行

野外指導員（TPL）　270, 288
焼き入れ職人　62
冶金工業開発センター（MIDC）　272, 288
屋敷地　8, 104, 113-116, 121, 123, 136, 138, 156-158, 191, 302
　――所有者　136
ヤスリ　62, 97, 99-101, 247, 249, 251, 266, 275, 347, 348
　石目――　247, 249, 251, 266, 347
ヤスリ職人　61, 62, 66, 68, 70, 96, 116, 167, 335, 344
融資　83-85, 216, 236, 265, 281, 299, 301, 336, 359, 360
輸出　14, 99, 148, 166, 216, 236, 243-246, 255-261, 264, 265, 267, 268, 292, 296, 304, 316, 327, 347
輸送　7, 13, 15, 41, 45, 56, 57, 75-78, 83, 87-91, 158, 215, 283, 296
輸入　18, 33, 37, 42, 61, 99, 100, 148, 197, 243-246, 248-256, 258-260, 266-268, 284, 296, 304-306, 316, 326-328, 342, 349, 350
　関税　10, 18, 42, 246, 248, 249, 251, 252, 254, 257, 259, 266, 267, 306, 347, 348
　中国製――品　20, 99, 169
　――規制　243, 328, 346-348
　――代替戦略　244, 245, 248, 256
　――中断　19
　――による廃業　251, 252, 266, 328, 342
　割当　18, 42, 43

トゥカン・キキール　→ヤスリ職人
トゥカン・スポー　→焼き入れ職人
投機　12
銅細工業　73, 81, 82, 196, 330, 358
島嶼間移住　39, 153, 154, 248, 264, 342
投資調整庁（BKPM）　260, 264
トウモロコシ　44, 122, 123, 166
トゥンキック　298
研ぎ師、砥石屋　56
土地権利証　301
土地無し農民　32, 34, 44, 85, 121, 136, 166, 171, 173, 174, 186, 202, 232, 321, 324, 329, 331, 334, 337, 351, 354
土地持ち農民　84, 121, 136, 334
土着の工業　10, 12, 15, 37
トナサ・セメント工場　298
トビイロウンカ　33, 175, 231
トポ・ガンピン工場　169
鳥かご製造業　162

## な行

ナフダトゥル・ウラマ　152
日本による占領期　19, 146-149, 253, 323, 348
ニャイ・ロロ・キドゥル　124, 172, 173
ネガティブ・リスト　43, 261, 264
ネズミ　124, 151
粘土製品製造業　40, 70, 91, 99, 272, 287, 326, 348
農具　5, 19, 57, 62, 88, 91, 94, 97, 116, 125, 138, 145, 147, 148, 149, 153, 154, 165, 190, 196, 197, 205, 249, 255, 262, 264, 268, 292, 305, 318, 319, 327, 342
農場外企業　9
農村一般信用（KUPEDES）　104, 299
農村エリート　34, 137, 186
農地　9, 41, 65, 72, 85, 119, 121, 125, 130, 131, 134, 158, 160, 173, 318, 321, 322, 332, 352
農民工業　→小規模工業、村落工業

## は行

配分制度　→バギ・ハシル
端境期　122
バウォン　329
バギ・ハシル　69, 126
パサール商業　26, 28
パセマー（スマトラ）　134
畑　109, 115, 119, 121, 122, 124-127, 132, 158, 163, 171, 302, 303, 318, 331
バティック製造業　15, 43, 89, 140, 293
刃物師　4, 56, 103, 251
刃文（*pamor*）　138, 139, 145, 319, 325
パモン・デサ　117, 135
バヤット村（ジャワ）　138
パンジャック　→鎚打ち職人
パンジャブ・スモール・インダストリーズ社　292
パンジャブ地方（パキスタン）　97, 98, 331, 332, 352, 359, 360
パンチュラン山　139, 140
皮革製品工業　262, 269, 326
非農業企業　9, 104, 321, 358
平等（成長と対比した）36, 245, 324, 336, 338, 341, 342, 352
肥料　19, 24, 33, 67, 115, 128, 243, 299, 305
貧困の共有　25, 30, 35, 40, 77, 329, 333, 334, 335, 340
フイゴ職人　60-62, 66, 68, 70, 71, 96, 168, 325, 334, 335, 344
普及指導プログラム　29, 299
複合企業体　15
福祉プログラム　12
プッシュープル仮説　38, 41, 153, 320, 321-323
物々交換　18, 337
ププンデン　137, 139
プラペン　55-64, 66, 68, 70-81, 83, 85, 87-90, 93-97, 100-104, 110, 113, 114,

新レーニン主義　352
水田　41, 48, 117, 121, 126, 171, 185, 186, 302, 317, 321, 322, 331, 336, 350
水田システム　22
水稲作農業　3, 4, 39, 119, 321, 329
スカ（*seka*）　28
スカルノ政権　19, 31, 32, 42, 48, 134, 146, 148, 172, 243, 300, 304, 319
スクー寺院　133
スハルト政権　32, 36, 42, 43, 147, 152, 243
スプリングハンマー　296, 297, 344
スンブル・カジャール　111, 112, 139, 165
政府系協同組合（KUD）　275, 276, 279, 280, 281, 305
製錬業　194, 326, 327
世界銀行　37, 46, 197, 244, 253, 300, 360
世界システム論　31, 48
石油　33, 46, 215, 245, 255, 257, 259, 284, 287
接触と拡散　29
前工業化型都市　7
線路　149
相互扶助鍛冶屋協同組合　113, 150
装身具製造業　73, 74, 196, 203, 217, 222-225, 232, 233, 236, 257, 264, 323, 330
創設者たちの子孫　136
ソド（ジャワ）　162, 163
村長　117-119, 135, 136
村落ユニット　299-302, 305, 349
村落工業　8, 9, 13, 14, 17, 40, 42, 43, 46, 64, 65, 70, 73, 91, 97, 269, 272, 283, 287, 288, 293, 299, 314, 316-318, 320, 326, 337, 338, 340, 341, 357-360
国家開発企画庁（BAPPENAS）　194, 273

た行

大規模工業　8, 36, 37, 46, 199, 203
大恐慌　18, 19, 334, 337
怠惰な原住民という神話　23
大統領決定二三号　261
第二次世界大戦　19, 48, 49, 134, 253, 259, 321
竹細工業　71, 162, 174, 196, 357
多就業　40, 41
タバナン　26, 28, 361
治安係長　160
チーク　98, 99, 104, 114, 115, 148-150, 155, 171
地方開発企画局（BAPPEDA）　194, 273
地方開発銀行（BPD）　216, 269, 274, 299, 302, 349
チャンプル・サリ　122
中央委員会　18
中央統計局（BPS）　4, 8, 11, 31, 36, 46, 172, 189, 313
中規模工業　190, 246, 313, 342
——金融基金
チュルック　73, 74, 80, 361
貯蓄銀行　45
賃金　8, 27, 59, 62-64, 66-72, 76, 78-80, 82, 95, 96, 99-102, 125, 153, 154, 167, 186, 190, 199, 203, 205, 212-215, 222-224, 233-236, 274, 276, 295, 300, 301, 322, 324, 325, 329, 330, 335, 337-341, 346
通貨切り下げ　152, 256
鎚打ち職人　58-62, 65, 66, 68, 70, 96, 116, 167, 234, 289, 296, 297, 315, 325, 344
ディアン・デサ　104
ティヤン・バク　136, 137
テモン　138
電気　45, 79, 96, 100, 101, 168, 191, 250, 285, 291
トゥカン・ウブブ　→フイゴ職人

295, 297, 298, 343
サービス企業　9, 36, 55, 186, 299
サヤエンドウ　122
サリナー・ジャヤ社　292
産業博覧会　293
産業分類コード　4, 96, 195-198, 252, 265, 270, 345
サントリ　26, 174, 391
自給自足　6, 32
自給農業　13, 166
資源配分パターン　4, 350, 351
下請け業者　90, 91, 298
失業　42, 244, 324
実在主義派（経済人類学）　17
実用的工業　320, 347
児童労働　73, 74, 104, 351, 389
資本形成（の後退）　336-339
自慢話　156
社会階層　135-139
社会的・経済的ニーズ　12, 30, 314, 333, 340
州　58, 103, 118
　——知事　118
就学率　73
自由な市場のための政策　42
自由貿易　11, 244, 306
集落（*dukuh, dusun*）　116-118, 171, 173
集落長（*dukuh*）　117, 118, 171
手工業　15, 16, 27
手工芸工業　318, 319, 323, 326, 347
手工芸品および各種工業担当課　197
小規模工業　3-5, 8-10, 14, 18-20, 26, 34-39, 41-43, 46, 92, 96, 186, 190, 191, 194, 197, 199, 202, 205, 213-216, 222, 232, 244, 246, 281, 285, 288, 292, 313, 314, 317, 321, 346, 350, 358
小規模工業育成指導事業（BIPIK）　272, 278, 357
小規模投資信用／常設運転資金信用（KIK/KMKP）　265
小商品生産　8
消石灰製造業　111, 166, 169
商人　13, 15, 16, 21, 26, 28, 74, 78, 83, 85, 88, 90, 91, 93, 94, 99-101, 114, 123, 127, 138, 140, 149-151, 153, 156, 157, 254, 256, 267, 292, 303, 305, 319, 330, 335, 337, 341, 351
商標　154, 169, 254
商品展示ルーム　291, 292
食料調達庁（BULOG）　305
食料保存　166
ジョクジャカルタ（市）　73, 114, 117, 131, 133, 142, 147, 158, 161, 164, 168, 172, 174
ジョクジャカルタ（特別州）　68, 92, 104, 109, 118, 124, 256, 267, 271, 319, 357-361
女性　13, 41, 44, 64, 69, 70-73, 89, 94, 114, 126, 157, 170, 172, 186, 187, 191, 198, 223, 224, 227, 231, 232, 237, 317, 324-326, 329, 359
ジョロトゥンド　73, 82, 330, 358
振興係長　159
人口　118-122
新秩序政権　32, 33, 36, 147, 152, 243
神秘主義　143, 174
信用　10, 33-35, 38, 45, 75, 84, 215, 236, 244-246, 269, 272, 274, 277, 279, 280, 283, 294, 295, 299, 303, 340, 346, 351, 359, 360
　回転——　275
　——貸し　76, 77, 82, 83, 89, 90, 114, 282, 303, 337-339, 341, 351, 352
　——助成金　244
　——取引　21, 34, 35
　——パッケージ　33
　——プログラム　10, 29, 45, 243, 299, 300, 302, 340, 358
　非回転——　284
森林の伐採　98, 99, 148, 149

強制栽培制度　22, 24, 40
競争　13, 14, 21, 28, 42, 46, 56, 74, 81, 98, 244, 248, 250, 254, 256, 261, 264, 266, 268, 269, 283, 290, 296, 306, 314, 326, 328, 334, 340, 342, 343, 345, 347
規律　12, 314, 315
金細工業　4, 73, 82, 319
銀行　45, 83, 84, 101, 102, 104, 121, 216, 236, 243, 246, 260, 269, 272, 281, 282, 294, 299, 303, 304, 344, 349, 360
　政府系——　45, 216, 243, 246, 269, 281, 282, 294, 299, 344, 360
　農村——プログラム　269, 298, 299, 315
銀細工業　28, 70, 73, 74, 80, 293, 357
金属課　194, 196, 197, 203, 212, 217, 225, 226, 238, 269, 270, 295-298, 306, 342
金属加工業　3, 4, 58, 59, 70-72, 74, 93, 98, 109, 185, 189, 190, 195-197, 199, 202, 203, 215, 216, 224-227, 230-238, 243, 247, 250, 252, 253, 256, 257, 259, 262, 264-266, 268, 269, 272, 278, 280, 287, 289, 292, 294-296, 298, 302, 304-306, 314-319, 321, 322, 324-327, 330, 331, 334, 337, 338, 340-343, 345-348, 359-361
近代化理論　29, 30, 48
屑鉄業者　75
クドゥンⅠ・Ⅱ　117, 118
グヌン・キドゥル（ジャワ）　109-111, 114, 116, 118, 122, 124, 126, 130, 134, 148, 152, 161, 162, 357
クパラ・デサ　117
クラカタウ・スチール社　253, 254, 258, 294, 348
クラテン　138, 298
クリ（*kuli*）　136, 173
クリス（短剣）　130-132, 138-140, 143-145, 165, 174, 292, 318, 357
グロンソル（*glongsor*）　136
郡（*kecamatan*）　45, 118, 270, 279, 301
　——信用機関（BKK）　302
　——長　118, 272
（経済的）離陸　22, 24-26, 30, 32, 36, 46, 49, 246, 296
形式主義派（経済人類学における）　17, 21
ゲマインシャフト（共同社会）　12, 13, 26
県（*kabupaten*）　17, 58, 118, 270
　——知事　118, 276, 297
健康　62, 64, 132, 139
研修コース　38, 157, 287, 288, 340, 349
研修旅行　289, 290
謙譲　156
ケントゥスの泉　112
権力　29, 74, 81, 85, 149, 243
鉱業　18, 196, 257, 260, 326, 327
工業省　17, 46, 64, 65, 154, 157, 194, 203, 243, 252, 254, 264, 268-273, 275-293, 296, 299
工業振興計画　345
工業発展　10, 37, 46, 243, 245, 246, 345
合理化　28, 44, 199, 233, 321, 334, 335
国際協力事業団（JICA）　297
国際標準産業分類（ISIC）　195, 270, 345, 346
国立商業銀行　45
誇示的消費　334
コタグデ　73, 74, 357
コテージ・インダストリーズ社（インド）　292
米の生産　304, 357
コルト（ミニバス）輸送　45, 141

さ行

祭式と儀礼　140-145
ササゲ　122
殺虫剤　32, 67, 128
里親プログラム　38, 194, 253, 261, 294,

階層化　34, 35, 59, 67, 74, 77, 78, 81, 82, 109, 155, 269, 280, 303, 329-331, 333-340, 344, 351, 352
カウム　141, 143, 152
価格　13, 14, 18, 19, 22, 46, 75, 76, 81, 86, 88, 89, 91-95, 98-100, 102, 103, 124, 127, 148, 150, 154, 158, 167, 168, 172, 217, 236, 245, 253, 254, 257, 259, 260, 266-268, 271, 283, 290, 297, 302, 304-306, 314, 328, 342-344, 349, 348
――交渉　21
――の変動　14, 86, 91, 92, 102, 316
市場――　75, 76, 124, 238, 259, 284
鍛冶業　3-5, 7, 8, 47, 55, 58, 63, 64, 66-74, 79-82, 85, 88, 90, 93, 95-98, 103, 104, 111, 116-119, 122, 124-126, 137, 138, 147-149, 153, 155, 166-168, 189, 190, 203, 213, 222, 224, 226, 227, 232, 233, 235, 236, 248, 249, 264, 317, 322, 323, 325, 328, 330, 331, 335, 343, 344, 348, 350, 360, 361
――エリート集団　137
――協同組合　149, 275, 279
――村落　57-60, 62, 63, 66-68, 71, 79, 81, 83, 85, 89, 94, 104, 154, 251, 253, 266, 272, 273, 285, 290, 294, 296-298, 357-361, 385
鍛冶職人　55-58, 63-67, 69, 74, 83, 85, 97-101, 104, 113, 123, 125, 127, 137-140, 143, 145, 147-149, 153, 156, 165, 167, 170, 196, 226, 227, 231, 248, 275, 276, 315, 322, 327, 329, 339, 343, 348, 350, 359, 360
鍛冶頭領　67, 74, 335
鍛冶屋のスラマタン　140, 141
ガジャマダ大学　134, 357
楽器製造業　217, 223, 224, 225, 232, 233, 236, 237, 238, 257, 259, 260, 263, 267, 318, 323, 330
家内工業　4, 5, 8, 10, 15, 19, 20, 27, 96, 186, 189-191, 194, 196-199, 202, 203, 205, 212-215, 222, 231-233, 237, 244, 255, 261, 266, 270, 278, 279, 313, 314, 316, 317, 342, 345, 346
ガネシャの像　134
金床　58-60, 71, 73, 143, 247, 251, 275, 282, 284, 315, 343, 344, 348
中子付き――　284, 315
家父長主義　11
「ガブルの時代」(*jaman gaber*)　xvi, 124, 146, 152, 323
ガムランの銅鑼　113, 259
カランテンガー　116-119, 139, 159, 165, 166
刈分小作　66, 85, 126, 158, 320, 322, 329, 330, 333, 334
官営鉄道会社（PJKA）　149, 155, 279
灌漑　3, 28, 40, 48, 94, 111, 121, 122, 124, 171, 175, 318, 321, 390
環境汚染　34
関税　10, 18, 42, 43, 246, 248, 249, 251, 252, 254, 255, 259, 266, 267, 306, 347
干ばつ　110, 111, 115, 123, 124, 126, 127, 143, 151, 167
キ・アグン・プマナハン　162, 163
機械化　15, 16, 30, 31, 34, 96-98, 101, 215, 318, 335, 341, 343-345
企業家精神　22, 30, 83, 85, 340, 341
飢饉　124, 152, 167, 323
技術サービス・ユニット（UPT）　285-287
技術指導員　272
技術的変化　95-98
規制緩和　42, 43, 244, 245, 261, 265, 305, 328, 341, 342, 343, 347
季節活動　40, 91-94
キャッサバ　15, 44, 91-93, 109, 115, 121-127, 132, 166, 167
ギャンブル　12
共産主義者　152, 386

## 事 項

**数字・アルファベット**
1964-65 年工業センサス　189, 190, 231, 237, 351
1974-75 年工業センサス　36, 189, 190, 191, 197, 204, 206, 208, 210, 212-214, 218, 220, 222, 231, 318, 320, 346
1976 年の国民社会経済調査（SUSENAS）　36
1986 年経済センサス　190, 191, 194, 204, 206, 208, 210, 213-218, 220, 222, 231, 237, 256, 271, 320, 346
5 カ年計画　32, 33, 243, 244
　REPELITA I　32, 244
　REPELITA II　245
　REPELITA III　37, 245, 358
　REPELITA IV　245
　REPELITA V　246
　REPELITA VI　46, 246, 296
BAPPEDA　→地方開発企画局
BAPPENAS　→国家開発企画庁
BIMAS（集団的指導）プログラム　33, 115, 299
BIPIK　→小規模工業育成指導事業
BKK　→郡信用機関
BKPM　→投資調整庁
BPD　→地方開発銀行
BPS　→中央統計局
BULOG　→食料調達庁
DIKLAT（教育と訓練）　288, 289
ISIC　→国際標準産業分類
KIK/KMKP　→小規模投資信用／常設運転資金信用
KOPINKRA（小規模および家内工業協同組合）　279-281
KUD　→政府系協同組合
LIK（小規模工業区域）　291
NGO　279
TPL　→野外指導員
UPT　→技術サービス・ユニット

**あ行**
アナック・スンゲイ・オヨ　111
アネカ・タンバン株式会社　257, 258
鋳掛け屋　4, 56, 225, 251
イスラーム　23, 26, 92, 137, 141, 143, 152, 174, 352, 384, 386, 391, 392
市場（いちば）　6, 9, 13, 26, 55, 56, 57, 78, 79, 88, 119, 113, 114, 236, 290, 299, 301, 337
一般庶民信用銀行　19
鋳物工場　315, 327, 342
インドネシア国民銀行（BRI）　xxxii, 45, 216, 269, 295, 299, 349, 360
インドネシア人の性格　12, 71
インドネシア独立革命戦争　19
インドネシア国営林業公社（PERHUTANI）　149
インドネシア住民の生活水準低下に関する調査委員会　10
インド化　134
牛　68, 84, 115, 131
ウニット・デサ　→村落ユニット
「ウパカルティ」賞　293
ウンプ　→鍛冶頭領、ウンプ・プダガン
ウンプ・プダガン　67, 74-81, 83-88, 90, 91, 94-96, 100, 101, 103, 113, 138, 139, 335, 339, 340, 344, 349
ウンプのスラマタン　140, 141, 144
汚職　42, 295

**か行**
階級　6, 11, 35, 40, 82, 331, 332, 333, 352
　資産——　41, 336, 338
外貨　244, 245
外国投資　245, 261, 264
　——法　260, 384

『スモール・イズ・ビューティフル』 287
ショウバーグ，ギデオン 7
ジョヨハディクスモ，スミトロ 42
ショーヨム，ギャレット xix, xxiii, 173
ストーラー，アン 39, 41, 329, 334
スラスティニ 159

た行

デューイ，アリス・G. v, vii, xviii, xxxi, 20-22, 25, 130, 342, 385, 393
『ジャワ農民の市場取引』 20

は行

パエラン xxxiii, 117, 138, 150, 155, 156, 159, 160, 165, 175
ハッタ，モハンマド 42
ハート，ジリアン 8, 39, 41, 334, 336, 352
ハメンクブウォノ一〇世 173
ハメンクブウォノ八世 131
ハメンクブウォノ九世 xvi, xvii, 161, 162
ハルジョパウィロ（ハルジョ） 155, 165, 170
ハルトウトモ（ハルト） xxxiii, 117, 142, 150, 152, 155, 159-162, 164, 165
ヒギンズ，ベンジャミン 20, 25, 31, 48
ファース，レイモンド 6, 17, 20
フェリック・レンコン xxxii, 238, 295, 296, 298, 342, 347
フォスター，ジョージ・M. 6, 7
ブーケ，J. H. 11-17, 19, 21-26, 30, 35, 41, 48, 56, 80, 273, 313-317, 324, 329, 333, 385-387
工業生産の段階 15, 16, 30
二重経済論 11, 22, 23, 30, 318
プジョサルトノ（プジョ） 155
ブース，アン 237
フランク，アンドレ・ガンダー 48
フランシス，ピーター 129
ヘーケレン，H. R. ファン 128-130, 133
『インドネシアの青銅器・鉄器時代』 128
ベルウッド，ピーター 129, 130
ホーゼリッツ，B. F. 31
ホープ，A. N. J. ファン・デル 128-132
ポランニー，カール 17
ホワイト，ベンジャミン 33, 39-41, 48, 172, 173, 329, 334, 336, 385, 393

ま行

マルクス，カール 8, 9, 17
ムーンス，J. L. 128, 133, 134

ら行

リックレフス，M. C. xvi
『近現代インドネシア史』 xvi
レッドフィールド，ロバート 7
ロストウ，ウォルター 24, 31
『経済成長の諸段階』 24

わ行

ワフヨノ，M. 132, 133

# 索　引

＊原著索引における重複項目等を整理したうえで、人名と事項に分けた。なお、原著索引の下位項目については適宜割愛・省略している。

## 人　名


### あ行

アトモサキミン　165
アラタス，サイド・フセイン　23
アルジョパンチュラン（アルジョ）　162-163
アルディヤント　134
アレキサンダー，ジェニファー　393
アレキサンダー，ポール　39
イマン・タニ　156
ウェイランド，H.　237
オバマ，バラク　xi

### か行

カサン・イクサン　137-140, 143, 144, 148
カルヨディウォンソ（カルヨ）　130, 131, 132, 139, 143, 144, 165
カーン，ジョエル　8, 99
ギアーツ，クリフォード　7, 20, 22-29, 35, 38, 40, 49, 329, 333, 335, 385-387, 393
　インボリューション　22, 23, 25, 33, 48, 386
　『行商人と王子』　20, 25-27, 30
　『ジャワ経済の発展』　20
　『農業インボリューション』　20, 333, 334, 385, 386
ギアーツ，ヒルドレッド　20
　『ジャワの家族』　20
ギトンガディ　138, 158
グノカルヨ　137-140, 147, 148, 156, 165, 175
クローバー，アルフレッド・L　6
クンチャラニングラット　25, 135-137, 171, 173, 174
コミタス，ランブロス　40
コリアー，ウィリアム　39, 41
ゴールデンワイザー，アレキサンダー　23
コルフ，ファン・デル　337, 352

### さ行

サストロスヨノ（サストロ）　xvii, xxxiii, 113, 114, 117, 120, 138, 141, 142, 149-162, 164, 165, 168-170, 175, 293, 302, 315, 332, 336
サストロ夫人（ブ・サストロ）　xxxiii, 113, 114, 117, 137, 158-162, 165
三代目キヤイ・アグン・ギリン　162-164
ジェイ，ロバート　20, 40
　『中部ジャワ農村における政治と宗教』　20
シューマッハー，E・F　287

［著　者］

アン・ダナム（Stanley Ann Dunham）

経済人類学者。1942年生まれ。ハワイ大学マノア校にて博士号取得（人類学）。USAID、世界銀行、インドネシア国民銀行などで農村開発・マイクロファイナンス・女性福祉事業に携わる。アメリカ合衆国第44代大統領バラク・オバマの実母。1995年死去。

［監訳者］
加納啓良（かのう・ひろよし）
東京大学名誉教授
1948年生まれ。東京大学経済学部卒業後、アジア経済研究所を経て、2012年まで東京大学東洋文化研究所教授。経済学博士。専門はインドネシアを中心とした東南アジア社会経済史。

［訳　者］
前山つよし（まえやま・つよし）
株式会社マヤインド・プラス取締役
1967年生まれ。慶應義塾大学文学部卒業後、信濃毎日新聞社、NNA（エヌ・エヌ・エー）インドネシア社、時事通信インドネシア社を経て、現在インドネシアでのビジネス支援、コンサルティング等を行う。ガジャマダ大学文化学科修士課程在籍。

インドネシアの農村工業
――ある鍛冶村落の記録

2015 年 11 月 30 日　初版第 1 刷発行

著　者――――アン・ダナム
監訳者――――加納啓良
訳　者――――前山つよし
発行者――――坂上　弘
発行所――――慶應義塾大学出版会株式会社
〒 108-8346　東京都港区三田 2-19-30
TEL〔編集部〕03-3451-0931
〔営業部〕03-3451-3584〈ご注文〉
〔　〃　〕03-3451-6926
FAX〔営業部〕03-3451-3122
振替　00190-8-155497
http://www.keio-up.co.jp/
装　丁――――土屋　光／Perfect Vacuum
印刷・製本――株式会社加藤文明社
カバー印刷――株式会社太平印刷社


Printed in Japan ISBN 978-4-7664-2259-7